高等职业教育“十四五”规划教材

马匹解剖

白欣洁　刘莎莎　主编

中国农业大学出版社
·北京·

内 容 简 介

“马匹解剖”是马科学的重要基础理论学科之一。本教材结合近年来我国动物医学教育和马产业的发展现状，以马属动物的解剖特点为研究重点编写。全书包括14个项目，各项目分任务介绍了马匹各系统、器官的一般形态、结构、位置与功能的关系，并对关键名词进行了英文注释。本教材由多家农业院校教师和马产业一线工作者共同编写完成，并由陈耀星教授主审，可供兽医相关专业大专院校师生及马兽医，马术俱乐部管理人员、教练、骑手，马房管理人员等马行业从业人员阅读参考，也对马产业的发展具有积极促进意义。

图书在版编目(CIP)数据

马匹解剖 / 白欣洁，刘莎莎主编. --北京：中国农业大学出版社，2022.12
ISBN 978-7-5655-2912-2

Ⅰ.①马… Ⅱ.①白… ②刘… Ⅲ.①马-动物解剖学 Ⅳ.①S821.1

中国国家版本馆 CIP 数据核字(2023)第 003065 号

书　　名　马匹解剖
作　　者　白欣洁　刘莎莎　主编

策划编辑　张　玉　　**责任编辑**　许晓婧
封面设计　郑　川
出版发行　中国农业大学出版社
社　　址　北京市海淀区圆明园西路2号　　**邮政编码**　100193
电　　话　发行部 010-62733489,1190　　编辑部 010-62732617,2618
出版部 010-62733440　　读者服务部 010-62732336
网　　址　http://www.caupress.cn　　**E-mail**　cbsszs@cau.edu.cn
经　　销　新华书店
印　　刷　涿州市星河印刷有限公司
版　　次　2022年11月第1版　2022年11月第1次印刷
规　　格　185 mm×260 mm　16开本　17.75印张　445千字
定　　价　56.00元

编审人员

主　编　白欣洁（北京农业职业学院）
刘莎莎（北京农业职业学院）

副主编　熊娟娟（金陵科技学院）
付静涛（北京农业职业学院）
张利卫（河南牧业经济学院）
赵满达（山东畜牧兽医职业学院）

参　编（排名不分先后）
张凡建（北京农业职业学院）
王　勇（内蒙古农业大学职业技术学院）
任　宏（内蒙古农业大学职业技术学院）
周　媛（芭比堂国际动物医疗中心）
朝克图（兴安职业技术学院）
蒋　南（青岛农业大学）
李文芳（东方马都有限公司）
马淑慧（天津农学院）
徐　刚（天津农学院）

主　审　陈耀星（中国农业大学）

前　言

“马匹解剖”是马科学的重要基础理论学科之一。在中国农业大学出版社和全部编写人员的大力支持下,《马匹解剖》一书顺利编写完成。本书广泛征求动物解剖学学者和广大马业读者的意见,服务于职业院校和广大马业从业者。本教材得到北京市自然基金(6214035)和北京市特色高水平项目(PXM2021-157102-000013)支持,可供兽医,马术俱乐部管理人员、教练、骑手,马房管理人员等马行业从业人员,以及兽医相关专业学生使用,也可供广大畜牧兽医科技工作者阅读参考。

本教材结合近年来解剖学的新进展和各院校的教学实践,集各动物解剖学家之心血,并参考国内外同类书籍编写而成。全书包括绪论、细胞与基本组织、运动系统、内脏总论、消化系统、呼吸系统、泌尿系统、生殖系统、心血管系统、淋巴系统、神经系统、感觉系统、内分泌系统、被皮系统共14个项目。每个项目结合马匹的特点,分任务介绍了马匹各系统器官的一般形态、结构、位置与功能的关系。本教材在各项目前附有知识目标、能力目标、素质目标。每个任务中附有学习任务单,介绍学习目标、学习资源、学习任务,同时在项目末尾还附加了测试题。为了尽可能更好地呈现各知识点,全书根据解剖学课程特点,精选插图多达194幅,并在本书末尾附加了解剖专业名词中英文对照表,与正文相得益彰。其中部分插图选自行业内经典教材或图谱(均在书中或参考文献中做了标识),在此对原书作者和出版者谨致衷心的谢意。

本教材由10个单位长期从事教学或畜牧业一线工作人员共同参与编写,使本书尽可能做到既突出重点,又避免重复;力求文笔流畅,内容精练;并根据学科的新发展,更新旧知识和旧概念,使其兼具系统性、实用性、科学性和先进性,便于读者使用。

由于编者水平有限,书中错误和欠妥之处,竭诚希望读者和同行老师批评指正。

编　者

2022年1月

前　言

[illegible]

编　者

目　　录

项目一

绪　　论

【知识目标】

- 了解动物解剖的研究内容。
- 掌握动物体的基本概念。
- 掌握动物体各部位的名称。
- 掌握动物解剖常用的术语。

【能力目标】

- 能通过图片、动物模型或活体动物，准确识别动物体的各个部位并熟知其名称。
- 能灵活运用动物解剖方位术语描述解剖位置。

【素质目标】

- 培养学生热爱生命、尊重生命的人文素养。
- 培养学生尊重科学、热爱专业和治学严谨的工作作风。
- 帮助学生树立辩证唯物主义的科学世界观。

任务 1-1　动物解剖的研究内容

【学习任务单】

一、学习目标

1. 学习什么是动物解剖学。
2. 掌握大体解剖学的概念。
3. 掌握显微解剖学的概念。
4. 掌握胚胎学的概念。

二、学习资源

1. 动物标本。
2. 信息化教学资源。

三、学习任务

1. 通过动物标本和相关视频、图片、动画等信息化资源，了解什么是动物解剖。

2. 通过本任务的学习，掌握动物解剖的研究内容及重要性。

【相关知识】

动物解剖学（Animal anatomy）是研究正常动物有机体的形态结构及其发生发展规律的科学。根据研究方法和对象不同，可分为大体解剖学、显微解剖学和胚胎学。马匹解剖的研究对象为健康马匹。

一、大体解剖学

大体解剖学又叫宏观解剖学（Macroanatomy），以牛、羊、猪、马、犬、兔及家禽等为主要对象，借助解剖器械（刀、剪等），用分离切割的方法，通过肉眼（包括用放大镜或解剖镜）观察，研究动物有机体各器官的正常形态、构造、色泽、位置及相互关系的科学。根据研究目的和方法不同，可以分为系统解剖学、局部解剖学、比较解剖学和发育解剖学等。系统解剖学是按功能将动物体分成若干系统，如运动系统、呼吸系统、生殖系统等，并按系统分别叙述；局部解剖学是以临床应用为目的，针对动物体某一部位（如头、颈、胸、腹、四肢等），或某一器官的形态结构、排列顺序和相互关系，由浅入深逐层进行观察研究；比较解剖学是以了解器官形成的特点和原因为目的，比较多种动物同一器官的形态结构变化的研究。发育解剖学主要是研究动物体不同生长发育阶段各器官变化规律的科学。

二、显微解剖学

显微解剖学又叫微观解剖学（Microanatomy）也称组织学，主要借助显微镜研究动物体微细结构及其功能关系，研究内容包括细胞、基本组织和器官组织。

三、胚胎学

胚胎学（Embryology）又叫发育解剖学，是研究动物体发生发展规律的科学。该学科研究从受精卵开始，通过细胞分裂、分化，逐步发育为新个体的全部过程。

动物解剖学是动物科学与动物医学相关专业的专业基础课之一，与其他专业基础课和专业课，如动物生理学、动物病理学、兽医临床诊断学等都有着密切的联系，是学好上述课程必不可少的基础。只有掌握了动物形态结构的规律，才能进一步掌握和了解动物的生理功能和病理变化等。

任务 1-2　动物体的基本概念

【学习任务单】

一、学习目标

1. 了解马匹解剖主要学习项目。

2. 掌握细胞、组织、器官、系统的概念。

二、学习资源

1. 光学显微镜和组织学切片。
2. 信息化教学资源。

三、学习任务

1. 学习细胞、组织、器官、系统和生物体之间的构成关系。
2. 学习动物体组成及生理功能。

【相关知识】

动物有机体最基本的结构和功能单位是细胞。细胞(Cell)是一切生物进行新陈代谢、生长发育和繁殖分化的形态基础。起源相同、形态相似、功能相关的细胞借助细胞间质结合构成的结构,称为组织(Issue)。动物有机体全身的细胞可组成上皮组织、结缔组织、肌组织和神经组织 4 种基本组织。在肉眼下不能分辨组织的形态,须借助显微镜观察,属于组织学研究范畴(大体解剖学观察的是器官和系统的形态构造)。器官(Organ)是由执行同一功能的不同类型的组织构成的,如心、肝、肺、肾、胃、脾等。不同的器官,执行相近的机能并共同完成某种特定的生理功能,就构成了一个系统(System),如呼吸系统由鼻、咽、喉、气管、主支气管和肺组成,主要完成机体氧和二氧化碳交换功能。

动物体可分成运动系统、消化系统、呼吸系统、泌尿系统、生殖系统、心血管系统、淋巴系统、神经系统、内分泌系统、被皮系统和感觉器官系统等。各系统之间有着密切的联系,在功能上相互影响、相互配合,在神经、体液的调节下,进行各种正常的功能活动,构成一个统一的有机整体。

任务 1-3　马各部位的识别

【学习任务单】

一、学习目标

1. 了解马各部位的构成。
2. 了解马各部位划分基础。

二、学习资源

1. 马剖制标本。
2. 信息化教学资源。

三、学习任务

学习马各部分结构特点、名称及位置。

【相关知识】

为了便于说明动物身体各部位的位置，常以骨为基础，将马体结构分为头、躯干和四肢 3 个部分，各部位名称如图 1-1 所示。

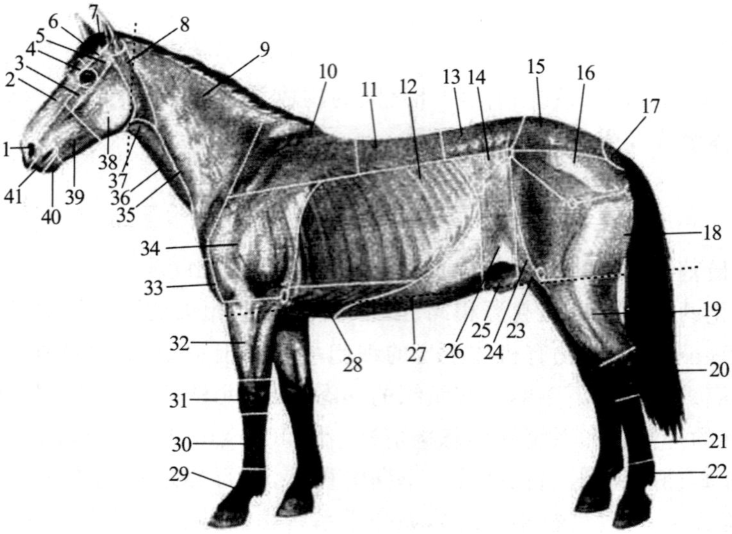

1. 鼻孔部 2. 鼻部 3. 眶下部 4. 额部 5. 颞部 6. 顶部 7. 枕部 8. 腮腺部 9. 颈侧部 10. 鬐甲部 11. 背部 12,胸侧部 13. 腰部 14. 肷部 15. 荐部 16. 臀部 17. 尾部 18. 股部 19. 小腿部 20. 跗部 21. 跖部 22. 趾部 23. 耻骨部 24. 左腹股沟部 25. 脐部 26. 左髂部 27. 剑状软骨部 28. 胸腹侧部 29. 指部 30. 掌部 31. 腕部 32. 前臂部 33. 胸前部 34. 肩臂部 35. 颈静脉沟 36. 颈腹侧部 37. 喉部 38. 咬肌部 39. 颏部 40. 颊部 41. 唇部

图 1-1 马体各部位名称

(引自张双等,2015)

一、头部

(一)颅部

颅部位于颅腔周围，又分为枕部、顶部、额部、颞部和耳部。

(1)枕部　位于头颈交界处，两耳之间。

(2)顶部　位于颅腔顶壁。

(3)额部　位于顶部的前方，左右眼眶之间。

(4)颞部　位于顶部两侧，耳与眼之间。

(5)耳部　包括耳根与耳郭。

(二)面部

面部位于鼻腔和口腔周围。又分为眼部、鼻部、眶下部、颊部、咬肌部、唇部、颏部和下颌间隙部。

(1)眼部　包括眼及眼睑。

(2)鼻部 位于额部前方,包括鼻孔、鼻背和鼻侧壁。
(3)眶下部 位于眼眶前下方,鼻后部外侧。
(4)颊部 位于口腔侧壁,颊肌所在位置。
(5)咬肌部 位于颊部后方,咬肌所在位置。
(6)唇部 包括上、下唇。
(7)颏部 位于下唇腹侧。
(8)下颌间隙部 位于左、右下颌骨之间。

二、躯干部

躯干部是指除头和四肢以外的部分,包括颈部、背胸部、腰腹部、荐臀部和尾部。
(1)颈部 又分颈上部和颈下部。
(2)背胸部 又分鬐甲部、背部、胸侧部、胸前部和胸骨部。
(3)腰腹部 又分腰部和腹部。
(4)荐臀部 又分荐部和臀部。
(5)尾部 分为尾根、尾体和尾尖。

三、四肢部

四肢部包括前肢部和后肢部。
(1)前肢部 分为肩胛部(又名肩带部或肩部)、臂部、前臂部和前脚部(包括腕部、掌部和指部)。
(2)后肢部 分为大腿部(股部)、小腿部和后脚部(包括跗部、跖部和趾部)。

任务 1-4 解剖学常用方位术语

【学习任务单】

一、学习目标

1. 了解动物解剖学基本术语的表述。
2. 了解基本切面的含义。
3. 掌握躯干和四肢部分的基本术语。

二、学习资源

1. 马剖制标本。
2. 信息化教学资源。

三、学习任务

1. 学习三个基本切面(矢状面、横切面、水平面)的相对关系。
2. 学习用于躯干的方位术语。
3. 学习用于四肢常用的方位术语。

【相关知识】

解剖学方位术语是解剖学的基本术语，用于规范解剖位置的表述（图 1-2）。

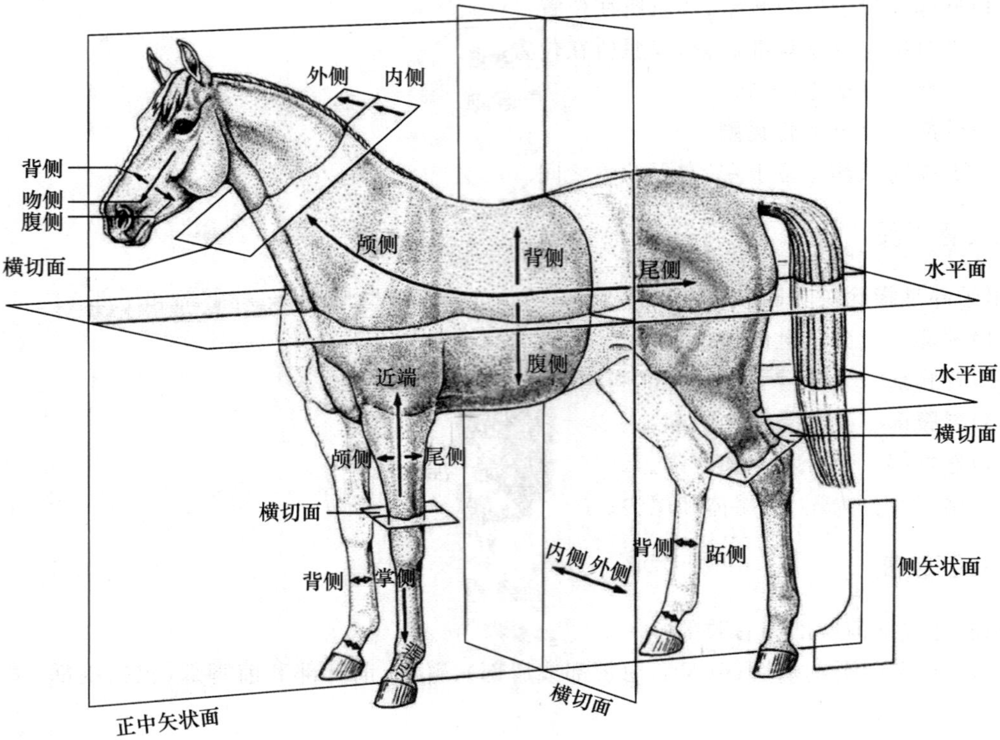

图 1-2　马匹解剖学方位术语及切面

（引自陈耀星等，2009）

一、基本切面

（1）矢状面　与动物体长轴平行而与地面垂直的切面。其中通过动物体正中轴将动物体分成左、右两等份的面称正中矢状面，其他与正中矢状面平行的矢状面称侧矢状面。

（2）横切面　与动物体的长轴或某一器官的长轴垂直的切面。

（3）水平面　又称额面，是与地面平行且与矢状面和横切面垂直的切面。

二、用于躯干的术语

（1）前、后　是相对的两点，以某一横切面为参照面，近头侧的为前，也称头侧，近尾侧的为后，也称尾侧。

（2）背侧、腹侧　以某一水平面为参照面，近地面者为腹侧，背离地面者为背侧。

（3）内侧、外侧　以正中矢状面为参照，近者为内侧，远者为外侧。

（4）内、外　以某一腔壁为参照，位于内部者为内，位于其外者为外，与内侧和外侧意义不同。

（5）浅、深　近体表者为浅，反之为深。

三、用于四肢的术语

(1)近、远　对某一部位而言，近躯干的一侧为近侧，近躯干的某一点为近端，反之称为远侧及远端。

(2)背侧、掌侧和跖侧　四肢的前面为背侧。前肢的后面称掌侧，后肢的后面称跖侧。此外，前肢的内侧为桡侧，外侧为尺侧；后肢的内侧为胫侧，外侧为腓侧。

【测试题】

一、填空题

1.大体解剖学按照研究目的和方法的不同可以分为________、________、________和________。

2.动物解剖学按照研究方法和对象不同，可以分为________、________和________。

3.由几种不同组织按一定的规律有机结合在一起构成的是________。

4.动物体可以分为________、________和________3部分。

5.头部分为________和________。

6.躯干部可以分为________、________、________、________和________5部分。

7.方位术语中“面”可以分为________、________和________3个面。

8.横切面的前后分别称________和________。

9.方位术语中有且只有一个的面是________。

10.四肢的前面称为________，前肢的后面称为________，后肢的后面称为________。

二、简答题

简述动物解剖学的研究内容及其分类。

项目二

马匹细胞和基本组织

【知识目标】

- 掌握动物体细胞的基本构造，了解细胞的基本生命活动。
- 熟悉马匹上皮组织的结构和分布。
- 熟悉马匹结缔组织的结构特点和分类。
- 掌握马匹骨骼肌、平滑肌和心肌的特点和分布。
- 掌握马匹神经元的结构和功能。

【能力目标】

- 能联系生理机能说明细胞的基本结构和功能。
- 能联系生理机能说明马匹上皮组织和结缔组织的结构特点。
- 能从形态和机能上区分马匹的3种肌组织。
- 能够结合神经元构造分析神经冲动的传导过程。

【素质目标】

- 提升学生对结构与功能相适应生命观念的认知，培养学生对生命积极探索的能力；
- 培养学生归纳与概括的科学思维能力。

任务 2-1 细胞的基本结构

【学习任务单】

一、学习目标

1. 了解马匹细胞的形态和大小。
2. 掌握细胞的结构。
3. 掌握细胞膜3层膜结构的组成，了解细胞膜的功能。
4. 掌握细胞器的种类和功能。
5. 掌握细胞核的组成和结构。

二、学习资源

1. 细胞的相关图片。
2. 光学显微镜和组织学切片。
3. 信息化教学资源。

三、学习任务

1. 通过图片和相关视频、动画等信息化资源，观察细胞的形态、构造，了解细胞的功能。
2. 正确使用显微镜，并通过显微镜观察、辨别组织学切片中不同类型的细胞。

【相关知识】

细胞(Cell)是生物体形态结构和功能活动的基本单位，是一切有机体生长发育的基础。组成细胞的化学成分有水、蛋白质、核酸、脂类、糖类以及无机盐等。细胞和细胞间质共同组成动物体的各种组织、器官和系统，进而构成一个完整的有机体。

细胞形态与其内在结构、表面张力、微管、微丝及微环境压力均有关系，但均具有相对稳定的外形特征。细胞类型不同，形态各异，大小不等(图 2-1)。细胞的形态与其分布的位置和执行的功能相适应。如血液中流动的白细胞多呈球形，红细胞呈双凹圆碟形，紧密排列的上皮细胞呈扁平状、立方体形、柱状或多边体形，能舒缩的肌细胞呈长梭形或长的纤维状，具有接受刺激和传导冲动的神经细胞则是多突起的细胞。马匹细胞的直径多为 10～20 μm，最小的细胞是小脑颗粒细胞，直径只有 4 μm，而卵细胞直径可达 100 μm 以上。

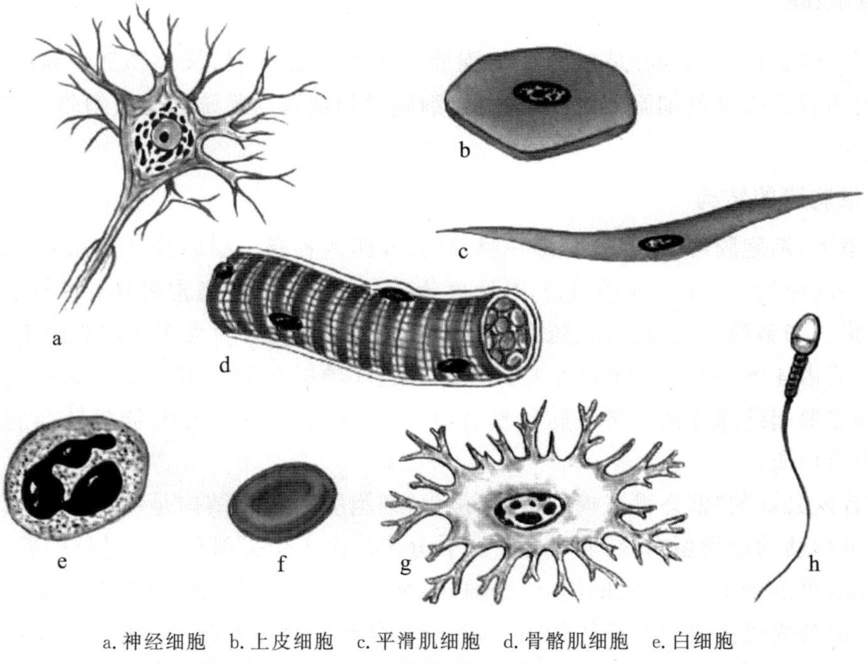

a. 神经细胞　b. 上皮细胞　c. 平滑肌细胞　d. 骨骼肌细胞　e. 白细胞
f. 红细胞　g. 成骨细胞　h. 精细胞

图 2-1　细胞的各种形态

(引自 Van. De. Graaff，2001)

马匹和其他哺乳动物一样，其细胞均由细胞膜、细胞质和细胞核3部分构成（图2-2）。

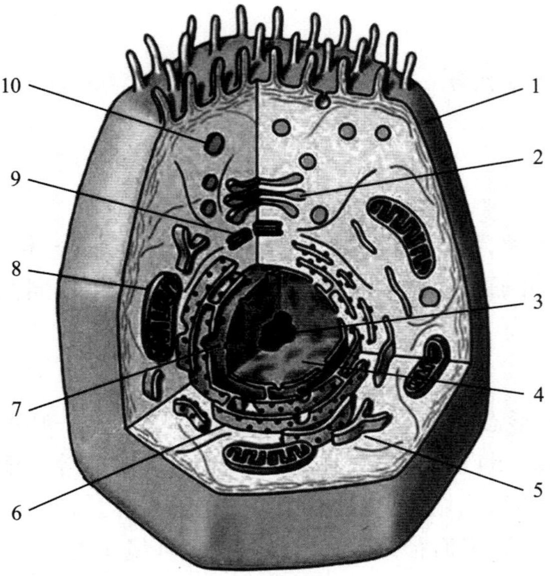

1.细胞膜　2.高尔基复合体　3.核仁　4.细胞核　5.滑面内质网　6.粗面内质网　7.核膜　8.线粒体　9.中心体　10.溶酶体

图2-2　细胞超微结构模式图

一、细胞膜

细胞膜(Cell membrane)是包围在细胞质外周的一层界膜，又称质膜。细胞除了质膜以外，细胞内还有构成某些细胞器的细胞内膜，细胞膜和细胞内膜统称为生物膜。它们具有共同的结构特征。

(一)细胞膜的结构

在电镜下，细胞膜可分为3层，即在膜的内、外两侧各有一层厚约2.5 nm的电子致密带，中间夹有一层厚约2.5 nm的透明带，总厚度为7.0～7.5 nm。通常将具有这样3层结构的膜称为单位膜。细胞膜都是由脂质、蛋白质和糖类分子组成的。对大多数细胞膜来说，脂类约占50%，蛋白质占40%～50%，糖类占1%～10%；但3种成分的比例在不同的膜之间存在较大的差异，如主要起绝缘作用的神经髓鞘膜上，75%为脂类；而主要参与能量转换的线粒体内膜上，75%为蛋白质。

目前普遍公认的“液态镶嵌模型”学说认为，细胞膜的分子结构是在液态的双层脂质分子中镶嵌着可移动的球形蛋白质，其中每个脂质分子均由1个头部和2个尾部构成（图2-3）。头部为亲水端，可溶于水，朝向膜的内、外表面；尾部为疏水端，伸入膜的中央。膜中的球形蛋白质，按其功能分为受体蛋白和载体蛋白等；若按其分布可分为表在蛋白和嵌入蛋白两类。表在蛋白附着于脂质分子的内、外表面，而嵌入蛋白镶嵌在脂质分子之间。部分暴露于细胞外表面的蛋白质或脂质分子，可以与糖分子结合成糖蛋白或糖脂，其糖链伸向细胞膜外，构成某些细胞表面的细胞衣。

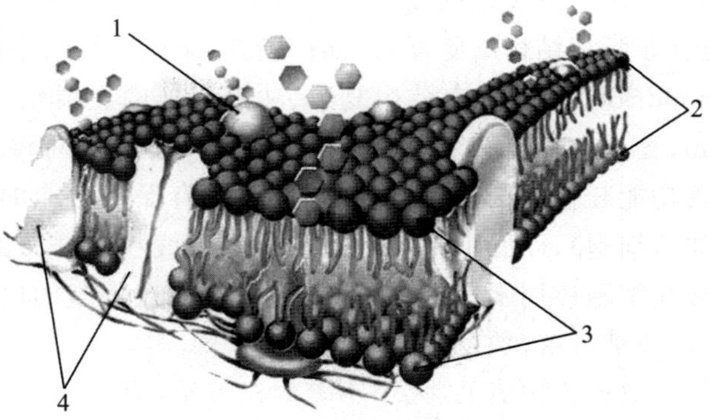

1. 糖蛋白 2. 磷脂分子 3. 磷脂双分子层 4. 蛋白质分子

图 2-3 细胞膜液态镶嵌模型图

(二)细胞膜的功能

细胞膜在细胞生命活动中发挥着重要的作用。许多重要的生物学过程都必须通过细胞膜才能完成。

(1)物质转运功能 在细胞新陈代谢过程中,不断有各种各样的物质进出细胞,包括各种供能物质、合成细胞新物质的原料、中间代谢产物和终产物、维生素、氧和二氧化碳,以及Na^+、K^+、Ca^{2+}等。这些物质中除极少数能直接通过脂质层进出细胞外,大多数物质分子或离子的跨膜转运,都与镶嵌在膜上的各种特殊的蛋白质分子有关。对于物质的转运,细胞膜并不是被动的结构性屏障,而是具有主动调控作用的功能系统。它不但对不同物质有不同的通透性,而且这种通透性能因条件变化而变化。

(2)保护功能 细胞膜构成细胞结构上的界膜,能保持细胞形态,使细胞保持稳定的内环境,对细胞有保护作用。

(3)细胞识别与细胞通讯 细胞膜外表面有一些突出的特异蛋白或寡糖链连接于蛋白质或脂类分子上,这些特异蛋白和寡糖链带有该细胞的特殊信息,借助于此来对周围的环境发生应答反应而出现相应的激素受体、抗原受体等。

二、细胞质

细胞质(Cytoplasm)是执行细胞生理功能和化学反应的主要部分,填充于细胞膜与细胞核之间。细胞质为半透明的胶状物,其黏稠度常随细胞的生理状态而定。通常用 HE 法染色时呈嗜酸性(粉红色)。细胞质由基质、细胞器和内含物组成。

(一)基质

细胞的细胞基质(Cytomatrix)呈无定形的胶状,内含水、无机盐等小分子,氨基酸、糖类、脂类、核苷酸等中分子,以及可溶性酶类、蛋白质、RNA 等大分子。基质为各种细胞器维持其正常结构提供所需的环境,为细胞器完成其功能提供所需的一切底物。基质还是细胞进行某些生化活动的场所。

(二)细胞器

细胞的细胞器(Organelle)是细胞质内具有一定形态结构和执行一定功能的类器官,在细胞的新陈代谢中起着重要作用。主要包括膜相结构细胞器，比如线粒体、内质网、高尔基复合体、溶酶体和微体等；还有非膜相结构细胞器，比如核糖体、微丝、微管、中间丝和中心粒等。

（1）线粒体（Mitochondrion） 是一个结构复杂、功能多样的重要细胞器。光镜下呈线状或粒状，一般长 1～2 μm，直径为 0.5～1.0 μm。由于细胞功能的不同，线粒体的形状、大小和数目也不一致，如在分泌功能旺盛的细胞内线粒体多；在具有保护功能的细胞中较少；在一般动物细胞中有数百个（如肌细胞），而肝细胞内可有上千个。线粒体分布的位置也因不同细胞而异，如在肝细胞中分散在细胞核周围；在胰腺细胞内则集中在细胞的底部。在病理状态下，线粒体的形状可变为空泡或被溶解，数目也大为减少。

电镜下观察，线粒体为双层膜构成的、大小不等的椭圆形小体（图 2-4）。内膜向内突入形成许多隔板，称为线粒体嵴，嵴的多少与细胞的氧化代谢率成正比。在嵴之间的空隙内含有液态基质和少量致密颗粒，在内膜表面也有带柄的颗粒。这些颗粒和基质都含有许多与生物氧化有关的酶类，它们能把进入线粒体内的脂肪、糖类和某些蛋白质的中间产物进行氧化磷酸化，释放出能量，并以 ATP（三磷酸腺苷）的形式储存起来，供细胞执行各种功能活动时使用，所以线粒体有"细胞动力站"之称。

（2）核糖体（Ribosome） 又称为核蛋白体，其化学成分为核糖体核糖核酸（rRNA）和蛋白质。在电镜下呈颗粒状，直径约为 20 nm，由大、小 2 个亚基（亚单位）构成（图 2-5）。有的核蛋白体附着在内质网膜的表面，成为附着核糖体（形成粗面内质网）；有的游离在细胞质中，成为游离核糖体。核糖体是在细胞质内合成蛋白质的场所。在合成蛋白质时常可见到几个或几十个核糖体由一条信使 mRNA（信使核糖核酸）串联在一起，并依据 mRNA 携带的信息合成蛋白质，这种结构称为多聚核糖体。单独存在的核糖体称为单体。

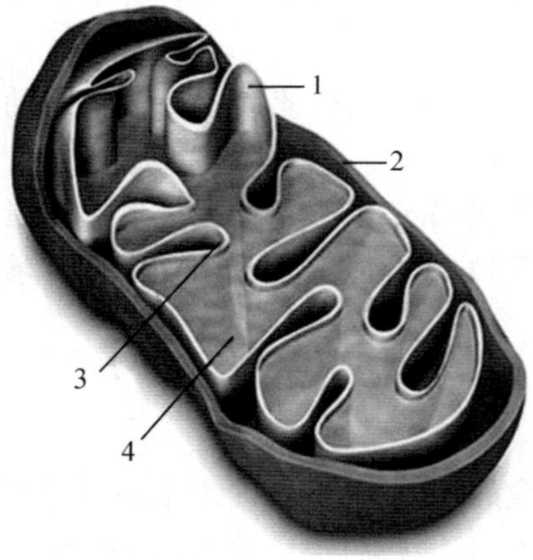

1. 内膜 2. 外膜 3. 线粒体嵴 4. 线粒体基质

图 2-4 线粒体内部结构模式图

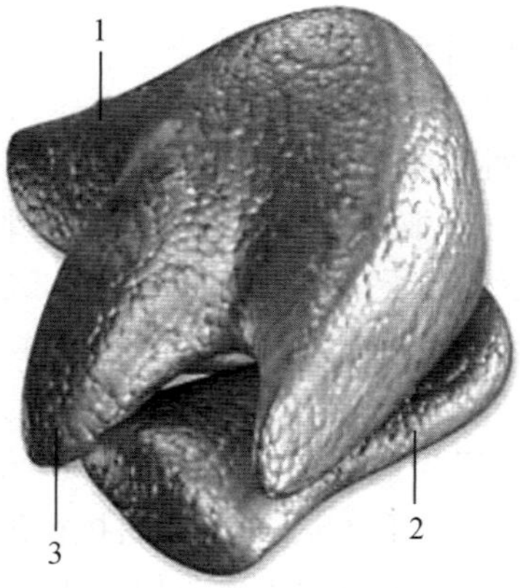

1. 大亚基 2. 小亚基 3. 大亚基的中央突起

图 2-5 核糖体的结构

（3）内质网（Endoplasmic reticulum） 由单位膜构成，呈小管、小泡或扁囊状，腔内含有多种酶。它们彼此通连，甚至与细胞膜和核膜相连，形成连续的网状膜系统。根据其形态结构，分为粗糙内质网和光滑内质网 2 种，又有人称作粗面内质网和滑面内质网（图 2-6）。

粗糙内质网膜（Rough endoplasmic reticulum）上附着有核糖体，多呈扁平囊状，其功能主要是合成分泌蛋白，如酶类、肽类激素和抗体等。故在合成和分泌蛋白的细胞，特别是当其处于功能旺盛状态时，粗糙内质网特别丰富。例如，浆细胞的粗面内质网平行排列成板层状，几乎充满整个细胞质。粗糙内质网也能合成少量的结构蛋白，并对合成的物质起运输和分隔作用。

平滑内质网膜（Smooth endoplasmic reticulum）上没有核糖体附着，多呈分支小管状或小泡状。因细胞质基质和平滑内质网均为嗜酸性物质，故平滑内质网发达的细胞，其胞质强嗜酸性，如胃腺壁细胞、睾丸间质细胞、骨骼肌细胞等。各种细胞的平滑内质网形态相似，但所含的酶不同，因而具有不同的功能。例如，肾上腺皮质细胞、睾丸间质细胞和卵巢黄体细胞的平滑内质网含有合成胆固醇所需的全部酶系，故与类固醇激素的合成有关；肝细胞的平滑内质网含有丰富的氧化还原酶及糖原合成和分解的酶，参与解毒及糖原的合成和分解。此外，平滑内质网还与胆汁生成、脂肪合成（肝细胞、小肠上皮细胞、脂肪细胞）、肌纤维舒缩（横纹肌细胞）、盐酸合成（胃腺壁细胞）等有关。

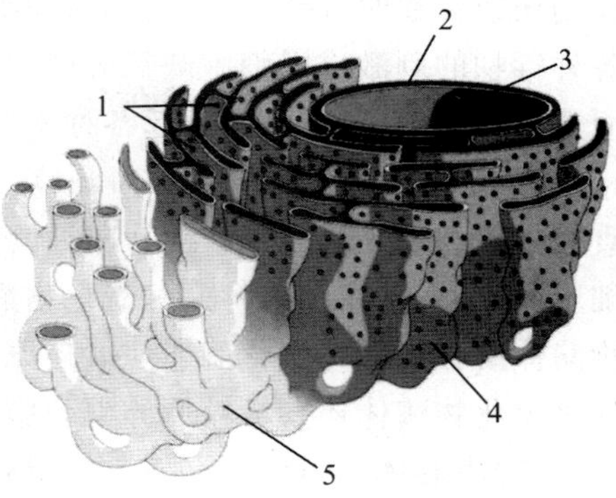

1. 核糖体　2. 核膜　3. 细胞核
4. 粗糙内质网　5. 平滑内质网

图 2-6　内质网模式图

（4）高尔基复合体（Golgi complex）　光镜下呈网状；电镜下是由单位膜构成的扁平囊泡、大囊泡和小囊泡，可与内质网相通。扁平囊泡是高尔复合体的主体部分，由 3～8 个互相通连的扁平形囊平行排列在一起。它有 2 个面，凸面朝向细胞核，称形成面或未成熟面；凹面朝向细胞膜，称成熟面或分泌面。小囊泡又称运输小泡，位于形成面，是由附近的粗面内质网以出芽的方式形成，能将粗面内质网的合成物运送到扁平囊泡进行加工浓缩。大囊泡又称浓缩泡（输出泡），位于成熟面，是由扁平囊泡的边缘或成熟面的局部膨大脱落而成的，内含有经扁平囊泡加工和浓缩后的各种物质。大囊泡从扁平囊泡脱落后游离于细胞质中形成溶酶体和分泌颗粒。高尔基复合体主要与细胞的分泌、溶酶体的形成以及糖类的合成有关（图 2-7）。

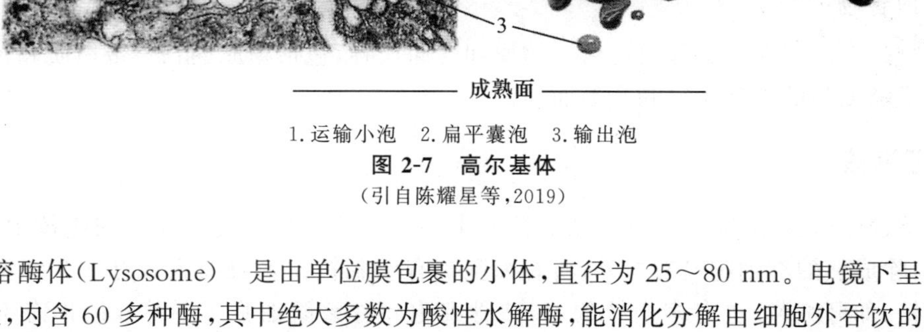

1. 运输小泡　2. 扁平囊泡　3. 输出泡

图 2-7　高尔基体

（引自陈耀星等，2019）

（5）溶酶体（Lysosome）　是由单位膜包裹的小体，直径为 25～80 nm。电镜下呈大小不等的囊泡状，内含 60 多种酶，其中绝大多数为酸性水解酶，能消化分解由细胞外吞饮的异物或细胞本身的物质，因此可把溶酶体看作细胞的消化器官。溶酶体广泛存在于各种细胞内，但以具有吞噬作用的细胞最多，由于能消化分解异物，故对细胞的营养供应、防御保护具有重要作用。

在创伤或炎症时，能消灭细菌和清除细胞碎片。若溶酶体的功能失常，则使细胞本身受损，如各种毒物的刺激或因细胞缺氧等因素可使溶酶体的膜变为不稳定，膜的破裂导致酶的外溢，因而造成细胞的自我溶解，引起各种疾病。

(6)过氧化物酶体(Peroxisome)　又称微体，是由一层单位膜围成的圆形或卵圆形小泡，直径一般为 0.5 μm。内含 40 多种酶，包括氧化酶、过氧化氢酶和过氧化物酶，主要存在于肝细胞、肾小管上皮细胞等。过氧化物酶体主要功能是保护细胞免受过氧化氢的毒害。过氧化物酶体所含的各种氧化酶能使氧还原为过氧化氢，而过氧化氢酶能使过氧化氢还原为水。此外过氧化物酶体还参与糖原异生和脂肪代谢作用。

(7)中心体(Centrosome)　位于细胞的中央，细胞核附近。光镜下中心体呈颗粒状；电镜下中心体由两个相互垂直的中心粒和周围特化的致密基质组成的中心球共同构成。中心粒为圆筒状结构，直径 0.1～0.5 μm，长 0.3～0.7 μm，最长者可达 2 μm。圆筒状结构的壁由 9 组纵行的微管束很有秩序地排列而成。每一组微管束都包含 3 条紧密排列的细管，称三联微管。在横切面上，可见周围 9 组微管束，似风车的旋翼，而每组的 3 条微管则互相紧挨排列。中心粒主要参与细胞的有丝分裂过程，并与纤毛和鞭毛的形成有关。

(8)微管(Microtubule)　是一种中空的管状结构，直径约 25 nm，长数微米至数厘米；粗细均匀，不分支，在细胞内直行或略弯曲；其横断面呈圆管状，壁厚 5 nm，由 13 条原丝环列而成，每条原丝又由微管蛋白组成，两种微管蛋白构成异二聚体并彼此首尾相连。微管具有维持细胞形态、参与细胞运动、细胞内物质运输、信号传导和细胞分裂等功能。

(9)微丝(Microfilament)　广泛存在于多种细胞，其中肌细胞的微丝特别发达，形成稳定的肌丝。而在非肌细胞，微丝的形态可随细胞活动的需要而发生变化。肌丝分为细肌丝和粗肌丝两种。细肌丝直径为 5～7 nm，其主要成分是肌动蛋白，故又称肌动蛋白丝。粗肌丝直径为 10～15 nm，其主要成分是肌球蛋白，故又称肌球蛋白丝。微丝除参与细胞骨架的构成，具有支持细胞的作用外，还参与细胞的运动、分泌和吞噬等活动。

(10)中间丝(Intermediate filament)　又称中等纤维，是一类形态上十分相似，而化学组成有明显差异的蛋白质纤维，直径为 8～10 nm，介于粗肌丝与细肌丝之间，因而得名。

中间丝具有以下功能：①构成细胞骨架。中间丝向外可与细胞膜联系，向内可与细胞核联系，在中间则与微管、微丝及其他细胞器联系，因而在细胞质内形成一个完整的支架系统。②传递信息。近年来发现，中间丝蛋白本身是一种信息分子或信息分子的前体，它可能与 DNA 的复制和转录有关。

(三)内含物

内含物是广泛存在于细胞内的营养物质和代谢产物，包括糖原、脂肪、蛋白质和色素等，其性质和数量随细胞的生理状况和类型而异。

三、细胞核

细胞核(Nucleus)是细胞生命活动的控制中心。遗传物质主要存在于细胞核中。在哺乳动物体内，除成熟的红细胞没有核外，所有细胞都有细胞核。多数细胞只有一个细胞核，但也可出现双核，如肝细胞，也有多个核的，如破骨细胞和骨骼肌细胞。各种核的形态不一，有球形、椭圆形、杆形、梭形、分叶形等，核的体积一般为细胞体积的 1/4～1/3，淋巴细胞和幼雏形细胞的核相对较大，衰老细胞的核相对较小。细胞核的形态构造在生活周期的不同阶段变化很大，间期的细胞核具有相对稳定的结构，由核膜、核基质、核仁、染色质和染色体组成（图 2-8）。

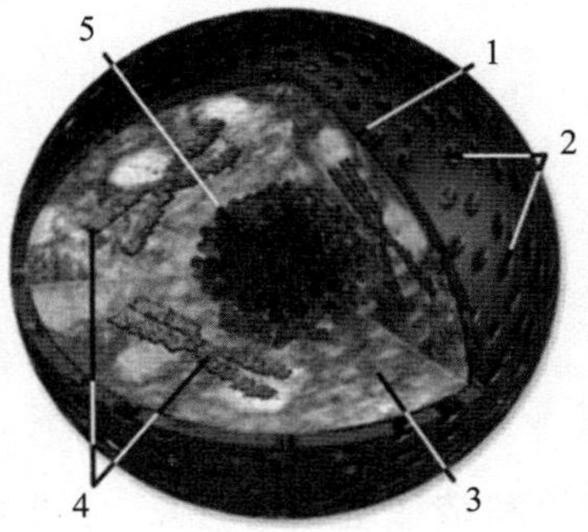

1. 核膜　2. 核孔　3. 核基质
4. 染色体　5. 核仁

图 2-8　细胞核模式图

（一）核膜

核膜（Nuclear membrane）是包在细胞核表面的界膜。电镜下，它由外核膜、内核膜、核周隙、核孔和核纤层组成。外核膜和内核膜均属单位膜，彼此平行排列，并相互连续。二者之间夹有一腔隙，称为核周隙，宽 20～40 nm，内含液态无定形物质。外核膜的胞质面附着有核糖体，有些部位与内质网相连，核周隙与内质网腔相通。核孔是由内、外核膜在一定部位融合贯穿而成的网形孔道，直径为 40～100 nm。核孔并非单纯的孔洞，而是由一组蛋白质颗粒以特定方式排布而成的复杂结构，称核孔复合体；核纤层位于内核膜的内表面，由一层电子密度高的纤维状蛋白质构成，厚 10～100 nm。纤维直径约 10 nm，它们纵横整齐排列，整体呈笼状。核纤层可为核膜提供支架，并与核内骨架一起构成核骨架。

（二）核基质

核基质（Nuclear matrix）呈凝胶状时称核质，呈溶胶状时称核液。核基质含水、无机盐及各种酶类等，也存在着以纤维蛋白为主的网络系统，称核骨架，是核行使功能的内环境。核骨架可能参与 DNA 复制、RNA 转录、染色质的有序空间排列以及染色体的构建等。

（三）核仁

核仁（Nucleolus）呈球形，多为 1～2 个，也有 3～5 个，个别细胞无核仁。核仁位置不定，数量和大小常随细胞种类及功能状态而改变。蛋白质合成活跃的细胞，核仁大而明显，如胰腺细胞；反之，核仁不明显、小或无，如精子。核仁的化学成分主要是蛋白质、RNA 和 DNA。

（四）染色质和染色体

染色质（Chromatin）与染色体（Chromosome）由 DNA、RNA 和蛋白质等构成，遗传基因存在于 DNA 中。染色质与染色体是同一物质的不同功能状态。细胞核进入有丝分裂期时，染色质呈现高度螺旋化，变短变粗，称染色体；有丝分裂结束进入间期，染色体螺旋松解又恢复染色质状态。

任务 2-2　基本组织

【学习任务单】

一、学习目标

1. 掌握构成动物体的四大基本组织。
2. 掌握上皮组织和结缔组织的基本特点。
3. 掌握上皮组织和结缔组织的分类和分布。
4. 掌握平滑肌、心肌和骨骼肌三种肌肉组织的基本特点。

5.掌握神经元的基本组成及分类。

6.掌握神经、髓鞘和突起的基本概念。

二、学习资源

1.皮肤、气管、十二指肠、肾、甲状腺、膀胱的组织学切片。

2.教材。

3.信息化教学资源。

三、学习任务

1.通过图片和相关视频、动画等信息化资源,总结上皮组织和结缔组织的特点、分类和分布。

2.通过显微镜观察识别食管、气管和十二指肠等组织切片中不同的组织。

【相关知识】

组织(Tissue)是由形态相似、功能相关的细胞群及细胞间质构成的,是动物体内各种器官的结构基础,每种组织可看作是向一定功能方向分化的细胞群体。根据组织的形态、结构和功能特点,可分为上皮组织、结缔组织、肌组织和神经组织 4 大类。

一、上皮组织

上皮组织(Epithelial tissue)简称上皮,是由大量紧密排列的细胞和少量细胞间质构成的。上皮组织有被覆上皮、腺上皮和感觉上皮。被覆上皮和腺上皮在动物体内分布非常广泛,主要以保护为主;感觉上皮分布在能感受特定刺激的部位和一些感觉器官内,如味蕾、嗅上皮、听觉感受器及视网膜的感光细胞等。

上皮组织的形态结构特点是:

(1)细胞紧密排列,形态较规则,细胞间质极少;

(2)细胞呈现明显的极性,朝向身体表面或管腔的一面,称游离面;与游离面相对的另一面朝向深部的结缔组织,称基底面。基底面借助一层薄的基膜与结缔组织相连;

(3)上皮组织内没有血管,其营养主要依靠结缔组织中的血管通过基膜扩散而获得;

(4)上皮组织内有丰富的神经末梢分布,可感受各种刺激。

(一)被覆上皮

被覆上皮(Cover epithelium)被覆在机体的外表或衬在管腔内表面,呈薄膜状。通常说的上皮是指被覆上皮。

1.单层扁平上皮

单层扁平上皮(Simple squamous epithelium)仅由一层不规则扁平形细胞借少量的黏合质嵌合而成。细胞呈多边形,边缘呈锯齿状,细胞核扁圆,位于细胞中央(图 2-9)。衬于心脏、血管、淋巴管内表面的单层扁平上皮,称内皮。其游离面光滑,可减少血液和淋巴液流动时的阻力。分布于胸膜、腹膜、心包膜表面等处的单层扁平上皮,称为间皮。间皮滑润,可减少脏器活动时的摩擦。单层扁平上皮还分布于肾小囊壁层、肺泡壁、肾髓袢降支等处。

2.单层立方上皮

单层立方上皮(Monolayer cubic epithelium) 由一层排列整齐的近似于立方形的细胞组

成，细胞核大、呈球形，位于细胞中央（图 2-10）。从上皮表面看，每个细胞呈六角形或多角形；由上皮的垂直切面看，细胞呈立方形。分布于甲状腺滤泡、肾小管等处，具有吸收、分泌功能。

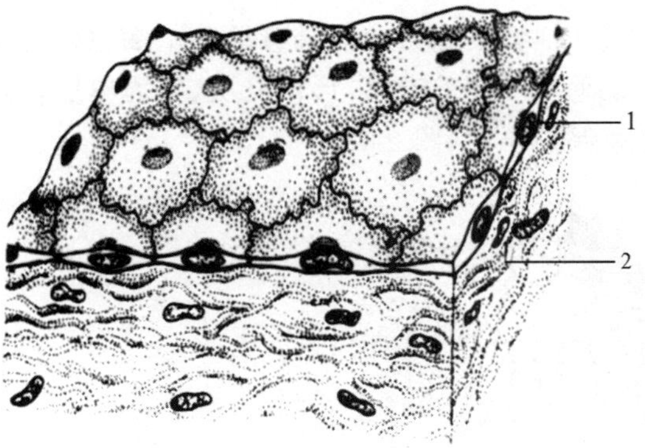

1. 扁平细胞　2. 结缔组织

图 2-9　单层扁平上皮模式图

（引自陈耀星等，2019）

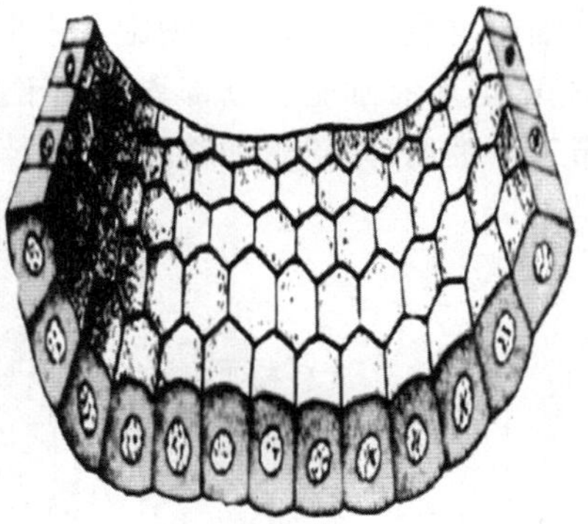

图 2-10　单层立方上皮模式图

（引自陈耀星等，2019）

3. 单层柱状上皮

单层柱状上皮（Simple columnar epithelium）由一层排列整齐的高柱状细胞组成，细胞核呈椭圆形，靠近基底部，含丰富的细胞器。从表面看，细胞呈六角形或多角形；由上皮垂直切面看，细胞呈柱状。主要分布在胃、肠等器官内表面，具有吸收和分泌作用（图 2-11）。

在小肠和大肠腔面的单层柱状上皮中，柱状细胞间有许多散在的杯状细胞。杯状细胞形似高脚酒杯，细胞顶部膨大，充满黏液性分泌颗粒，基底部较细窄。细胞核位于基底部，常为较小的三角形或扁圆形，染色质浓密，着色较深。杯状细胞是一种腺细胞，分泌黏液，有滑润上皮表面和保护上皮的作用。

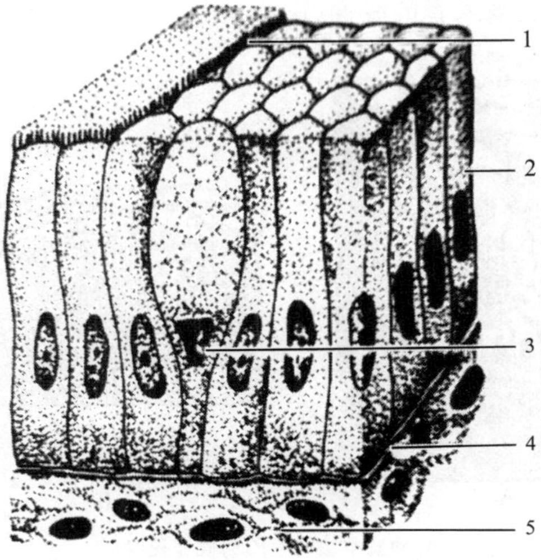

1. 纹状缘　2. 柱状细胞　3. 杯状细胞　4. 基膜　5. 结缔组织

图 2-11　单层柱状上皮模式图

（引自程会昌等，2007）

4.假复层纤毛柱状上皮

假复层纤毛柱状上皮(Pseudostratified ciliated columnar epithelium)由一层高矮、形状不一的柱状细胞、梭形细胞、杯状细胞和锥形细胞组成。柱状细胞游离面具有纤毛。细胞核的位置参差不齐,但所有细胞的基部均附着于基膜上,在垂直切面上观察,形似复层,实为单层。该上皮分布于呼吸道、附睾管和输精管等处,有分泌和保护作用(图 2-12)。

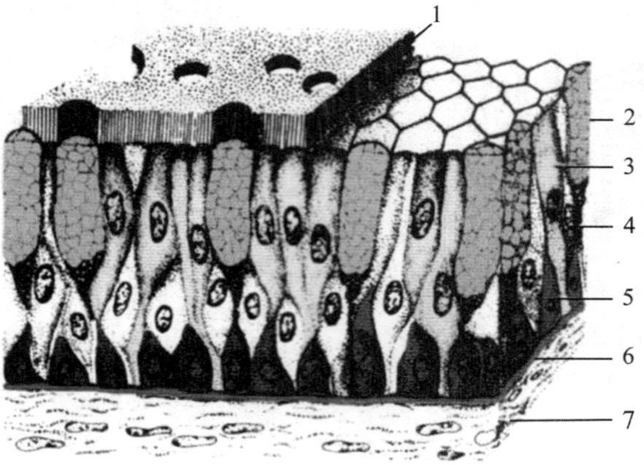

1.纤毛 2.杯状细胞 3.柱状细胞 4.梭形细胞 5.锥形细胞 6.基膜 7.结缔组织

图 2-12 假复层纤毛柱状上皮模式图

(引自程会昌等,2007)

5.变移上皮

变移上皮(Transitional epithelium)又称移行上皮。这种上皮形状及层次可依所在器官的胀缩而改变。当器官空虚时,上皮变厚,细胞层数增多,基底层为低柱状或立方形,中间细胞为多边形,有些呈倒置的梨形。器官扩张时,上皮变薄,细胞层数减少,表面细胞为扁平形。变移上皮分布在肾盏、肾盂、膀胱、输尿管的腔面(图 2-13)。

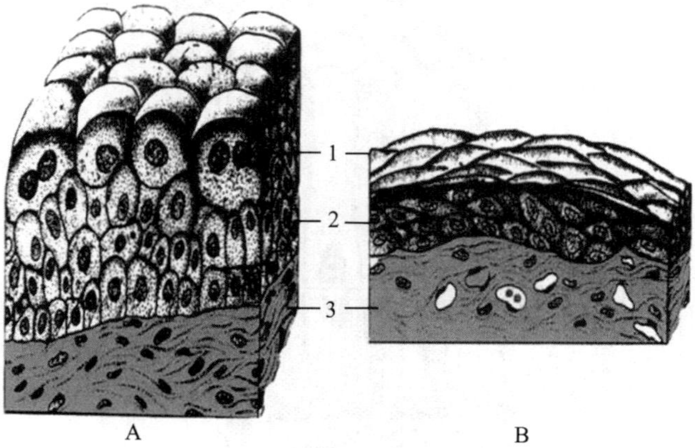

A.膀胱空虚时 B.膀胱充盈时

1.表层细胞 2.深层细胞 3.结缔组织

图 2-13 变移上皮(膀胱黏膜)示意图

(引自陈耀星等,2019)

6.复层扁平上皮

复层扁平上皮(Stratified squamous epithelium)由多层细胞组成,是最厚的一种上皮。从上皮垂直面看,细胞的形状和厚薄不一。紧靠基膜的是一层矮柱状或立方形的基底层细胞,此层细胞可不断分裂增生并向表层推移,得以补充表层衰老或损伤脱落的细胞。中间为数层多边形细胞,靠近表面的几层细胞呈扁平状。复层扁平上皮分布在皮肤的表皮和口腔、食管和阴道等器官的内表面(图 2-14)。

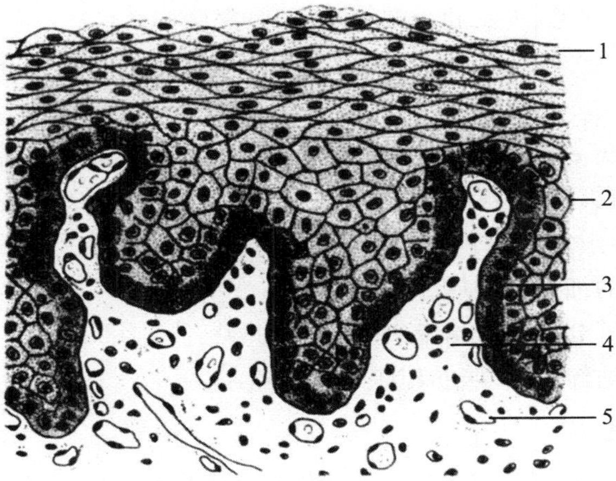

1.扁平细胞　2.多边形细胞　3.基底层细胞　4.结缔组织　5.血管

图 2-14　复层扁平上皮模式图

7.复层柱状上皮

复层柱状上皮(Multilayer columnar epithelium)表面为一层柱状细胞,基底层细胞呈矮柱状,中间为多角形细胞。这种上皮比较少见,主要位于一些动物的眼睑结膜,在有些腺体内较大的导管也可以见到,起保护作用。

(二)腺上皮和腺

上皮中有些细胞在胞质内合成具有特殊作用的产物并将其分泌到细胞外,这种具有分泌功能的上皮称为腺上皮(Glandular epithelium),以腺上皮为主构成的器官称为腺(Gland)。但是,还有许多非上皮的细胞也有合成和分泌的功能,如某些神经细胞能分泌激素,浆细胞能分泌抗体等。

1.腺的发生

腺上皮起源于胚胎时期,原始上皮细胞分裂增生,向深部结缔组织内生长,逐渐具有分泌功能并分化成腺。腺原来都有分泌部和导管部,但发育过程中一些腺的导管慢慢消失而变成无管腺。有管腺的分泌物经由导管排至体外或某些器官的腔内,称为外分泌腺(Exocrine gland),如各种消化腺、乳腺等。无管腺的分泌物渗入血液和淋巴,通过血液循环系统输送并作用于特定的组织和器官,故又称为内分泌腺(Endocrine gland)。

2.外分泌腺的类型

根据腺细胞多少可分为单细胞腺(如杯状细胞)和多细胞腺;根据分布可分为壁内腺(如肠腺、子宫腺)和壁外腺(如肝、胰);根据腺细胞分泌物的性质可以分为浆液腺(如腮腺、胰腺等)、黏液腺(如杯状细胞等)和混合腺(如颌下腺等),腺细胞分泌的方式包括透出分泌(如胃腺壁细胞等)、局浆分泌(如胰腺细胞等)、顶浆分泌(如乳腺和汗腺等)和全浆分泌(如皮脂腺等)等。

(三)感觉上皮

感觉上皮(Sensory epithelium)又称神经上皮(Neuroepithelium),是具有特殊感觉功能的特化的上皮。上皮游离端往往有纤毛,另一端与感觉神经纤维相连。当感觉细胞受到刺激而处于兴奋状态时,产生冲动,经感觉神经传入相应的中枢。感觉上皮主要分布在舌、鼻、眼、耳感觉器官内,具有味觉、嗅觉、视觉和听觉等功能。

二、结缔组织

结缔组织(Connective tissue)由细胞和大量的细胞间质组成。结缔组织分布广泛,具有支持、连接、营养、保护、防御和修复等多种功能。主要结构特点是:细胞数量少而种类多,细胞形态多样,无极性,分散在细胞间质内;细胞间质成分多,由基质和纤维组成。基质为无定形物质,纤维是位于基质内的细丝状物质。

根据其形态结构,可分为固有结缔组织、软骨组织、骨组织、血液和淋巴。固有结缔组织包括疏松结缔组织、致密结缔组织、脂肪组织和网状组织。

(一)疏松结缔组织

疏松结缔组织(Loose connective tissue)又称蜂窝组织(Cellular tissue),广泛分布于器官之间、组织之间以及细胞之间。疏松结缔组织由细胞、纤维和基质 3 种成分构成,其结构特点是细胞种类多,纤维含量较少,基质丰富。疏松结缔组织具有连接、防御、保护和创伤修复等功能(图 2-15)。

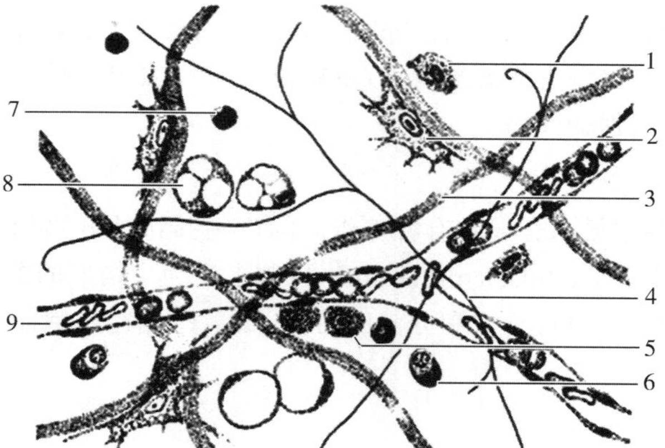

1. 巨噬细胞　2. 成纤维细胞　3. 胶原纤维　4. 弹性纤维
5. 肥大细胞　6. 浆细胞　7. 淋巴细胞　8. 脂肪细胞　9. 毛细血管

图 2-15　疏松结缔组织

(引自程会昌等,2007)

1. 细胞

(1)成纤维细胞(Fibroblast)　是结缔组织中最主要的细胞。细胞扁平有突起,呈星形,胞质丰富。胞核大,呈卵圆形,染色淡,核仁明显。胞质弱嗜碱性,细胞轮廓不清。当成纤维细胞的功能处于相对静止时,细胞体积变小,呈长梭形,突起少,胞核小,染色深,核仁不明显,此时称纤维细胞。在一定条件下,如创伤修复、结缔组织再生时,纤维细胞又能再转变为成纤维细胞,合成和分泌细胞外的纤维和基质的成分。

(2)巨噬细胞(Macrophage)　数量较多,分布广泛。细胞形态不规则,表面有突起。胞质丰富,内含颗粒物质。胞核小,核仁不明显。巨噬细胞来源于血液中的单核细胞,当它穿出血管壁进入结缔组织后,增殖、分化为巨噬细胞。巨噬细胞是机体内重要防御细胞,具有趋化运动、吞噬和清除异物及衰老伤亡的细胞、分泌多种生物活性物质以及参与和调节机体免疫应答等功能。

(3)浆细胞(Plasmacyte)　细胞呈圆形或卵圆形,胞核圆,常偏于一侧,核染色质呈车轮状排列。来源于B淋巴细胞,在抗原的刺激下,B淋巴细胞增殖、分化,胞质内出现丰富的粗面内质网及发达的高尔基复合体,即成为浆细胞。浆细胞通常在疏松结缔组织内较少,而在病原微生物易于入侵的部位如消化道、呼吸道固有层结缔组织内及慢性炎症部位较多。浆细胞能合成和分泌免疫球蛋白即抗体,参与体液免疫。

(4)肥大细胞(Mast cell)　常沿小血管和小淋巴管分布。细胞呈圆形或卵圆形,胞核小,胞质内充满粗大的异染性颗粒,颗粒中含有肝素、组胺等生物活性因子,具有抗凝血、增加毛细血管通透性和促使血管扩张等作用。

(5)脂肪细胞(Adipose cell)　常单个或成群分布。细胞体积大,呈球形,胞质内含有大量的脂肪滴,将细胞核挤到细胞周缘。HE染色标本中,脂肪滴被溶解,故呈空泡状。脂肪细胞有合成、储存脂肪和参与脂质代谢的功能。

2. 纤维

(1)胶原纤维(Collagen fiber)　数量最多,新鲜时呈白色。在HE染色切片中呈粉红色,成束排列,直径1～20 μm,粗细不等,呈波浪形,有少量分支。胶原纤维的韧性大,抗拉力强。

(2)弹性纤维(Elastic fiber)　含量较少,新鲜时呈黄色。纤维较细,直径为0.2～1.0 μm,有分支互相交织成网。HE染色标本上不易着色,折光性强,常呈较亮的淡红色。弹性纤维富有弹性,抗变形能力强,但韧性差,与胶原纤维交织在一起,使疏松结缔组织既有韧性又有弹性,以保持其连接的组织和器官的形态、位置相对恒定并有一定的可变性。

(3)网状纤维(Reticular fiber)　较细,分支多并互相连接成网。HE染色标本上不着色,用银染法,被染成黑色,又称嗜银纤维。网状纤维在疏松结缔组织中含量少,主要存在于网状组织,起支架作用。

3. 基质

基质(Ground substance)是一种无色而透明的胶状物质,主要成分为透明质酸。基质中含有大量的组织液。组织液的不断循环更新,为组织、细胞提供了动态的良好生存环境。

(二)致密结缔组织

与疏松结缔组织相比,致密结缔组织(Dense connective tissue)中的纤维成分特别多,而且排列紧密,细胞和基质成分很少。除弹性组织外,绝大多数的致密结缔组织中以粗大的胶原纤维束为主要成分,其中含少量纤维细胞、小血管和淋巴管。按纤维的性质和排列方式不同,可将致密结缔组织分为以下2种类型。

1. 不规则致密结缔组织

不规则致密结缔组织(Irregular dense connective tissue)分布于真皮的网状层、巩膜、大多数器官的被膜等处，由粗大的胶原纤维束相互交织成致密的网络层，纤维排列方向与其承受的张力方向一致，纤维束间有少量基质和成纤维细胞、纤维细胞、小血管及神经束等。

2. 规则致密结缔组织

规则致密结缔组织（Regular dense connective tissue）由大量密集的胶原纤维平行排列成束，束间有沿其长轴成行排列的腱细胞，如肌腱和腱膜。以弹性纤维为主的致密结缔组织，见于项韧带、大动脉和声带等处。

（三）脂肪组织

脂肪组织（Adipose tissue）主要分布于皮下、网膜和系膜等处，具有储存脂肪、保护和维持体温等作用。主要由大量脂肪细胞集聚而成，并被疏松结缔组织将成群的脂肪细胞分隔成许多脂肪小叶（图2-16）。根据脂肪细胞的结构和功能不同，可分为2种类型。

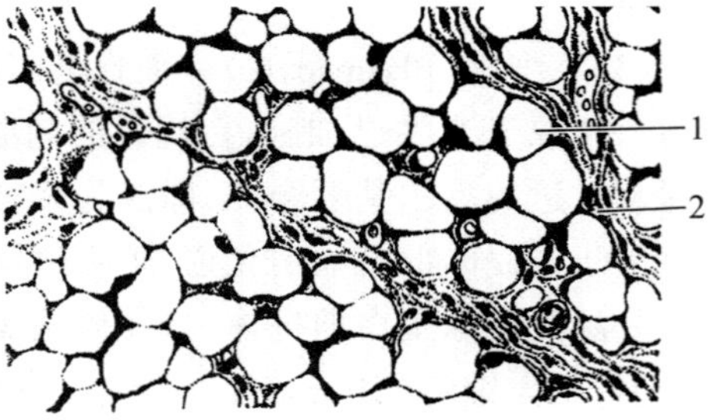

1. 脂肪细胞　2. 结缔组织

图 2-16　脂肪组织

（引自程会昌等，2007）

1. 黄（白）色脂肪组织

黄（白）色脂肪组织新鲜时呈黄色或白色，其结构特点是胞质内含有一个大的脂肪滴，在 HE 染色标本上因脂肪滴被溶解而成大空泡状，这种细胞称为单泡脂肪细胞。大多数的脂肪细胞均属此类，如皮下组织、系膜、网膜和黄骨髓等。具有支持、缓冲、保护、维持体温和储存能量等作用。

2. 棕色脂肪组织

棕色脂肪组织新鲜时呈棕色，其特点是含有丰富的毛细血管，胞质内有许多较小的脂滴和大而密集的线粒体，核圆形，位于细胞中央，这种细胞称为多泡脂肪细胞。棕色脂肪组织主要存在于幼龄动物和冬眠动物体内。可迅速氧化而产生大量热能，有利于新生动物的抗寒和维持冬眠动物的体温。

（四）网状组织

网状组织（Reticular tissue）由网状细胞、网状纤维和基质组成。网状细胞为星形多突起细胞，其突起彼此连接成网。胞质弱嗜碱性，核较大，染色浅，核仁清楚。网状纤维由网状细胞产生，纤维细而分支多，交织成网，是网状细胞依附的支架。网状组织是构成淋巴组织和骨髓组织的基本成分，提供血细胞和淋巴细胞发育的微环境。

（五）软骨组织

1. 软骨组织的结构

软骨组织（Cartilage tissue）简称软骨，由少量的软骨细胞和大量的细胞间质构成。

（1）软骨细胞　软骨细胞深陷在软骨基质形成的软骨陷窝中，在软骨周边部分为幼稚软骨细胞，体积较小，呈扁圆形，单个分布。越近中央，细胞越成熟，体积越大，变为圆形或椭圆形，常成群分布，每群 2～8 个细胞，它们是由一个软骨细胞分裂增殖而来的，故称同源细胞群。软骨细胞的核较小，有 1～2 个核仁，胞质弱嗜碱性，富含粗面内质网，高尔基复合体和线粒体亦很丰富。软骨细胞具有合成软骨基质和纤维的能力。

（2）细胞间质　由纤维和基质组成。基质为透明凝胶状，主要成分为蛋白聚糖和水分。软骨陷窝周围的基质呈强嗜碱性，称软骨囊。纤维埋于基质中，其种类和含量因软骨类型而异。

2. 软骨组织的类型

根据软骨间质内纤维的不同，可将软骨分为透明软骨（图 2-17）、弹性软骨和纤维软骨。

（1）透明软骨（Hyaline cartilage）　分布最广，如鼻、喉、气管和支气管的软骨、肋软骨及关节软骨等。新鲜时呈半透明状，基质内含有互相交织的胶原原纤维。HE 染色标本上不易分辨。透明软骨骨质较脆，耐磨。

（2）弹性软骨（Elastic cartilage）　分布于耳郭、会厌等处，新鲜时呈黄色。其构造与透明软骨相似，只是基质内含有大量交织成网的弹性纤维，具有很大的弹性。

（3）纤维软骨（Fibrocartilage）　存在于椎间盘、耻骨联合及关节盘等处。其特点是基质很少，其中含有大量的胶原纤维，平行或交叉排列。软骨细胞常成行分布于纤维束之间。HE 染色切片中，胶原纤维嗜酸性，染成红色。软骨陷窝周围也可见软骨囊。

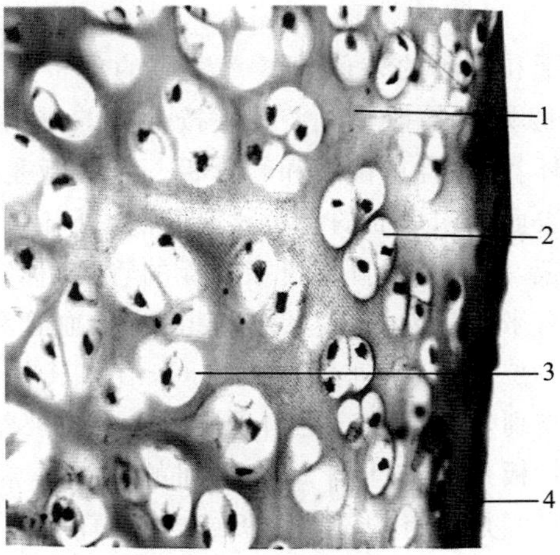

1. 基质　2. 同源细胞群　3. 软骨囊　4. 软骨膜

图 2-17　透明软骨（HE，400×）

（引自陈耀星等，2019）

3. 软骨膜

软骨组织外面包有一层致密结缔组织（关节软骨的关节面除外），称为软骨膜（Perichondrium）。它可明显地分为内、外 2 层。外层含较致密的胶原纤维，细胞少，主要起保护作用；内层纤维较疏松，细胞较多，其中有些梭形的小细胞，称骨原细胞（Osteoblast），可增殖分化为软骨细胞。软骨组织内无血管，营养由软骨膜供给。

（六）骨组织

骨组织（Osseous tissue）是一种坚硬的结缔组织，由几种细胞和大量钙化的细胞间质组成。钙化的细胞间质称骨基质。骨组织与骨膜及骨髓构成骨。

1. 骨组织的结构

（1）骨基质　骨基质为固态，由有机成分和无机成分构成。有机成分占 35%，包括胶原纤维和无定形基质，是由骨细胞分泌形成的。有机成分的 95% 是胶原纤维。无定形基质的含量只占 5%，呈凝胶状，主要成分为蛋白聚糖及其复合物，有黏合纤维的作用。无机成分占 65%，又称骨盐。主要成分是羟基磷灰石结晶。有机成分与无机成分的紧密结合使骨十分坚硬，以适应其支持功能。

成熟骨组织的骨基质均以骨板的形式存在，即胶原纤维平行排列成层并借无定形基质黏合在一起，其上有骨盐沉积，形成薄板状结构，称为骨板。同一层骨板内的胶原纤维平行排列，相邻两层骨板内的纤维方向互相垂直，如同多层木质胶合板一样，这种结构形式，能承受多方压力，增强了骨的支持力。

（2）细胞　骨组织的细胞成分包括骨原细胞、成骨细胞、骨细胞和破骨细胞。其中骨原细胞、成骨细胞和骨细胞与骨基质生成有关，破骨细胞与骨基质的溶解吸收有关。

2. 长骨的结构

长骨由骨松质、骨密质、骨膜、关节软骨、骨髓、血管及神经等构成。

(1)骨松质(Cancellous bone)　分布于长骨的骨骺和骨干的内侧面,是由大量针状或片状的骨小梁连接而成的多孔隙网架结构,网孔内充满骨髓。

(2)骨密质(Compact bone)　分布于长骨的骨干和骨骺的外侧面。骨密质的骨板排列十分致密而规则,肉眼不见腔隙。按骨板的排列方式可分为环骨板、骨单位板和间骨板。环骨板是环绕骨干外表面和内表面的骨板,分别称为外环骨板和内环骨板,内均有垂直或斜穿骨板的管道,称穿通管,管内有来自骨内、外膜的结缔组织、小血管和神经等;骨单位位于内、外环骨板之间,沿着长骨的纵轴平行排列,数量很多,是构成长骨干的主要结构单位;间骨板是填充于骨单位之间的一些不规则的骨板。它们是原有的骨单位板或内、外环骨板被吸收后残留的部分(图 2-18)。

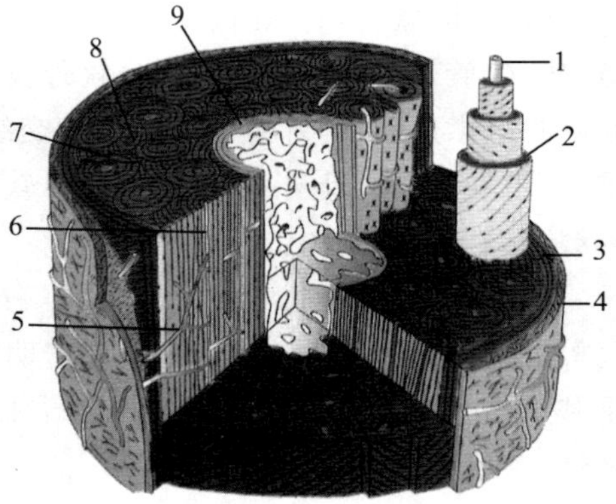

1. 中央管　2. 骨单位板　3. 外环骨板　4. 外骨膜
5. 穿通管　6. 中央管　7. 骨单位
8. 间骨板　9. 内环骨板

图 2-18　骨单位模式图

(引自陈耀星等,2019)

(3)骨膜(Periosteum)　骨除附着有关节软骨的部位外,在骨的外表面均覆以骨外膜;在骨髓腔面、骨小梁表面及中央管和穿通管的内表面均覆以骨内膜。骨膜不仅营养、保护骨组织,在骨的生长、改建和修复中也有重要作用。

(七)血液和淋巴

血液和淋巴是流动在血管和淋巴管内的呈液态的结缔组织,由细胞成分(各种血细胞和淋巴细胞)和大量的细胞间质(血浆和淋巴液)组成。

1. 血液

血液(Blood)由血细胞和血浆组成,血液的有形成分包括红细胞、白细胞和血小板(图 2-19)。大多数哺乳动物的全身血量占体重的 7%～8%,其中有形成分占血液容积的 35%～55%,血浆占 45%～65%。

(1)血浆(Plasma)　呈淡黄色,有黏滞性,其中水分约占 91%,其余 9%为血浆蛋白(白蛋白、球蛋白、补体蛋白和纤维蛋白原、脂蛋白)、无机盐、酶、激素、维生素和各种代谢产物等。血浆不仅是运载血细胞、营养物和全身代谢产物的循环液体,而且参与机体的免疫反应、体液调节、体温调节,维持酸碱平衡和渗透压,具有保持机体适宜内环境的功能。血液流出血管后,即凝成血块,这是由于溶解状态下的纤维蛋白原转变为不溶解状态的纤维蛋白所致。血液凝成血块后,周围析出淡黄色透明的液体,称血清。

(2)血细胞(Blood cell)　血细胞包括红细胞、白细胞和血小板。

①红细胞(Red cell)　大多数哺乳动物成熟的红细胞呈中央薄而周缘厚的双面凹的圆盘状,表面光滑,无细胞核及细胞器。骆驼和鹿的红细胞为椭圆形,无细胞核和细胞器。禽类的红细胞呈椭圆形,细胞中央有一个椭圆形的核。

红细胞大小和数量,随动物种类不同而异。红细胞胞质内充满血红蛋白,具有携带氧和二

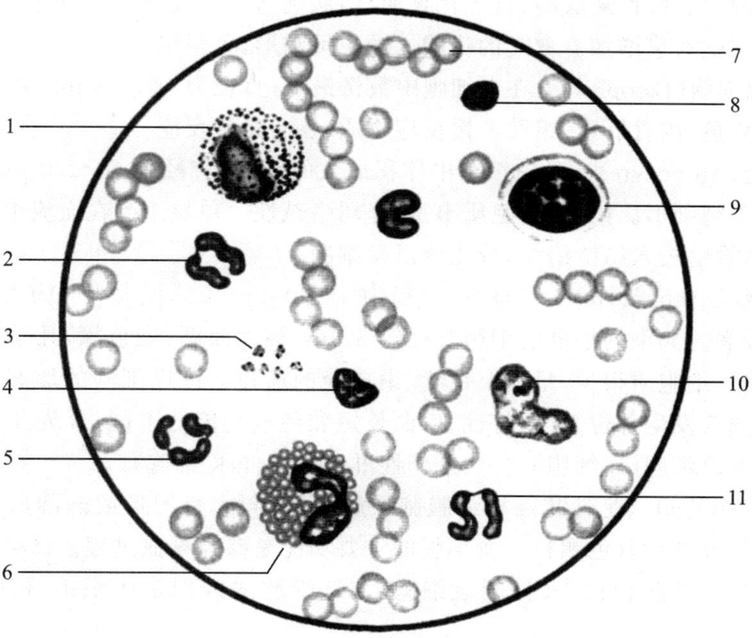

1. 嗜碱性粒细胞　2. 中性粒细胞　3. 血小板　4. 中淋巴细胞　5. 中性粒细胞　6. 嗜酸性粒细胞　7. 红细胞　8. 小淋巴细胞　9. 大淋巴细胞　10. 单核细胞　11. 中性粒细胞

图 2-19　马血细胞模式图

（引自陈耀星等，2019）

氧化碳的功能。各种动物红细胞的平均寿命约为 120 d。衰老的红细胞大都被脾或肝内的巨噬细胞所吞噬。红骨髓不断产生红细胞，补充到血液中去，从而使红细胞总数维持在一定水平上。动物红细胞数量除存在种系差异外，还依个体、性别、年龄、营养状况及生活环境而改变。幼龄动物的红细胞比成年动物的多，雄性动物的比雌性动物的多，营养好的比营养不良的多，生活在高原的比平原的多。

②白细胞（White cell）　为具有细胞核和细胞器的球形细胞，一般较红细胞体积大，能做变形运动穿过毛细血管进入周围组织，发挥其防御和免疫功能。每立方毫米血液中的白细胞数量远比红细胞少。白细胞中除淋巴细胞主要来源于胸腺、脾脏、淋巴结、腔上囊外，其他成分均来源于红骨髓。白细胞数量因动物种类不同而有差别。

光镜下，根据白细胞胞质内有无特殊颗粒，可将其分为有粒白细胞和无粒白细胞 2 类。有粒白细胞又可根据颗粒的嗜色性，分为中性粒细胞、嗜酸性粒细胞和嗜碱性粒细胞。无粒白细胞分为 2 种，即单核细胞和淋巴细胞。

a. 中性粒细胞（Neutrophil）　胞体直径为 7～15 μm。核的形状有肾形、杆形和分叶形。胞质呈淡粉红色，内含淡紫色或淡红色的细小颗粒。颗粒内含有多种酶类，如酸性磷酸酶、碱性磷酸酶、过氧化物酶、溶菌酶等，能消化、分解吞噬的异物和细菌。中性粒细胞具有很强的变形运动和吞噬能力。禽类的异嗜性粒细胞相当于嗜中性粒细胞，其主要特征是细胞质中分布有暗红色的嗜酸性杆状或纺锤形或圆形颗粒。

b. 嗜酸性粒细胞（Eosinophil）　直径为 8～20 μm，核多为 2～3 叶，胞质内有较粗大的嗜酸性颗粒，颗粒内含有酸性磷酸酶、过氧化物酶、组胺酶等。当受到寄生虫感染和发生过敏反应时，嗜酸性粒细胞大量增加。禽类的嗜酸性颗粒呈圆形，色鲜艳。

c. 嗜碱性粒细胞（Basophil） 在白细胞中数量最少，直径为 10～15 μm，胞质内颗粒稀疏、大小不均，呈蓝紫色，内含肝素、组胺和慢反应物质，参与过敏反应。

d. 单核细胞（Monocyte） 是白细胞中体积最大的细胞，直径为 10～20 μm，核呈卵圆形、肾形、马蹄形或不规则形。染色淡，胞质丰富，呈弱嗜碱性。单核细胞在血流中停留时间很短，很快穿过毛细血管壁进入结缔组织，分化成巨噬细胞。

e. 淋巴细胞（Lymphocyte） 呈球形，直径为 5～20 μm，依体积大小分为大、中、小三种，小淋巴细胞数量最多。典型的小淋巴细胞直径约 5 μm，核大而圆、染色深，几乎占据整个细胞，核一侧常有凹陷。细胞质很少，呈一窄带状，染成淡的蓝色。淋巴细胞的形态虽然相似，但不是同一类群，根据其发生部位、表面特性、寿命长短和免疫功能的不同，分为 T 淋巴细胞、B 淋巴细胞、杀伤性淋巴细胞（K 细胞）、自然杀伤性淋巴细胞（NK 细胞）。

③血小板（Platelet） 是骨髓巨核细胞胞质脱落的碎片，呈圆形或椭圆形的小体，其周缘部分透明、中央部分含紫蓝色颗粒。血小板的主要功能是参与凝血过程。禽类的血小板有核，胞质略嗜碱性，与红细胞相似，又称凝血细胞，与红细胞的区别是体积小，核较大，染成玫瑰紫色。

2. 淋巴

血液中的血浆透过毛细血管壁进入组织间隙，称组织液。当组织液进入毛细淋巴管后，即称淋巴（Lymph），后经淋巴结及各级淋巴管入静脉。淋巴中的液体成分与血浆相似，细胞成分主要是小淋巴细胞，单核细胞较少，有时还有少量的嗜酸性粒细胞。

三、肌组织

肌组织（Muscular tissue）主要由肌细胞组成，肌细胞之间有少量的结缔组织以及血管和神经。肌细胞呈细长纤维形，又称为肌纤维，其细胞膜称肌膜，肌细胞质称肌浆。肌浆中有许多肌丝，它们是肌纤维舒缩功能的物质基础。根据形态结构和功能的不同，将肌组织分为骨骼肌、心肌和平滑肌。骨骼肌和心肌属于横纹肌。骨骼肌受躯体神经支配，为随意肌；心肌和平滑肌受植物性神经支配，为不随意肌。

（一）骨骼肌

骨骼肌（Skeletal muscle）因大多借肌腱附着于骨骼而得名，基本成分是骨骼肌纤维，在显微镜下可见其肌纤维有明暗相间的横向条纹，故称横纹肌。

1. 骨骼肌纤维的显微结构

骨骼肌纤维为长圆柱形的多核细胞，横径为 10～100 μm，长短不一，一般为 1～40 mm。肌膜的外面有基膜紧密贴附。一条肌纤维内含有几十个甚至几百个细胞核，位于细胞周围近肌膜处。核呈扁椭圆形，异染色质较少，染色较浅，核仁明显。肌浆内含许多与细胞长轴平行排列的肌丝束，称肌原纤维，每条肌纤维含有数百至数千条肌原纤维。

肌原纤维呈细丝状，直径为 1～2 μm，沿肌纤维长轴平行排列，每条肌原纤维上都有明暗相间、重复排列的横纹。由于各条肌原纤维的明暗横纹都相应地排列在同一平面上，因此肌纤维呈现规则的明暗交替的横纹。横纹由明带和暗带组成，明带又称 I 带，暗带又称 A 带。暗带中央有一条浅色窄带称 H 带，H 带中央有一条暗线为 M 线。明带中央则有一条暗线称 Z 线或间线。两条相邻 Z 线之间的一段肌原纤维称为肌节。每个肌节都由 1/2I 带 + A 带 + 1/2I 带所组成。肌节长 2～2.5 μm，它是骨骼肌收缩的基本结构单位。

2.骨骼肌纤维的超微结构

肌质中除肌原纤维，还含有横小管、肌浆网、肌红蛋白、糖原颗粒和丰富的线粒体(图 2-20)。

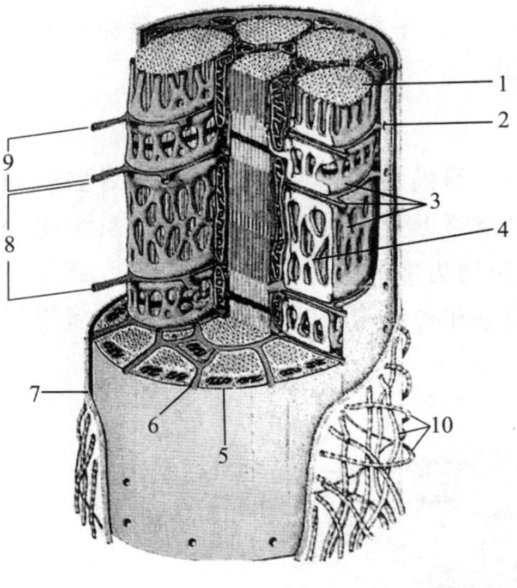

1.肌原纤维　2.T 小管　3.三联体　4.肌浆网　5.肌膜　6.T 管　7.基膜　8.A 带　9.I 带　10.胶原原纤维

图 2-20　骨骼肌超微立体结构模式图

(引自陈耀星等，2019)

(1)肌原纤维　电镜下，肌丝分为直径 15 nm 的粗肌丝和直径 8 nm 的细肌丝。两种肌丝在肌节内各居一定位置。粗肌丝位于明带，中央分出丝突固定于 M 线，两端游离。细肌丝一端发出分支固定于 Z 线，另一端平行插入粗肌丝之间，达 H 带外侧，末端游离。故 I 带只有细肌丝，A 带既有粗肌丝又有细肌丝，其中 H 带只有粗肌丝。两种肌丝在肌节内的这种规则排列以及它们的分子结构，是肌纤维收缩功能的主要基础。

粗肌丝是由许多肌球蛋白分子有序排列组成的。单个肌球蛋白形如豆芽状，分为头和杆 2 部分，在头和杆的连接点及杆上有 2 处类似关节结构，可以屈动。M 线两侧的肌球蛋白对称排列，肌球蛋白分子的杆均朝向 M 线，头部则朝向 Z 线并露出表面，称为横桥。肌球蛋白头是 ATP 酶，能与 ATP 结合。当肌球蛋白分子头与肌动蛋白接触时，ATP 酶被激活，于是分解 ATP 放出能量，使横桥发生屈伸运动。

细肌丝由肌动蛋白、原肌球蛋白和肌原蛋白 3 种蛋白质分子组成。后两种属于调节蛋白，在肌收缩中起调节作用。肌动蛋白由 2 列球形肌动蛋白单体组成，单体相互接连成串珠状，并形成双股螺旋链。每个球形肌动蛋白单体上都有一个可以与肌球蛋白头部相结合的位点。原肌球蛋白是由较短的双股螺旋多肽链组成的，首尾相连，嵌于肌动蛋白双股螺旋链的浅沟内。肌原蛋白由 3 个球形亚单位组成，分别简称为 TnT、TnI 和 TnC。肌原蛋白借 TnT 而附于原肌球蛋白分子上，TnI 是抑制肌动蛋白和肌球蛋白相互作用的亚单位，TnC 是与 Ca^{2+} 相结合的亚单位。

(2)横小管　又称 T 小管，为肌膜向肌浆内凹陷形成的小管网，其走向与肌纤维长轴垂直，故称横小管。横小管位于 A 带与 I 带交界处，同一平面上的横小管分支吻合成网，环绕在每条肌原纤维周围。横小管的功能是将肌膜的兴奋迅速传到每个肌节。

(3)肌浆网　为肌纤维内特化的滑面内质网，位于横小管之间，纵行包绕在每条肌原纤维周围，故又称纵小管。位于横小管两侧的肌浆网呈环行的扁囊，称终池，终池之间则是相互吻合的纵行小管网。每条横小管与其两侧的终池共同组成三联体。在横小管的肌膜和终池的肌浆网膜之间形成三联体连接，可将兴奋从肌膜传到肌浆网膜。肌浆网的膜上有丰富的钙泵，有调节肌浆中 Ca^{2+} 浓度的作用。横小管兴奋引起肌浆网释放 Ca^{2+}，肌浆中 Ca^{2+} 浓度升高，启动肌丝的滑动，引起肌纤维的收缩。

(二)平滑肌

平滑肌(Smooth muscle)由成束或成层的平滑肌细胞构成,排列整齐,主要分布在胃肠道、呼吸道、泌尿生殖道以及血管和淋巴管的管壁,又称内脏肌,收缩较为缓慢而持久。

1.平滑肌纤维的显微结构

平滑肌纤维呈长梭形,平均直径约 10 μm,长约 100 μm。妊娠子宫壁平滑肌可长达 500 μm。血管平滑肌较细长,宽 2~5 μm,长 40~60 μm。平滑肌只有 1 个核,呈棒状或椭圆形,位于细胞中央。肌纤维收缩时,核可扭曲成螺旋状。

2.平滑肌纤维的超微结构

电镜下观察,肌膜向下凹陷形成数量众多的小凹。目前认为这些小凹相当于骨骼肌的横小管。肌浆网不发达,呈小管状,位于肌膜下与小凹相邻近。平滑肌的细胞骨架系统比较发达,主要由密斑、密体和中间肌丝组成(图 2-21)。细胞周边部的肌浆中,主要含有粗、细 2 种肌丝。相邻的平滑肌纤维之间有缝隙连接,便于化学信息和神经冲动的沟通,有利于众多平滑肌纤维同时收缩而形成功能整体。

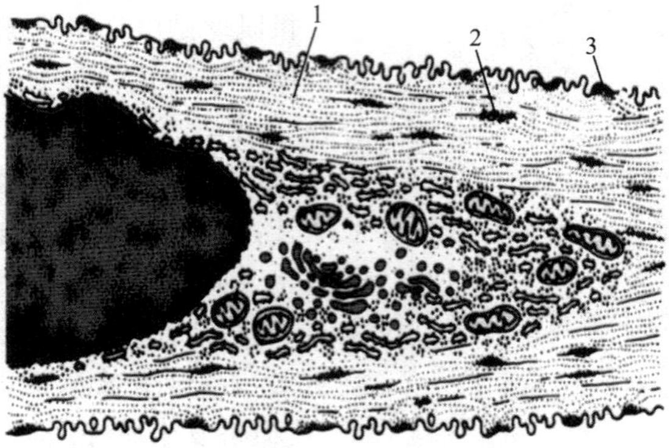

1.肌丝　2.密体　3.密斑

图 2-21　平滑肌超微结构模式图

(三)心肌

心肌(Myocardium)由心肌纤维组成,分布于心壁。心肌纤维有明暗相间的横纹,也属横纹肌,其收缩有自律性。

1.心肌纤维的显微结构

心肌纤维呈短柱状,有分支,相互连接成网状。肌纤维的连接处称闰盘,在 HE 染色的标本中呈着色较深的阶梯状或横线状。每条肌纤维有一个核,呈卵圆形,位于细胞中央,偶见双核。肌浆较丰富,多聚在核的两端。心肌纤维显示有横纹,但其肌原纤维和横纹都不如骨骼肌纤维的明显。

2.心肌纤维的超微结构

心肌纤维的超微结构与骨骼肌纤维相似,也含有粗、细 2 种肌丝,也具有肌浆网和横小管等结构。所不同的是,肌丝被少量肌浆和大量纵行排列的线粒体分隔成粗、细不等的肌丝束,以致横纹也不如骨骼肌的明显;横小管较粗,位于 Z 线水平;肌浆网比较稀疏,纵小管、终池不发达，横小管两侧的终池往往不同时存在，多见横小管与一侧的终池紧贴形成二联体，三联体极少见；闰盘位于Z线水平，有中间连接和桥粒，起牢固的连接作用；在闰盘的纵位部分存在缝隙连接，便于细胞间化学信息的交流和电冲动的传导(图 2-22)。

四、神经组织

神经组织(Nervous tissue)是构成神经系统的主要成分，由神经细胞和神经胶质细胞组成。神经细胞是神经系统的结构和功能单位，亦称神经元，它能感受体内、外环境的刺激和传导兴奋，有一些神经元还具有内分泌功能。神经元之间以突触彼此联系，形成复杂的神经网络。神经胶质细胞的数量比神经元多，无传导功能，对神经元起支持、保护、分隔、营养和修复等作用。

(一)神经元

神经元(Neuron)是一种有突起的细胞，大小不一，形态多种多样，但都由胞体和突起2部分构成(图 2-23)。

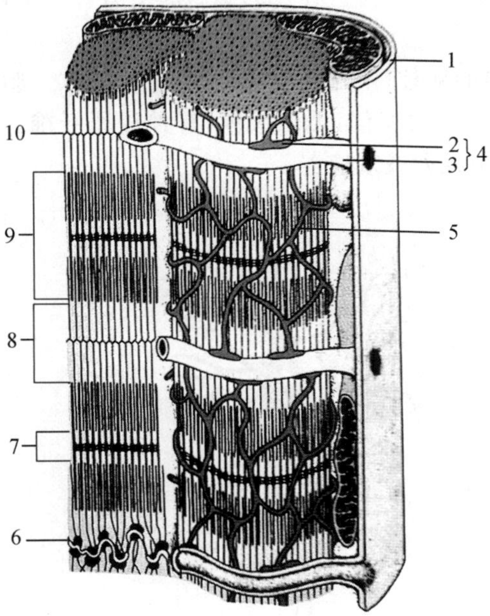

1. 肌膜　2. 终池　3. 横小管　4. 三联体　5. 肌浆网
6. 闰盘　7. H带　8. I带　9. A带　10. Z线

图 2-22　心肌超微结构模式图

(引自陈耀星等，2019)

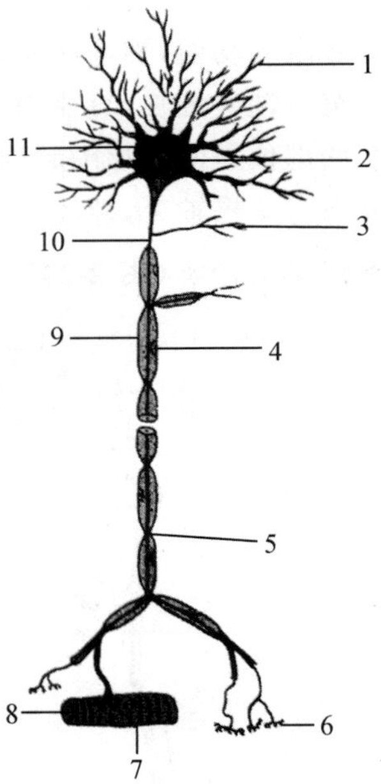

1. 树突　2. 胞核　3. 侧枝　4. 施万细胞细胞核
5. 郎飞结　6. 轴突终末　7. 运动终板　8. 骨骼肌纤维　9. 髓鞘　10. 轴突　11. 尼氏体

图 2-23　神经元模式图

(引自陈耀星等，2019)

1. 神经元的结构

(1)胞体　是神经元功能活动的中心，位于中枢神经系统的灰质和周围神经系统的神经节内。形态多样，有圆形、椎体形及星形等，大小差别大，直径为4～120 μm，但都包括细胞膜、细胞核和细胞质。

①细胞膜　为单位膜，具有接受刺激，传导兴奋的作用。

②细胞核　大而圆，位于胞体中央，染色质细小而分散，着色浅，核仁明显。

③细胞质　又称核周质，除具有细胞质中的一般细胞外，还有丰富的尼氏体和神经原纤维。

a.尼氏体(Nissl body)　是一种嗜碱性物质，在HE染色中被碱性染料染成紫蓝色，多呈斑块状或颗粒状。运动神经元的尼氏体如虎皮样花斑，故又称虎斑(Tiger spot)。尼氏体仅存在于胞体和树突内，轴突起始段的轴丘和轴突内则无尼氏体分布。电镜下，尼氏体是由许多发达的平行排列的粗面内质网及其间的游离核糖体组成的。尼氏体的主要功能是合成与更新细胞器所需的结构蛋白，产生与神经递质有关的酶等。

b.神经原纤维(Neurofibril)　在银染的切片标本中，可见胞质内有很多棕黑色的细丝交织成网，并向树突和轴突延伸，可达到突起的末梢部位。电镜下观察，神经原纤维由一种中间丝(神经丝)和微管组成，作为细胞骨架起支持作用，并参与神经元的物质运输。

(2)突起　分为树突和轴突。

①树突　树突有多个，比较短，呈树枝状分支，因而得名。树突表面常有许多棘状或小芽状突起，称树突棘。树突棘是神经元之间形成突触的主要部位。树突的细胞膜上有许多受体，具有接受刺激的功能，神经冲动沿树突传入胞体。

②轴突　轴突细长，直径均匀，可有呈直角分出的侧枝，末端分支较多，称轴突终末。胞体发出轴突的部位呈网锥形隆起称轴丘，轴丘和轴突的结构相似，无尼氏体，有神经原纤维。一个神经元只有一根轴突，神经冲动沿轴突传至其他神经元或效应器。

2.神经元的分类(图2-24)

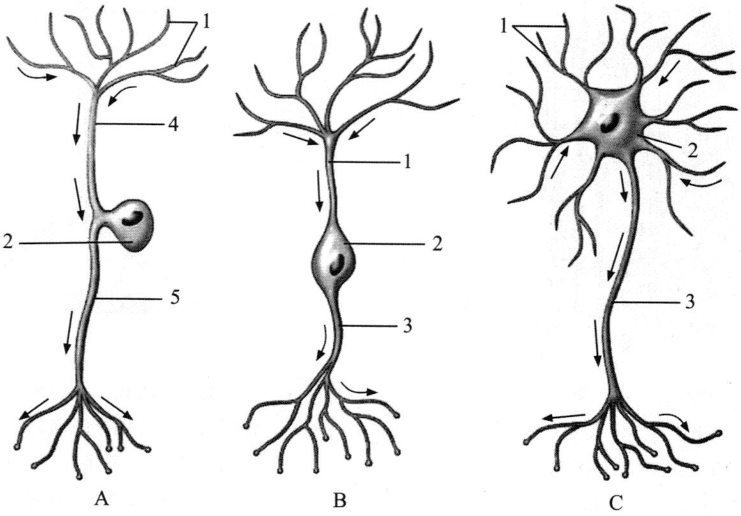

A.假单极神经元　B.双极神经元　C.多级神经元

1.树突　2.胞体　3.轴突　4.外周轴突　5.中枢轴突

图2-24　神经元的类型

(引自陈耀星等，2019)

(1)根据神经元突起数目可将神经元分为：①多极神经元(Multipolar neuron)有1个轴突和多个树突。②双极神经元(Bipolar neuron)有2个突起，一个是树突，另一个是轴突。③假单极神经元(Pseudounipolar neuron)从胞体发出 1 个突起,距胞体不远又分为 2 支,一支分布到外周的其他组织器官,称周围轴突(Peripheral process);另一支进入中枢神经系统,称中枢轴突(Central process)。

(2)根据神经元的功能可将神经元分为:①感觉神经元(Sensory neuron),又称传入神经元,多为假单极神经元,胞体主要位于脑、脊神经节内,其周围突的末梢分布在皮肤和肌肉等处,接受刺激,将刺激传向中枢。②运动神经元(Motoor neuron),又称传出神经元,多为多极神经元,胞体主要位于脑、脊髓和植物神经节内,它把神经冲动传给肌肉或腺体,产生效应。③联络神经元(Association neuron),又称中间神经元,介于前两种神经元之间,多为多极神经元,在感觉和运动神经元之间起联络作用。

(3)根据神经元释放递质的性质可分为:①胆碱能神经元;②胺能神经元;③肽能神经元。

(二)突触

突触(Synaptic junction)是神经元与神经元之间,或神经元与非神经细胞之间的一种特化的细胞连接,通过它的传递作用实现细胞与细胞之间的通讯。在神经元之间的连接中,最常见是一个神经元的轴突终末与另一个神经元的树突、树突棘或胞体连接,分别构成轴-树、轴-棘、轴-体突触。此外还有轴-轴和树-树突触等。突触可分为化学突触和电突触两大类,前者是以化学物质(神经递质)作为通讯的媒介,后者通过缝隙连接以电流(电讯号)传递信息。哺乳动物神经系统以化学突触占大多数,通常所说的突触亦指化学突触而言。

突触的结构可分突触前膜、突触间隙和突触后膜 3 部分。突触前成分包括突触前膜和突触小泡,突触前膜是轴突终末与另一个神经元相接触处轴突终末特化增厚的部分。突触小泡位于突触前膜内侧,一般呈圆形或椭圆形,其内含乙酰胆碱、去甲肾上腺素或肽类等神经递质。突触间隙是突触前膜和后膜之间狭小的间隙,宽 20～30 nm,含有糖蛋白和一些细丝状物质。突触后膜是与突触前膜相对应的神经元或效应细胞的局部细胞膜。突触后膜含有能与神经递质特异性结合的受体。

(三)神经纤维

神经纤维(Nerve fiber)由神经元长的轴突外包神经胶质细胞所构成。根据包裹轴突的胶质细胞是否形成髓鞘,神经纤维可分为有髓神经纤维和无髓神经纤维(图 2-25)。神经纤维主要构成中枢神经系统的白质和周围神经系统的脑神经、脊神经和植物神经。

1.有髓神经纤维

周围神经系统的神经和中枢神经系统白质中的神经纤维多数是有髓神经纤维(Myelinated nerve fiber)。光镜下,有髓神经纤维的中心为神经元的轴突或长树突,统称轴索,外包髓鞘。髓鞘的主要成分是髓磷脂,在 HE 染色片上呈空泡细丝状。周围神经系统有髓神经纤维的髓鞘是由神经膜细胞节段性包绕轴索而成的。每一节有一个神经膜细胞,相邻节段间有一无髓鞘的狭窄处,称神经纤维结,或郎飞结,两个纤维结之间的一段纤维称结间段。

2.无髓神经纤维

周围神经系统的无髓神经纤维(Unmyelinated nerve fiber)光镜下可见细长的神经膜细胞核,排在轴索表面,神经纤维直径较细。

3.神经末梢

周围神经纤维的终末部分,终止于其他组织所形成的特有结构,称神经末梢(Sensory

nerve ending)。按其功能可分感觉神经末梢和运动神经末梢2大类。

(1)感觉神经末梢　是感觉神经元周围突的终末部分,该终末部分与其他结构共同组成感受器。感受器能接受内、外环境的各种刺激,并将刺激转化为神经冲动传向中枢,产生感觉。感觉神经末梢按形态结构不同,可归纳为以下2种。

①游离神经末梢　是由较细的有髓或无髓神经纤维的终末部分反复分支而成。在接近末梢处,髓鞘消失,裸露的细支分布于皮肤的表皮、角膜、黏膜上皮、浆膜及某些结缔组织等处。能感受冷、热和疼痛刺激。

②有被囊神经末梢　均包以结缔组织成分组成的被囊,形式很多,大小不一。常见的有触觉小体(Tactile corpuscle)、环层小体(Lamellar corpuscle)和肌梭(Muscle spindle)等。

(2)运动神经末梢　由中枢发出的运动神经纤维末梢,终止在骨骼肌或内脏的平滑肌及腺体,支配肌肉的活动和腺体的分泌。神经末梢与邻近组织共同组成效应器。运动神经末梢可分为以下2种。

①躯体运动神经末梢　运动神经元的有髓神经纤维抵达骨骼肌纤维处失去髓鞘并反复分支,一个神经元可支配多条神经纤维,每个分支终末呈斑块膨大,与一条骨骼肌纤维构成神经肌突触,也称运动终板。

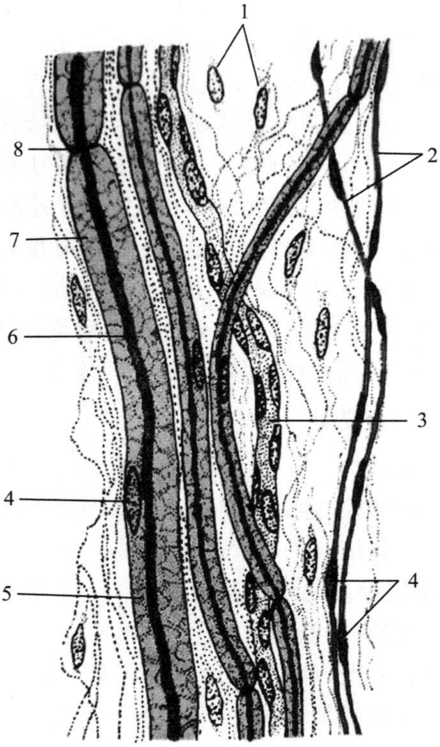

1.成纤维细胞　2.无髓神经纤维　3.毛细血管　4.施万细胞细胞核　5.髓鞘　6.轴突　7.有髓神经纤维　8.郎飞结

图2-25　有髓神经纤维、无髓神经纤维比较模式图

(引自陈耀星等,2019)

②内脏运动神经末梢　是植物性神经节后纤维的末梢。这类神经纤维较细,大多无髓鞘。神经末梢终末呈串珠样膨体附于内脏和血管平滑肌或腺细胞上。膨体内含递质小泡,膨体与效应细胞之间间距较大,可超过100 nm,膨体释放递质,通过弥散方式作用于效应细胞。

(四)神经胶质细胞

神经胶质细胞(Glial cell)广泛分布于中枢和周围神经系统,其数量比神经元多10～50倍。神经胶质细胞体积一般比神经元小,胞质中缺乏尼氏体和神经原纤维。虽然也有突起,但无树突和轴突之分,亦无传导神经冲动的功能。神经胶质细胞可分几种,各有不同的形态特点,但HE染色只能显示其细胞核,用特殊的银染色或免疫细胞化学方法可显示细胞的全貌(图2-26)。

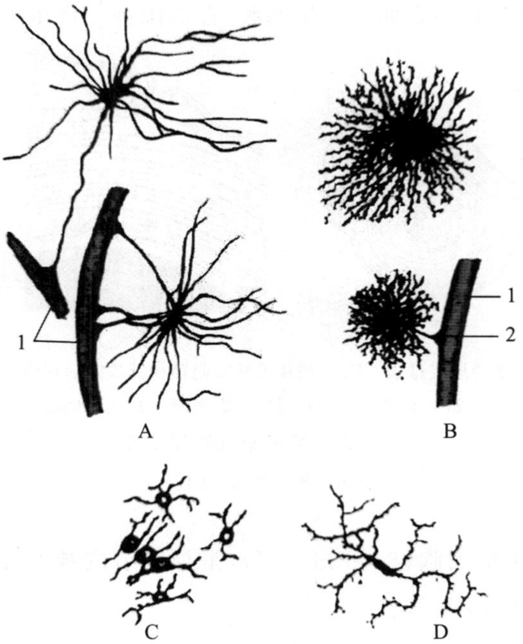

A. 纤维性星形胶质细胞　B. 原浆性星形胶质细胞　C. 少突胶质细胞　D. 小胶质细胞

1. 毛细血管　2. 脚板

图 2-26　神经胶质细胞模式图

(引自陈耀星等,2019)

1. 中枢神经系统的神经胶质细胞

(1)星形胶质细胞　是胶质细胞中体积最大的一种。细胞呈星形,核圆形或卵圆形,较大,染色较浅。星形胶质细胞的突起伸展充填在神经元胞体及其突起之间形成网状支架。有些突起末端形成脚板,附在毛细血管壁上或附着在脑和脊髓表面,形成胶质界膜。对神经元有绝缘、保护和支持作用。

(2)少突胶质细胞　胞体较小,核圆,染色较深,突起小。分布在神经元胞体附近和神经纤维周围,它的突起末端扩展成扁平薄膜,包卷神经元的轴突形成髓鞘,所以它是中枢神经系统的髓鞘形成细胞。少突胶质细胞还参与神经递质的代谢,并可抑制神经元突起的生长。

(3)小胶质细胞　是最小的胶质细胞,胞体细长或椭圆形,核小,染色深。突起细长有分支,表面有许多小棘突。中枢神经系统损伤时,小胶质细胞可转变为巨噬细胞,吞噬细胞碎屑及退化变性的髓鞘。一般认为,小胶质细胞来源于血液中的单核细胞,属单核吞噬细胞系统。

(4)室管膜细胞　为一层立方或柱状的上皮细胞,分布在脑室及脊髓中央管的腔面,形成室管膜。细胞表面有许多微绒毛,有些细胞表面有纤毛。某些地方的室管膜细胞,其基底面有细长的突起伸向深部,称伸长细胞。室管膜细胞参与脑脊液的形成,对脑和脊髓起支持和保护作用。

2. 周围神经系统的神经胶质细胞

(1)神经膜细胞　又称雪旺或施万细胞,是周围神经纤维的鞘细胞,它们排列成串,一个接一个地包裹着周围神经纤维的轴突。在有髓神经纤维,神经膜细胞形成髓鞘,是周围神经系统的髓鞘形成细胞。神经膜细胞外表面有一层基膜，在周围神经再生中起重要作用(图 2-27)。

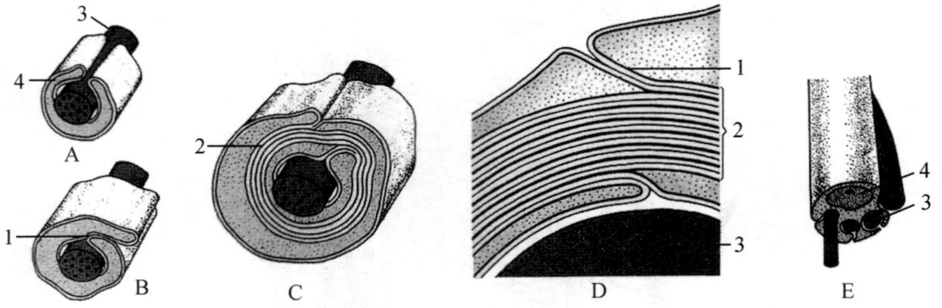

A～C. 有髓神经纤维的形成过程　D. 有髓神经纤维髓鞘局部放大示意图　E. 无髓神经纤维

1. 轴突系膜　2. 髓鞘板层　3. 轴突　4. 施万细胞

图 2-27　神经膜细胞模式图

(引自陈耀星等，2019)

(2)被囊细胞　又称卫星细胞(Satellite cell)，是神经节内神经元胞体周围的一层扁平细胞，有营养和保护神经元的作用。

【测试题】

一、名词解释

细胞　组织　细胞器　神经元　骨板　细胞周期　突触

二、填空题

1. 在光学显微镜下，动物细胞可分为________、________和________ 3 个部分。

2. 动物细胞的细胞器中，____________被称为“细胞动力站”，____________是蛋白质合成的场所，____________被看作细胞的消化器官。

3. 细胞核是细胞的主要组成部分，是________和________的控制中心，在细胞生命活动中起着决定性的作用。

4. 构成动物体的 4 大基本组织包括________、________、________和________。

5. 内质网是动物细胞内的一种重要的细胞器，根据表面有无核糖体附着，可以分为________和________ 2 种，其中________主要参与蛋白质的合成分泌。

6. 细胞周期可以分为________和________ 2 个阶段，其中________阶段主要是 RNA 和其他蛋白质的合成，为细胞分裂做准备，分为________、________和________ 3 个时期。

7. 疏松结缔组织的结构特点是________。

8. 结缔组织包括________、________、________和________。

9. 根据基质中所含纤维的性质和数量的不同，通常将软骨分为________、________和________。

10. ________是一种流动的结缔组织。

11. 神经组织主要由________和________构成。

12. 骨组织是一种坚硬的结缔组织，由________和坚硬的________构成。

13. 神经元按照突起的数目，可以分为________、________和________，按照功能可以分为________、________和________。

14. 肌组织可以分为________、________和________ 3 类。

三、选择题

1. 组成动物体基本结构和功能的单位是(　　)。

A. 细胞　　B. 组织　　C. 器官　　D. 分子

2. 下列关于细胞膜的描述,哪一项是错误的?(　　)

A. 细胞膜是细胞与周围环境进行物质交换的半透膜

B. 电镜下,细胞膜分为 3 层膜结构

C. 细胞膜具有传递信息的作用

D. 脂质双分子层的尾部形成单位膜的内外两层

3. 构成细胞膜主要支架的化学成分是(　　)。

A. 脂质双分子层　　B. 胆固醇　　C. 糖蛋白　　D. 膜磷脂与蛋白质

4. 在合成分泌蛋白质旺盛的细胞中,常含有(　　)。

A. 发达的高尔基复合体和丰富的滑面内质网

B. 大量的核糖体和丰富的线粒体

C. 丰富的滑面内质网

D. 发达的高尔基复合体和丰富的粗面内质网

5. 固醇类激素合成细胞的超微结构特点是(　　)。

A. 大量的溶酶体　　B. 大量的微体

C. 丰富的滑面内质网和管状嵴线粒体　　D. 大量的板状嵴线粒体

6. 对蛋白质进行糖基化的细胞器是(　　)。

A. 粗面内质网　　B. 高尔基复合体　　C. 核糖体　　D. 线粒体

7. 对于黄色脂肪组织的描述,错误的是(　　)。

A. 见于皮下组织、网膜和肠系膜等处　　B. 由大量脂肪细胞聚集而成

C. 含丰富的血管和神经　　D. 可贮存脂肪和保持体温

8. 构成造血组织的支架是(　　)。

A. 网状纤维和网状细胞　　B. 胶原纤维和成纤维细胞

C. 网状纤维和巨噬细胞　　D. 网状纤维和胶原纤维

9. 单层柱状上皮除见于消化管外,还分布于(　　)。

A. 子宫和尿道　　B. 输卵管和子宫

C. 尿道和输精管　　D. 输精管和输卵管

10. 在外周血涂片中,很少见到的白细胞是(　　)。

A. 嗜酸性粒细胞　　B. 中性粒细胞

C. 嗜碱性粒细胞　　D. 单核细胞

四、简答题

1. 简述上皮组织的结构特点、种类及分布。

2. 简述结缔组织的结构特点、种类及分布。

3. 简述骨骼肌、平滑肌和心肌的相同点和不同点。

4. 简述神经元的构造和种类。

项目三

马匹运动系统

【知识目标】

- 掌握马匹骨、关节和肌肉的基本构造。
- 掌握马匹全身各部分骨骼的形态结构特征。
- 掌握马匹四肢各关节的构成。
- 掌握马匹胸壁肌和腹壁肌的形态和位置。
- 熟悉马匹四肢肌的形态、位置和作用。

【能力目标】

- 能在马匹骨骼标本上指出各部分骨骼及关节的名称和结构。
- 能认知马匹主要肌肉在运动中的主要机能。

【素质目标】

- 培养学生崇尚科学、积极探索的职业素养。
- 培养学生理论联系实际、理论指导实践的学习和工作态度。

马匹的运动系统(Locomotor system)由骨、骨连结和骨骼肌 3 个部分组成。全身各部分骨通过骨连结形成骨骼,构成动物体的支架,维持动物体的形态。肌肉附着于骨上,肌肉的收缩活动以骨连结为支点,牵引骨骼而产生运动。在马匹运动中,骨是运动的杠杆,骨连结(关节)是运动的枢纽,肌肉是运动的动力。

运动系统在马匹体重中占相当大的比例,为体重的 75%～80%。它直接影响马匹的运动和使役能力。同时,体表的一些骨突起和肌肉形成了某种自然的外观标志,是马匹生产实践中重要的定位标志。

任务 3-1　全身骨的认知

【学习任务单】

一、学习目标

1. 了解马匹骨的形态结构及化学组成。

2. 熟记马匹全身骨的名称。
3. 比较不同骨形态结构的异同。

二、学习资源

1. 马匹全身骨骼标本。
2. 教材。
3. 信息化教学资源。

三、学习任务

1. 通过马匹全身骨骼标本，观察骨骼的形态和构造。
2. 观察马匹头部颅骨和面骨各骨的位置、毗邻和主要形态特征，额窦和上颌窦的位置和表面投影。
3. 观察马匹颈椎、胸椎、腰椎、荐椎和尾椎及肋骨和胸骨的构造特点。
4. 观察马匹前肢肩胛骨、肱骨、前臂骨、腕骨、掌骨、指骨和籽骨的形态结构。
5. 观察马匹后肢髋骨、股骨、膝盖骨、小腿骨、跗骨、跖骨、趾骨和籽骨的形态结构。

【相关知识】

一、骨的概述

骨(Bone)是主要由骨组织构成的器官，坚硬而富有弹性，有丰富的血管和神经，能不断进行新陈代谢和生长发育，并具有改建、修复和再生的能力。动物体内每一块骨为一个骨器官。骨与骨连结在一起，形成具有一定形态的支架，称为骨骼。

(一)骨的类型

根据形态，可以将马匹的骨分为长骨、短骨、扁骨和不规则骨 4 个类型。

(1)长骨(Long bone)　呈长管状，多分布于四肢。两端膨大的骨端(骺)与中部较细的骨体，骨干中空的腔为骨髓腔。骨干与骨端之间有一软骨板为骺软骨(可使骨生长加长)。成年后则转化为骨(骺线)，将骨干与骨端牢牢地连结起来。

(2)短骨(Short bone)　多分布于长骨与长骨之间，如腕骨和跗骨，起缓冲作用。

(3)扁骨(Flat bone)　呈板状，分布于头部和躯干，如颅骨、肋等，起保护作用。

(4)不规则骨(Irregular bone)　形状不规则，一般构成马机体中轴，如椎骨等。

(二)骨的基本结构

马的每个骨器官由骨膜、骨质、骨髓、血管和神经组成(图 3-1)。

(1)骨膜(Periost)　包括骨外膜(Periosteum)和骨内膜(Endosteum)。骨外膜位于骨质的外表面，骨内膜衬于骨腔的内表面。在骨的关节面没有骨膜，由关节软骨覆盖着。骨外膜富有血管、淋巴管及神经，故呈粉红色，对骨的营养、再生和感觉有重要意义。

骨膜分 2 层。外层为纤维层，富有胶原纤维和血管、神经，起营养和保护作用。内层为成骨层，富有细胞成分。在幼龄时期正在生长的骨，成骨层很发达，细胞非常活跃，直接参与骨的生长；到成年期成骨层逐渐萎缩，细胞转为静止状态，但它终生保持分化能力。在骨受损时，成骨层有修补和再生骨质的作用，故在骨的手术中应尽量保留骨膜，以免发生骨的坏死和延迟骨的愈合。

（2）骨质（Dsseous substance） 是构成骨的主要成分，分骨密质（Compact bone）和骨松质（Spongy bone）。骨密质位于骨质的表面，由骨板构成，致密坚硬；骨松质位于骨质的内部，由骨针和骨小梁构成，呈海绵状，由互相交错的骨小梁构成。骨松质小梁的排列方向与受力的作用方向一致。骨密质和骨松质的这种配合，使骨既坚固又轻便，为马匹的运动提供重要的支撑。

（3）骨髓（Bone marrow） 位于长骨体的骨髓腔和骨松质的间隙内，具有造血功能，分为红骨髓和黄骨髓。红骨髓位于骨松质间隙内和幼畜长骨的骨髓腔内。成年家畜长骨骨髓腔内的红骨髓被富于脂肪的黄骨髓代替，但长骨两端、短骨和扁骨的骨松质内终生保留红骨髓。当机体大量失血或贫血时，黄骨髓又能转化为红骨髓而恢复造血机能。骨松质中的红骨髓终生存在，所以临床上常进行骨髓穿刺，检查骨髓像，诊断疾病。

（4）血管（Blood vessel）、神经（Nerve） 骨需要丰富的血液供应，血管的一部分由骨膜穿入骨质，另一部分由骨端的滋养孔穿入骨内。神经与血管伴行，分布于骨膜、骨质和骨髓。

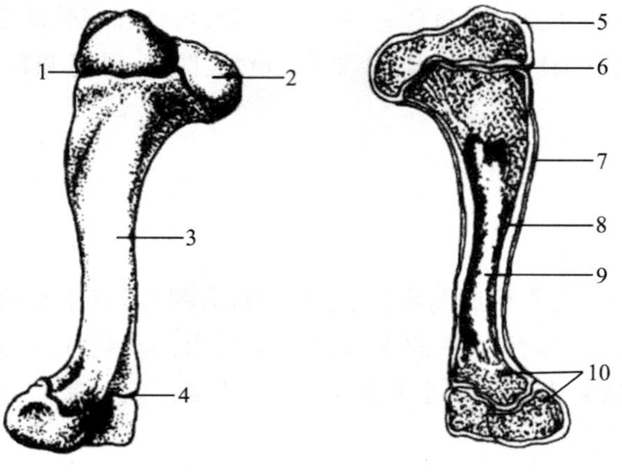

1，4. 骺软骨　2. 骨端　3. 骨体　5. 关节软骨　6. 骺线　7. 骨膜　8. 骨密质　9. 骨髓腔　10. 骨松质

图 3-1　骨的形态和构造

（三）骨的化学组成

骨的化学成分由有机物和无机物组成，保证骨最基本物理特性，使骨兼具硬度和弹性。这与骨的形状、内部结构及其化学成分有密切的关系。无机物主要为钙盐（磷酸钙和碳酸钙），占成年马匹骨重的 2/3，使骨具有硬性和脆性。经火煅烧的骨只剩下无机质，其形态不变，但是失去弹性和韧性，骨脆而易碎。有机物的主要成分是骨胶原和黏多糖，占成年马匹骨重的 1/3。有机质决定骨的弹性和韧性，用酸处理脱盐的骨仍保持骨的原有形态，但柔软富有弹性，易变形，失去支撑重量的功能。

有机物和无机物在骨中的比例，随马匹年龄和营养健康状况不同而变化。幼驹的骨，有机物较多，所以骨的弹性大，硬度小，不易发生骨折，但容易弯曲变形。老年马则相反，骨的无机物多，只有硬度而缺乏弹性，因此脆性较大，易发生骨折。妊娠母马骨内钙质被胎儿吸收，使母马骨质疏松而易发生骨软症。同时母马在泌乳期，如饲料成分比例不适，亦可发生上述情况。

为了预防骨软症，应注意饲料成分的调配。

(四)骨表面的形态

骨的表面由于肌腱、肌肉、韧带的附着和牵拉，血管、神经通过等因素的影响，形成了各种形态的标志，有些标志可以从体表清楚地看到或摸到，成为临床诊断和治疗中判断动物体结构位置的重要根据。

1. 骨面的突起

由于肌腱或韧带的牵拉，骨的表面生有程度不同的隆起，其中明显突出于骨面的叫突(Process)；末端尖的叫棘(Spine)；基底部较广逐渐凸隆的叫隆起(Eminentia)，其表面粗糙不平的叫粗隆或结节(Tuber)，有方向扭转的粗隆叫转子(Trochanter)；薄而锐的长形隆起叫嵴(Crista)；长形细小的凸叫线(Line)。

2. 骨面的凹陷

骨面的凹陷由于与邻位器官、结构相接触或肌肉附着的影响而形成。大而浅的光滑凹面叫窝(Fossa)，长的叫沟(Groove)；浅的如手指的压痕叫压迹(Impression)；骨缘部的凹陷称切迹(Incisure)。

3. 骨的腔洞

骨的腔洞由于容纳某些结构或空气，或由于某些结构穿行所形成。骨内长的管道称骨管(Canal)或骨道(Meatus)；骨间或骨面的裂隙称为裂(Fissure)；较大的裂隙称为裂孔(Hiatus)；骨的内外骨板间充气的空腔称为窦(Sinus)。

4. 骨端的标志

骨端圆形的膨大部称为头(Caput)，多为被覆着软骨的关节面；在关节部横的圆柱状膨大称为髁(Condyle)，髁的最突出部分叫上髁(Epicondyle)。

此外，较平滑的骨面叫面，是肌肉的附着处；骨的边缘称缘，缘的缺口或凹入都叫切迹，是血管、神经或肌腱的通过处。

二、马全身的骨骼

马全身骨骼(图 3-2)分为头骨、躯干骨和四肢骨。四肢骨包括前肢骨和后肢骨。

(一)头骨

头骨呈长锥形，主要由扁骨和不规则骨构成，分为颅骨和面骨(图 3-3)，与其他动物相比，马匹面骨较长。

1. 颅骨

颅骨(Skull)指参与构成颅腔的骨骼。颅腔后壁和底壁后部由枕骨构成，两侧壁是颞骨，底壁前部是蝶骨。顶壁包括顶骨、顶间骨和颧骨的后部，颅腔和鼻腔之间是筛骨。其中的顶骨、额骨、颞骨是成对骨。

(1)枕骨(Occipital bone)　构成颅腔的后壁和底壁的后部。枕骨的后上方有横向的枕嵴。枕骨的后下方有枕骨大孔，后接椎管。枕骨大孔两侧为枕髁，与寰椎成关节；枕髁外侧伸向腹侧的长突起为颈静脉突。枕髁与颈静脉突之间的窝内有舌下神经孔。

(2)顶间骨(Interparietal bone)　较小，位于左右顶骨和枕骨之间，常与相邻骨结合，故外

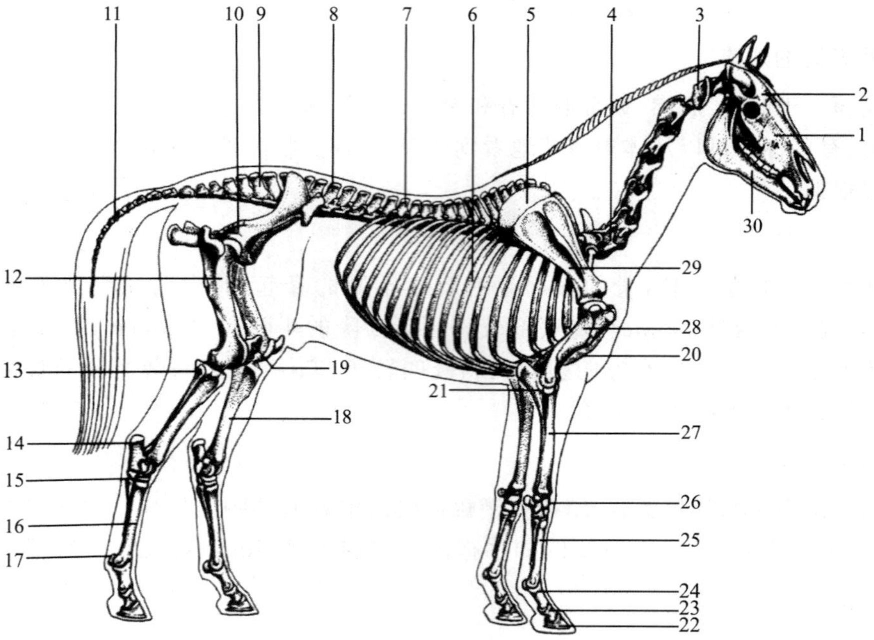

1.上颌骨　2.额骨　3.寰椎　4.第7颈椎　5.肩胛软骨　6.第8肋骨　7.胸椎　8.腰椎　9.荐椎　10.髋骨　11.尾椎
12.股骨　13.腓骨　14.跟结节　15.跗骨　16.跖骨　17.近籽骨　18.胫骨　19.膝盖骨　20.胸骨　21.尺骨
22.蹄骨　23.冠骨　24.系骨　25.掌骨　26.腕骨　27.桡骨　28.肱骨　29.肩胛骨　30.下颌骨

图 3-2　马全身骨骼

(引自陈耀星等,2010)

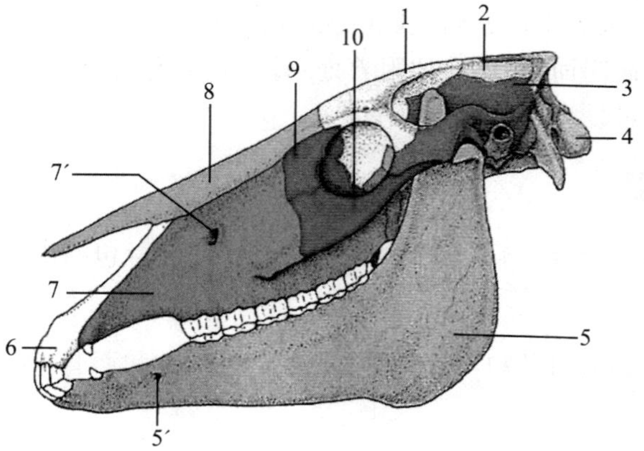

1.额骨　2.顶骨　3.颞骨　4.枕骨　5.下颌骨　5′.颏孔　6.切齿骨
7.上颌骨　7′.眶下孔　8.鼻骨　9.泪骨　10.颧骨

图 3-3　马头骨侧面示意图

(引自陈耀星等,2019)

观不明显。

(3)顶骨(Parietal bone)　成对骨,构成颅腔后壁和侧壁的上部,其后面与枕骨相连,前面与额骨相连,两侧为颞骨。

(4)额骨(Frontal bone)　成对骨,位于顶骨的前方,鼻骨的后方,构成颅腔的前上壁和鼻腔的后上壁。额骨的外部有突出的眶上突,构成眼眶的上界。眶上突的基部有眶上孔。突的后方为颞窝;突的前方为眶窝,容纳眼球。额骨的内外板以及筛骨之间,形成额窦。

(5)筛骨(Ethmoid bone)　位于颅腔和鼻腔之间,包括垂直板、筛板和一对侧块。垂直板位于正中,将鼻腔后部分为左右 2 部分。侧块由筛骨迷路组成,向前突入鼻腔后部,侧块后方是多孔的筛板,构成颅腔的前壁。

(6)蝶骨(Sphenoid bone)　构成颅腔底壁的前部。由蝶骨体和两对翼(眶翼和颞翼)以及一对翼突组成,形如蝴蝶。其前缘与额骨及腭骨相连处有 4 个孔与颅腔相通。4 个孔由上而下为筛孔、视神经孔、眶孔和圆孔,圆孔向后还以翼管通于后翼孔,这些孔、裂是血管和神经的通路。

(7)颞骨(Temporal bone)　成对骨,构成颅腔的侧壁。分鳞部和岩部。鳞部与顶骨、额骨及蝶骨相连。向外向前伸出颧突,与颧骨的颞突一起构成颧弓。颧突根部有髁状关节面,与下颌髁成关节。岩部位于鳞部和枕骨之间,是中耳和内耳的所在部位。

2.面骨

面骨(Facial bone)(图 3-4)主要构成鼻腔、口腔和面部的支架,包括成对的鼻骨、泪骨、颧骨、切齿骨、上颌骨、腭骨、翼骨、鼻甲骨和不成对的犁骨、下颌骨和舌骨。

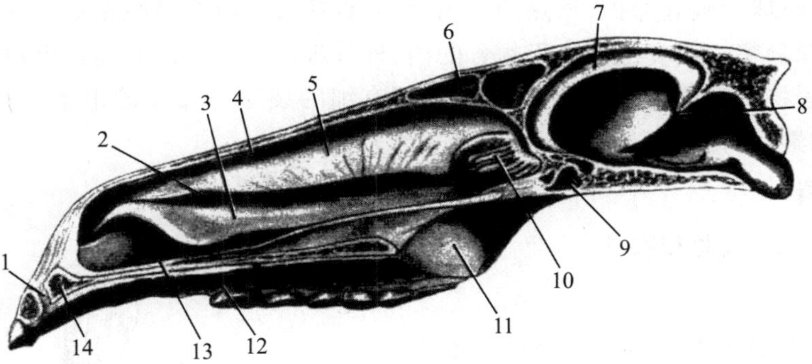

1.切齿管　2.窦道　3.下鼻甲骨　4.嗅道　5.上鼻甲骨　6.额窦　7.大脑镰　8.小脑幕
9.蝶窦　10.筛骨　11.腭骨矢板　12.上颌骨腭突　13.呼吸道　14.切齿骨

图 3-4　马面骨矢状切面

(引自陈耀星等,2019)

(1)鼻骨(Nasal bone)　位于额骨的前方,构成鼻腔顶壁的前部。

(2)泪骨(Lacrimal bone)　位于上颌骨的后背侧,眼眶底的内侧,其眶面有泪囊窝和鼻泪管的开口。

(3)颧骨(Zygomatic bone)　位于泪骨腹侧,构成眼眶的下界。向后方伸出颞突,与颞骨的颧突相连成颧弓。

(4)切齿骨(Incisive bone)　又称颌前骨,位于上颌骨前方,构成鼻腔的侧壁及口腔上壁的前部。骨体上有切齿齿槽。骨体向后伸出腭突和鼻突,腭突向后接上颌骨的腭突,鼻突与鼻骨之间形成鼻颌切迹。

(5)上颌骨(Maxillary bone)　位于泪骨和颧骨的前方,构成鼻腔侧壁和大部分口腔的顶壁，几乎与面部各骨均接连。它向内侧伸出水平的腭突，将鼻腔与口腔分隔开。齿槽缘上具有臼齿齿槽，前方无齿槽的部分称为齿槽间缘。骨内有眶下管通过。骨的外面有面嵴和眶下孔。

（6）腭骨（Palatine bone） 位于上颌骨内侧的后方，形成鼻后孔的侧壁与硬腭的后部，可分为水平部和垂直部，分别构成硬腭和鼻后孔侧壁的骨质基础。

（7）翼骨（Pterygoid bone） 为窄的骨板，位于鼻后孔的两侧。

（8）鼻甲骨（Nasal conchae bone） 两对卷曲的薄骨片，附着于鼻腔的两侧壁上，并将每侧鼻腔分为上中下 3 个鼻道。

（9）犁骨（Vomer） 位于鼻腔底面的正中，背侧呈沟状，接鼻中隔软骨和筛骨垂直板。

（10）下颌骨（Mandible） 为头骨中最大的骨，有齿槽的部分称为下颌骨体，下颌骨体之后没有齿槽的部分称为下颌支。下颌骨体呈水平位，前部为切齿齿槽，后部为臼齿齿槽。切齿齿槽和臼齿齿槽之间为齿槽间隙。下颌骨体外侧前部有颏孔。下颌支呈垂直位，上部有下颌髁，与颞骨的髁状关节面成关节。下颌髁之前有较高的冠状突。下颌支内侧面有下颌孔。两侧下颌骨体和下颌支之间形成下颌间隙。

（11）舌骨（Hyoid bone） 位于左、右下颌支之间，构成舌、咽和喉的支架。

3.鼻旁窦

鼻旁窦（Paranasal sinus）为一些头骨的内、外骨板之间的腔洞，可增加头骨的体积而不增加其重量，并对眼球和脑起保护、隔热的作用，因其直接或间接与鼻腔相通，故称为鼻旁窦。主要包括上颌窦和额窦。额窦主要位于额骨的内、外骨板之间，很大，并延伸至角窦和泪窦内，正中有完整的中隔将额窦分为左右两半，窦的前部有细的裂隙与筛鼻道相通。上颌窦主要位于上颌骨、泪骨和颧骨内。

（二）躯干骨

躯干骨包括椎骨、肋和胸骨。

1.椎骨

椎骨（Vertebra）按其位置分为颈椎、胸椎、腰椎、荐椎和尾椎。所有椎骨按从前到后的顺序排列，由软骨、关节、韧带连接在一起形成身体的中轴，有保护脊髓、支持头部、悬挂内脏、传递冲力等作用，称为脊柱。

（1）一般形态和构造 各部位椎骨的形态构造虽然不同，但都具有共同的基本构造，即由椎体、椎弓和突起组成（图 3-5）。椎体（Vertebral body）位于椎骨的腹侧，呈圆柱状，前端凸为椎头，后端凹为椎窝，相邻椎骨的椎头、椎窝成关节。椎骨背侧弓形的骨板为椎弓（Vertebral arch），其与椎体围成椎孔，椎孔相连构成椎管（Vertebral canal），内藏脊髓。椎弓基部的前、后缘左右两侧各有一缺刻，分别称椎前切迹和椎后切迹，相邻椎骨的椎前、椎后切迹围成椎间孔供血管神经通过。突起有 3 种，从椎弓基部向外水平伸出的突起称横突，自椎弓背侧中线向上伸出的突起称棘突，横突和棘突主要供肌肉附着；椎弓背侧缘前、后方带有关节面的突起为前、

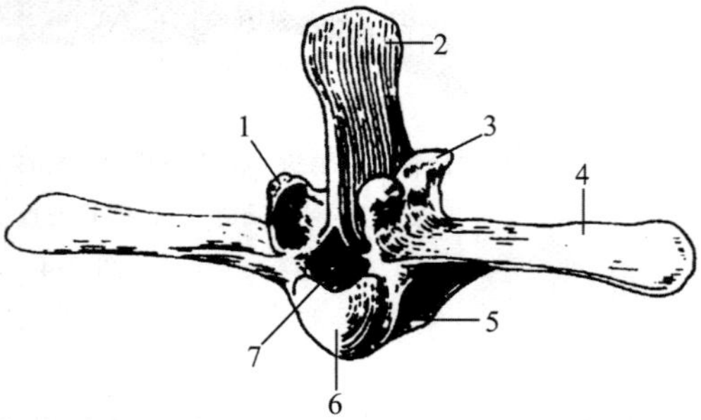

1.前关节突 2.棘突 3.后关节突 4.横突
5.椎体 6.椎头 7.椎孔

图 3-5 椎骨的基本构造

（引自陈耀星等，2019）

后关节突，相邻椎骨的前、后关节突构成关节。

马椎骨的数目为51～57枚。

(2)各部椎骨的特点

①颈椎(Cervical vertebrae)　一般为7枚。第1颈椎也称寰椎，呈环形，由背侧弓、侧块和腹侧弓组成；前端有成对的关节窝，与枕髁成关节，后端有鞍状关节面，与枢椎成关节；横突呈板状，称寰椎翼，其腹侧凹，称寰椎窝。寰椎翼背侧面前部有一对孔，内侧的为椎外侧孔，外侧的为翼孔(图3-6A)。第2颈椎也称枢椎，椎体最长，棘突发达呈板状；横突不分支，基部有小的横突孔，其前上方有大而圆的椎外侧孔；椎体前端有呈半圆形的齿突，与寰椎成关节(图3-6B)；第3～5颈椎的形态相似，椎头、椎窝明显，有腹侧嵴；棘突短小，向前倾斜；关节突发达，关节面平坦；横突分为2支，腹侧支伸向前下方，背侧支伸向后上方，横突基部有横突孔，彼此相连形成横突管，内有椎动脉、神经通过。图3-7和图3-8展示第4颈椎；第6颈椎的主要特点是椎体短，棘突较长，无腹侧嵴，横突背侧支向外侧伸出，腹侧支呈宽板状，垂直伸向腹侧。第7颈椎的主要特点是棘突较长，无横突孔，椎窝两侧有与肋骨头成关节的肋凹。

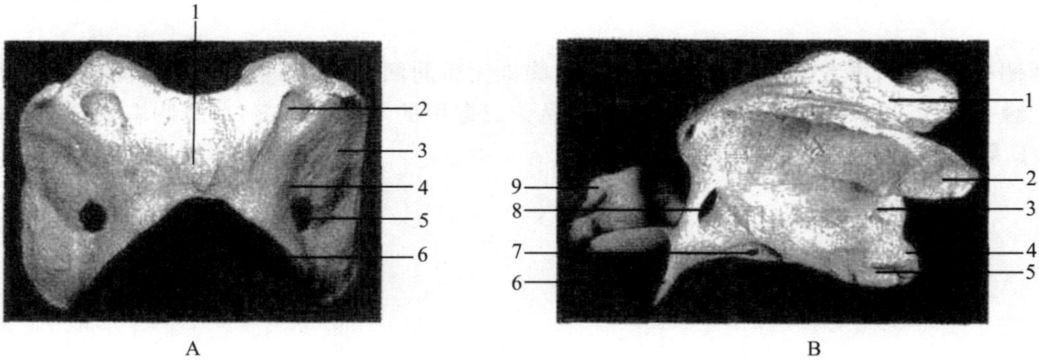

A. 寰椎：1. 背侧结节　2. 翼孔　3. 寰椎翼　4. 背侧弓　5. 横突孔　6. 腹侧弓

B. 枢椎：1. 后关节突　2. 关节面　3. 椎后切迹　4. 后端　5. 横突　6. 前关节突　7. 横突孔　8. 椎外侧孔　9. 齿状突

图3-6　马寰椎和枢椎

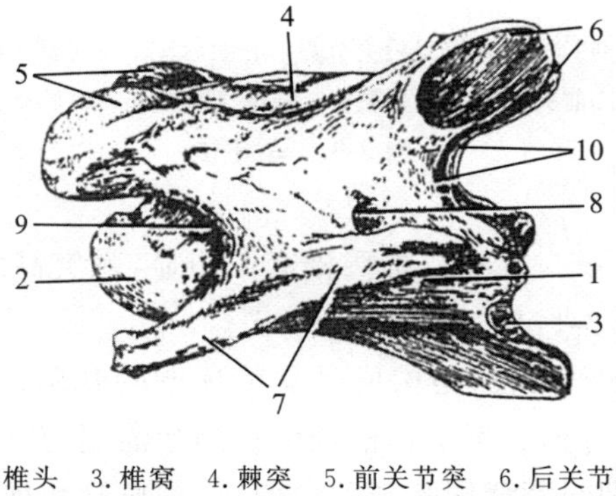

1. 椎体　2. 椎头　3. 椎窝　4. 棘突　5. 前关节突　6. 后关节突　7. 横突

8. 横突孔　9. 椎前切迹　10. 椎后切迹

图3-7　马第4颈椎侧面观

②胸椎(Thoracic vertebrae)　18枚。椎体大小较一致。椎体较短，椎头椎窝不明显，椎头

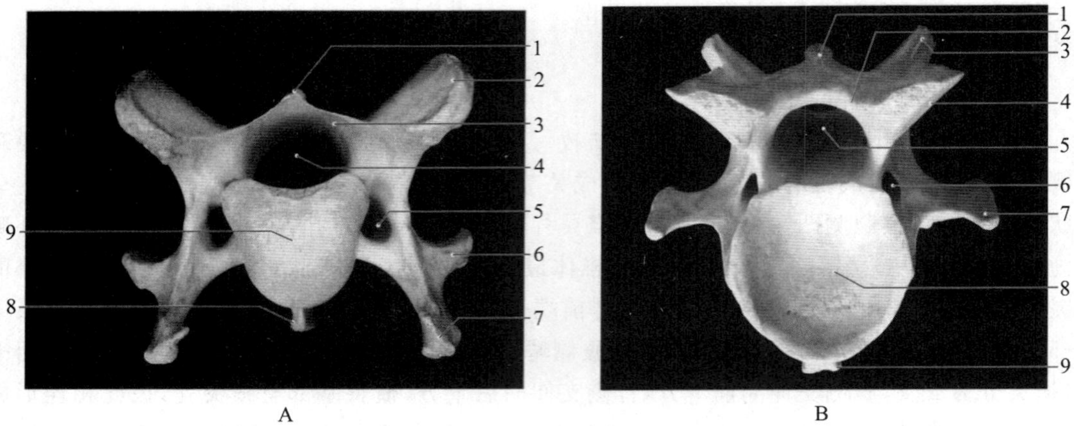

A. 前面观：1. 棘突　2. 前关节突　3. 椎弓　4. 椎孔　5. 横突孔　6. 横突后支　7. 横突前支　8. 腹侧结节　9. 椎头
B. 后面观：1. 棘突　2. 椎弓　3. 前关节突　4. 后关节突　5. 椎孔　6. 横突孔　7. 横突后支　8. 椎窝　9. 腹侧结节

图 3-8　马第 4 颈椎

的两侧有前肋凹，椎窝的两侧有后肋凹，最后胸椎无后肋凹，相邻椎体之间有椎间孔和椎外侧孔。棘突发达，以 3～5 枚胸椎的棘突最高，是构成鬐甲的基础。横突短，腹侧有横突肋凹(图 3-9)。鬐甲部是测量马匹身高的标定部位。

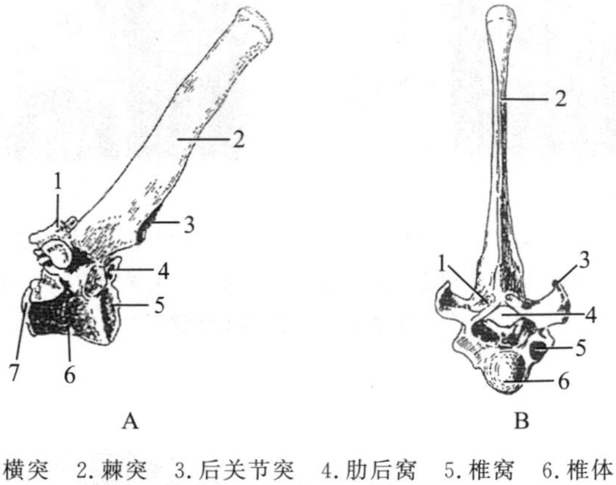

A. 侧面观：1. 横突　2. 棘突　3. 后关节突　4. 肋后窝　5. 椎窝　6. 椎体　7. 椎头
B. 前面观：1. 前关节突　2. 棘突　3. 横突　4. 椎孔　5. 肋前窝　6. 椎头

图 3-9　马胸椎

③腰椎(Lumber vertebrae)　6 枚。椎头椎窝不明显，棘突高度与最后胸椎相似，横突长，向两侧水平伸出(图 3-10、图 3-11)。

④荐椎(Sacral vertebrae)　5 枚，是构成骨盆腔顶壁的基础。成年马的荐椎愈合成荐骨。荐骨前端两侧的突出部为荐骨翼。第 1 荐椎椎体腹侧缘前端的突出部为荐骨岬。荐骨的背面和盆面每侧各有 4 个孔，分别叫荐背侧孔和荐盆侧孔，是血管和神经的通路。马匹荐骨呈三角形，棘突未愈合(图 3-12)。

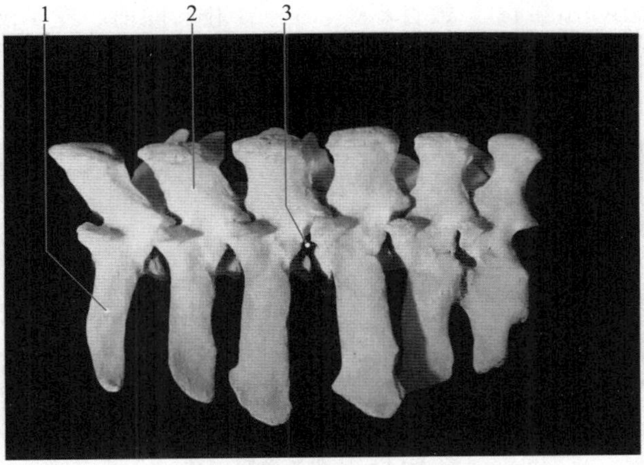

1. 横突　2. 棘突　3. 椎间孔

图 3-10　马腰椎左侧观

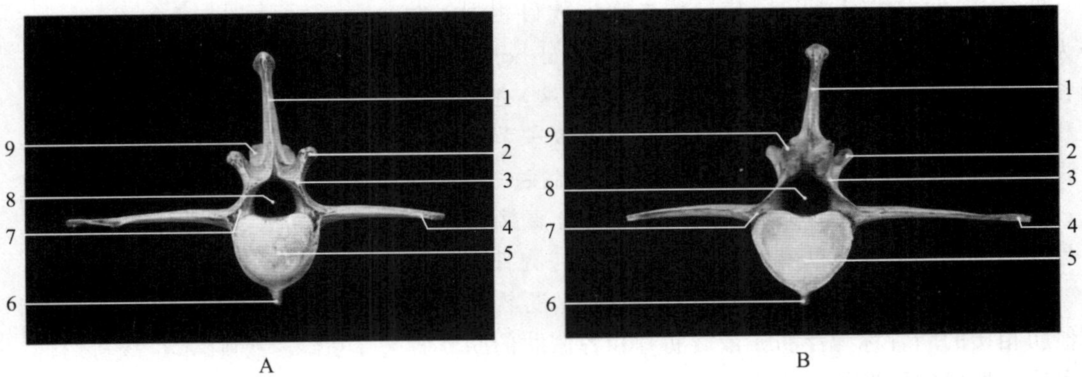

A. 前面观：1. 棘突　2. 乳突　3. 椎弓　4. 横突　5. 椎头　6. 腹侧嵴　7. 椎前切迹　8. 椎孔　9. 前关节突

B. 后面观：1. 棘突　2. 前关节突　3. 椎弓　4. 横突　5. 椎窝　6. 腹侧嵴　7. 椎后切迹　8. 椎孔　9. 后关节突

图 3-11　马腰椎

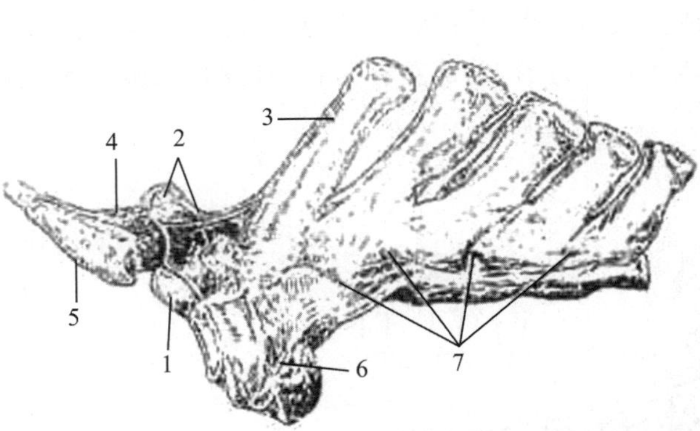

1. 椎头　2. 关节前突　3. 棘突　4. 荐骨翼　5. 对腰椎的关节面　6. 对髂骨的关节面　7. 荐背侧孔

图 3-12　马匹荐骨

⑤尾椎(Coccygeal vertebrae)　数目不一，15～21 枚。除前 3 或 4 枚尾椎具有椎骨的一般构造外，其余尾椎椎弓、棘突和横突逐渐退化，仅保留椎体。马前几个尾椎椎体腹侧有成对腹棘，供尾椎动脉通过(图 3-13)。

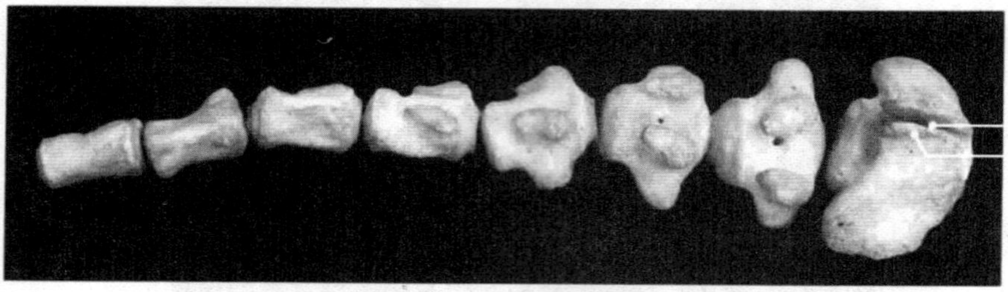

1. 血管弓　2. 血管突

图 3-13　马匹尾椎腹侧观

2. 肋

肋(Rib)左右成对 18 对，其对数与胸椎数目相同。肋分为背侧的肋骨和腹侧的肋软骨。肋骨(Costal bone)为弓形长骨，构成胸廓的侧壁。肋骨的椎骨段(近端)有肋骨小头和肋结节，分别与相应的胸椎椎体和横突成关节。相邻肋骨间的空隙称为肋间隙。每一肋骨的下端接一肋软骨(Costal cartilage)(图 3-14)。经肋软骨与胸骨直接相连的肋骨称为真肋。一般真肋有 8 对。肋软骨不与胸骨直接相连，而是连于前一肋软骨上的肋骨称为假肋。肋软骨不与其他肋相接的肋骨称为浮肋。最后肋骨和各假肋的肋软骨依次连接形成的弓形结构称为肋弓，作为胸廓的后界。

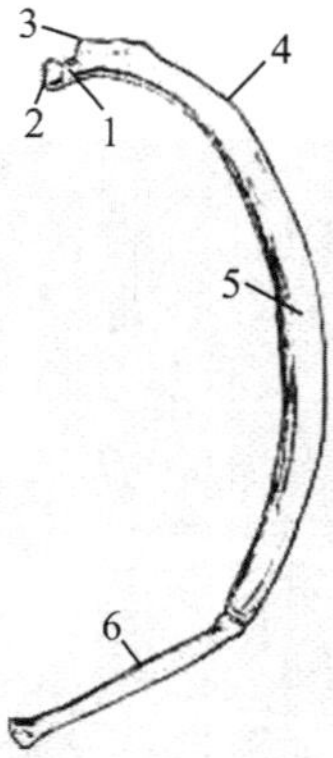

1. 肋骨颈　2. 肋骨小头　3. 肋骨结节
4. 肋骨角　5. 肋骨体　6. 肋软骨

图 3-14　马肋(右肋)

3. 胸骨

胸骨(Breast bone，Sternum)位于胸底部，由 6～8 个胸骨节片借软骨连接而成。其前端为胸骨柄；中部为胸骨体，两侧有肋窝，与真肋的肋软骨相接；后端为剑状软骨。马匹胸骨呈舟形，前部左右压扁，有发达的胸骨嵴，后部上下压扁(图 3-15、图 3-16)。

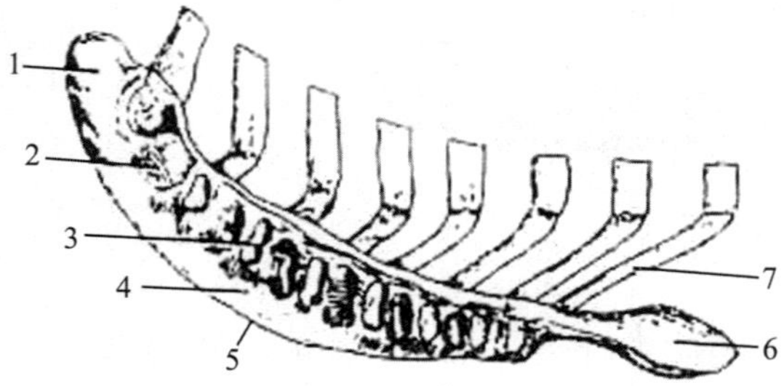

1. 胸骨柄　2. 胸骨片　3. 肋窝　4. 胸骨体
5. 胸骨嵴　6. 剑状软骨　7. 肋软骨

图 3-15　胸骨侧面观

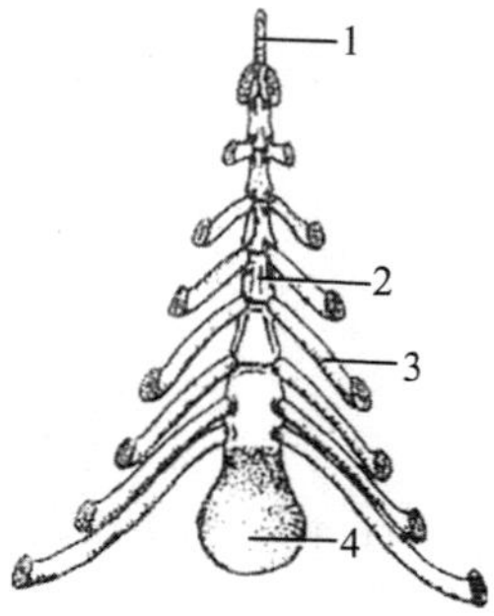

1. 胸骨柄　2. 胸骨体
3. 肋软骨　4. 剑状软骨

图 3-16　胸骨背侧观

4. 胸廓

胸廓(Rib cage)是由背侧的胸椎、两侧的肋和腹侧的胸骨组成的前窄后宽的锥形腔体，前口呈纵的椭圆形，由第1胸椎、第1对肋和胸骨柄组成，后口宽大倾斜，由最后胸椎、最后一对肋、肋弓和剑状软骨组成。胸廓前部两侧显著压扁，向后逐渐扩大。

(三)前肢骨

前肢骨(图3-17)由肩胛骨、肱骨、前臂骨(桡骨、尺骨)、前脚骨(腕骨、掌骨、指骨和籽骨)组成，其中指骨包括系骨、冠骨和蹄骨。

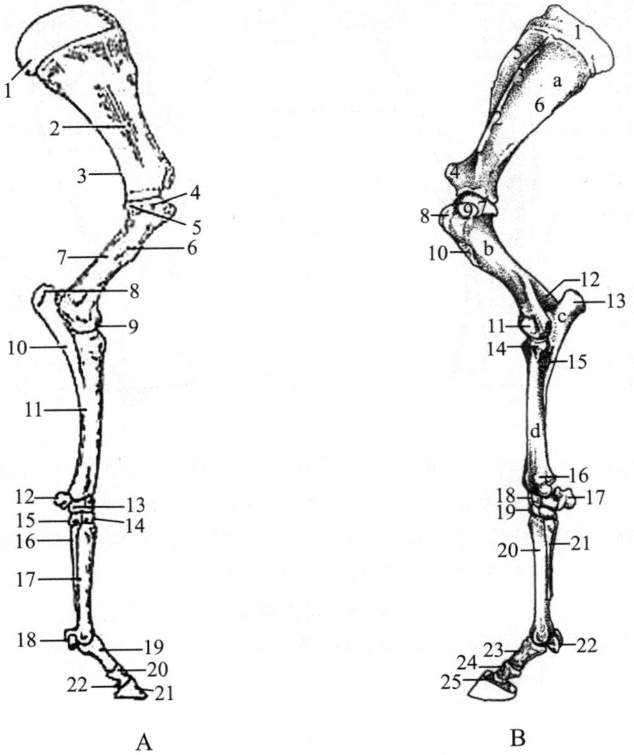

a. 肩胛骨　b. 肱骨　c. 尺骨　d. 桡骨

A. 内侧观：1. 肩胛软骨　2. 肩胛下窝　3. 肩胛骨　4. 小结节　5. 肱骨头　6. 圆肌结节　7. 肱骨　8. 肘关节　9. 肱骨内侧髁　10. 尺骨　11. 桡骨　12. 副腕骨　13. 桡腕骨　14. 第3腕骨　15. 第2腕骨　16. 第2掌骨　17. 第3掌骨　18. 近侧籽骨　19. 系骨　20. 冠骨　21. 蹄骨　22. 远侧籽骨

B. 外侧观：1. 肩胛软骨　2. 肩胛冈　3. 冈结节　4. 盂上结节　5. 冈上窝　6. 冈下窝　7. 肱骨头　8. 大结节前部　9. 大结节后部　10. 三角肌粗隆　11. 肱骨外侧髁　12. 肘窝　13. 肘突　14. 外侧副韧带结节　15. 前臂骨间隙　16. 外侧茎突　17. 副腕骨　18. 近列腕骨　19. 远列腕骨　20. 第3掌骨　21. 第4掌骨　22. 近侧籽骨　23. 系骨　24. 冠骨　25. 蹄骨

图3-17　马前肢骨

1. 肩胛骨

肩胛骨(Scapula)位于胸廓前部的两侧，属肩带部骨，为三角形的扁骨，有2个面、3个缘和3个角(图3-18)。外侧面有纵行的嵴叫肩胛冈。肩胛冈发达，中部有较粗厚的冈结节。肩胛冈的前上方和后下方分别为冈上窝和冈下窝；内侧面的中部有大而浅的肩胛下窝，在窝的上方，前后各有一粗糙的锯肌面。前缘薄，后缘厚，背侧缘附着肩胛软骨。腹侧角（远端）后部有圆形的浅窝称关节盂（肩臼），与臂骨头形成肩关节，关节盂前上方的突起叫盂上结节（肩胛结节），其内侧的突起称喙突。

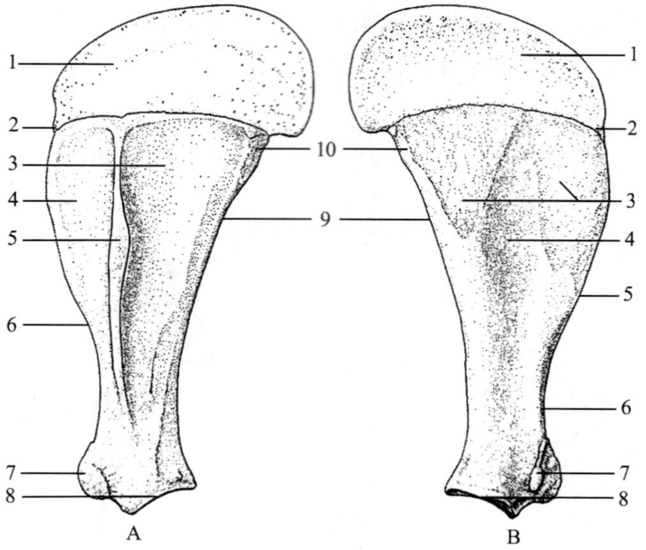

A. 外侧面：1. 肩胛软骨　2. 前角　3. 冈下窝　4. 冈上窝　5. 冈结节　6. 肩胛切迹　7. 盂上结节　8. 关节盂　9. 后缘　10. 后角

B. 内侧面：1. 肩胛软骨　2. 前角　3. 锯肌面　4. 肩胛下窝　5. 前缘　6. 肩胛切迹　7. 盂上结节　8. 关节盂　9. 后缘　10. 后角

图 3-18　马肩胛骨

（引自陈耀星等，2019）

2. 肱骨

肱骨（Humerus）又称臂骨（Bone of arm），位于胸廓两侧的前下部。呈略扭曲的管状长骨，分骨体和两端。近端后方有臂骨头，其前部两侧有大（外侧）、小（内侧）结节，两结节之间的沟称臂二头肌沟（图 3-19）。骨体外侧面从后上方经外侧转向前下方的螺旋状的臂肌沟，外侧上部有三角肌粗隆，内侧中部有卵圆形的大圆肌粗隆。远端有内、外侧髁。髁间有肘窝。马匹三角肌粗隆发达。

3. 前臂骨

前臂骨（Skeleton of forearm）包括桡骨和尺骨（图 3-20）。桡骨（Radius）位于前内侧，尺骨（Ulna）位于后外侧。马匹桡骨发达，尺骨显著退化，仅近端发达，骨体向下逐渐变细，与桡骨愈合，近侧有间隙，称前臂骨间隙。尺骨近端突出部称肘突。

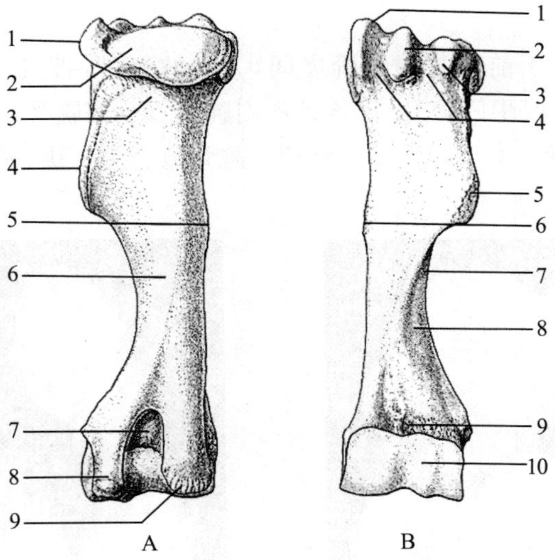

A. 后面:1. 大结节　2. 肱骨头　3. 肱骨颈　4. 三角肌粗隆　5. 大圆肌粗隆　6. 肱骨体
7. 肘窝　8. 外侧上髁　9. 内侧上髁

B. 前面:1. 小结节　2. 中间结节　3. 大结节　4. 二头肌沟　5. 三角肌粗隆　6. 大圆肌粗隆
7. 肱骨嵴　8. 臂肌沟　9. 桡骨窝　10. 肱骨髁

图 3-19　马左肱骨

(引自陈耀星等,2019)

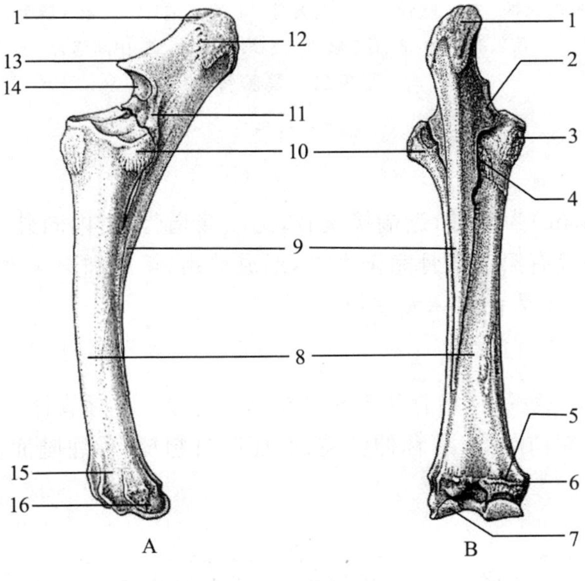

A. 外侧面　B. 内侧面

1. 鹰嘴结节　2. 内侧冠突　3. 韧带附着的内侧隆起　4. 前臂骨间隙　5. 横嵴　6. 内侧茎突　7. 桡骨滑车
8. 桡骨干　9. 尺骨干　10. 韧带附着的外侧隆起　11. 外侧冠突　12. 鹰嘴　13. 肘突
14. 滑车切迹　15. 腱沟　16. 尺骨外侧茎突

图 3-20　马左尺骨和左桡骨

(引自陈耀星等,2019)

4. 腕骨

腕骨(Carpal bone)位于前臂骨与掌骨之间,为小的短骨,排成上下 2 列。近列腕骨有 4 枚,自内向外依次为桡腕骨、中间腕骨、尺腕骨和副腕骨。远列腕骨一般为 4 枚,自内向外依次为第 1、2、第 3 和第 4 腕骨。由于马匹第 1 和第 2 腕骨愈合为 1 块,所以马只有 3 枚腕骨(图 3-21)。

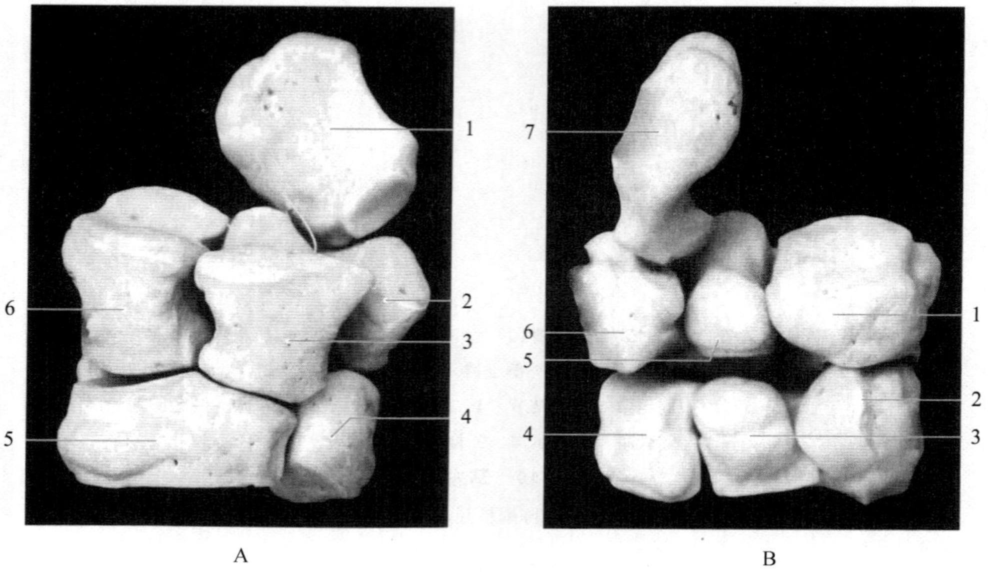

A. 背侧观:1. 副腕骨 2. 尺腕骨 3. 中间腕骨 4. 第 4 腕骨 5. 第 3 腕骨 6. 桡腕骨
B. 掌侧观:1. 桡腕骨 2. 第 1、2 腕骨 3. 第 3 腕骨 4. 第 4 腕骨 5. 中间腕骨 6. 尺腕骨 7. 副腕骨

图 3-21 马腕骨

5. 掌骨

掌骨(Metacarpal bone)为长骨,近端接腕骨,远端接指骨,由内向外分别称为第 1、第 2、第 3、第 4 和第 5 掌骨。马只有第 3 掌骨完全发育,形成单指;第 2 和第 4 掌骨退化为小掌骨,第 1 和第 5 掌骨缺失,所以第 3 掌骨又称大掌骨。

6. 指骨

指骨(Digital bone)一般每一指骨从上至下依次为系骨(近指节骨)、冠骨(中指节骨)和蹄骨(远指节骨)。蹄骨近端前缘突出,称伸腱突;底面凹且粗糙,称屈腱面。马只有第 3 指(图 3-22)。

7. 籽骨

籽骨(Sesamoid bone)一般每指有 3 枚籽骨,包括近籽骨和远籽骨。近籽骨位于掌骨远端掌侧,2 枚。远籽骨位于冠骨和蹄骨交界部掌侧,1 枚。

(四)后肢骨

后肢骨由髋骨(髂骨、耻骨和坐骨)、股部骨骼(股骨、髌骨)、小腿骨(胫骨、腓骨)、后脚骨(跗骨、跖骨、趾骨和籽骨)组成,其中趾骨包括系骨、冠骨和蹄骨(图 3-23)。

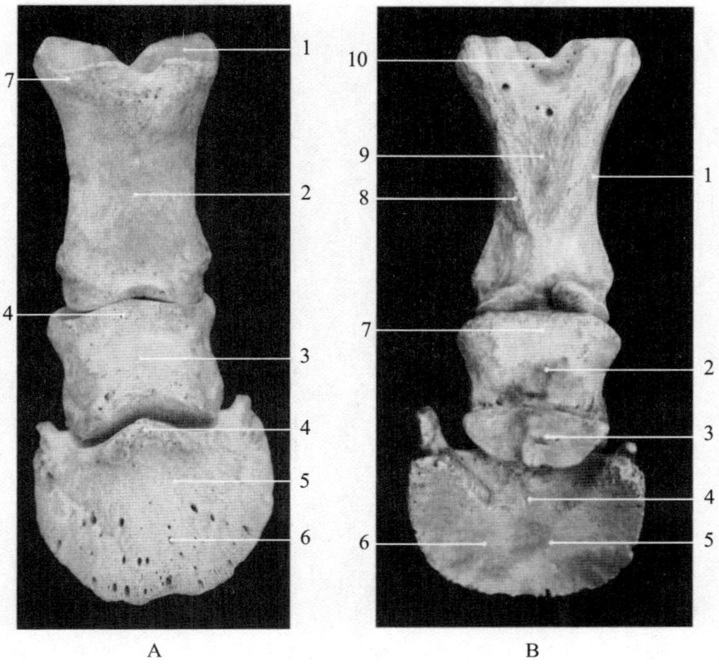

A.背侧观:1.关节面　2.近指节骨　3.中指节骨　4.伸腱突　5.远指节骨　6.滋养孔　7.供韧带附着的隆起
B.掌侧观:1.近指节骨　2.中指节骨　3.远籽骨　4.屈腱面　5.远指节骨　6.蹄底面
7.屈肌结节　8.骨嵴　9.三角区　10.矢状沟

图 3-22　马左指骨

1.髋骨

髋骨(Hip bone)由髂骨、耻骨和坐骨组成(图 3-24)。

(1)髂骨(Ilium)　分为前上方的髂骨翼和后下方的髂骨体。髂骨翼宽而扁,呈三角形。髂骨翼的外侧角称髋结节,内侧角称荐结节。

(2)耻骨(Pubis)　构成骨盆底的前部。由耻骨体和 2 个耻骨支构成,与坐骨之间围成大而呈卵圆形的闭孔。耻骨体为连接髂骨体和坐骨体的部分,三者共同参与构成髋臼。双侧耻骨支在中线相接形成骨盆联合的前部,即耻骨联合。

(3)坐骨(Ischium)　构成骨盆底壁后部。坐骨后外侧角粗大称坐骨结节,两侧坐骨后缘形成坐骨弓。两侧坐骨在中线相接形成骨盆联合的后部,即坐骨联合。

(4)髋臼(Acetabulum)　为深的关节窝,由髂骨、耻骨和坐骨构成,与股骨成关节。

(5)骨盆(Pelvis)　由背侧的荐骨、前 3 块尾椎、两侧的髂骨和荐结节阔韧带及腹侧的耻骨和坐骨围成。骨盆前口由背侧的荐骨岬、两侧的髂骨体和腹侧的耻骨前缘围成,后口由背侧的第 3 尾椎、两侧荐结节阔韧带的后缘和坐骨弓围成。注意公、母马骨盆的差异。

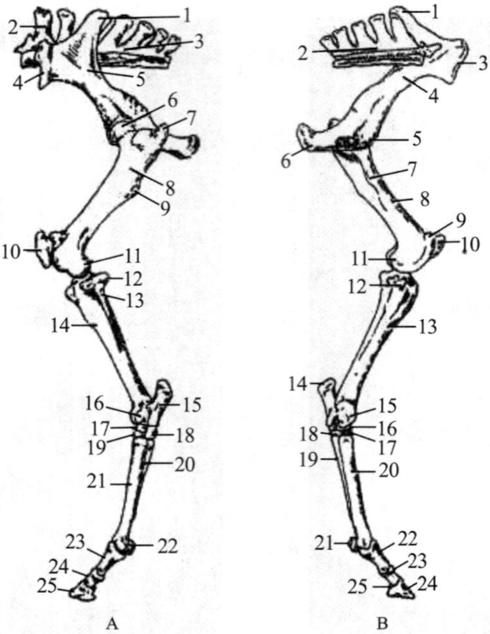

A. 外侧观：1. 荐结节　2. 腰椎　3. 荐骨　4. 髋结节　5. 髂骨　6. 股骨头　7. 大转子　8. 股骨　9. 第 3 转子　10. 髌骨　11. 股骨外侧髁　12. 胫骨外侧联　13. 腓骨　14. 胫骨　15. 根骨　16. 距骨　17. 中央跗骨　18. 第 4 跗骨　19. 第 3 跗骨　20. 第 4 跖骨　21. 第 3 跖骨　22. 近侧籽骨　23. 系骨　24. 冠骨　25. 蹄骨

B. 内侧观：1. 荐结节　2. 荐骨　3. 髋结节　4. 髂骨　5. 耻骨　6. 坐骨　7. 小转子　8. 股骨　9. 股骨滑车内侧髁　10. 髌骨　11. 股骨内侧髁　12. 胫骨内侧髁　13. 胫骨　14. 跟骨结节　15. 距骨　16. 中央跗骨　17. 第 3 跗骨　18. 第 4 跗骨　19. 第 2 跖骨　20. 第 3 跖骨　21. 近侧籽骨　22. 系骨　23. 冠骨　24. 蹄骨　25. 远侧籽骨

图 3-23　马后肢骨

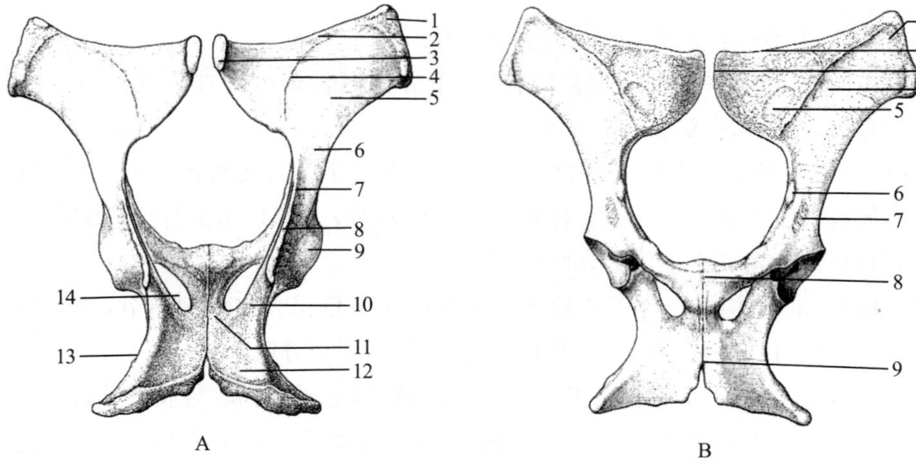

A. 背侧面：1. 髋关节　2. 髂嵴　3. 荐结节　4. 臀线　5. 髂骨翼　6. 髂骨体　7. 坐骨大切迹　8. 坐骨棘　9. 髋臼　10. 坐骨体　11. 坐骨支　12. 坐骨板　13. 坐骨小切迹　14. 闭孔

B. 腹侧面：1. 髋关节　2. 髂嵴　3. 荐结节　4. 髂肌面　5. 耳状关节面　6. 腰小肌结节　7. 髂骨体　8. 耻骨联合　9. 坐骨联合

图 3-24　马髋骨

（引自陈耀星等，2019）

2. 股骨

股骨(Thigh bone，Femur)为管状长骨(图 3-25)。近端粗大，内侧是球状的股骨头，与髋臼成关节，股骨头的中央有一凹陷称头窝，供圆韧带附着；外侧有粗大的突起称大转子。骨干呈圆柱状，内侧近 1/3 处的嵴称为小转子；外侧缘在与小转子相对处有一较大的突称第 3 转子，其中马匹第 3 转子发达。股骨远端粗大前部是滑车关节面，由内侧嵴和外侧嵴组成，内侧嵴高，与膝盖骨成关节；后部由股骨内外侧髁构成，与胫骨成关节，在两髁间有深的髁间窝，而髁内、外侧的上方有内外侧上髁，供肌肉、韧带附着。

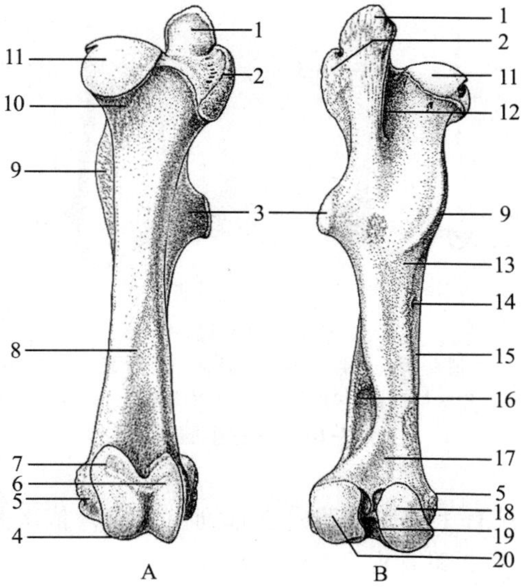

A. 前面观　B. 后面观

1. 大转子后部　2. 大转子前部　3. 第 3 转子　4. 股骨滑车　5. 内侧上髁　6. 外侧上髁　7. 股骨滑车结节　8. 股骨干　9. 小转子　10. 股骨颈　11. 股骨头　12. 转子窝　13. 粗糙面　14. 滋养孔　15. 内侧缘　16. 髁上窝　17. 腘肌面　18. 内侧髁　19. 髁间窝　20. 外侧髁

图 3-25　马左股骨

(引自陈耀星等，2019)

3. 髌骨

髌骨(Kneecap)又称膝盖骨，位于股骨远端的前方，呈楔状。膝盖骨的前面粗糙，供肌腱、韧带附着，后面为与股骨滑车形成关节的关节面。

4. 小腿骨

小腿骨(Skeleton of leg)包括胫骨和腓骨。马匹胫骨(Tibia)位于内侧，粗大，为三棱柱状长骨。近端粗大，有胫骨内、外侧髁，与股骨髁成关节。骨干为三面体，背侧缘隆起，称胫骨嵴。远端有螺旋状滑车，与距骨成关节。腓骨(Fibula)细小，位于胫骨近端外侧。腓骨近端较大，称腓骨头，远端细小(图 3-26)。

5. 跗骨

跗骨(Tarsal bone)由数枚短骨构成，位于小腿骨与跖骨之间。各种家畜跗骨的数目不同，但一般分为近、中、远 3 列。近列有 2 枚，内侧是距骨(胫跗骨)，外侧是跟骨(腓跗骨)。跟骨近

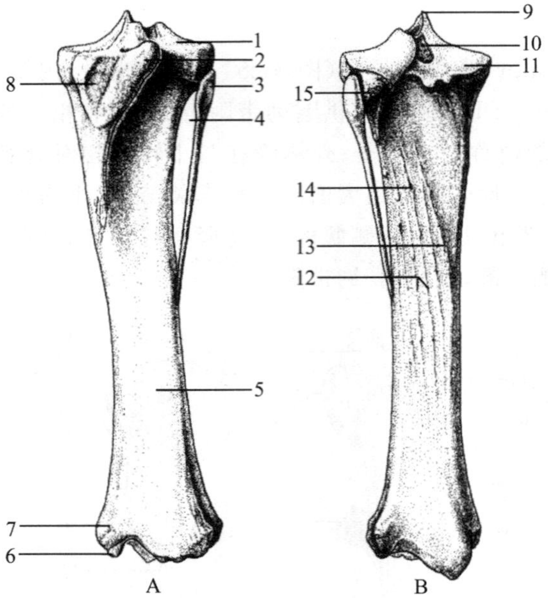

A　B

A. 前面观　B. 后面观

1. 外侧髁　2. 胫骨粗隆　3. 腓骨头　4. 骨间隙　5. 胫骨　6. 滑车　7,11. 内侧髁　8. 胫骨粗隆沟　9. 髁间隆起　10. 中央髁间区　12. 肌线　13. 腘肌线　14. 滋养孔　15. 腘切迹

图 3-26　马左小腿骨

端粗大，称跟骨结节。中列仅有 1 枚中央跗骨。远列由内向外依次是第 1、第 2、第 3 和第 4 跗骨。马匹跗骨共 6 枚，第 1、第 2 跗骨愈合(图 3-27)。

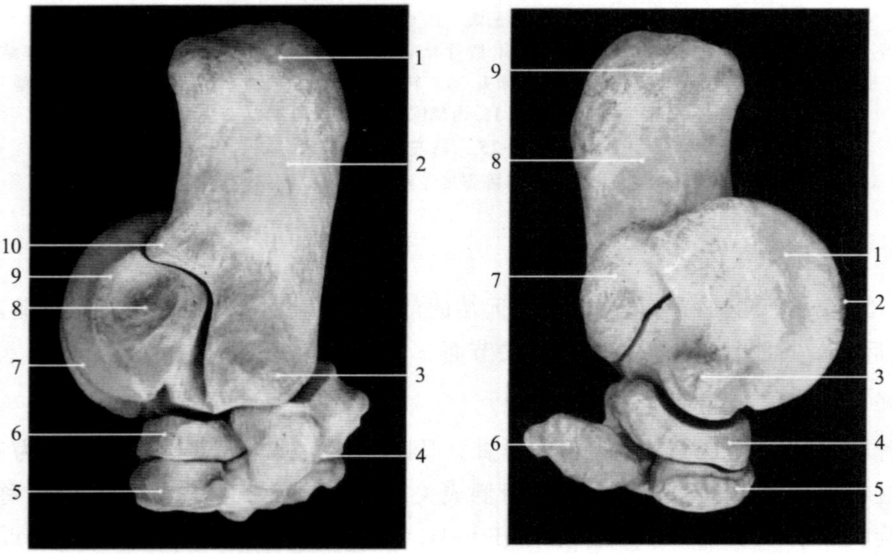

A　B

A. 外侧观：1. 跟骨结节　2. 跟骨　3. 跟骨底(跟骨体)　4. 第 4 跗骨　5. 第 3 跗骨　6. 中央跗骨　7. 距骨滑车　8. 韧带附着的外侧凹　9. 距骨　10. 喙突

B. 内侧观：1. 距骨　2. 距骨滑车　3. 韧带附着的外侧凹　4. 中央跗骨　5. 第 3 跗骨　6. 第 1,2 跗骨　7. 载距突　8. 跟骨　9. 跟骨结节

图 3-27　马左侧跗骨

6. 跖骨

跖骨(Metatarsal bone)与前肢掌骨相似，但较细长(图 3-28)。

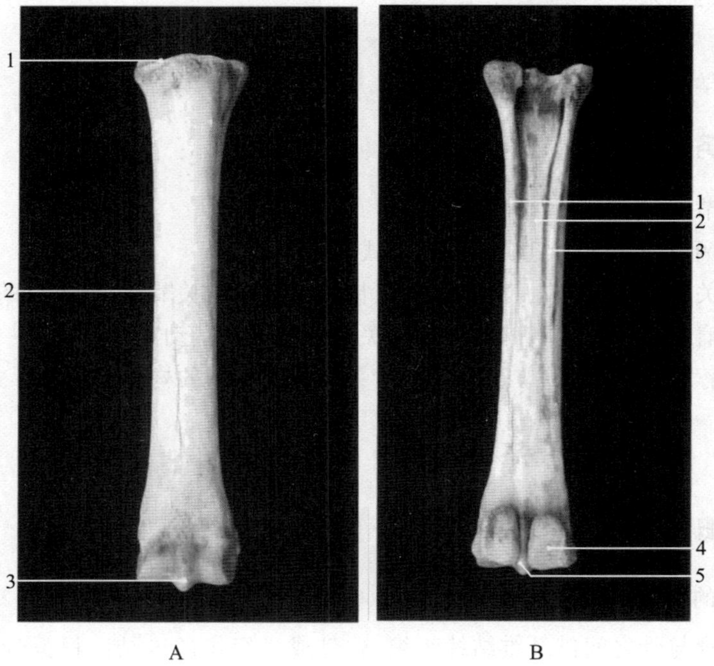

A. 背侧观：1. 跖骨关节面　2. 第 3 跖骨　3. 滑车矢状嵴

B. 跖侧观：1. 第 4 跖骨　2. 第 3 跖骨　3. 第 2 跖骨　4. 近籽骨　5. 滑车矢状嵴

图 3-28　马跖骨

7. 趾骨

趾骨(Digital bone)分系骨、冠骨和蹄骨，与前肢指骨相似。

8. 籽骨

籽骨(Sesamoid bone)位置、形态与前肢籽骨相似。

任务 3-2　全身骨连结的认知

【学习任务单】

一、学习目标

1. 了解骨连结的概念、类型和关节的运动，掌握关节的构造。

2. 熟记马四肢关节的名称，掌握前肢腕关节和系关节，以及后肢膝关节和跗关节的构造特点。

3. 比较马各关节形态结构的异同。

二、学习资源

1. 马全身关节标本。
2. 教材。
3. 信息化教学资源。

三、学习任务

1. 通过马关节标本,观察关节的构造。
2. 观察马匹颞下颌关节的组成及运动形式。
3. 观察寰枕关节、寰枢关节、椎间盘、棘上韧带以及肋椎关节、肋胸关节的结构。
4. 观察前肢肩关节、肘关节、腕关节和指关节的构成及运动形式。
5. 观察后肢荐髂关节、髋关节、膝关节、跗关节和趾关节的构成及运动形式。

【相关知识】

一、骨连结概述

(一)骨连结的类型

骨连结是指骨与骨之间借纤维结缔组织、软骨或骨组织的连结。根据骨间连结及其运动形式不同,可分为直接连结和间接连结 2 大类。

1. 直接连结

直接连结(Direct connection)指骨连结间由结缔组织、软骨或骨直接相连,无腔隙,不活动或有少许活动,具有保护和支持功能。由于骨连结间组织的不同,可分为纤维连结和软骨连结。

(1)纤维连结(Fibrous joint)　两骨间借纤维结缔组织相连,连结牢固,一般无活动性,因此又称不动连结。这种连结分为缝(Seam)和韧带连结(Ligamentous joint)2 种方式,如头骨诸骨之间的缝,椎弓间的黄韧带以及桡骨与尺骨间的韧带连结等。纤维连结常随年龄的增长而骨化,成为骨性连结,不再具有活动性。

(2)软骨连结(Cartilaginous joint)　两骨间借软骨组织相连,具有弹性和韧性,能微量活动或基本不活动,故又称微动连结。软骨连结包括 2 种形式:透明软骨连结,如长骨的骨干与骺之间的结合,这种连结一般为暂时性的,随着年龄增长逐渐骨化,成为骨性连结;纤维软骨连结,如椎体间的椎间盘和骨盆联合等,这种连结在正常情况下一般不骨化。

2. 间接连结

间接连结又称滑膜连结(Synovial joint),简称关节(Joint),是骨连结的最高分化形式,也是骨连结中较普遍的一种形式。其特点是骨与骨之间借由结缔组织构成的关节囊相连,不直接相连,其间有腔隙,周围有滑膜包围,活动度较大。

(二)关节的结构

关节的结构包括基本结构和辅助结构 2 部分。

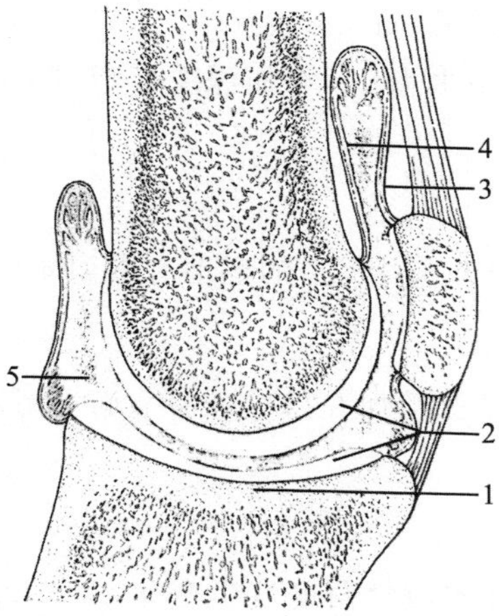

1.关节面 2.关节软骨 3.关节囊纤维层
4.关节囊滑膜层 5.关节腔
图 3-29 关节构造模式图
(引自陈耀星等,2009)

1.关节的基本结构

马体内任何关节均具备下列基本结构:关节面、关节软骨、关节囊、关节腔和血管、神经与淋巴管等(图 3-29)。

(1)关节面和关节软骨 关节面(Joint surface)是组成关节的骨与骨相对的光滑面。关节面均覆盖有一层光滑的透明软骨,称关节软骨(Joint cartilage),富有弹性,具有减少摩擦和缓冲外力冲击的作用。关节软骨不含血管、淋巴管和神经,其营养由滑液和滑膜层血管渗透获得。关节面的形状多样,但大多一凹一凸,主要是适应关节的运动。动物常见的关节面形态有窝形、球形髁状和滑车状,运动范围较大;少数关节面呈平面运动范围较小,主要起支持作用。

(2)关节囊(Joint capsule) 为由结缔组织构成的囊,附着于关节面周缘及其附近的骨面上。关节囊壁由外层的纤维层(Fibrous layer)和内层的滑膜层(Synovial layer)构成。纤维层由致密结缔组织构成,周缘与骨膜相延续,厚而坚韧,其厚度与关节的功能相适应,有保护作用。滑膜层由疏松结缔组织构成,薄、柔软而光滑,与关节软骨围成密闭的关节腔。滑膜具有丰富的毛细血管网,向关节腔内形成皱褶和绒毛,能分泌滑液到腔内,润滑关节缓冲震动,并营养关节软骨和排出代谢产物。关节囊有丰富的血管、淋巴管和神经分布。关节囊的厚薄和紧张度与关节的稳固性和灵活性有关。如关节负重较大,关节囊坚厚而紧张,比较稳固而灵活性较差;如关节运动灵活,则关节囊薄而松弛。

(3)关节腔(Joint cavity) 是由关节软骨与滑膜层围成的密闭腔隙,腔内含少量滑液,可减少关节运动的摩擦。关节腔内为负压,这对关节的运动和维持关节的稳定性都有一定作用。

(4)血管、淋巴管及神经 关节囊各层均有丰富的血管、神经和淋巴管网分布。关节的动脉来自附近动脉的分支,神经亦来自附近神经的分支,滑膜层有丰富的神经纤维分布,并有特殊的感觉神经末梢分布,如环层小体。

2.关节的辅助结构

关节的辅助结构主要是部分关节为适应特殊功能而形成的一些结构,主要包括韧带、关节盘和关节唇。

(1)韧带(Ligament) 见于多数关节,是由致密纤维结缔组织束构成,有囊外韧带和囊内韧带 2 种。位于关节囊之外的称囊外韧带(Extracapsular ligament),其中位于关节两侧的称内外侧副韧带(Medial/lateral collateral ligament);位于关节囊壁的纤维层与滑膜层之间的称囊内韧带(Intracapsular ligament),如髋关节的圆韧带。位于骨间的称为骨间韧带。韧带可增强关节的稳固性,并可限定关节的运动。

(2)关节盘(Articular disc) 是位于两关节面之间的纤维软骨板或致密结缔组织,中间较薄,周缘略厚,其周缘附着在关节囊内面,将关节腔分隔为 2 部分,使关节变成复关节,关节的运动范围得以扩大,同时它可使两关节面更加吻合,并有缓冲震动的作用。关节盘多呈圆盘形，如椎体间的椎间盘，但膝关节中的关节盘呈半月形，称半月板（Meniscus）。

（3）关节唇（Articular lip） 指附着在关节窝周缘的纤维软骨环，具有加深关节窝、扩大关节面、增强关节稳固性的作用，如髋臼周缘的缘软骨。

（三）关节的运动

关节的运动形式与关节面的形状及韧带的分布有密切的关系。关节的运动有下列 4 种。

1. 滑动

滑动（Gliding movement）是关节最简单的运动形式，一个关节面在另一个关节面上滑动，如股膝关节。

2. 屈和伸运动

屈和伸运动是关节沿横轴进行的运动。运动时构成关节的两骨角度发生变化，关节角变小的运动称为屈（Flexion）；相反，关节角增大的运动称为伸（Extension）。

3. 内收和外展运动

内收和外展运动是关节沿纵轴进行的运动。运动时骨向正中矢状面靠的运动称为内收（Adduction）；反之，使骨远离正中矢状面的运动称为外展（Abduction）。

4. 旋转

旋转即骨围绕垂直轴进行的运动。骨运动时，向前内侧旋转称旋内（Pronation）；反之，向后外侧旋转称旋外（Supination）。

（四）关节的类型

1. 根据构成关节的骨的数目分类

分为单关节和复关节。单关节仅由两枚骨连结形成，如肩关节。复关节有以下 2 种形式：①由 2 枚以上的骨构成，如腕关节。②在 2 枚骨间夹有关节盘构成，如股胫关节。

2. 按照关节运动轴的多少分类

分为单轴关节、双轴关节和多轴关节 3 类。

（1）单轴关节 只有一个运动轴，只能沿一个轴做屈伸运动，如肩、肘等关节。

（2）双轴关节 有 2 个互相垂直的运动轴，既能围绕横轴作屈、伸运动，又能围绕纵轴左右摆动，如寰枕关节。

（3）多轴关节 具有 3 个互相垂直的运动轴，可做各种方向的运动。根据关节面的不同可分为 2 种形式：一为关节面呈球、窝状，如髋关节，能做伸、屈、内收、外展运动和旋转运动；一为平面关节，如腕骨间关节。

二、全身骨连结

（一）头骨的连结

头骨连结多为直接连结，颅顶大部分形成骨缝，颅底各骨间为软骨连结或骨性连结，其特点是彼此间结合较为牢固，不能活动。随着年龄增长，有的骨缝可发生骨化而成为骨性连结。舌骨借韧带与颅底连结。

颞下颌关节（Temporomandibular joint）又称下颌关节，是颅骨间唯一一对滑膜连结。由颞骨颧突腹侧关节面与下颌髁构成，有关节囊和侧副韧带。关节囊松弛，包于关节的周围；侧副韧带附着在关节的外侧，以加固关节的连结。此外，关节面之间有纤维软骨板，为横椭圆形，中央薄，周缘厚，并附着于关节囊，将关节腔分为上、下 2 部分。

颞下颌关节属于联动关节，同时运动，可进行开口、闭口和侧运动。

(二)躯干骨的连结

躯干骨的连结包括脊柱连结和胸廓连结。

1.脊柱连结

躯干骨的一系列椎骨借骨连结形成脊柱构成动物体的中轴，也是动物体的支柱，起到支撑颅部、支持体重、保护脊髓及运动躯干的功能。

脊柱连结包括椎体间连结、椎弓间连结、寰枕关节和寰枢关节。

(1)椎体间连结　为相邻椎骨的椎头和椎窝借纤维软骨和韧带相连结。但是，寰枕关节和寰枢关节缺少纤维软骨。纤维软骨呈圆盘状，称椎间盘(Intervertebral disc)(图 3-30)。盘的中央为柔软而富有弹性的髓核(Pulpy nucleus)，外周是纤维环(Fibrous ring)，为胚胎时期脊索的遗迹。椎间盘具有弹性，在运动时起缓冲作用。椎间盘越厚的部位，活动范围越大，颈部和尾部的椎间盘厚，所以活动性也较大。

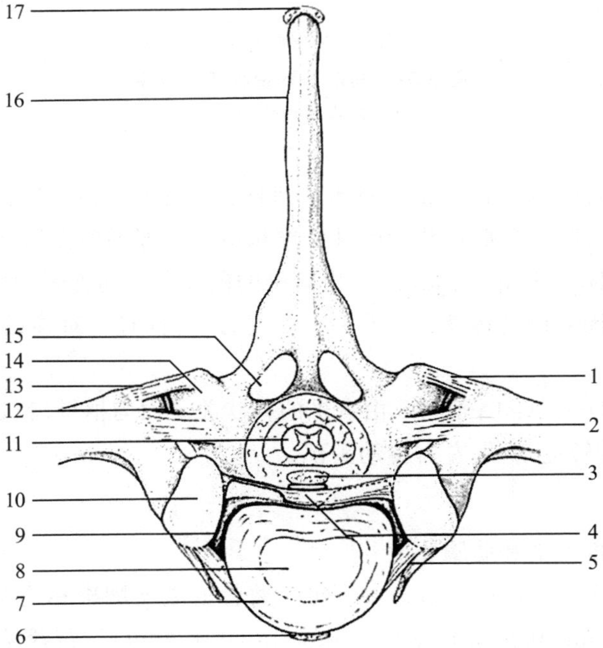

1.结节韧带　2.肋横突韧带　3.背侧纵韧带和滑液囊　4.肋头间韧带　5.头韧带　6.腹侧纵韧带　7.纤维环　8.髓核　9.肋头关节　10.肋头　11.脊髓　12.肋横突关节　13.肋结节　14.横突　15.前关节突　16.棘突　17.棘上韧带

图 3-30　椎间盘示意图

(引自陈耀星等，2019)

主要韧带有背纵韧带(Dorsal longitudinal ligament)和腹纵韧带(Ventral longitudinal ligament)。背纵韧带位于椎管的底壁，由枢椎向后伸延止于荐骨，有防止椎间盘脱出的作用；腹纵韧带位于椎体和椎间盘的腹侧，起始于第 7 胸椎，止于荐骨的骨盆面。

(2)椎弓间连结　主要由相邻的关节突间或棘突间借助关节囊和短的韧带相连形成。颈部的关节囊宽大，活动性也大，胸腰部的小而紧。

椎弓间连结的韧带包括棘上韧带、横突间韧带和棘间韧带。

棘上韧带(Supraspinous ligament)和项韧带(Nuchal ligament)：棘上韧带为由枕骨向后伸延到荐骨，连于多数椎骨棘突顶端的长的韧带。颈部和胸前部的棘上韧带特别强大而富有弹性，主要由弹性纤维构成，呈黄色，称为项韧带。马匹项韧带很发达(图 3-31)。

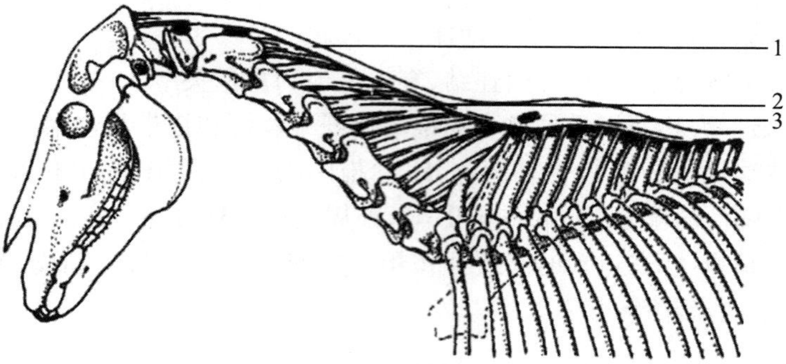

1. 项韧带索状部　2. 项韧带板状部　3. 棘上韧带

图 3-31　马匹项韧带和棘上韧带

(引自陈耀星等，2010)

横突间韧带(Intertransverse ligament)和棘间韧带(Interspinous ligament)：为分别连结相邻椎骨的横突、棘突之间的短韧带，均由弹性纤维构成。腰部无横突间韧带。

(3)寰枕关节(Atlantooccipital joint)　由寰椎的前关节窝与枕骨的枕骨髁构成，为双轴关节，可作屈、伸和小范围的侧转运动。它的关节囊宽大，而且有一对连结在寰椎翼和枕骨颈静脉突之间的外侧韧带。

(4)寰枢关节(Atlantoaxial joint)　由寰椎的鞍状关节面与枢椎齿状突构成，关节囊松大，运动范围较大，可做旋转运动，即左右转动头部。

2. 胸廓连结

胸廓连结包括肋椎关节和肋胸关节。

(1)肋椎关节(Costovertebral joint)　是每一肋骨近端与胸椎相连结构成的关节，包括肋头关节(Costal head joint)和肋横突关节(Costotransverse joint)。前者是由肋骨小头两个小关节面与相邻胸椎椎体上的前、后肋窝组成，后者是由肋结节关节面与胸椎横突肋窝形成的关节。这两个关节在功能上属于联合关节。

肋椎关节的运动可使肋前后移动产生呼吸运动，前部的关节活动性小，后部的活动范围大。

(2)肋胸关节(Costosternal joint)　由真肋的肋软骨与胸骨两侧的肋窝构成的微动关节，有关节囊和韧带。第 2～11 肋骨远端和肋软骨的近端还构成肋软骨关节(Costochondral joint)，也有关节囊韧带和肋间韧带(Intercostal ligament)。

(三)前肢骨的连结

前肢的肩胛骨与躯干骨之间为肌肉连结,不形成骨连结。前肢各骨之间自上向下依次形成肩关节、肘关节、腕关节和指关节。指关节又包括掌指关节、近指节间关节和远指节间关节(图 3-32)。

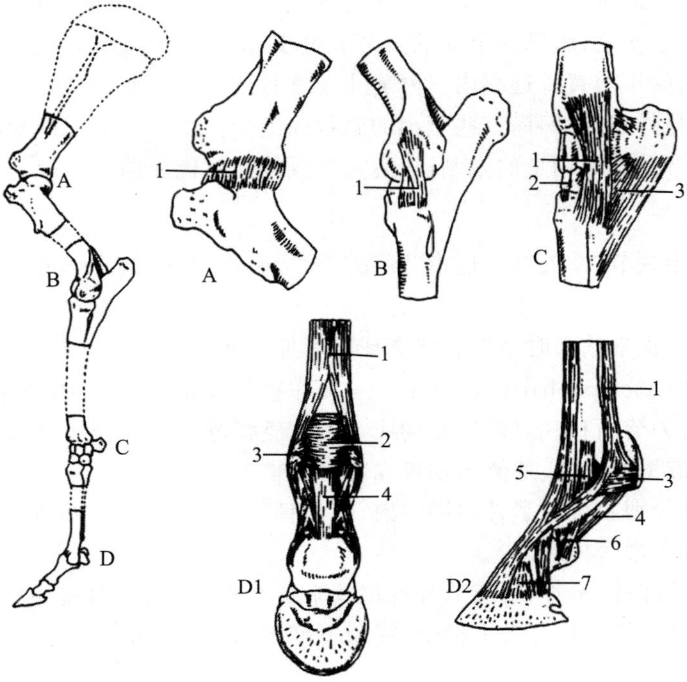

A. 肩关节:1. 关节囊

B. 肘关节:1. 外侧副韧带

C. 腕关节:1. 外侧副韧带　2. 骨间韧带　3. 副腕骨下韧带

D. 指关节(D1. 掌侧面　D2. 侧面):1. 悬韧带　2. 籽骨间韧带　3. 籽骨侧韧带　4. 籽骨下韧带　5. 系关节侧副韧带　6. 冠关节侧副韧带　7. 蹄关节侧副韧带

图 3-32　前肢关节

(引自陈耀星等,2010)

1. 肩关节

肩关节(Humeral joint)由肱骨头和肩胛骨的关节盂(肩臼)构成,属于多轴单关节。关节角在后方,没有侧副韧带,关节囊薄而松弛,因此肩关节的活动性大。但在家畜由于受内、外侧肌肉的限制,肩关节屈、伸运动的范围较大,而内收和外展运动的活动性较小。

2. 肘关节

肘关节(Elbow joint)由肱骨远端的肱骨滑车与桡骨头和尺骨近端滑车切迹构成的单轴复关节,关节角在前方。关节囊背侧壁厚而紧张,掌侧壁薄而松弛,并伸入肘窝内,两侧分别有外侧副韧带和内侧副韧带加强,而且将关节牢固连结与固定,故只能作屈、伸运动。桡骨与尺骨之间有骨间韧带相连结,成年家畜逐步骨化成为骨性连结。

3. 腕关节

腕关节(Carpal joint)包括以下各关节:

桡腕关节(Radiocarpal joint)　由桡骨远端和近列腕骨构成。

腕间关节(Intercarpal joint)　由相邻各腕骨之间构成的关节。

腕掌关节(Carpometacarpal joints)　由远列腕骨和掌骨近端构成。

腕关节属于单轴复关节,关节角位于后方。关节囊纤维层包围整个腕关节,背侧面薄而松弛,掌侧面厚而紧张。滑膜层形成3个互不相通的关节囊:桡腕关节囊宽松,关节腔最大,活动范围也大;腕间关节囊次之;腕掌关节囊的关节腔最小,活动范围较小。腕关节的内、外侧有长的侧副韧带,分别起始于前臂骨远端内、外侧,止于掌骨的内、外侧。在腕关节的背侧面有2条斜向的背侧韧带。另外,腕骨间尚有些短小的腕骨间韧带。由于关节面的形状、关节囊掌侧的特殊结构和侧副韧带及骨间韧带的限制,故腕关节仅能向掌侧屈曲。

4.指关节

指关节包括掌指关节(系关节)、近指节间关节(冠关节)和远指节间关节(蹄关节),均为单轴关节。

动物的指关节在正常站立时呈背屈状态或过度伸展状态。

(1)掌指关节(Metacarpophalangeal joint)　又称系关节或球节(Fetlock joint)。由掌骨远端、近指节骨近端的关节面和一对近籽骨构成。关节囊背侧壁厚而较坚韧,掌侧壁宽大。

掌指关节的韧带主要有内、外侧副韧带和籽骨韧带。

内、外侧副韧带分别起自大掌骨远端的内、外侧韧带窝,止于近指节骨近端的内外侧韧带结节,而且均与关节囊紧密相连。

籽骨韧带连结近籽骨、掌骨、近指节骨近端及中指节骨,起到加固缓冲震动防止系关节过度背屈的作用。籽骨韧带包括籽骨上韧带、籽骨下韧带、籽骨侧副韧带、籽骨间韧带和指间指节骨籽骨韧带。

籽骨上韧带又称悬韧带(Suspensory ligament)或骨间肌,由骨间肌腱质化而形成,位于掌骨的掌侧面,被指深屈肌腱覆盖。起于大掌骨近端,下行至大掌骨下1/3处分成3束:内侧束和外侧束的大部分止于相应近籽骨,其余分支转向背侧,并入指伸肌腱;中间束较大,大部分止于轴侧近籽骨,并有分支并入指伸肌腱。

籽骨下韧带位于近籽骨下缘和近指节骨之间,在屈肌腱深面,分浅、深2束,浅束较细,深束较粗,在浅束的深面交叉,所以称籽骨交叉韧带。

籽骨内、外侧副韧带较短,位于近籽骨和近指节骨之间,由远轴侧近籽骨连于近指节骨的远轴侧。

籽骨间韧带又称掌韧带,连结4个近籽骨,供屈肌腱通过。

指间指节骨籽骨韧带分别起始于第3、第4指轴侧籽骨,止于近指节骨轴侧中部。此外,还有连于第3、第4指节骨之间的短的指间近韧带。

(2)近指节间关节(Proximal interphalangeal joint)　又称冠关节(Coronal joint),由近指节骨远端的关节面与中指节骨近端的关节面构成,有关节囊、侧副韧带和掌侧韧带,韧带连于关节囊,仅能作小范围的屈、伸运动。

(3)远指节间关节(Distal interphalangeal joint)　又称蹄关节(Coffin joint),由中指节骨远端、远指节骨近端关节面及远籽骨构成。关节囊的背侧及两侧强厚,并与伸肌腱及侧副韧带紧密结合,掌侧较薄。蹄关节韧带含有较多韧带,包括侧副韧带、指节间轴侧韧带、与籽骨相连的韧带、背侧韧带和指间远韧带。由于侧副韧带短而强,故蹄关节只能作屈、伸运动。

(四)后肢骨的连结

后肢关节包括荐髂关节、髋关节、膝关节、跗关节和趾关节(图 3-33)。后肢的髋关节、膝关节、跗关节、趾关节分别与前肢的肩关节、肘关节、腕关节、指关节相对应,除趾(指)关节外,各关节角方向相反,这种结构特点有利于家畜站立时姿势保持稳定。除髋关节外,各关节均有侧副韧带,因此均为单轴关节,主要进行屈、伸运动。趾关节和前肢的指关节构造相似。

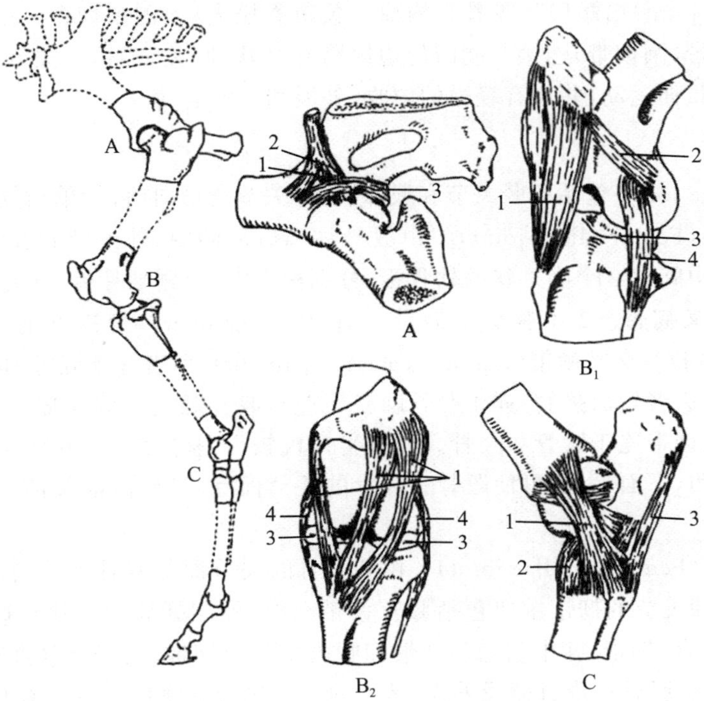

A. 髋关节:1. 圆韧带　2. 副韧带　3. 横韧带

B. 膝关节(B1. 侧面观　B2. 前面观):1. 膝直韧带　2. 股膝外侧韧带　3. 半月板　4. 股胫外侧韧带

C. 跗关节:1. 侧副韧带　2. 背侧韧带　3. 跖侧韧带

图 3-33　马匹后肢关节

1. 荐髂关节

荐髂关节(Sacroiliac joint)由荐骨翼和髂骨翼的耳状关节面构成,彼此连结紧密。关节面粗糙,周围有关节囊,囊壁紧张,并有短而强的荐髂腹侧韧带(Ventral sacroiliac ligament)和荐髂骨间韧带(Interosseous sacroiliac ligament)加固。因此,荐髂关节几乎不能活动,主要起连接后肢和躯干的作用。

马匹后肢在推动机体前进、奔跑和跳跃方面起主要作用,因此,髋骨与荐骨由荐髂关节牢固连结起来,以便把后肢肌肉收缩时产生的推动力沿脊柱传至前肢。

骨盆韧带(Pelvic ligaments)为连结荐骨和髂骨之间的一些强大的韧带,包括荐髂背侧韧带(Dorsal sacroiliac ligament)和荐结节阔韧带(Broad sacrotuberous ligament)。荐髂背侧韧带可分 2 条:一条呈索状,起于髂骨荐结节,止于荐骨嵴顶端;另一条较厚,呈三角形,起于髂骨荐结节和坐骨大切迹前部内侧缘,止于荐骨外侧缘并与荐结节阔韧带合并。

荐结节阔韧带又称荐坐韧带(Ligament sacroiliac),呈四边形薄板状,起自荐骨两侧缘和第1、第2尾椎横突,止于坐骨棘和坐骨结节,形成骨盆的侧壁。其前缘凹,与坐骨大切迹围成坐骨大孔(Greater ischiatic foramen),下缘与坐骨小切迹围成坐骨小孔(Lesser ischiatic foramen),供血管、神经通过。

2. 髋关节

髋关节(Hip joint)由髋臼和股骨头构成。关节囊松大,无侧副韧带。股骨头与髋臼之间有一条股骨头韧带(圆韧带)连接。髋臼的边缘附有缘软骨(关节唇)。关节角顶向后,为多轴单关节,主要作屈、伸运动,并伴有轻微的内收、外展和旋外运动。

3. 膝关节

膝关节(Stifle joint)包括股胫关节和股膝关节,关节角顶向前,为单轴复关节。

(1)股胫关节(Femorotibial joint) 由股骨远端后部的内、外侧髁和胫骨近端的内、外侧髁构成。关节面中间有2个半月状的软骨板,分别称为内、外侧半月板,有关节囊及内、外侧副韧带和2条膝交叉韧带。2条膝交叉韧带(Cruciate ligament),分别称前交叉韧带(Cranial cruciate ligament)和后交叉韧带(Caudal cruciate ligament),前者起于胫骨的髁间隆起,止于股骨外侧髁的内侧;后者短而强韧,连于胫骨腘肌切迹与股骨髁间窝的前部。也有内、外侧副韧带,而且有半月板韧带连于股骨和胫骨。内侧半月板较大,呈"C"形;外侧半月板较小,呈"O"形。半月板上面凹,下面平坦,可使股骨和胫骨的关节面互相吻合,既缓冲压力,又吸收震荡,起弹性垫的作用。

(2)股膝关节(Femoropatellar joint) 由膝盖骨的关节面与股骨远端的滑车关节而构成,关节囊宽松。股膝关节的韧带主要包括膝直韧带和内、外侧副韧带。膝直韧带(Patellar retinacula)有膝外侧(直)韧带、膝中间(直)韧带和膝内侧(直)韧带。膝外侧(直)韧带起于膝盖骨外侧的粗糙面,止于胫骨粗隆近端及外缘;膝中间(直)韧带由膝盖骨顶的前方止于胫骨粗隆前端;膝内侧(直)韧带起于膝盖骨内侧的纤维软骨,止于胫骨粗隆的内侧。在标本或活体上触摸这3条韧带,内外侧副韧带分别位于股骨内外侧上髁粗糙面与膝盖骨内侧缘软骨和外侧缘之间。

股膝关节的运动主要是膝盖骨在股骨滑车上滑动,通过改变股四头肌作用力而伸展膝关节。股胫关节的运动主要是屈伸运动,在屈曲时可进行小范围的旋转运动。

4. 跗关节

跗关节(Tarsal joint)又称飞节(Hock),由小腿骨远端与跗骨和跖骨近端构成的单轴复关节,包括小腿跗关节、跗骨间远和近关节、跗跖关节。关节角顶向后,有关节囊,背侧壁薄而跖侧壁厚,滑膜层形成4个滑膜囊,有内、外侧副韧带及背侧、跖侧韧带,还有跗骨间韧带。

5. 趾关节

趾关节包括跖趾关节(系关节)、近趾节间关节(冠关节)和远趾节间关节(蹄关节),其构造与前肢的指关节基本相同。

任务 3-3 全身肌肉的认知

【学习任务单】

一、学习目标

1. 掌握马匹肌器官的构造和辅助装置。

2. 认识马匹各部分肌肉的名称，掌握马颈静脉沟、腹股沟管、髂肋肌沟、前臂正中沟等部位的位置和肌肉组成。

3. 掌握马匹颈腹侧肌、胸壁肌、腹壁肌以及前后肢主要肌肉的名称和位置。

二、学习资源

1. 马匹全身肌肉模型。

2. 教材。

3. 信息化教学资源。

三、学习任务

1. 观察头部的面部肌（鼻唇提肌、颊肌等）和咀嚼肌（咬肌、翼肌、颞肌和二腹肌）。

2. 观察躯干部脊柱肌（背腰最长肌、髂肋肌、夹肌、颈长肌、腰小肌和腰大肌）、颈腹侧肌（胸头肌、胸骨甲状舌骨肌等）、胸壁肌（肋间外肌、肋间内肌和膈）、腹壁肌（腹外斜肌、腹内斜肌、腹直肌和腹横肌）以及腹股沟管的结构。

3. 观察前肢的肩带肌（斜方肌、菱形肌、背阔肌、臂头肌、胸肌和腹侧锯肌）、肩部肌（冈上肌、冈下肌、三角肌、肩胛下肌和大圆肌）、臂部肌（前臂筋膜张肌、臂三头肌、臂二头肌和臂肌）和前臂及前脚部肌肉。

4. 观察后肢部的髋部肌、股部肌肉（阔筋膜张肌、股四头肌、臀股二头肌、半腱肌、半膜肌和缝匠肌等）和小腿及后脚部肌肉。

【相关知识】

一、肌肉的概述

肌（Muscle）是运动器官，在神经系统的支配下，能够进行收缩活动，为运动或维持姿势、呼吸、营养、循环和其他功能提供动力。肌由肌组织构成，根据其形态结构、生理机能和分布分为骨骼肌、心肌和平滑肌。骨骼肌附着于骨骼，分布于头部、躯干和四肢，收缩迅速有力，但容易疲劳；平滑肌主要分布于有腔内脏和血管壁，收缩缓慢而持久；心肌主要构成心壁。

（一）肌器官的构造

肌分为肌腹和肌腱，一般肌腹位于中部，肌腱位于两端。

肌腹（Muscle belly）由肌纤维借结缔组织连结而成，大量的肌纤维先平行集合成大小不一的肌束，再由许多肌束聚合成肌腹。肌腹为肌的实质，是肌具有收缩能力的部分。结缔组织为间质，包在一整块肌的表面称肌外膜（Epimysium）；伸入肌内，包在肌束外面称肌束膜（Perimysium）；伸入肌束内，包在每一肌纤维外面称肌内膜（Endomysium）。结缔组织起连接、支持和营养的作用。分布于肌的血管、淋巴管和神经，一般都沿肌外膜、肌束膜和肌内膜伸入肌内（图 3-34）。

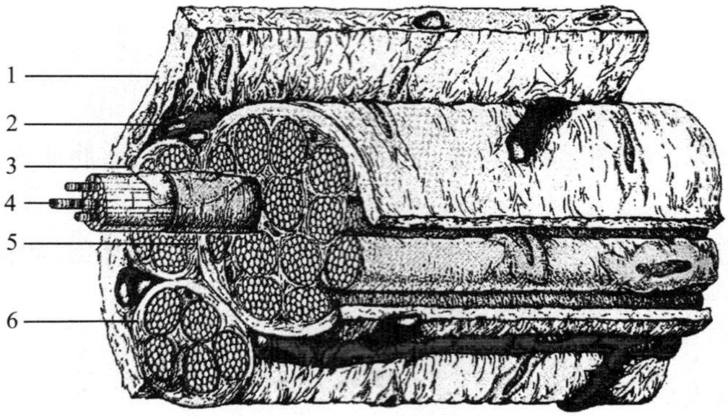

1. 肌外膜　2. 血管　3. 肌纤维　4. 肌原纤维　5. 肌内膜　6. 肌束膜

图 3-34　肌肉的构造

（引自陈耀星等，2019）

肌腱（Muscle tendon）由致密结缔组织构成，连于肌腹的一端或两端，有的伸入肌腹内部或覆盖于肌腹表面。肌腱多数呈索状，也有的呈膜状，称腱膜。肌腱无收缩能力，但具有极强的坚韧性和抗张力，且不易疲劳。肌腱有多种功能，可将肌腹的收缩力传递给其所附着的骨上，起韧带作用以加固关节，缓冲运动时的震动，在站立时支持体重等。

（二）肌肉的形态

肌肉可分为纺锤形肌、多裂肌、板状肌和环形肌（图 3-35）。

1. 纺锤形肌

纺锤形肌（Spindle-shaped muscle）呈纺锤形或带状，主要分布于四肢，其近侧端的附着点常称为头，由于头的多少不一，就有二头肌、三头肌和四头肌之称。有些长肌的肌腹被中间的腱分为二腹，称二腹肌。长肌能产生较大幅度的运动。

2. 多裂肌

多裂肌（Multifidus muscle）短而小，多位于躯干的深层，主要分布于多个椎骨之间，分节性明显。各肌束可独立存在，收缩时运动幅度小；也可互相结合成一大块肌，如背腰最长肌，可产生较大幅度的运动。

3. 板状肌

板状肌（Wide muscle）呈薄板状，扁而宽，又称阔肌，多位于胸、腹壁和四肢带部，有的呈扇形或锯齿状，如背阔肌和腹侧锯肌。

4. 环形肌

环形肌（Circular muscle）呈环行，又称轮匝肌，多分布于面部孔、裂的周围，形成括约肌，收缩时可缩小或关闭自然孔、裂。

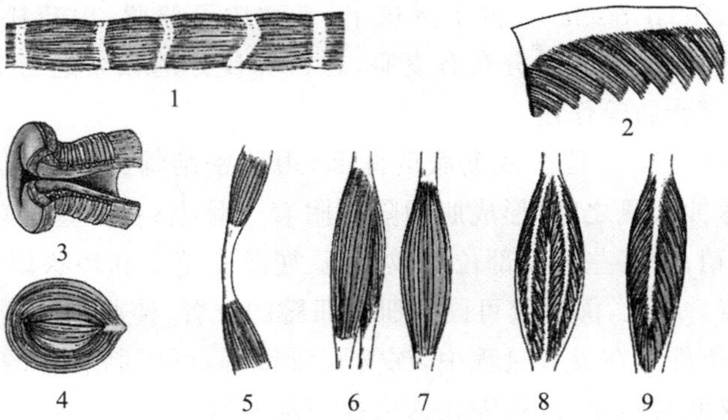

1. 板状肌(腱在中间)　2. 板状肌(形成腱膜)　3. 括约肌　4. 环形肌　5. 二腹肌
6. 二头肌　7. 纺锤形肌　8. 多羽肌　9. 单羽肌

图 3-35　根据肌纤维排列方式的肌肉分类

(引自陈耀星等,2019)

(三)肌肉的起止点和作用

肌的两端通常附着于两块或多块骨上,有的附着于软骨、筋膜、韧带或皮肤上,肌收缩时变短变粗,牵引它所附着的骨发生位移而产生各种运动。肌收缩时相对不动的附着点称该肌的起点(Origin),而相对活动的附着点称止点(Insertion)。解剖学上通常将靠近身体正中面或四肢近端的附着点作为起点,另一附着点则作为止点。随着运动条件的变化,起点和止点是可以互相转化的。自然孔、裂周围的环形肌没有起点和止点之分。

肌肉根据收缩时对关节的作用,可分为伸肌、屈肌、内收肌和外展肌等。肌肉对关节的作用与其位置均有密切关系。伸肌分布在关节的伸面,通过关节角顶,当肌肉收缩时可使关节角变大从而伸展关节。屈肌配布于关节的屈面,即关节角内,肌肉收缩时使关节角变小实现关节的屈曲。内收肌位于关节的内侧,外展肌则位于关节的外侧。掌握了肌肉配布的规律,根据关节的类型和关节角的方向,便可大致确定作用于该关节的肌群及其位置。

起止点之间越过一个关节的肌肉,只对一个关节起作用,如冈上肌只能伸肩关节;起止点之间越过多个关节的肌肉,则可对多个关节起作用,如指深屈肌,不仅能屈指关节,而且可以屈腕关节和伸肘关节。这些肌肉在马匹运动过程中提供重要的动力来源。

(四)肌的命名

肌通常据其形状、位置、作用、起止点、结构、肌纤维走向等特点而命名。如三角肌、斜方肌、菱形肌是据其形状命名;冈上肌、冈下肌、臂肌据其位置命名;咬肌、内收肌、伸肌按其作用命名;胸头肌、臂头肌、胸骨甲状舌骨肌按其起止点命名;二腹肌、三头肌、四头肌是按其结构命名;斜肌、直肌是按其肌纤维走向命名。大多数肌是综合其数个特征而命名的,如腕桡侧伸肌、腹外斜肌。由此可见,许多肌名本身就是对该肌的注释。了解了肌的命名原则,有助于减轻机械记忆的负担。

(五)肌的辅助装置

1. 筋膜

筋膜(Fascia)为被覆于肌或肌群外面的结缔组织膜,并形成一些特殊结构,辅助肌的活动。

筋膜分浅筋膜和深筋膜2种。

(1)浅筋膜(Superficial fascia) 位于真皮下,又称皮下筋膜,由疏松结缔组织构成,被覆于肌的表面。有些部位的浅筋膜内分布有皮肌,在营养良好的家畜还含有脂肪。浅筋膜有联系深部组织、保护、储存脂肪等作用。

(2)深筋膜(Deep fascia) 位于浅筋膜的深面,由致密结缔组织构成,致密而坚韧。深筋膜包在肌群的表面,并伸入肌之间,形成肌间隔而附着于骨上;在一些部位,如前臂、小腿等处形成包裹肌群的筋膜鞘;在某些关节部位形成伸肌、屈肌支持带和环状韧带固定肌腱;此外,还可作为肌肉的起、止点。总之,深筋膜可固定肌和肌腱的位置,使肌和肌群能够单独进行活动,为肌提供有利的工作条件。在炎症过程中,深筋膜较致密,可限制炎症的扩散,但一些部位的肌间深筋膜疏松,形成筋膜间隙,则可能成为炎症蔓延的途径。

2.黏液囊

黏液囊(Bursa)为密闭的结缔组织囊,壁薄,内面衬有滑膜(Synovial bursa),囊内有少量滑液,起减少摩擦的作用。黏液囊多位于肌、腱、皮肤与骨的突起之间,分别称为肌下、腱下和皮下黏液囊。在关节附近的黏液囊,有的还与关节腔相通。黏液囊多数是先天性的,但有些皮下囊则是在生后因长期摩擦而逐渐形成的(图3-36)。

3.腱鞘

腱鞘(Tendon sheath)为包围腱的滑膜囊,呈筒状,多位于活动性较大的关节部位,如腕、跗和指、趾部。腱鞘分2层,外层为纤维层,内层为滑膜层。滑膜层又分脏层和壁层;脏层又称腱层,紧贴于腱的表面;壁层紧贴于纤维层的内面,脏层与壁层移行处形成腱系膜,两层之间有少量滑液,可减少摩擦。

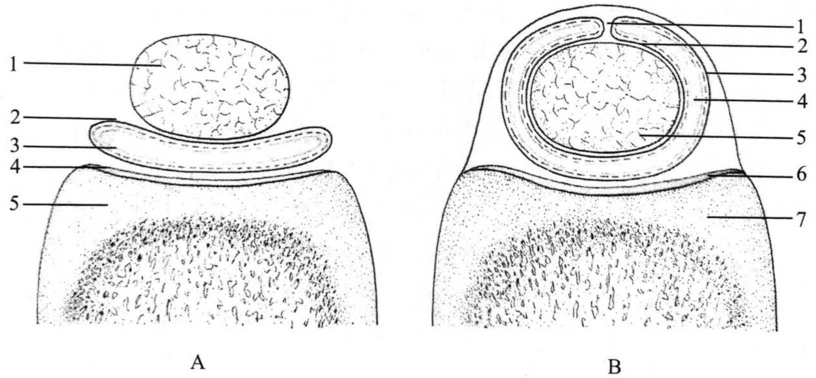

A.黏液囊:1.腱 2.纤维层 3.滑膜层 4.软骨 5.骨

B.腱鞘:1.腱系膜 2.滑膜脏层 3.滑膜壁层 4.滑液腔 5.腱 6.软骨 7.骨

图3-36 黏液囊和腱鞘的结构

(引自陈耀星等,2019)

4.滑车与籽骨

滑车与籽骨的作用是改变肌肉力的方向,减少腱与骨或关节之间的摩擦。

滑车(Trochlea)多位于骨的突出部,为具有沟的滑车状突起,表面覆有软骨,腱与滑车之间常垫有黏液囊。

籽骨(Sesamoid bone)是位于关节角顶部的小骨。籽骨有关节面与相邻骨成关节,腱通过籽骨时附着于籽骨。

二、皮肌

皮肌是分布于浅筋膜内的薄层肌,紧贴在皮肤的深面(图 3-37)。皮肌并不完全覆盖全身,根据所在部位可分为面皮肌、颈皮肌、肩臂皮肌和躯干皮肌。皮肌收缩时,可颤动皮肤,以驱赶蚊蝇和抖掉皮肤上的灰尘或水滴等。

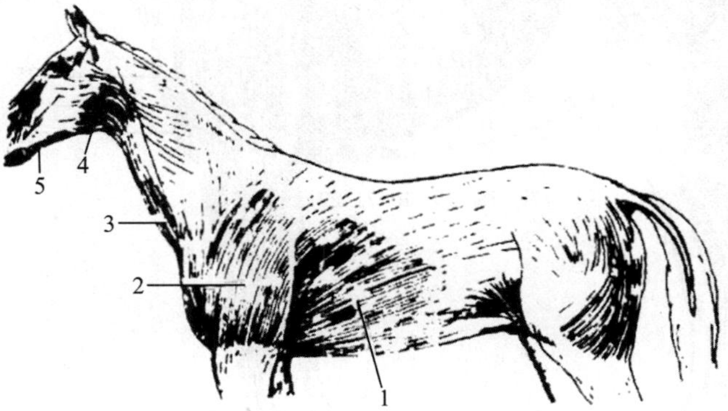

1. 躯干皮肌 2. 肩臂皮肌 3. 颈皮肌 4. 面皮肌 5. 唇皮肌

图 3-37 马匹皮肌

三、头部肌

头部肌肉主要分为面肌、咀嚼肌、眼球肌、咽肌、喉肌、舌肌和舌骨肌等。

(一)面部肌

薄肌,大部分起始于面骨或面部筋膜,止于面部自然孔裂的周围,分布于口腔和鼻腔的周围,分张肌和括约肌。如图 3-38,张肌包括颧肌、鼻唇提肌、上唇提肌、犬齿肌、上唇降肌、下唇降肌和颧骨肌。括约肌包括口轮匝肌、眼轮匝肌和颊肌。颧肌为带状肌,从颧弓伸至口角;鼻唇提肌呈三角形,从鼻骨和额骨交界处伸至鼻翼和上唇,前部分浅、深两层;上唇提肌、犬齿肌、上唇降肌位于鼻唇提肌浅、深两层之间,自上而下按序排列;下唇降肌位于颊肌腹侧缘;颧骨肌呈三角形,位于眼眶前下方、颧肌背内侧。颊肌形成口腔侧壁,位于颧肌内侧和咬肌前方。

(二)咀嚼肌

咀嚼肌位于颞下颌关节周围,参与咀嚼运动,分开口肌和闭口肌。

1. 开口肌

二腹肌为开口肌,由前、后肌腹和中间腱组成,起自枕骨的颈静脉突,伸向前腹侧止于下颌骨体颊齿部腹侧缘和内侧面。该肌收缩可降下颌(开口)。

2. 闭口肌

闭口肌包括咬肌、颞肌、翼内侧肌和翼外侧肌。

①咬肌(Masseter muscle) 位于下颌骨支的外侧面,起自面结节至颧弓的连线,按肌纤维

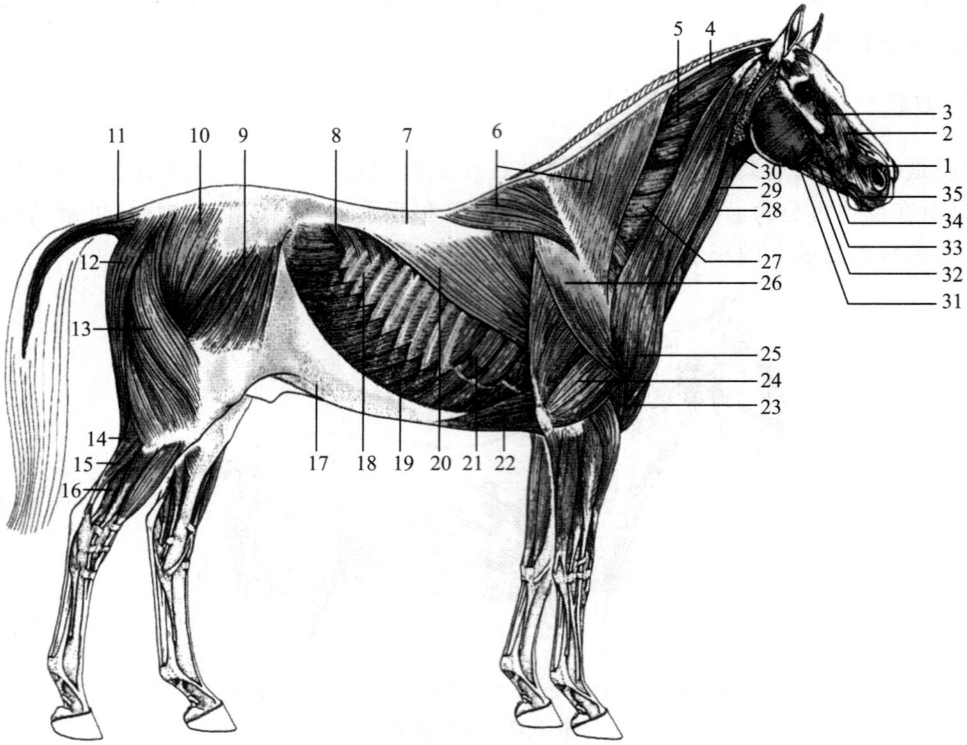

1.犬齿肌 2.鼻唇提肌 3.上唇提肌 4.颈菱形肌 5.夹肌 6.斜方肌 7.腰背筋膜 8.后背侧锯肌 9.阔筋膜张肌 10.臀浅肌 11.尾肌 12.半腱肌 13.股二头肌 14.腓肠肌 15.比目鱼肌 16.趾长屈肌 17.腹外斜肌腱膜 18.肋间外肌 19.腹外斜肌 20.背阔肌 21.胸腹侧锯肌 22.胸深肌 23.臂肌 24.臂三头肌 25.臂头肌 26.三角肌 27.颈腹侧锯肌 28.胸头肌 29.颈静脉 30.肩胛舌骨肌 31.咬肌 32.下唇降肌 33.颊肌 34.颧肌 35.口轮匝肌

图 3-38 马体浅层肌

(引自陈耀星等,2009)

方向分浅、中、深 3 部分,止于下颌骨支的外侧面。两侧肌肉同时收缩,可上提下颌(闭口);交替收缩,可使下颌向左、右作侧向运动,以咀嚼食物。

②颞肌(Temporal muscle) 位于颞窝内,起自颞窝,止于下颌骨支的冠状突,作用同咬肌。

③枕颌肌(Occipitomaxillary muscle) 马匹枕颌肌位于下颌骨后缘,起于枕骨颈静脉突,止于下颌支后缘。

④翼肌(Pterygoideus muscle) 位于下颌骨的内面,起于蝶骨翼突和翼骨,止于下颌骨内面(翼内侧肌)和下颌骨冠状突下部及下颌支前缘(翼外侧肌)。

翼内侧肌:位于下颌骨支内侧面的翼肌窝,起自腭骨、蝶骨翼突和翼骨,止于下颌骨支内侧面。作用同咬肌。

翼外侧肌:位于翼内侧肌背外侧,起始于蝶骨翼突和翼腭窝,止于下颌骨髁突内侧面上部的翼肌凹。

四、躯干肌

躯干肌包括脊柱肌、颈腹侧肌、胸壁肌和腹壁肌。

(一)脊柱肌

脊柱肌指支配脊柱活动的肌肉,分为脊柱背侧肌群和脊柱腹侧肌群。脊柱背侧肌群很发达,位于脊柱的背外侧;脊柱腹侧肌群不发达,仅位于颈部和腰部脊柱的腹侧(图 3-39)。

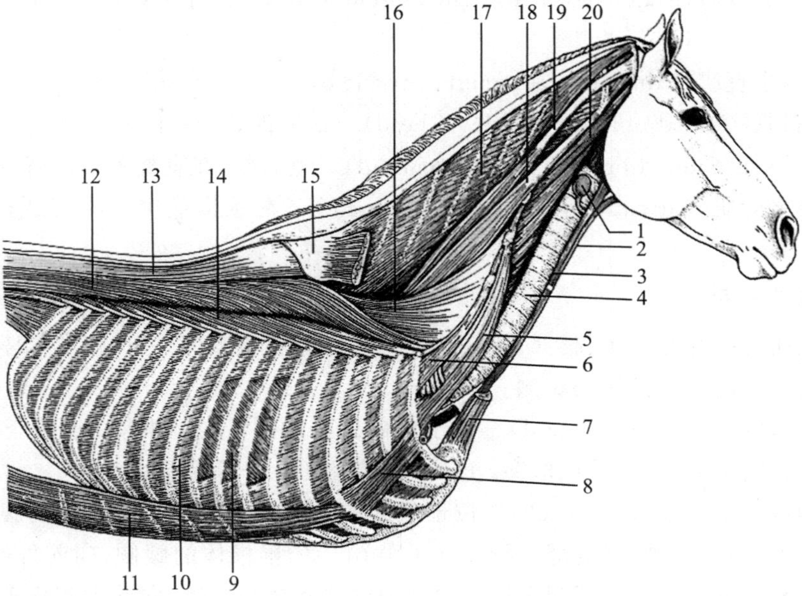

1.甲状腺　2.胸骨舌骨肌　3.胸骨甲状肌　4.气管　5.腹斜角肌　6.中斜角肌　7.胸头肌　8.胸直肌　9.肋间内肌　10.肋间外肌　11.腹直肌　12.胸最长肌　13.胸部和颈部棘肌　14.胸髂肋肌　15.夹肌和棘肌横筋膜　16.颈最长肌　17.头半棘肌　18.寰最长肌　19.头最长肌　20.头长肌

图 3-39　马躯干中层肌

(引自陈耀星等,2019)

1.脊柱背侧肌群

(1)背腰最长肌(Dorsal longest muscle)　为全身最长的肌肉,呈三棱形,位于胸、腰椎棘突与横突和肋骨椎骨端所形成的夹角内,由许多肌束结合而成,表面覆盖一层强厚的腱膜。起于髂骨嵴、荐骨、腰椎和后部胸椎棘突,止于腰椎、胸椎和最后颈椎的横突及肋骨外面。两侧同时收缩时可伸腰背,另外还有伸颈、侧偏脊柱和协助呼吸的作用。

(2)髂肋肌(Iliocostal muscle)　由一束束斜向的肌束组成,位于背最长肌的腹外侧。起于腰椎横突末端和后 15 个肋的前缘,向前止于所有肋骨后缘和第 7 颈椎横突。可向后牵引肋骨,协助呼吸。它与背腰最长肌之间形成髂肋肌沟,沟内有针灸穴位。

(3)夹肌(Splenius muscle)　位于颈侧部皮下,在鬐甲、项韧带索状部与颈椎和头部之间,呈三角形,其后部被斜方肌及颈下锯肌覆盖。夹肌起自棘横筋膜和项韧带索状部,止于枕骨及前 4、5 枚颈椎。两侧同时收缩可抬头颈,单侧收缩可偏头颈。

(4)头半棘肌(Semispinal muscle of head)　又称复肌。位于夹肌和项韧带板状部之间。

头半棘肌起自棘横筋膜，前6、7枚胸椎横突和颈椎关节突，以强腱止于枕骨。作用同夹肌。

(5)颈多裂肌(Cervical multifidus muscle)　被头半棘肌覆盖，位于后6个颈椎椎弓背侧。起于第1胸椎横突和后4～5个颈椎关节突，止于后6个颈椎的棘突和关节突。有伸、偏头颈的作用。

(6)颈最长肌(Longest muscle of neck)　呈三角形，是腰背最长肌的向前延续，止于后4个颈椎横突。

(7)头背侧大直肌(Major dorsal straight muscle of head)　在项韧带索状部的下方与枕骨之间。

(8)头背侧小直肌(Minor dorsal straight muscle of head)　在头背侧大直肌之下。

(9)头后斜肌(Caudal oblique muscle of head)　在枢椎和寰椎的背外侧。

(10)头前斜肌(Cranial oblique muscle of head)　短而厚，在寰枕关节的背外侧。

(11)颈横突间肌(Cervical intertransverse muscle)　在颈椎横突与横突或横突与关节突之间。

2. 脊柱腹侧肌群

脊柱腹侧肌群仅存在于颈、腰部。颈部有斜角肌、头长肌和颈长肌，腰部主要有腰小肌、腰大肌和腰方肌。它们位于椎体的腹侧。

(1)头长肌(Long muscle of head)　位于前部颈椎的腹外侧，向前一直伸至颅底部，由许多长肌束组成。起于第3～6颈椎横突，止于枕骨基底部。作用为屈头。

(2)颈长肌(Long muscle of neck)　位于颈椎椎体和前6(7)个颈椎椎体的腹侧，由许多分节性的短肌束组成，分为颈、胸两部。胸部起于第6(7)颈椎椎体的腹侧，向前外侧止于最后两个颈椎的椎体和横突腹侧。颈部起于最后颈椎的椎体和横突腹侧，向前内侧止于寰椎的腹侧。为马匹屈颈提供动力。

(3)斜角肌(Scalene muscle)　位于颈后部的腹外侧，表面有膈神经横过，分为上、下2部，臂神经丛从其间通过。起于最后4～5颈椎横突，止于第1～3肋骨，可牵引前部肋向前，协助吸气。

(4)腰小肌(Minor psoas muscle)　狭而长，位于腰椎椎体腹侧面的两侧，起于最后胸椎和腰椎椎体腹侧，止于髂骨腰小肌结节。作用是屈腰和下降骨盆。

(5)腰大肌(Major psoas muscle)　腰椎腹侧诸肌中最大的肌肉，宽扁而长，位于腰小肌外侧，起于最后1～2肋骨椎骨端和腰椎椎体及横突的腹侧，与髂骨合成髂骨肌，止于股骨小转子。作用是屈曲髋关节。

(6)腰方肌(Lumbar quadrate muscle)　较薄，位于腰椎横突腹侧，大部分在腰大肌的深面，起于第10～13胸椎椎体腹外侧及相应肋骨的椎骨端和腰椎横突腹侧，止于腰椎横突前缘和髂骨翼的腹侧面。作用是两侧同时收缩时可固定腰椎，一侧收缩时屈腰。

(二)颈腹侧肌

颈腹侧肌位于颈部腹侧，包括胸头肌、胸骨甲状舌骨肌和肩胛舌骨肌(图3-40)。

(1)胸头肌(Sternocephalicus muscle)　位于颈部腹外侧,构成颈静脉沟的下缘,分浅、深2部:浅部为胸下颌肌,起于胸骨柄和第1肋骨,止于下颌骨下缘和咬肌前缘;深部为胸乳突肌,位于气管腹侧,起于胸骨柄,向前经颈静脉的深面止于颞骨乳突。作用为屈头颈。

(2)胸骨甲状舌骨肌(Sternothyrohyoideus muscle)　呈扁平窄带状,位于气管腹侧。起于胸骨柄,与对侧同名肌紧密邻接,向前伸延至颈中部分为内、外2支:外侧支止于喉的甲状软骨,称胸骨甲状肌(Sternothyroid muscle);内侧支止于舌骨体,称胸骨舌骨肌(Sternohyoid muscle)。作用为向后牵引喉和舌骨,协助吞咽。

(3)肩胛舌骨肌(Omohyoid muscle)　呈薄带状,起于第3～5颈椎横突,止于舌骨体。在颈后部位于臂头肌深面,在颈前部形成颈静脉沟底。作用同胸骨甲状舌骨肌。

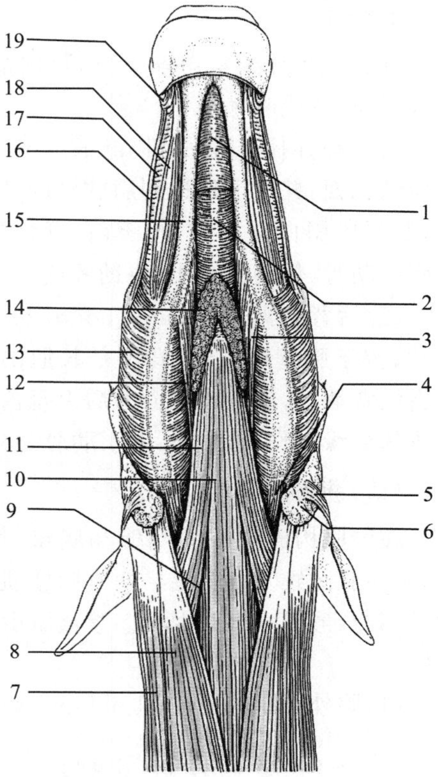

1.下颌舌骨肌前部　2.下颌舌骨肌后部　3.二腹肌前部　4.枕下颌肌　5.腮耳肌　6.腮腺　7.臂头肌　8.胸下颌肌　9.胸骨甲状肌　10.胸骨舌骨肌　11.肩胛舌骨肌　12.翼内肌　13.咬肌　14.下颌淋巴结　15.下颌骨　16.颧肌　17.颊肌　18.下唇降肌　19.口轮匝肌

图3-40　马头颈部腹侧肌

(引自陈耀星等,2019)

(三)胸壁肌

胸壁肌位于胸腔侧壁和胸腔后壁,参与呼吸运动,包括肋间外肌、肋间内肌和膈肌。

1.吸气肌

吸气肌除膈外,均位于胸侧壁,肌纤维斜向后下方,收缩时肋骨前移,使胸腔横径增大造成吸气动作。

(1)肋间外肌(External intercostal muscle)　位于肋间隙的浅层,但不达肋软骨间隙。起于前一肋骨的后缘,肌纤维斜向后下方,止于后一肋骨的前缘。作用为向前外方牵引肋骨,使胸腔扩大,引起吸气。

(2)前背侧锯肌(Cranial dorsal serrate muscle)　位于胸壁前上部,背最长肌的表面,由几片薄肌组成。前背侧锯肌起于胸腰筋膜,止于第5～11肋骨近端的外侧面。可向前牵引肋骨,以助吸气。

(3)膈肌(Diaphragm)　位于胸腔和腹腔之间,圆拱形凸向胸腔。膈由中央的腱质部和周围的肌质部组成。腱质部由强韧的腱膜构成,称中心腱;肌质部由肌纤维构成,根据其附着部位又分为腰部、肋部和胸骨部。腰部由左、右膈脚构成,分别附着于第2～3腰椎腹侧和前4个腰椎腹侧。肋部附着于胸侧壁的内面,其附着线由剑状软骨沿第8肋骨和肋软骨连接处向上,经过第9～13肋骨至腰部。胸骨部附着于剑状软骨的背侧面。

膈上有3个孔,自上向下为:主动脉裂孔,位于左、右膈脚之间;食管裂孔,位于右膈脚中,接近中心腱;腔静脉裂孔,位于中心腱上,稍偏中线右侧。膈收缩时,引起吸气动作(图3-41)。

2. 呼气肌

呼气肌肌纤维斜向前下方，可向后牵引肋骨，使胸腔横径减小，造成呼气动作。

(1)肋间内肌(Internal intercostal muscle)　位于肋间外肌的深面，并向下伸达到肋软骨间隙。起于后一肋的前缘，肌纤维斜向前下方，止于前一肋的后缘。作用为向后方牵引肋骨，使胸腔变小，协助呼气。

(2)后背侧锯肌(Caudal dorsal serrate muscle)　为薄肌片，位于胸壁后下部，背腰最长肌的表面。后背侧锯肌起自腰背筋膜，肌纤维方向为后上至前下，止于后7～8个肋骨的后缘。作用是向后牵引肋骨，协助呼气。

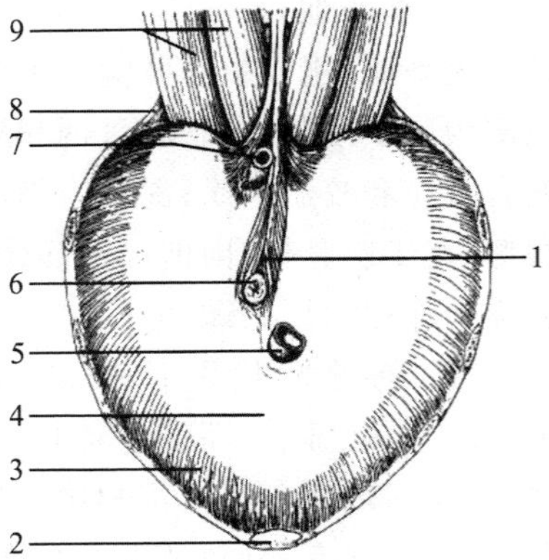

1. 迷走神经　2. 剑状软骨　3. 肉质缘
4. 中央腱　5. 后腔静脉　6. 食管
7. 主动脉　8. 肋缩肌　9. 腰肌

图 3-41　马膈肌

(四)腹壁肌

腹壁肌构成腹腔的侧壁和底壁，均为板状肌，共有4层，各层肌纤维互相交错。两侧腹壁肌在腹底壁正中线以腱质相连，形成一条腹白线。腹壁肌由外向内依次为腹外斜肌、腹内斜肌、腹直肌和腹横肌(图3-42)。

(1)腹外斜肌(External oblique abdominal muscle)　为腹壁肌的最外层，以肌齿起于第5～13肋骨的中上部外面和肋间外肌表面的筋膜，肌纤维斜向后下方，在肋弓的后下方延续为宽大的腱膜，止于腹白线、耻前腱和髋结节。腱膜自髋结节至耻前腱的部分特别强厚，称为腹股沟韧带，其前方有一裂孔，为腹股沟管皮下环。

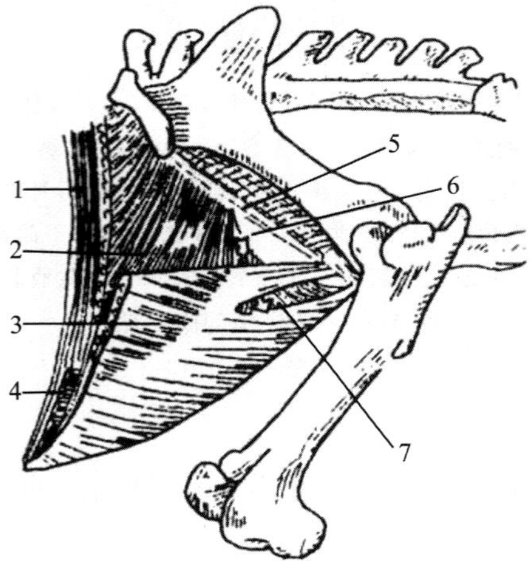

1. 腹横肌　2. 腹内斜肌　3. 腹外斜肌
4. 腹直肌　5. 腹黄膜　6. 腹膜

图 3-42　马腹壁肌横断面

(2)腹内斜肌(Internal oblique abdominal muscle)　位于腹外斜肌深面，肌腹呈扇形。起于髋结节和第3～5腰椎横突，肌纤维斜向前下方，于腹侧壁中部转为腱膜，止于最后肋骨后缘、腹白线和耻前腱。腱膜在前下部分为内、外2层，外层与腹外斜肌腱膜结合，形成腹直肌的外鞘，内层与腹横肌腱膜结合，形成腹直肌的内鞘。

(3)腹直肌(Straight abdominal muscle)　位于腹底壁，在腹白线两侧，肌纤维纵行。起于胸骨和第4～13肋软骨的外侧面，在腹直肌鞘内向后伸延，以强厚的耻前腱止于耻骨前缘。肌表面有5～6条横行的腱划。

(4)腹横肌(Transverse abdominal muscle)　为腹壁肌的最内层，较薄，肌纤维上下行。起于肋弓内面和前5个腰椎横突，以腱膜止于腹白线。

(5)腹股沟管(Inguinal canal)　位于腹底壁后部、耻前腱两侧，为腹外斜肌和腹内斜肌之间的斜行裂隙。管的内口通腹腔，称腹股沟管腹环，由腹内斜肌和腹股沟韧带围成；外口通皮下，称腹股沟管皮下环，为腹外斜肌腱膜上的卵圆形裂孔。公马匹腹股沟管明显，内有精索和血管、神经通过。母马匹腹股沟管仅供血管、神经通过。

腹壁肌的作用是形成柔韧的腹壁，容纳、保护和支持腹腔脏器；当腹肌收缩时，可增大腹压，协助呼气、排粪、分娩等。

五、前肢肌

前肢肌分为肩带肌、肩部肌（肩关节肌）、臂部肌（肘关节肌）、前臂及前脚部肌（腕关节肌及指关节肌），见图 3-38。

（一）肩带肌

肩带肌是连接前肢与躯干的肌肉，多为板状肌，包括背侧组的斜方肌、菱形肌、臂头肌和背阔肌及腹侧组的腹侧锯肌和胸肌。

（1）斜方肌（Trapezius muscle）　呈三角形，分颈、胸 2 部。颈斜方肌起于项韧带索状部，肌纤维由前上方斜向后下方，胸斜方肌起于前 10 个胸椎棘突，肌纤维由后上方斜向前下方，两部均止于肩胛冈。作用为提举、摆动和固定肩胛骨。

（2）菱形肌（Rhomboid muscle）　起始于项韧带索状部、棘上韧带和胸椎棘突，分颈、胸 2 部。颈菱形肌厚而狭长，肌纤维斜向后下方，胸菱形肌薄，略呈长四边形肌纤维接近垂直，两部均止于肩胛软骨内侧面。作用基本同斜方肌。

（3）臂头肌（Brachiocephalic muscle）　为前宽后窄的长肌，自头部伸至臂部，分为锁头肌和锁臂肌 2 部分，两者以锁腱划为界，锁腱划在家畜不明显，大约在锁臂肌止点处。锁臂肌位于臂部，止于肱骨嵴。锁头肌位于颈部，又分为 2 部分。背侧部称锁枕肌起于枕骨和项韧带，腹侧部称锁乳突肌，与夹肌同起于颞骨乳突，两部均止于锁骨腱划。臂头肌与胸头肌之间的肌沟称颈静脉沟。臂头肌的作用是牵引前肢向前、伸肩关节，在前肢踏地两侧同时作用时可伸展头颈，一侧作用时可偏转头颈。

（4）背阔肌（Broadest muscle of back）　为三角形阔肌，以宽阔的腱膜起于胸腰筋膜、第 9～12 肋骨、肋间外肌和腹外斜肌表面的筋膜，肌纤维由后上方斜向前下方，止于大圆肌粗隆、臂三头肌长头内侧的腱膜等。作用是在前肢踏地时牵引躯干向前、屈肩关节、协助吸气等。

（5）腹侧锯肌（Ventral serrate muscle）　位于颈、胸部的外侧面，为一宽大的扇形肌，下缘呈锯齿状。颈腹侧锯肌较厚，全为肉质，起于第 3～4 颈椎横突和前 3 个肋骨，肌纤维斜向后上方；胸腹侧锯肌较薄，表面被有腱膜，起于第 8～9 肋骨，肌纤维斜向前上方，两部均止于肩胛骨锯肌面和肩胛软骨内侧面。作用是将躯干悬挂在两前肢之间，两侧肌同时收缩可提举躯干，一侧收缩可将身体重心移至对侧，颈部收缩可举颈，胸部收缩可协助吸气等。

（6）胸肌（Pectoral muscle）　位于臂部和前臂内侧与胸骨之间。分为胸前浅肌、胸后浅肌、胸前伸肌和胸后伸肌。有内收前肢的作用。当前肢向前踏地时，可牵引躯干向前。

（二）肩部肌

肩部肌位于肩胛骨周围包括肩胛骨外侧面的冈上肌、冈下肌和三角肌及内侧面的肩胛下肌、大圆肌和喙臂肌。其中冈上肌为肩关节的伸肌，三角肌、大圆肌和喙臂肌为屈肌，冈下肌为外展肌，肩胛下肌为内收肌，见图 3-38。

1. 肩胛骨外侧面肌群

（1）冈上肌（Supraspinous muscle）　起自冈上窝、肩胛软骨和肩胛冈，止于臂骨近端的大结节和小结节，作用是固定和伸展肩关节。

(2)冈下肌(Infraspinous muscle)　起自冈下窝及肩胛软骨，止于臂骨的大结节，其下部外侧面被三角肌所覆盖。可外展肱骨，固定肩关节，并起外侧韧带的作用。

(3)三角肌(Deltoid muscle)　分肩峰部和肩胛部，分别起自肩峰和肩胛骨后缘，止于臂骨的三角肌粗隆，可屈肩关节和外展肱骨。

(4)小圆肌(Minor teres muscle)　位于三角肌和冈下肌深面。

2. 肩胛骨内侧面肌群

(1)肩胛下肌(Subscapular muscle)　有3束，起自肩胛骨内侧面，止于臂骨近端的小结节，可内收肩关节，并起内侧韧带的作用。

(2)大圆肌(Major teres muscle)　扁而长，位于肩胛下肌的后方，起自肩胛骨后角及后缘上部，止于臂骨的大圆肌粗隆。

(3)喙臂肌(Coracobrachial muscle)　位于臂骨内侧面，起自盂上结节内侧的乌喙突，止于臂骨内侧面，可屈肩关节。

(三)臂部肌

臂部肌位于肱骨周围，包括臂二头肌、臂肌、臂三头肌和前臂筋膜张肌。其中臂二头肌和臂肌为肘关节的屈肌，臂三头肌和前臂筋膜张肌为伸肌，见图3-43。

1. 伸肌组肌群

(1)臂三头肌(Triceps muscle of forearm)　分为长头、外侧头和内侧头，长头最大，起自肩胛骨后缘，外侧头起自臂骨外侧面，内侧头最小起自臂骨内侧面，三个头同止于尺骨鹰嘴。作用伸肘关节，长头也可屈肩关节。

(2)前臂筋膜张肌(Tensor muscle of antebrachial fascia)　为一狭长的带状肌，起自肩胛骨后角，止于尺骨鹰嘴，可屈肩关节、伸肘关节和紧张前臂筋膜。

(3)肘肌(Anconeus muscle)　呈三棱形，较小，位于臂三头肌外侧头的深层，覆盖着肘窝，深面接肘关节囊。当肘关节伸展时，可紧张关节囊，以免被夹伤。

2. 屈肌组肌群

(1)臂二头肌(Biceps muscle of forearm)　呈纺锤形，起自肩胛结节，经臂二头肌沟向下，止于桡骨结节。作用是屈肘关节，也可伸肩关节。

(2)臂肌(Brachial muscle)　位于肱骨的臂肌沟内，起自肱骨后面上部，向前向下经臂二头肌与腕桡侧伸肌之间止于前臂骨近端内侧面，作用是屈肘关节。

(四)前臂和前脚部肌

前臂及前脚部肌的肌腹分布于前臂骨的背侧、外侧和掌侧面，多为纺锤形。均起自肱骨远端和前臂骨近端。在腕关节上部变为腱质，作用于腕关节的肌肉的腱短，止于腕骨及掌骨；作用于指关节的肌肉，其腱较长，跨过腕关节和指关节，止于指骨。除腕尺侧屈肌外，其他各肌的肌腱在经过腕关节时，均包有腱鞘。前臂及前脚部肌可分为背外侧肌群和掌内侧肌群，见图3-43。

1. 前臂和前脚部肌的识别

(1)背外侧面　由前向后依次为腕桡侧伸肌、指总伸肌、指外侧伸肌和腕尺侧伸肌，在前臂

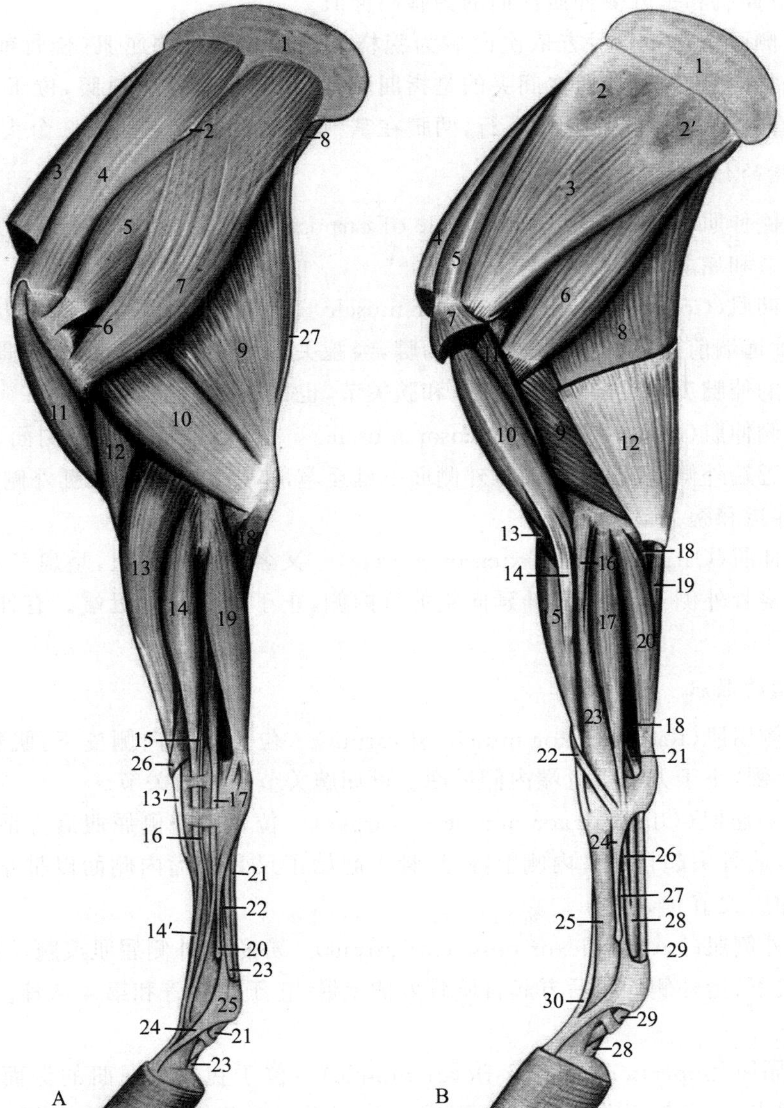

A. 外侧观：1. 肩胛软骨　2. 肩胛冈　3. 锁骨下肌　4. 冈上肌　5. 冈下肌　6. 小圆肌　7. 三角肌　8. 大圆肌　9. 臂三头肌长头　10. 臂三头肌外侧头　11. 臂二头肌　12. 臂肌　13,13′. 腕桡侧伸肌　14,14′,15,16. 指总伸肌　17. 指外侧伸肌　18. 指伸屈肌尺头　19. 腕外侧屈肌　20. 第 4 掌骨　21. 指浅屈肌腱　22,23. 指深屈肌腱　24. 悬韧带　25. 支持带　26. 腕斜伸肌　27. 前臂筋膜张肌

B. 内侧观：1. 肩胛软骨　2,2′. 肩胛骨锯肌面　3. 肩胛下肌　4. 胸前深肌　5. 冈上肌　6. 大圆肌　7. 升胸肌　8. 臂三头肌长头　9. 臂三头肌内侧头　10. 臂二头肌　11. 喙臂肌　12. 前臂筋膜张肌　13. 臂肌　14. 臂二头肌纤维索　15. 腕桡侧伸肌　16. 前臂内侧副韧带　17. 腕桡侧屈肌　18. 指深屈肌　19. 指浅屈肌　20. 腕尺侧屈肌　21. 指浅屈肌副韧带　22. 腕斜伸肌腱　23. 桡骨　24. 第 2 掌骨　25. 第 3 掌骨　26. 指深屈肌副韧带　27. 悬韧带　28. 指深屈肌腱　29. 指浅屈肌腱　30. 指总伸肌腱

图 3-43　马前肢肌肉

(引自 Popesko 等，1985)

下部经过指总伸肌和指外侧伸肌深面的为腕斜伸肌。

(2)掌内侧面　自桡骨后方依次向后为腕桡侧屈肌和腕尺侧屈肌(桡骨前方为腕桡侧伸肌),腕尺侧屈肌与腕尺侧伸肌之间夹的是指屈肌,指浅屈肌有2个肌腹,位于后方,一个肌腹的腱经过腕管外面,一个经腕管内下行,两腱在掌中部合并;指深屈肌有3个头,桡骨头最小。

2.腕和指的伸肌肌群

(1)腕桡侧伸肌(Radial extensor muscle of carpus)　起自肱骨外侧上髁,以腱止于掌骨粗隆,可伸腕关节和屈肘关节。

(2)指总伸肌(Common digital extensor muscle)　位于腕桡侧伸肌的后方,桡骨的外侧。主要起于肱骨远端前面,至前臂下部延续为腱,经腕关节背外侧面、掌骨和系骨背侧面向下伸延,止于蹄骨的伸腱突。主要作用是伸指和腕关节,也可屈肘。

(3)指外侧伸肌(Lateral digital extensor muscle)　很小,位于前臂外侧面,在指总伸肌后方,起自桡骨近端外侧,其腱经腕关节外侧面下延至掌部,则沿指总伸肌腱外侧缘下行,止于系骨近端。有伸指和腕关节的作用。

(4)腕斜伸肌(Carpal oblicue extensor muscle)　又名拇长外展肌,呈扁三角形,在指伸肌覆盖下,起自桡骨外侧下半部,斜伸延向腕关节内侧,止于第2掌骨近端。有伸和旋外腕关节的作用。

3.腕和指的屈肌

(1)腕桡侧屈肌(Radial flexor muscle of carpus)　位于前臂内侧皮下,肌腹呈纺锤形,起自肱骨内侧上髁,止于大掌骨近端内侧后面。可屈腕关节和伸肘关节。

(2)腕尺侧屈肌(Ulnar flexor muscle of carpus)　位于腕桡侧屈肌后方前臂内侧后部皮下,有2个头,肱骨头起自肱骨内侧上髁,尺骨头起始于尺骨鹰嘴内侧面以腱止于副腕骨。可屈腕关节和伸肘关节。

(3)尺骨外侧肌(Lateral flexor muscle of carpus)　亦称腕外侧屈肌或腕尺侧伸肌,位于前臂外侧后部皮下、指外侧伸肌后方起自肱骨外侧上髁,止于副腕骨和第4掌骨。可屈腕关节和伸肘关节。

(4)指浅屈肌(Superficial digital flexor muscle)　位于腕尺侧屈肌的深面与指深屈肌之间。有2个起点,一个起于肱骨远端内侧,另一个以腱起自蹄骨掌侧面下半部。肌腹与指深屈肌不易分离。其腱索经腕管至掌部,位于指深屈肌腱的浅面。在系关节附近形成一腱环,供指深屈肌腱通过。在系骨远端分为2支,分别止于系骨和冠骨的两侧。作用为屈指和腕关节。

(5)指深屈肌(Deep digital flexor muscle)　位于前臂骨后面,在前臂中部横向切断尺骨外侧肌和指浅屈肌,暴露此肌,该肌有3个头,肱骨头最大,起始于肱骨内侧上髁,尺骨头起始于尺骨鹰嘴,桡骨头最小,起自前臂骨间隙附近,三腱于前臂远端掌侧合成一总腱经腕管下行,在指浅屈肌与骨间肌之间伸延,至系关节上方分为2支,分别通过指浅屈肌的屈肌腱筒,止于蹄骨的屈腱面。

(五)前肢肌重要的肌沟

前肢肌重要的肌沟主要有胸正中沟、胸外侧沟、正中沟、桡沟、尺沟及掌内、外侧沟。胸正中沟位于两侧胸降肌之间;胸外侧沟位于胸降肌与臂头肌之间;正中沟位于桡骨与腕桡侧屈肌之间;桡沟位于腕桡侧伸肌与指总伸肌之间;尺沟位于腕尺侧屈肌与尺骨外侧肌之间;掌内、外侧沟位于掌骨与指屈肌腱之间的内、外侧。

(六)前肢的黏液囊

前肢的黏液囊位于尺骨鹰嘴、掌骨粗隆、腕部背侧等处骨的突出部位与皮肤之间的皮下黏液囊，有臂二头肌通过臂二头肌沟的腱下滑膜囊和臂三头肌腱与尺骨鹰嘴之间的腱下黏液囊，还有包围腕关节和指关节肌腱的腱鞘。

六、后肢肌

后肢肌肉较前肢肌肉发达，是推动身体前进的主要动力，可分为臀部肌、股部肌、小腿和后脚部肌。只有髋关节除了有伸、屈肌群外，还有内收和旋转肌群(图 3-44)。

(一)臀部肌

臀部肌分布于臀部，跨越髋关节，止于股骨，可伸、屈髋关节及外旋大腿作用，见图 3-44。

(1)臀浅肌(Superficial gluteal muscle)　位于臀部浅层，也分前、后 2 部，有 2 个起点，一个是髋结节，另一个是臀筋膜，止于股骨第 3 转子。有外展后肢和屈髋关节的作用。

(2)臀中肌(Middle gluteal muscle)　构成臀部的圆形轮廓，大而厚，起自髂骨翼臀肌面、胸腰最长肌腱及荐结节阔韧带，止于股骨大转子，其后部被臀股二头肌上部所遮盖；横向切断臀中肌浅部并翻开，其深面为细带状富含腱质的深部，即臀副肌。其作用为伸髋关节、外展和旋外后肢。由于其与背最长肌结合，还参与竖立、蹴踢和推动躯干前进等动作。

(3)臀深肌(Deep gluteal muscle)　位于臀中肌深面，从中部横向切开臀中肌并翻起，可见此肌略呈扇形，较薄，马匹的臀深肌起自髂骨翼外侧面、坐骨嵴和荐结节阔韧带，止于股骨大转子前部。主要作用是旋内和外展后肢。

(4)髂肌(Iliac muscle)　位于髋关节前方，起自髂骨和荐骨腹侧面，止于小转子。分内、外 2 部，因其与腰大肌的止部紧密结合在一起，故常合称为髂腰肌。其作用为屈髓关节及外旋后肢。

(二)股部肌

股部肌分布于股骨周围，可分为股前、股后和股内侧肌群。

1.股前肌群

股前肌群位于股骨前面。

(1)阔筋膜张肌(Tensor muscle of fascia lata)　呈三角形，位于股前外侧皮下。起自髋结节，向下呈扇形连于阔筋膜，并借阔筋膜止于膝盖骨和胫骨前缘。可紧张阔筋膜，屈髋关节和伸膝关节。

(2)股四头肌(Quadriceps muscle of thigh)　大而厚，位于股骨前面及两侧，被阔筋膜张肌覆盖。有 4 个肌头，包括股直肌、股内侧肌、股外侧肌和股中间肌。股直肌起自髂骨体，其余 3 个肌头起于骨。4 个肌头都止于膝盖骨。作用为伸膝关节。

2.股后肌群

股后肌群位于股后部。

(1)股二头肌(Biceps muscle of thigh)　长而宽大，位于股后外侧。有 2 个头，一是椎骨头(长头)，起于荐骨，二是坐骨头(短头)，起自坐骨结节。两个头合并后下行逐渐变宽，明显地分

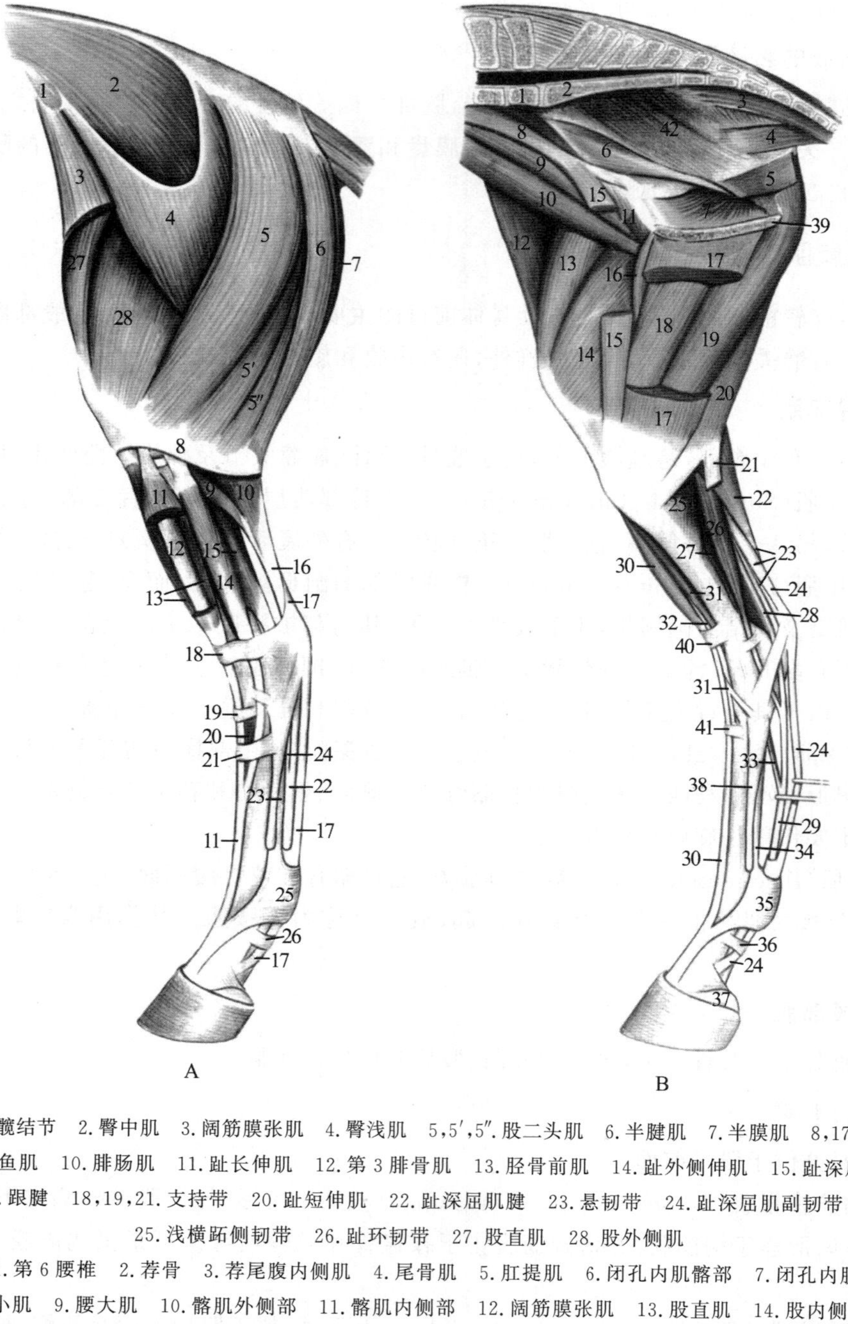

A. 外侧观：1. 髋结节　2. 臀中肌　3. 阔筋膜张肌　4. 臀浅肌　5,5′,5″. 股二头肌　6. 半腱肌　7. 半膜肌　8,17. 小腿筋膜　9. 比目鱼肌　10. 腓肠肌　11. 趾长伸肌　12. 第 3 腓骨肌　13. 胫骨前肌　14. 趾外侧伸肌　15. 趾深屈肌　16. 跟腱　18,19,21. 支持带　20. 趾短伸肌　22. 趾深屈肌腱　23. 悬韧带　24. 趾深屈肌副韧带　25. 浅横跖侧韧带　26. 趾环韧带　27. 股直肌　28. 股外侧肌

B. 内侧观：1. 第 6 腰椎　2. 荐骨　3. 荐尾腹内侧肌　4. 尾骨肌　5. 肛提肌　6. 闭孔内肌髂部　7. 闭孔内肌坐骨部　8. 腰小肌　9. 腰大肌　10. 髂肌外侧部　11. 髂肌内侧部　12. 阔筋膜张肌　13. 股直肌　14. 股内侧肌　15. 缝匠肌　16. 耻骨肌　17. 股薄肌　18. 内收肌　19. 半膜肌　20. 半腱肌　21,23,24. 跟总腱　22. 腓肠肌内侧头　25. 腘肌　26. 趾长屈肌　27. 第 1 趾长屈肌　28. 胫骨后肌　29. 趾深屈肌腱　30. 趾长伸肌　31. 胫骨前肌　32. 第 3 腓骨肌　33. 趾深屈肌副韧带　34,悬韧带　35. 浅横跖侧韧带　36. 趾环韧带　37. 第 3 跖侧韧带　38. 第 2 跖骨　39. 骨盆联合　40. 近支持带　41. 远支持带　42. 荐结节阔韧带

图 3-44　马后肢肌

（引自 Popesko 等，1985）

为前、中、后3部，分别止于膝盖骨侧缘、胫骨嵴，另分出一腱支加入跟腱，止于跟结节。可伸髋关节、膝关节、跗关节，提举后肢时又可屈膝关节。

(2)半腱肌(Semitendinous muscle) 长而大，位于臀股二头肌后方，止端转到内侧。起点是前两个尾椎和荐结节阔韧带以及坐骨结节，止点是胫骨嵴、小腿筋膜和跟结节。作用同臀股二头肌。

(3)半膜肌(Semimembranous muscle) 大，呈三棱形。位于半腱肌后内侧。起于荐结节阔韧带后缘和坐骨结节，止于股骨远端内侧。有伸髋关节并内收后肢的作用。

3.股内侧肌群

股内侧肌群位于股部内侧。

(1)股薄肌(Gracilis muscle) 呈四边形，薄而宽，位于缝匠肌后方。起自骨盆联合及耻前腱，止于膝内侧直韧带和胫骨近端内侧面。它将耻骨肌、内收肌覆盖于其下。有内收后肢的作用。

(2)耻骨肌(Pectineal muscle) 位于耻骨前下方。起于耻骨前缘和耻前腱，止于股骨中部的内侧缘。可内收后肢和屈髋关节。

(3)内收肌(Adductor muscle) 呈三棱形，位于耻骨肌后面，半膜肌前方，股薄肌深面。起于耻骨和坐骨的腹侧面，止于股骨。可内收后肢，也可伸髋关节。

(4)缝匠肌(Sartorius muscle) 呈狭长带状，位于股内侧前部，起于骨盆盆面髂筋膜和腰小肌腱，止于胫骨近端内面，有内收后肢的作用。

(5)股方肌(Quadrate muscle) 呈长方形，在内收肌外侧的前上方，由坐骨腹侧面至股骨小转子，可内收后肢，并使股骨向外转动。

(三)小腿和后脚部肌

小腿和后脚部肌多为纺锤形肌，肌腹位于小腿部，在跗关节均变为腱，作用于跗关节和趾关节。可分为背外侧肌群和跖侧肌群。

1.小腿背外侧肌群

(1)趾长伸肌(Long digital extensor muscle) 位于小腿背外侧部浅层。起自股骨远端，在跗关节上方延续为一长腱。经跗、跖及趾的背侧面伸向趾端，止于蹄骨伸腱突。有伸趾关节、屈跗关节的作用。

(2)趾外侧伸肌(Lateral digital extensor muscle) 位于小腿的外侧部，在趾长伸肌的后方。起于胫骨近端外侧及腓骨，于跖中部并入趾长伸肌腱。作用同趾长伸肌。

(3)第3腓骨肌(Third fibular muscle) 无肌质，为一强腱。位于胫骨前肌与趾长伸肌之间。起自股骨远端，沿胫骨前肌背侧下行，在跗关节上方分为2支，分别止于大跖骨近端和跗骨。有屈跗关节的作用。

(4)胫骨前肌(Cranial tibial muscle) 紧贴于胫骨前外侧，被趾长伸肌覆盖。起自胫骨近端外侧，在跗关节背侧，其止腱自第3腓骨肌二腱间穿过，分为2支，分别止于大跖骨近端和第1、第2跗骨。有屈跗关节的作用。

(5)马无腓骨长肌。

2.小腿跖侧肌群

(1)腓肠肌(Gastrocnemius muscle) 位于小腿后部，分内、外2头，起自股骨远部跖侧，于小腿中部变为腱，与趾浅屈肌腱扭结在一起，止于跟结节。作用为伸跗关节。腓肠肌以及附着于跟结节的趾浅屈肌腱、臀股二头肌腱和半腱肌腱合成一粗而坚硬的腱索，称为跟腱（Common calcaneal tendon）。

（2）趾浅屈肌（Superficial digital flexor muscle） 肌腹夹于腓肠肌二头之间，几乎全为腱质。起于股骨髁上窝，其腱与腓肠肌腱扭结一起，在跟结节处变宽，成帽状罩于其上，两侧附着于跟结节两旁。主键继续下行，经距部和跖部后面向下延伸至趾部，止于冠骨两侧。有屈趾关节的作用。

（3）趾深屈肌（Deep digital flexor muscle） 肌腹位于胫骨后面，有3个头，即外侧浅头、外侧深头和内侧头，均起于胫骨后面。三部肌腱在跗关节处合成一总腱，沿趾浅屈肌深面下行，止于蹄骨的屈腱面。作用为屈趾关节、伸跗关节。

（4）腘肌（Popliteus muscle） 位于膝关节后面。以圆形腱起于股骨远端，肌腹扩大为厚的三角形，止于胫骨近端后面。作用为屈股胫关节。

（四）肌沟

肌沟主要包括股管，臀股二头肌沟，小腿内、外侧沟和跖内、外侧沟。股管为股内侧上部的肌间隙，由缝匠肌、耻骨肌和股薄肌共同围成，供股动脉、股静脉、隐动脉、隐静脉及隐神经通过。臀股二头肌沟位于股外侧后部，为臀股二头肌与半腱肌之间的肌沟。小腿内、外侧沟位于跟腱前方，小腿部的内、外侧。跖内、外侧沟位于跖骨与趾深屈肌腱之间，跖部的内、外侧。

【测试题】

一、名词解释

鼻旁窦　肋弓　胸廓　骨盆　关节　黏液囊　腹股沟管

二、填空题

1. 马体内的骨，根据形态可以分为________、________、________和________。
2. 骨的基本构造包括骨膜、________、________和________。
3. 动物的骨髓可分为________和________两种。
4. 动物的脊柱由________、________、________、________和________组成。
5. 躯干骨包括________、________和________。
6. 小腿骨由________和________组成，后脚骨包括________、________、________和籽骨。
7. 关节的基本结构包括关节面、________、________和________。
8. 膈上有3个裂孔，由上至下为________、________和________。
9. 腹股沟管上有内外2个口，内口通腹腔，称________；外口通皮下，称________。

三、选择题

1. 动物发生骨折损伤后能够参与修复的结构是（　　）。

A. 骨质　　B. 骨骺　　C. 骨膜　　D. 骨髓

2. 马内经常愈合为一体的椎骨是（　　）。

A. 颈椎　　B. 胸椎　　C. 腰椎　　D. 荐椎

3. 前肢骨中仅有一块骨构成的是（　　）。

A. 臂骨　　B. 前臂骨　　C. 腕骨　　D. 掌骨

4.后肢骨中仅有一块骨构成的是(　　)。

A.股骨　　B.膝盖骨　　C.跗骨　　D.跖骨

5.有关骨髓腔的正确说法是(　　)。

A.位于骨端内　　B.位于长骨的骨干内

C.成年马骨髓腔内含红骨髓　　D.以上全不对

6.前肢关节中无韧带固定的关节是(　　)。

A.肩关节　　B.肘关节　　C.腕关节　　D.指关节

7.后肢关节中,具有关节盘的关节是(　　)。

A.髋关节　　B.膝关节　　C.跗关节　　D.趾关节

8.下列不属于关节辅助结构的是(　　)。

A.关节囊　　B.囊内韧带　　C.囊外韧带　　D.关节唇

9.腹壁肌是构成软腹壁的基础,从外到内依次是(　　)。

A.腹外斜肌、腹内斜肌、腹横肌、腹直肌

B.腹外斜肌、腹内斜肌、腹直肌、腹横肌

C.腹外斜肌、腹横肌、腹直肌、腹内斜肌

D.腹外斜肌、腹横肌、腹内斜肌、腹直肌

10.构成腹股沟管的肌肉是(　　)。

A.腹直肌与腹外斜肌　　B.腹内斜肌与腹直肌

C.腹外斜肌与腹内斜肌　　D.腹横肌与腹内斜肌

11.下列参与吸气的肌肉是(　　)。

A.腹外斜肌　　B.肋间内肌　　C.膈肌　　D.腹肌

12.胎儿时期睾丸从腹腔下降到阴囊的通道是(　　)。

A.腹股沟管　　B.腹股沟部　　C.肠管　　D.脐

项目四

马匹内脏总论

【知识目标】

- 明确内脏的概念。
- 掌握马匹内脏中管状器官和实质性器官的特点。
- 掌握体腔、浆膜及浆膜腔的含义。
- 了解马匹腹腔的分区。

【能力目标】

- 能够辨别管状器官和实质性器官。
- 能够明白马匹中胸膜腔和腹膜腔的作用意义。

【素质目标】

- 培养学生崇尚科学、积极探索的职业素养。
- 培养学生理论联系实际、理论指导实践的学习和工作态度。

【学习任务单】

一、学习目标

1. 掌握马匹体腔、浆膜及浆膜腔的含义。
2. 熟悉马匹腹腔的分区。

二、学习资源

1. 马整体模型。
2. 教材。
3. 信息化教学资源。

三、学习任务

1. 能在图片上指出管状器官管壁的组织构造。
2. 能在马整体模型上正确辨认腹腔的 10 个区域。
3. 能正确理解体腔、浆膜及浆膜腔的概念。

【相关知识】

一、内脏概念

内脏(Viscera)广义上的概念是指机体内部的器官,但从狭义上是指绝大部分位于体腔(胸腔、腹腔和骨盆腔)内的器官,一般包括消化、呼吸、泌尿和生殖 4 个器官系统。内脏各系统均由一套连续的管道和一个或多个实质性器官组成,以其一端或两端的开口与外界环境相通,具有摄取和排出某种物质的作用。

内脏的功能是参与动物体的新陈代谢和生殖活动,以维持个体生存和延续种族。消化系统前端经口腔、后端经肛门与体外相通,对食物起消化和吸收作用。呼吸系统有鼻孔与体外相通,主要进行气体交换,机体内部氧化过程所需要的氧从呼吸器官经血管输送到全身各部,机体代谢物如二氧化碳,亦通过血液循环经呼吸系统排出。泌尿、生殖系统有尿道外口或阴门通到机体的外面。溶于水中的废物主要经泌尿系统(小部分经皮肤)排出体外。生殖系统主要起繁殖作用,保证种族延续。内脏各系统在发生上关系十分密切,最早出现的是消化管,随后由咽后腹侧壁发生喉气管沟,进而形成喉、气管、支气管和肺,故咽为消化和呼吸系统所共有的器官;泌尿系统和生殖系统在发生和形态上关系更密切,也有部分器官共用,因此常合称为泌尿生殖系统。

二、内脏器官结构特点

根据内脏器官的基本结构,可将其分为管状器官和实质性器官 2 大类。

(一)管状器官

马体内大多数内脏器官属于管状器官,这类器官呈管状或囊状,内部有较大而明显的空腔,如消化道、呼吸道、泌尿生殖道。管状器官的结构有 2 个特点:一个是器官的中央都有管腔,而管壁结构从内向外依次由黏膜、黏膜下层、肌层和外膜(或浆膜)组成(图 4-1);另一个是都以一端或两端与体外相通。

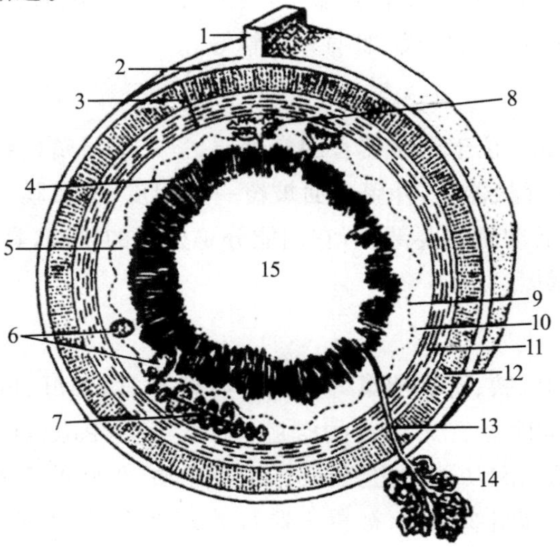

1.肠系膜　2.浆膜　3.肌层　4.黏膜上皮　5.黏膜固有层　6.淋巴孤结　7.淋巴集结　8.黏膜下腺　9.黏膜肌层　10.黏膜下层　11.内环行肌　12.外纵行肌　13.腺管　14.壁外腺　15.肠腔

图 4-1　管状器官结构模式图

1.黏膜

黏膜(Mucosa)构成管壁的最内层,正常黏膜呈淡红色或鲜红色,柔软而湿润,有一定的伸展性,在管腔空虚状态下常形成皱褶。因黏膜表面常覆盖有分泌的黏液而得名。黏膜又分为3层,由内向外依次为黏膜上皮、黏膜固有层和黏膜肌层。

(1)黏膜上皮(Epithelium) 位于黏膜的内表面,由不同的上皮组织构成,是执行该器官机能活动的主要部分。上皮的种类因所在部位和功能而异,如口腔、食管、肛门和阴道等处的上皮细胞为单层柱状上皮,有分泌、吸收等作用;呼吸道上皮为假复层柱状纤毛上皮,有运动和保护作用;输尿管、膀胱和尿道上皮为变移上皮,有适应器官扩张和收缩的作用。

(2)黏膜固有层(Mucosa proper layer) 或称黏膜固有膜,由结缔组织构成,含有小血管、淋巴管和神经纤维等。有些器官的黏膜固有层内还含有淋巴组织、淋巴小结和腺体等。黏膜固有层有支持、固定和营养上皮及转运物质的作用。

(3)黏膜肌层(Mucosa muscular layer) 位于黏膜的最外层,为位于固有层与黏膜下层之间较薄的平滑肌。黏膜肌层收缩时可使黏膜形成皱褶,促进黏膜的血液循环、物质吸收和腺体分泌物的排出。

2.黏膜下层

黏膜下层(Submucosa layer)位于肌层与黏膜之间,由疏松结缔组织构成,有连接黏膜和肌层的作用,并使黏膜有一定的活动性,在富有伸展性的器官(如胃、膀胱等)特别发达。黏膜下层内有较大的血管、淋巴管和黏膜下神经丛,有些器官的黏膜下层内分布有淋巴组织和腺体(食管腺、十二指肠腺)。

3.肌层

肌层(Muscular layer)主要由平滑肌构成,一般可分为外纵行肌(Longitudinal muscle)和内环行肌(Circumduction muscle),两层之间有少量结缔组织和肌间神经丛。纵行肌收缩可使管道缩短、管腔变大,环行肌收缩可使管腔缩小,两肌层交替收缩时,可使内容物按一定的方向移动。一些部位的肌层由横纹肌构成,如咽和食管等。

4.浆膜

浆膜(Serous membrane)位于管状器官的最外层,是一薄层疏松结缔组织,称为外膜(Ectal membrane)。在体腔内的管状器官,外膜表面被覆一层间皮,称浆膜。间皮是由一层扁平细胞组成,是浆膜执行其机能活动的主要部分,它们能分泌少量的浆液,具有润滑作用,可减少内脏器官之间运动时产生的摩擦。

(二)实质性器官

实质性器官包括肺、肝、胰、肾和卵巢等。其中有些器官,如肝、胰等属于腺体。腺体以导管开口于管状器官。实质性器官无特定的空腔,均由实质(Parenchyme)和间质(Stroma)组成。实质是实质性器官结构和功能的主要部分,又称主质,如肺的实质由肺内各级支气管和无数的肺泡组成。间质由结缔组织构成,被覆于器官的外表面,称为被膜,被膜深入实质内将器官分隔成许多小叶,如肝小叶。

分布于实质性器官的血管、神经、淋巴管及该器官的导管出入器官处常为一凹陷,称此处为该器官的“门”,如肝门(Hepatic porta)、肾门(Renal hilum)和肺门(Hilum of lung)等。

三、体腔与浆膜腔

(一)体腔

体腔(Body cavity)一般由胸腔、腹腔和骨盆腔3部分组成。

1.胸腔

胸腔(Thoracic cavity)位于体腔的前部,是由胸廓围成的腔洞,胸廓由骨(胸椎、肋和胸骨)、肌肉和筋膜组成,胸廓外表面被覆有皮肤。胸腔内有心、肺、气管、食管和大血管等器官。

2.腹腔

腹腔(Abdominal cavity)是体内最大的腔,其前壁为膈,后通骨盆腔,两侧和底壁为腹壁肌及其腱膜,顶壁为腰椎、腰肌和膈脚。腹腔内有胃、肠、肝、胰、脾、肾、输尿管和生殖器官的一部分。

3.骨盆腔

骨盆腔(Pelvic cavity)是由背侧的荐骨和前4枚尾椎、两侧的髂骨和荐结节阔韧带,以及腹侧的坐骨和耻骨共同围成的前宽后窄、圆锥形的腔隙。

骨盆前口呈卵圆形,由荐骨岬、髂骨和耻骨前缘组成,与腹腔相通;骨盆腔后口由尾椎、髂骨、荐结节阔韧带后缘和坐骨弓围成。

骨盆腔内有直肠、输尿管和膀胱,公马有输精管、尿生殖道骨盆部和副性腺,母马有子宫(后)和阴道。

(二)浆膜和浆膜腔

体腔内衬有一层光滑、透明的薄膜(由间皮细胞组成),称为浆膜。其中贴在体壁内表面的部分,叫作浆膜壁层(Parietal serous membrane);包在内脏各器官外表面的部分,称为浆膜脏层(Visceral serous membrane)。存在于壁层和脏层之间的腔隙为浆膜腔,腔内有少量浆液,起润滑作用。在胸腔内的浆膜称为胸膜(Pleura),在腹腔和骨盆腔内的浆膜称为腹膜(Peritoneum)。由胸膜或腹膜壁层和脏层围成的腔隙分别称为胸膜腔(左、右各1个)和腹膜腔(1个)。

临床上的胸膜炎,就是位于胸腔内的浆膜发生了炎症。当腹膜有炎症时,腹膜的分泌增加,造成大量液体积蓄在腹膜腔内,这种病理现象称为腹水。此外,腹膜还具有吸收作用,在治疗某些疾病的情况下,必要时可以把药物注射到腹膜腔。通常所称的腹腔注射,实际上是把药物注射到腹膜腔内。

纵隔(Mediastinum)位于胸腔正中矢状面,略偏左,由左右两层纵隔胸膜及夹在其间的器官(气管、食管、前腔静脉、主动脉、心和心包等)组成。

四、腹腔分区

为了准确地表明各器官的位置,可将腹腔划分为10个部分。具体划分方法如下(图4-2):通过最后肋骨的最突出点以及髋结节前缘各做一个假想的横断面,将腹腔首先划分为腹前部、腹中部、腹后部。

(1)腹前部(Epigastric region) 分为3部分。以肋弓为界,下部称剑状软骨部;上部又以正中矢状面为界分为左、右季肋部。

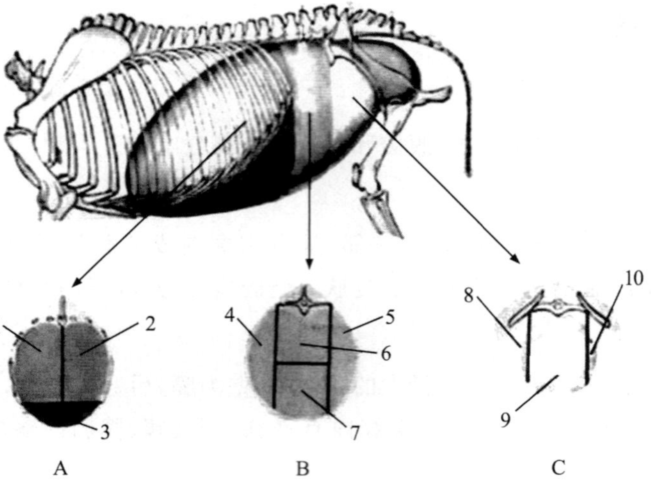

A. 腹前部　B. 腹中部　　C. 腹后部

1. 右季肋部　2. 左季肋部　3. 剑状软骨部　4. 右髂部　5. 左髂部　6. 腰部

7. 脐部　8. 右腹股沟部　9. 耻骨部　10. 左腹股沟部

图 4-2　腹腔分区模式图

（引自陈耀星等，2019）

（2）腹中部（Mesogastric region）　分为 4 部分。沿腰椎横突两侧顶点各做一个侧矢面，将腹中部分为左髂部、右髂部和中间部；沿第一肋骨的中点做额面，将中间部分为背侧的腰部和腹侧的脐部。

（3）腹后部（Hypogastric region）　分为 3 部分。把腹中部的两个侧矢面平行后移，将腹后部分为左腹股沟部、右腹股沟部和中间的耻骨部。

【测试题】

一、填空题

1. 狭义的内脏包括________、________、________和________ 4 个系统。

2. 内脏按形态结构，可分为________和________ 2 类。

3. 管状器官的管壁从外到内由________、________、________和________ 4 层构成。

4. 黏膜层又可分为________、________和________ 3 层。

5. 体腔为体内容纳大部分内脏器官的腔隙，可分为________、________和________ 3 部分。

6. 腹腔分为________、________和________ 3 个区。

7. 腹前部以肋弓分为__________和__________。

8. 腹中部以通过腰椎的横突顶端的两个矢状面为标志，将中部分为________和________。

9. 腹后部以通过腰椎的横突顶端的两个矢状面为标志，将后部分为________和________。

10. 实质性器官无特有的空腔，由________和________ 2 部分组成。

二、选择题

1. 体腔包括胸腔、腹腔和骨盆腔，以下器官位于胸腔的是(　　)。

A. 肺脏　　B. 空肠　　C. 膀胱　　D. 肾脏

2. 以下属于腹后部的是(　　)。

A. 中间部　　B. 腹股沟部　　C. 季肋部　　D. 腹外侧部

三、判断题

1. 马生殖器官全部位于骨盆腔内。(　　)

2. 马匹肾脏位于骨盆腔内。(　　)

3. 黏膜肌层是加速血液流动的，以促进消化吸收。(　　)

四、简答题

1. 说明管状器官的管壁结构。

2. 简述马腹腔是如何分区的。

项目五

马匹消化系统

【知识目标】

- 熟悉马匹消化系统的组成。
- 掌握马匹消化系统各器官的位置、形态、构造及其相互的功能关系。

【能力目标】

- 能指出马腹腔内消化器官的位置及体表投影。
- 能联系马匹生活习性，总结其与消化器官形态结构特点的关系。

【素质目标】

- 培养学生崇尚科学、积极探索的职业素养。
- 培养学生理论联系实际、理论指导实践的学习和工作态度。

马属动物也属于草食家畜，但无反刍习性，消化道结构也与反刍动物显著不同，以相对较小的胃和极其发达的大肠为显著特征。马消化系统的组成参见图5-1。

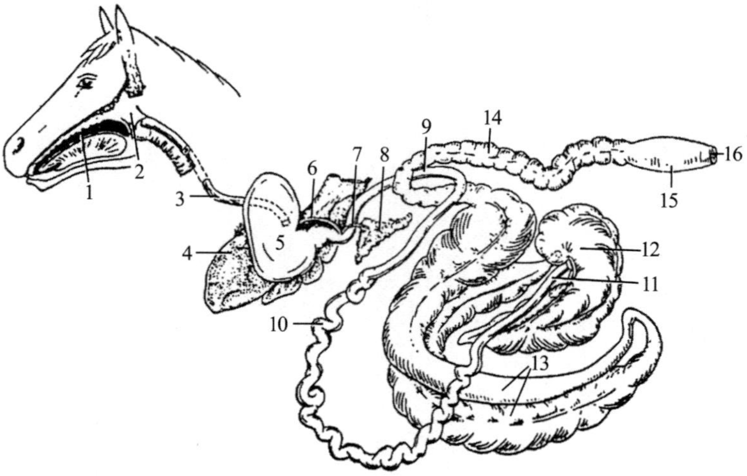

1.口腔　2.咽　3.食管　4.肝　5.胃　6.肝总管　7.胰管　8.胰　9.十二指肠
10.空肠　11.回肠　12.盲肠　13.大结肠　14.小结肠　15.直肠　16.肛门

图5-1　马消化系统模式图

消化管主要为食物通过的管道，起于口腔，经咽、食管、胃、小肠、大肠，止于肛门；消化腺为分泌消化液的腺体，包括壁内腺（如胃腺和肠腺）和壁外腺（如肝、胰和唾液腺），见图 5-2。

马消化系统的功能主要是摄取和消化食物、吸收养料、排除粪便，是保证新陈代谢正常进行的重要条件。

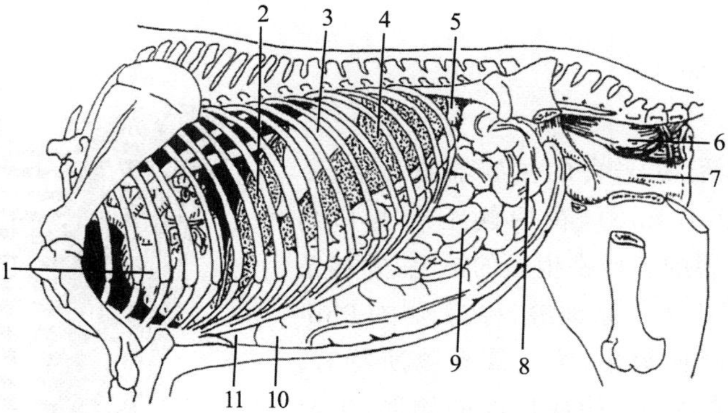

1.心　2.肝　3.胃　4.脾　5.左肾　6.直肠　7.阴道　8.空肠　9.小结肠　10.胸骨曲　11.膈曲

图 5-2　母马左侧内脏器官投影

任务 5-1　口腔、咽和软腭

【学习任务单】

一、学习目标

1.熟悉马匹口腔的器官组成。
2.了解马匹口腔的构造。
3.掌握口腔和咽、软腭各部分的结构、位置和功能。

二、学习资源

1.教材。
2.信息化教学资源。

三、学习任务

1.能较熟练叙述马匹口腔的组成。
2.能记忆马匹的牙齿结构。
3.能记忆马匹齿式。
4.记忆马匹 3 对唾液腺的结构、位置和特点。
5.学习马匹咽部的结构、位置和功能。
6.学习马咽的 7 个开口及与周围的关系。

【相关知识】

马匹口腔(Oral cavity)较狭长,黏膜柔软光滑,缺锥状乳头。口腔是消化管的起始部,具有采食、咀嚼、吸吮、尝味等功能。口腔的前壁为唇,侧壁为颊,顶壁为硬腭,底壁大部分为舌所占据,仅舌尖下方有下颌骨切齿部为基础形成的口腔底。

一、口腔

(一)唇与颊

唇(Lip)薄而灵活,是采食的主要器官。上、下唇之间为口裂(Oral fissure),在两侧汇合为口角(Angle of mouth)。唇的表面密生短的被毛,并掺杂有长的触毛。上唇正中为一条浅缝,称为人中(Philtrum)。颏(Chin)圆隆而突出,为马属动物所特有。颊(Cheek)位于口角的后方,构成口腔的侧壁,主要由颊肌内衬黏膜、外覆皮肤构成。唇和颊部黏膜薄而呈粉红色,常有色素斑。在唇黏膜和颊黏膜下分布有唇腺和颊腺。

在正对第3前臼齿的颊黏膜上,有圆形隆突的腮腺乳头为腮腺管的开口。

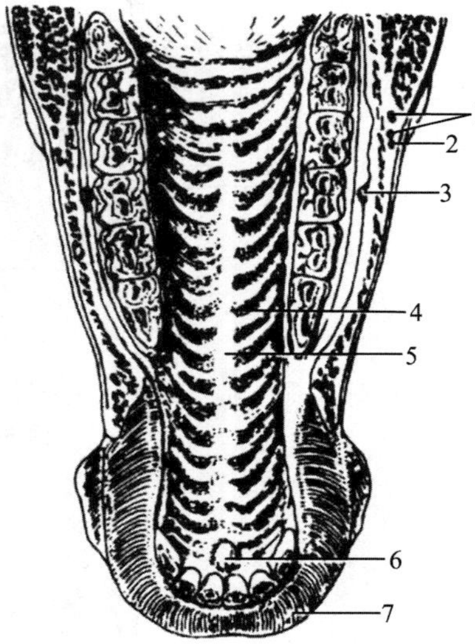

1.面动、静脉 2.腮腺管 3.唾液乳头 4.腭褶 5.腭缝 6.切齿乳头 7.上唇

图 5-3 母马上颌口腔面半模式图

(二)硬腭

硬腭(Hard palate)形成固有口腔的顶壁,厚而坚实,正中有矢状的腭缝(Palatine raphe),腭缝的两侧有16～18条横行腭褶(Palatine rugae),见图5-3。腭缝前端有扁平的切齿乳头(Incisive papilla),黏膜内不含腺体、肌层以及黏膜下层,但含有丰富的静脉丛,有利于体温调节和热量交换。幼驹的切齿乳头两侧有切齿管(Incisive canal),成年已不明显。

(三)口腔底和舌

1.口腔底的前部

舌尖下面有一对舌下肉阜(Sublingual caruncle)(图5-4),为颌下腺管的开口处。

2.舌

舌(Tongue)窄而长,是一个肌性器官,表面覆有黏膜,具有味觉、搅拌、推送、吸吮等多种功能,舌尖扁平,舌体稍大,柔软而灵活(图5-4、图5-5)。舌可分为舌尖、舌体和舌根3部分,舌尖为前部游离的部分,活动性大。舌体为舌尖向后的延续,舌体无舌圆枕。在舌尖向舌体移行处的腹侧面上具有2条舌系带(Frenulum of tongue),为连系口腔底与舌之间的黏膜褶。舌根为与软腭相对的部分,其内部有舌骨体。

舌黏膜被覆于舌的表面,其上皮为复层扁平上皮。舌背面的黏膜较厚并且角化,形成一层密布的突起,称为舌乳头。在舌黏膜深面分布有许多舌腺,其腺管开口于黏膜面或乳头基部,分泌物参与形成唾液。

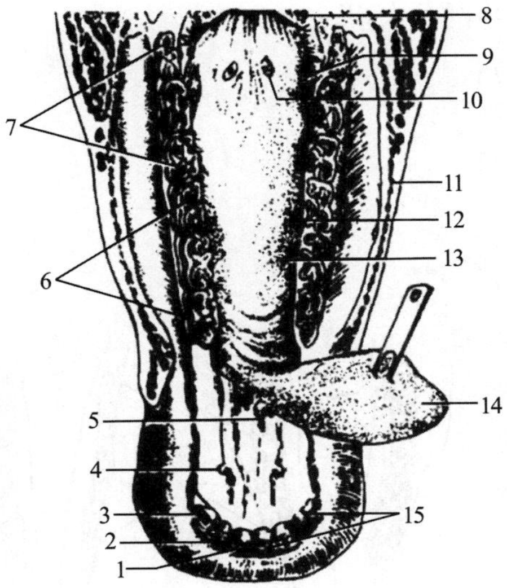

1. 门齿　2. 中间齿　3. 隅齿　4. 舌下肉阜　5. 舌系带
6. 前臼齿　7. 臼齿　8. 腭肌　9. 叶状乳头
10. 轮廓乳头　11. 颊肌　12. 菌状乳头
13. 丝状乳头　14. 舌尖　15. 切齿

图 5-4　母马下颌口腔面半模式图

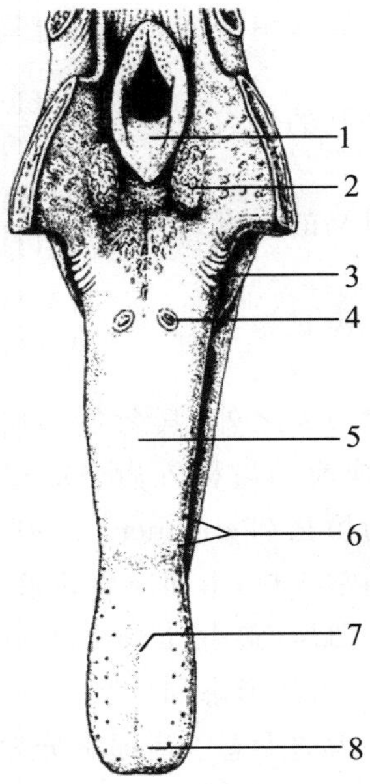

1. 会厌　2. 腭扁桃体　3. 叶状乳头　4. 轮廓乳头
5. 舌体　6. 菌状乳头　7. 正中沟　8. 舌尖

图 5-5　马舌

舌表面有 4 种乳头：

(1)丝状乳头(Filiform papilla)　呈丝状密布于舌背及舌尖两侧，无味觉作用，仅起机械性作用。浅层的扁平上皮细胞不断角化脱落，与食物、细菌混合而附着于舌表面，形成舌苔。

(2)菌状乳头(Fungiform papilla)　为小的圆形突起，散布于舌两侧和舌背，呈大头针状，含有味蕾。

(3)轮廓乳头(Vallate papilla)　一般只有 2 个，位于舌后部背面中线两侧。

(4)叶状乳头(Leaf nipple)　也为 2 个，位于腭舌弓附着部前方，为一长 2～3 cm 的长形隆起，表面有数条横裂。

(四)齿和齿龈

1. 齿

齿(Tooth)嵌合于上、下颌骨及切齿骨的齿槽内，是体内最坚硬的器官。上、下列齿排列形成弓状，称为上、下齿弓。齿有切割、撕裂和磨碎食物的作用，有的齿是防卫、争斗的武器。

(1)齿的命名和数目　根据齿的功能、位置和形态结构，可将齿分为切齿、犬齿和颊齿。颊齿又分为前臼齿(Premolar tooth)和臼齿(Molar tooth)(图 5-6)。马具有上、下切齿，切齿(Incisor tooth)位于齿弓前部，每侧由内向外分别是门齿、内中间齿、外中间齿和隅齿。犬齿(Canine tooth)位于齿间隙处，公马有上下犬齿；母马通常没有，但是个别母马下颌可具有犬齿；乳马没有。

动物上、下齿弓齿的分布一般左右对称，所以可以用齿式表示齿的数目：

$$\frac{\text{切齿(I)　犬齿(C)　前臼齿(P)　臼齿(M)}}{\text{切齿(I)　犬齿(C)　前臼齿(P)　臼齿(M)}} = n$$

公马匹恒齿为 40 个；母马匹恒齿为 36 个；马匹乳齿为 24 个。

公马的恒齿式为 $2\left(\frac{3(\mathrm{I})\quad 1(\mathrm{C})\quad 3(\mathrm{P})\quad 3(\mathrm{M})}{3(\mathrm{I})\quad 1(\mathrm{C})\quad 3(\mathrm{P})\quad 3(\mathrm{M})}\right)=40$

母马的恒齿式为 $2\left(\frac{3(\mathrm{I})\quad 0(\mathrm{C})\quad 3(\mathrm{P})\quad 3(\mathrm{M})}{3(\mathrm{I})\quad 0(\mathrm{C})\quad 3(\mathrm{P})\quad 3(\mathrm{M})}\right)=36$

乳齿式为 $2\left(\frac{3(\mathrm{I})\quad 0(\mathrm{C})\quad 3(\mathrm{P})\quad 0(\mathrm{M})}{3(\mathrm{I})\quad 0(\mathrm{C})\quad 3(\mathrm{P})\quad 0(\mathrm{M})}\right)=24$

除臼齿之外，其余各齿均要在一定年龄更换一次，更换前的齿称乳齿（Deciduous tooth），更换后的齿称为恒齿（Permanent tooth）。臼齿只有恒齿。前臼齿通常 3 枚，由前向后为第 2、第 3、第 4 前臼齿，缺第 1 前臼齿（狼齿，Dentes lupinus）。

(2)齿的形态和构造

①齿的形态　齿通常分为齿冠、齿颈和齿根 3 部分。齿冠为露在齿槽和齿龈外的部分，可分为前庭面、舌面、接触面、嚼面。其中嚼面是上、下列齿弓相对的面，随年龄的变化呈现出不同的磨损状态。齿根为嵌于齿槽内的部分，常呈锥状，末端中央有齿根尖孔。齿颈为齿根向齿冠的过渡，由齿龈包被。

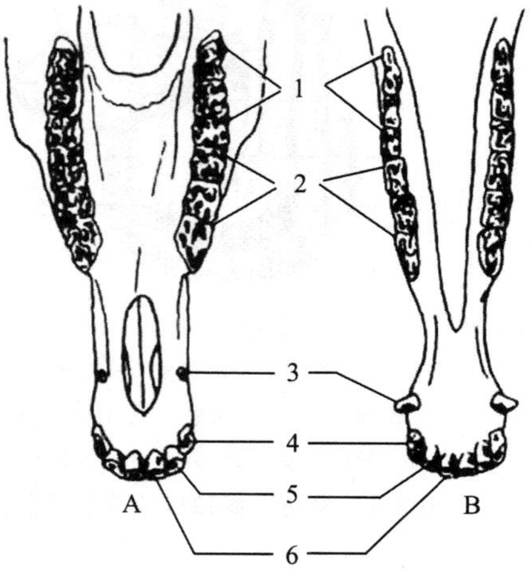

A. 上齿弓　B. 下齿弓
1. 臼齿　2. 前臼齿　3. 犬齿　4. 隅齿
5. 中间齿　6. 门齿

图 5-6　公马齿示意图

②齿的构造　齿由 2 类组织构成，一类是坚硬的矿化组织，另一类是柔软的结缔组织，构成齿髓，由齿根尖孔伸入齿腔内。矿化组织有 3 种：齿质（齿本质）（Dentinum）构成齿的主体，并围成齿腔，坚硬，呈黄白色；釉质（Enamelum）包被于齿冠的外围，是一层乳白色、光滑而极坚硬的物质；最外层是薄层的黏合质（Cementin），极不完整，仅出现于齿根和齿颈，呈黄色富含神经纤维，主管痛觉。

(3)出齿时间及年龄特征　切齿属长冠齿，呈楔形，长约 7 cm，部分齿冠嵌埋于齿龈和齿槽内，随着嚼面的磨损，齿冠不断长出，由于齿冠各部分断面的形状和构造不同，根据切齿出齿、换齿及嚼面磨损的形态可判断马匹年龄（图 5-7、图 5-8）。在未磨损的切齿磨面上，具有椭圆形的齿漏斗，也称齿坎、黑窝；初步磨损后在齿漏斗周缘和齿周缘各出现一圈齿釉质的磨面，称内釉质环和外釉质环。随着磨损加深，在齿漏斗前方的内、外釉质环之间出现黄褐色条状斑，称为齿星。随年龄增加，磨损继续加深，齿星和齿漏斗可渐变短，齿漏斗最终可被磨掉，仅见齿星和外釉质环，嚼面轮廓也由横向椭圆形过渡为三角形。

在正常情况下，出齿、换齿及在磨损过程中齿的形态结构的变化是有规律的，人们常常根据这种变化规律判断马匹年龄，主要依据是下切齿的出齿和磨损情况。一般在 5 岁前观察下切齿的出齿、换齿和开始磨损的时间，5 岁后依据下切齿嚼面形态而定。在马匹牙齿长齐之前，可以根据牙齿的数量猜测年龄（表 5-1）。

幼驹通常在出生后 1～2 周开始生出乳齿，有 4 颗切齿，12 颗臼齿，一共有 16 颗。至 2.5 岁时乳门齿由于永久门齿的生长而被顶落。乳齿较小，较白，易磨损。

3.5 岁时乳中齿脱落，永久中齿出现，4.5 岁时乳隅齿脱落，永久隅齿出现，臼齿不脱落。

马长至5岁时切齿全部换完，俗称齐口。

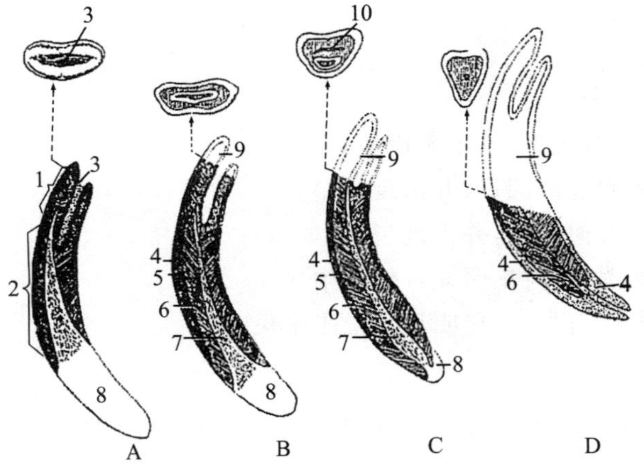

A. 约3岁　B. 约5岁　C. 约9岁　D. 老龄马

1. 齿槽外的部分　2. 齿槽内的部分　3. 齿漏斗　4. 齿骨质　5. 齿釉质　6. 齿质

7. 齿髓　8. 齿未来生长的部分　9. 齿已磨损的部分　10. 齿星

图5-7　不同年龄口齿的矢状切面及嚼面形态

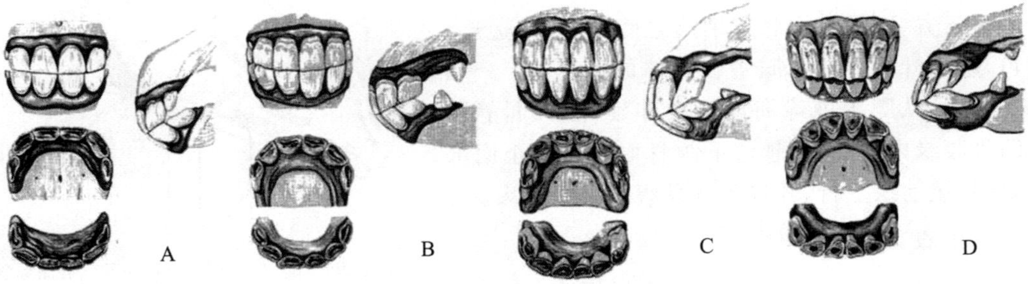

A. 1岁马　B. 5岁马　C. 10岁马　D. 20岁马

图5-8　不同年龄马匹的牙齿

表5-1　马乳齿和恒齿出齿时间

名称	乳齿	恒齿
门齿	生前或生后1～2周	2.5岁(3岁开始磨损)
中间齿	生后3～4周	3.5岁(4岁开始磨损)
隅齿	生后9个月	4.5岁(5岁开始磨损)
犬齿	生后6个月	4～5岁
第2前臼齿		2.5岁
第3前臼齿		3岁
第4前臼齿		4岁
第1臼齿		9～12个月
第2臼齿		2～2.5岁
第3臼齿		3.5～4岁

下恒切齿嚼面的年龄变化：

①6 岁：门齿黑窝消失。

②7 岁：中间齿黑窝消失。

③8 岁：隅齿黑窝消失。

④9 岁：门齿嚼面近似圆形，并出现齿星。

⑤10 岁：中间齿嚼面近似圆形，并出现齿星。

⑥11 岁：隅齿嚼面近似圆形，并出现齿星。

⑦12 岁：门齿齿坎消失，齿星明显且位于中央。

⑧13 岁：中间齿齿坎消失，齿星明显且位于中央。

2. 齿龈

齿龈(Gum)为被覆于齿槽突及齿颈表面的一层黏膜，无黏膜下层，与口腔黏膜相延续。正常情况下呈淡粉色，临床上常根据齿龈色泽作为诊断疾病的依据。

(五)唾液腺

马具有 3 对大的唾液腺(图 5-9)。

1. 腮腺

腮腺(Parotid gland)是马属动物最大的唾液腺，位于耳根下方，下颌骨支和寰椎翼之间，呈长四边形，灰黄色，腺小叶明显。腮腺管在腺体的下部，由 3～4 条小支合成，从腮腺前缘向前下方伸延，随舌面静脉沿下颌骨腹缘内侧前行，越过下颌骨血管切迹至面部皮下，沿咬肌前缘上行，开口于颊黏膜的腮腺乳头。

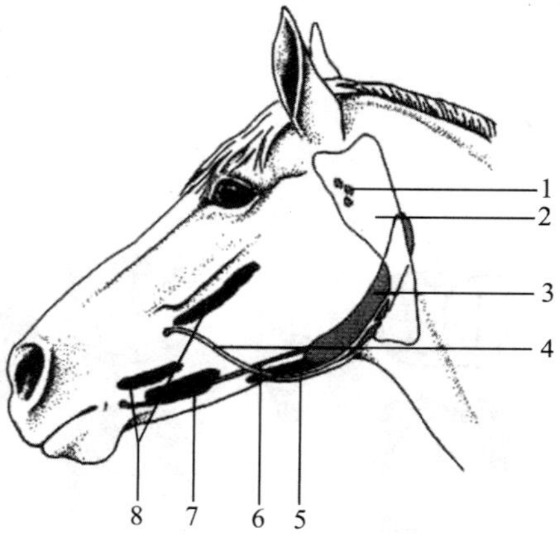

1. 腮腺淋巴结　2. 腮腺　3. 颌下腺　4. 腮原管
5. 下颌淋巴结　6. 颌下腺管
7. 多口舌下腺　8. 颊腺

图 5-9　马唾液腺示意图

2. 颌下腺

颌下腺(Mandibular gland)又称下颌腺，比腮腺小，狭长而弯曲，后端位于寰椎窝，前端位于舌根的外侧，位置略深，在腮腺的深层和下颌间隙，呈茶褐色。上缘薄而凹；下缘厚而凸。颌下腺管沿腺的凹缘向前延伸，离开腺的前端，横越二腹肌中间腱，行于下颌舌骨肌和舌肌之间，继而沿舌下腺腹缘前伸，至口腔底的黏膜下，开口于舌下肉阜。

3. 舌下腺

舌下腺(Sublingual gland)体呈片状，为多口舌下腺(Polystomatic sublingual gland)。腺管有 30 余条，直接开口于口腔底的舌下外侧隐窝。

二、咽与软腭

(一)咽

咽(Pharynx)位于鼻腔和口腔的后方，是消化管与呼吸道的共同通道(图 5-10、图 5-11)。由于软腭的伸入，咽腔被分为 3 部分：软腭上方的鼻咽部、软腭下方的口咽部和软腭游离缘之后与喉口之间的喉咽部。咽通过鼻咽部与一对鼻后孔和一对咽鼓管相通，通过口咽部(咽峡)

通口腔。咽的后端经喉口和食管口通喉腔和食管。

咽在咽鼓管咽口后方的正中，黏膜向后上方形成一盲囊，深约 2.5 cm，称为咽隐窝（Pharyngeal recess）。咽鼓管在颅底和咽后壁之间形成一膨大的黏膜囊，称为咽鼓管囊（Guttural pouch）。

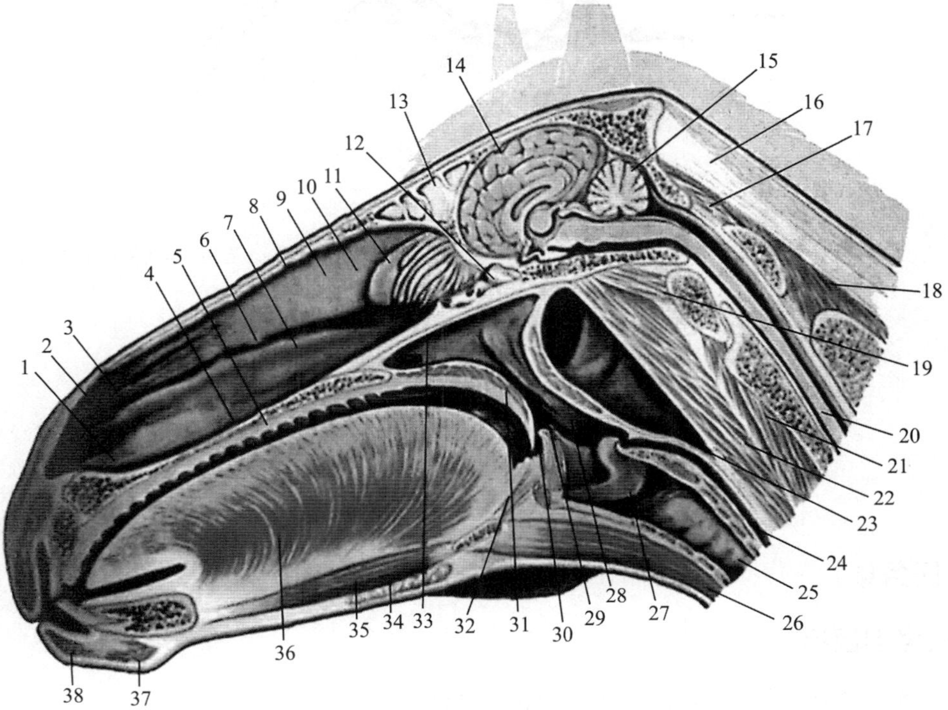

1.底襞　2.翼襞　3.直襞　4.下鼻道　5.硬腭　6.中鼻道　7.下鼻甲　8.上鼻道　9.上鼻甲　10.嗅区　11.筛鼻甲　12.额窦　13.蝶腭窦　14.大脑　15.小脑　16.项韧带　17.头背侧小直肌　18.头背侧大直肌　19.头背侧直肌　20.脊髓　21.颈长肌　22.头长肌　23.喉囊　24.食管　25.气管　26.胸骨舌骨肌　27.喉　28.咽　29.耳咽管口　30.咽峡　31.软腭　32.舌骨会厌肌　33.鼻后孔　34.下颌淋巴结　35.颏舌骨肌　36.颏舌肌　37.颏肌　38.口轮匝肌

图 5-10　马头纵剖（矢状）面模式图

（引自陈耀星等，2019）

（二）软腭

软腭（Soft palate）为硬腭后缘向咽腔延伸出的肌性黏膜瓣，前缘附着于硬腭，侧缘附着于咽侧壁黏膜。马软腭发达，平均长约 15 cm，向后下方延伸，其游离缘围绕会厌基部，将口咽部与鼻咽部隔开，故马不能用口呼吸，病理情况下逆呕时逆呕物从鼻腔流出。软腭游离缘向后沿咽侧壁延伸到食管口的上方，并与对侧的相互汇合为腭咽弓（Palatopharyngeal arch）。软腭两侧以短而厚的黏膜褶连于舌根两侧，为腭舌弓。在腭舌弓之后，黏膜稍隆凸为腭扁桃体，表面有许多小孔。

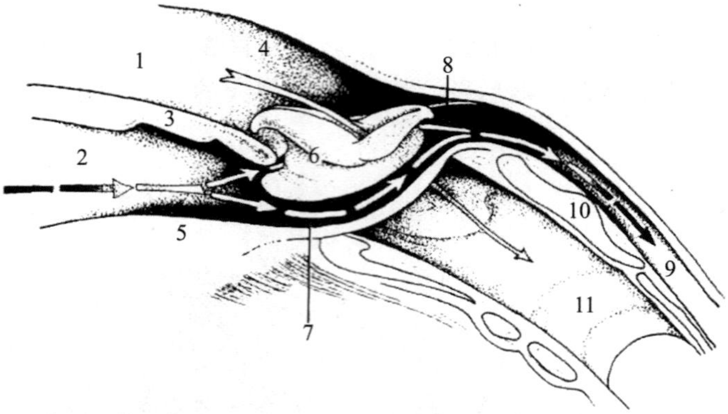

1.鼻腔　2.口腔　3.软腭　4.鼻咽部　5.舌根　6.喉(突向咽顶壁)　7.喉咽部(梨状隐窝)
8.腭咽弓　9.食管　10.环状软骨板　11.气管

图 5-11　咽与喉、食管通道的关系

任务 5-2　食管和胃

【学习任务单】

一、学习目标

1.掌握马食管和胃的位置、形态及其相互功能。
2.了解马食管和胃的体表投影位置。

二、学习资源

1.马食管和胃的模型或浸渍标本。
2.教材。
3.信息化教学资源。

三、学习任务

1.观察马食管和胃的形态与构造。
2.在标本上观察马匹食管颈段、胸段和腹段的位置及其与气管的位置关系。
3.观察马胃的形态及其在体表的投影位置。
4.学习马胃的无腺部和有腺部的区分及形态特点。

【相关知识】

一、食管

食管(Esophagus)　起于咽止于胃,可分为颈、胸、腹 3 段。颈段食管起自咽的后方、喉的背侧，至颈中部渐偏至气管左侧。胸段位于纵隔内，在第 3 胸椎处由气管的左侧移至背侧，经主动脉弓的右侧向后，约在第 13 肋骨处穿过食管裂孔。腹段很短，开口于胃。

食管肌层前部由横纹肌构成，在气管分叉之后转为平滑肌，且逐渐增厚。食管外膜在颈段为疏松结缔组织，在胸、腹段为浆膜。

二、胃

胃(Stomach) 是消化管的膨大。

(一)胃的形态

马胃为单室混合型胃，容积 5～8 L，大的可达 12 L，为横向朝下弯曲的囊状，位于腹腔前部，膈的后方，大部分位于左季肋部，仅幽门部在右季肋部，其腹缘即使在饱食状态下也不达于腹腔底壁。胃的形状呈前后压扁的囊袋状，具有 2 面 2 缘。壁面凸，朝向前上方，与膈、肝接触；脏面朝向后下方，与大结肠、小结肠、小肠、胰及大网膜相接触。腹缘为胃大弯，凸向下方，左侧部有脾附着；背缘为胃小弯，凹陷而短。胃的左端向后背侧膨大，形成胃盲囊(Gastric caecum)；胃的右端较细，称为幽门部。中间膨大的部分为胃体(图 5-12)。

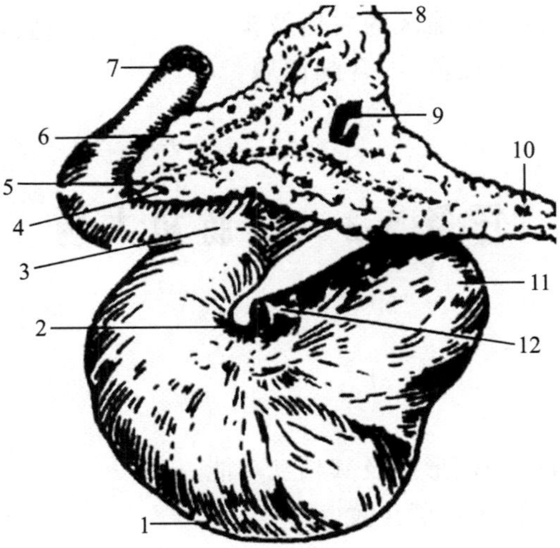

1. 胃大弯 2. 胃小弯 3. 幽门部与十二指肠相连接处 4. 肝总管 5. 胰管 6. 胰头 7. 十二指肠 8. 胰右叶 9. 肝门静脉 10. 胰左叶 11. 胃盲囊 12. 食管

图 5-12 马胃及膜(前面观)

(二)胃壁的构造

胃壁组织由外而内分为 4 层，即浆膜层、肌层、黏膜下层和黏膜层。

1. 浆膜层

浆膜层又称外膜层。覆盖于胃表面的腹膜，形成各种胃的韧带，与邻近器官相连接，于胃大弯处形成大网膜。

2. 肌层

肌层可分 3 层，外层为纵行纤维层，很薄；中层为环行肌，仅存在于有腺部，在幽门处增厚形成发达的幽门括约肌；内层为斜行肌，仅分布于无腺部，在贲门处最厚。

3. 黏膜下层

黏膜下层位于肌层与黏膜之间，是胃壁内最富于胶原的结缔组织层，有丰富的血管淋巴网，含有自主神经丛。此层是整个胃壁中最有支持力的结构，缝合胃壁时应贯穿黏膜下层，同时胃切除时应先结扎黏膜下血管，以防术后吻合口出血。

4. 黏膜层

黏膜层由一褶缘(Margo plicatus)分为无腺部和有腺部。无腺部黏膜厚而苍白，无消化腺分布，类似食管的黏膜。褶缘以下和幽门部的黏膜柔软而光滑，表面覆有黏液，含有胃腺，为有腺部。此部又可分为3个界线不清的腺区，贲门腺区为沿褶缘分布的窄带状区域，呈灰黄色，黏膜内含贲门腺；在贲门腺区下方有大片棕红色区域，黏膜厚且表面有小凹，称为胃底腺区；胃底腺区的右侧及幽门窦部的黏膜薄而呈灰黄或灰红色，内含幽门腺，为幽门腺区(图5-13)。

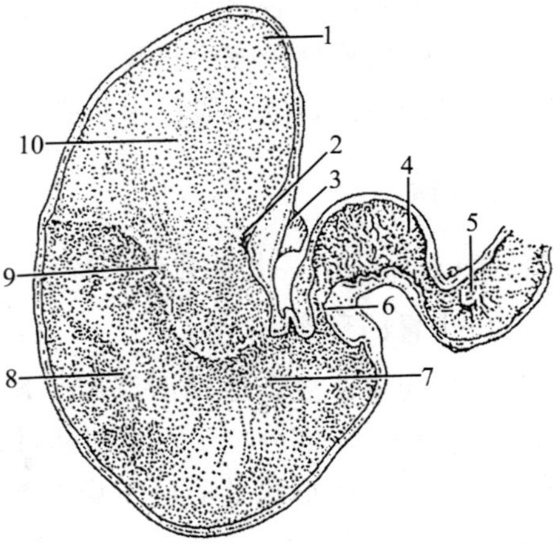

1. 胃盲囊　2. 贲门　3. 食管　4. 十二指肠壶腹
5. 十二指肠憩室　6. 幽门　7. 幽门腺区
8. 胃底腺区　9. 褶缘　10. 无腺部

图5-13　马胃黏膜

任务5-3　小肠和大肠

【学习任务单】

一、学习目标

1. 掌握马小肠和大肠的位置、形态及其相互功能。
2. 了解马小肠和大肠的体表投影位置。

二、学习资源

1. 马小肠和大肠模型或标本。
2. 教材。
3. 信息化教学资源。

三、学习任务

1. 观察马小肠和大肠的形态与构造。
2. 在标本上观察马小肠和大肠的相对位置及其关系。
3. 观察马小肠和大肠的形态及其在体表的投影位置。
4. 学习马各段肠的区分和形态特点。
5. 观察马十二指肠、空肠和回肠的形态、位置和分解。
6. 观察马盲肠、结肠和直肠的形态及位置。

【相关知识】

马匹肠管可分为小肠和大肠2部分。小肠包括十二指肠、空肠和回肠；大肠包括盲肠、结肠和直肠(图5-14)。

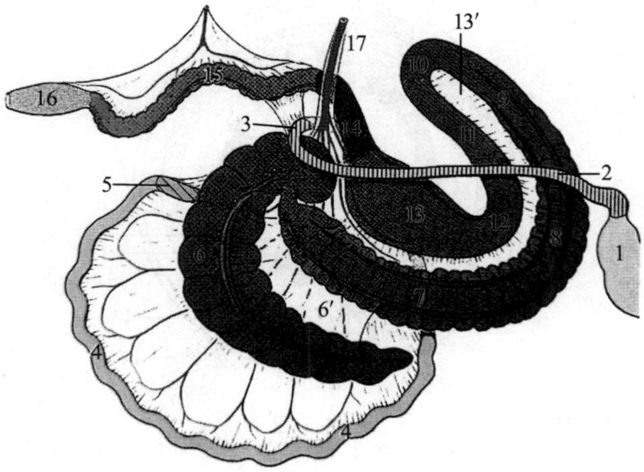

1.胃 2.降十二指肠 3.升十二指肠 4.空肠 5.回肠 6.盲肠 6′.回盲韧带 7.右下大结肠 8.胸骨曲 9.左下大结肠 10.盆曲 11.左上大结肠 12.膈曲 13.右上大结肠 13′.升结肠系膜 14.横结肠 15.降结肠(小结肠) 16.直肠 17.肠系膜前动脉

图5-14 马肠道模式图

(引自陈耀星等,2019)

一、肠管的基本构造

肠管各段管壁的组织结构,一般均可分为4层,由内向外分别为黏膜、黏膜下层、肌层和外膜。图5-15展示十二指肠肠管结构。

1.黏膜

黏膜位于肠管的最内层,正常黏膜呈淡红色或鲜红色,柔软而湿润,有一定的伸展性,当管腔内空虚时,常形成皱褶。因黏膜表面常覆盖有分泌的黏液而得名。黏膜由内向外依次可为黏膜上皮、黏膜固有层和黏膜肌层3层结构。

2.黏膜下层

黏膜下层位于黏膜和肌层之间的一层疏松结缔组织,有连接黏膜层和肌层的作用,并使黏膜有一定的活动性。黏膜下层内有较大的血管、淋巴管和黏膜下神经丛,有些器官的黏膜下层内分布有淋巴组织和肠腺。

3.肌层

肌层一般可分为内环和外纵的2层平滑肌。

4.外膜或浆膜

外膜或浆膜位于管壁的最外面,为富有弹性纤维的薄层疏松结缔组织,与周围器官相连接处称为外膜。

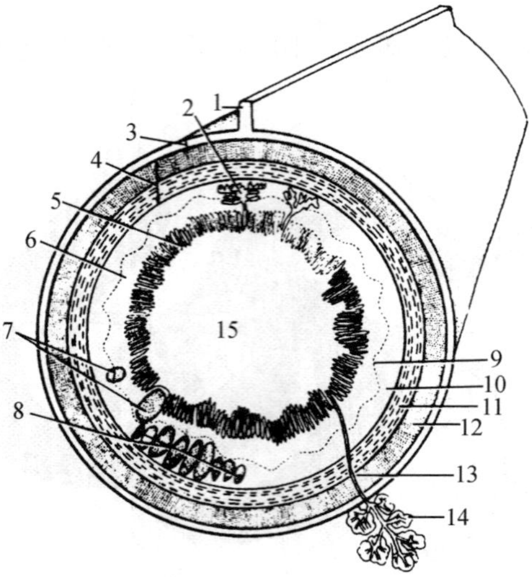

1.肠系膜 2.十二指肠腺 3.浆膜 4.肌层 5.黏膜上皮 6.黏膜固有层 7.淋巴孤结 8.淋巴集结 9.黏膜肌层 10.黏膜下层 11.内环肌层 12.外纵肌层 13.腺管 14.壁外腺 15.肠腔

图 5-15 十二指肠肠管结构模式图

二、小肠

小肠(Small intestine)可分为十二指肠、空肠和回肠3段。主要位于腹腔左侧上半部,十二指肠位于右季肋部和腰部,空肠位于左髂部、左腹股沟部和耻骨部,回肠位于左髂部(图 5-16)。小肠消化是整个消化过程中最为重要的阶段。

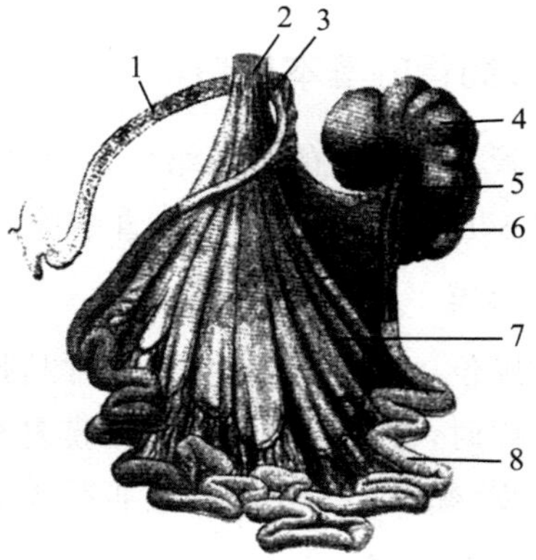

1.十二指肠 2.前肠系膜根 3.十二指肠结肠韧带 4.盲肠 5.回肠 6.回盲肠系膜 7.前肠系膜 8.空肠

图 5-16 马匹小肠

(一)十二指肠

十二指肠(Duodenum)为小肠的第一段,长约1 m,由幽门起始,沿右季肋部向后至腰部延接空肠,以短的十二指肠系膜连系于肝、右上大结肠、盲肠底、小结肠起始部,右肾和腰下肌,位置比较固定。全程可分为前部、降部和升部。前部为十二指肠第一部分,向右侧弯曲成两个曲。第一曲小而凸向上方,其近幽门处管腔膨大,称为十二指肠壶腹(Duodenal bulb);第二曲凸向右下方,其黏膜面具有一纽扣状突起,中央凹陷,内有胰管和肝总管的开口,称为十二指肠憩室(Duodenal diverticulum)。在憩室对侧黏膜面具有十二指肠小乳头(Minor duodenal papilla),为副胰管的开口处,驴无。第二曲也称肝门曲(Portal flexure)。由于第一曲和第二曲排列成乙状,因此前部也称乙状曲或"S"状弯曲。降部最长,由肝右叶腹侧沿右上大结肠的背侧向后伸延,至右肾和盲肠底,约在最后肋骨水平折转向左,转为升部,至空肠系膜根部后方,然后向前至左肾腹侧接空肠。

十二指肠与小结肠起始部之间有短的浆膜褶相连，该浆膜褶称为十二指肠（小）结肠韧带，该韧带可作为十二指肠与空肠的分界标志。

（二）空肠

空肠（Jejunum）是肠道中最长的一段，约 20 m，迂回盘曲，系于宽阔的空肠系膜上，位置变化大，常与降结肠（小结肠）混在一起，占据腹腔左半部的背侧，分布于腹腔的左季肋部、左腹外侧区、左腹股沟区、耻骨区、右腹股沟区，但由于其系膜很长，移动范围广，向前可抵达胃、肝，向后可入骨盆腔，向右可到右腹外侧区，向腹侧可经两腹侧结肠之间抵达腹腔底壁，在某些公马可经腹股沟管下降至阴囊（即腹股沟疝），会引起马匹腹部剧烈疼痛。

（三）回肠

回肠（Ileum）与空肠界线不甚明确，一般常将小肠最后一段，长约 1 m 认作回肠。回肠与空肠相比，由于管壁内含大量淋巴组织，因而壁较厚，肠管较直。回肠从左腹外侧区斜向右背侧走向盲肠底小弯，以回肠口突入盲肠，回肠口周围黏膜环形隆起，称为回肠乳头（Ileal papilla）。

在回肠与盲肠之间有三角形的回盲韧带相连。习惯上将回盲韧带附着于小肠的部分肠段算作回肠。

三、大肠

大肠（Large intestine）发达，分盲肠、结肠和直肠，盲肠和结肠有肠带和肠袋，见图 5-17 和图 5-18。

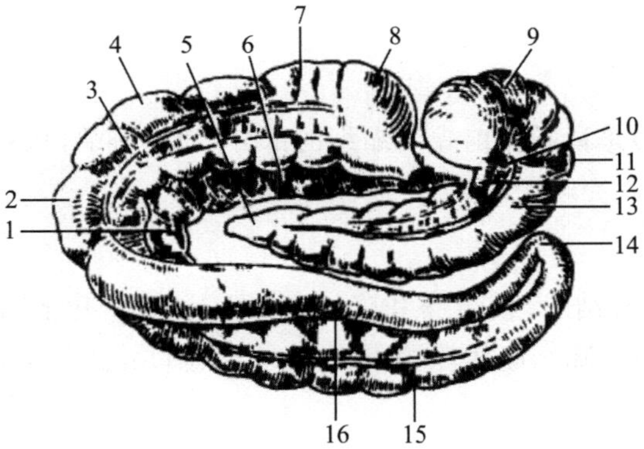

1. 胸骨曲 2. 膈曲 3. 纵带 4. 肠袋 5. 盲肠尖 6. 右下大结肠 7. 右上大结肠 8. 结肠壶腹 9. 盲肠底 10. 盲肠小弯 11. 盲肠大弯 12. 回肠 13. 盲肠体 14. 盆曲 15. 左下大结肠 16. 左上大结肠

图 5-17 马大结肠和盲肠

（一）盲肠

盲肠（Caecum）特别发达、位于腹腔右侧，长约 1.25 m，容积 25～30 L，整个外形呈逗点状（图 5-17），可分为盲肠底、盲肠体和盲肠尖 3 部分。盲肠表面有 4 条增厚的纵肌带，称为盲肠带（Caecal band），分别位于盲肠的内、外、背、腹侧，盲肠带之间为盲肠袋（Caecal sacculation），也有 4 列，为囊袋状隆起。盲肠与大结肠之间（除盲肠尖外）有盲肠大结肠韧带。

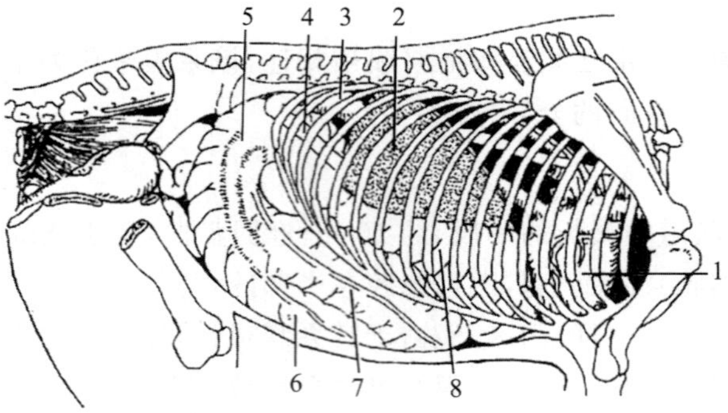

1.心 2.肝 3.右肾 4.十二指肠降部 5.盲肠底
6.盲肠尖 7.右下大结肠 8.右上大结肠

图 5-18 公马匹腹腔内脏(右侧观)

1.盲肠底

盲肠底(Caecal base)位于腹腔右后上部,向前可达第 14～15 肋,背侧缘凸,为大弯,腹侧缘凹,为小弯,有回肠口(左侧)和盲结口(右侧)。盲肠底为盲肠后上方的弯曲部分,由浆膜附着于胰和右肾腹侧,背缘凸出称为盲肠大弯,腹缘凹,称为盲肠小弯。盲肠小弯处有回肠口和结肠口分别通回肠和右下大结肠。

2.盲肠体

盲肠体(Caecal body)位于右髂部、右腹股沟部、耻骨部和脐部,在肋弓下方沿右腹侧壁向前延伸。

3.盲肠尖

盲肠尖(Caecal apex)是盲肠体前端渐缩细的部分,为一盲端,从右腹外侧区斜向前下方到脐区和剑突区。

(二)结肠

结肠(Colon)可分为升结肠、横结肠和降结肠(图 5-17)。升结肠十分发达,体积庞大,又称为大结肠(Great colon)。降结肠体积较小,称为小结肠(Small colon)。

1.大结肠

马大结肠起始于盲结口,长 3～3.7 m,盘曲成双层马蹄铁形,可分为 4 部 3 曲,即右下大结肠—胸骨曲—左下大结肠—盆曲—左上大结肠—膈曲—右上大结肠:

(1)右下大结肠(Right ventral colon) 起自盲肠小弯的盲结口,约与最后肋骨或肋间隙的下端相对,起始端附近管径较细,称为结肠颈(Colic cervicum),由此沿右肋弓向前下方至剑状软骨上方并行向左侧,构成胸骨曲(Sternal flexure),延接左下大结肠。右下大结肠除起始部较细外,余皆较粗,具有 4 条结肠带(Colic band)和 4 列结肠袋(Colic sacculation),并有三角形的盲结褶连于盲肠小弯。

(2)左下大结肠(Left ventral colon) 由胸骨曲沿左侧肋弓向后上方行至骨盆腔口,再曲向背侧,此曲为盆曲(Pelvic flexure)。左下大结肠粗细约与右下大结肠相似,但在近盆曲处管径变细,结肠带也减少为 1 条。

(3)左上大结肠(Left dorsal colon) 由盆曲沿左下大结肠背侧向前至胸骨曲背侧,形成膈曲(Diaphragmatic flexure)。此部后半部分管径与盆曲粗细相似,前半部分渐增粗,结肠带也由 1 条逐渐增至 3 条。

(4)右上大结肠(Right dorsal colon) 由膈曲在右下结肠背侧向后行,管径继续增大,至盲肠底内侧,体积增到最大,膨大如囊,称结肠壶腹(Colon bulb),旧称胃状膨大部。结肠壶腹之后,管径急剧变细成漏斗状,延续为横结肠。右上大结肠具 3 条结肠带。

大结肠除起始部和终末部以无浆膜区与周围器官相附着外,其余部分仅上、下结肠之间以系膜相连,与其他器官无任何连接,呈游离状态。但由于大结肠体积巨大,受腹壁局限和周围器官挤压,位置比较恒定。大结肠近末端处背侧与胰、右侧与盲肠底以及肝分出的浆膜褶相连。

由于马的大结肠粗细不等,最粗处是右上大结肠后部,膨大如胃,故称胃状膨大部,然后突然变细延续为横结肠,最细处是骨盆曲。因此,马属动物结肠常因饲养管理不善发生结症。

2. 横结肠

横结肠(Transverse colon)为大结肠(升结肠)向小结肠(降结肠)之间的移行部,借腹膜和疏松结缔组织附着于胰的腹侧面及盲肠底,位置固定;横结肠承接大结肠末端漏斗状缩细部,由右至左在肠系膜前动脉前方越过,管径骤然变细,呈漏斗状,延续为小结肠。

3. 小结肠

小结肠亦称降结肠,以长的后肠系膜悬于第 4、5 腰椎腹侧,与空肠混在一起,位于腹腔左侧上半部,形成许多典型的肠袢,有 2 条纵肌带和 2 列肠袋。小结肠粗细及结构与横结肠相仿。长约 3.5 m,直径 7.5～10 cm。小结肠由降结肠系膜连系于左肾腹侧至荐骨岬之间的腹腔顶壁,小结肠系膜起初很窄,以后变宽(80～90 cm),因此小结肠的移动范围很大,常与空肠混在一起。小结肠具有 2 条结肠带和 2 列结肠袋,借此可与空肠相区别。

(三)直肠

马直肠(Rectum)自骨盆口起至肛门止,长约 30 cm,位于盆腔内,直肠的前部由直肠系膜悬吊于盆腔顶壁,后部膨大,称直肠壶腹(Rectal ampulla),表面无浆膜被覆,借疏松结缔组织与肌肉附着于盆壁。

(四)肛门

直肠的末端即为肛管(Anal canal)和肛门(Anus)。肛管指直肠末端缩细的部分,含肛门括约肌。除排粪期之外,肛管由于括约肌收缩,黏膜形成褶状紧相闭锁。肛管黏膜呈灰白色,缺腺体,上皮为复层扁平上皮。肛管肌肉由内向外分别为:肛门内括约肌(Internal sphincter muscle of anus),为直肠环形肌所形成;肛门外括约肌(External sphincter muscle of anus),为内括约肌周围的环形横纹肌,部分肌纤维走向背侧的尾椎筋膜和腹侧的会阴部筋膜。

肛门位于尾根下方,在第 4 尾椎正下方。外面被盖的皮肤薄而无毛,在肛管两侧还有起始于荐结节阔韧带或坐骨棘的肛提肌,向后伸入肛门外括约肌的深层。

任务 5-4 肝和胰

【学习任务单】

一、学习目标

1. 掌握马肝和胰的位置、形态及其相互功能。
2. 了解马肝和胰的体表投影位置。

二、学习资源

1. 马肝和胰模型或标本。
2. 教材。
3. 信息化教学资源。

三、学习任务

1. 观察马肝和胰的形态与构造。
2. 在标本上观察马肝和胰的相对位置关系。
3. 观察马肝和胰的形态及其在体表的投影位置。
4. 学习肝门的结构特点。
5. 观察马匹十二指肠与肝脏、胰脏的位置和功能关系。

【相关知识】

一、肝

肝(Liver)是马体内最大的腺体以及新陈代谢的枢纽,具有分解、合成、贮存营养物质和解毒以及分泌胆汁等作用,在胎儿时期也是造血器官。

1. 形态

肝较扁,质脆,色棕红,厚板状,平均重约 5 kg,大型挽马可达 10 kg。可分为 2 个面 2 个缘和 3 个肝叶。

(1)肝的壁面和脏面　壁面隆凸,与膈相邻(图 5-19);脏面凹入,与胃、肠等相接触(图 5-20)。脏面中央有门静脉、肝动脉、神经、淋巴管和肝管出入肝门(Hepatic porta)。

(2)肝的背缘和腹缘　肝的背缘厚,左侧有一食管压迹,右侧有后腔静脉通过,静脉壁与肝组织连在一起,多条大小不等的肝静脉支直接开口于后腔静脉。肝的腹缘较薄。

(3)肝的分叶　在肝的腹侧缘有 2 个叶间切迹(Interlobar incisure)将肝分为左叶、中叶和右叶。左叶间切迹内有肝圆韧带,右叶间切迹处无胆囊。中叶被肝门分为背侧的尾叶(Caudate lobe)和腹侧的方叶(Quadrate lobe)。尾叶向右侧的突出部分称为尾状突(Caudate process)。左叶的内侧分出一个不明显的左内叶。

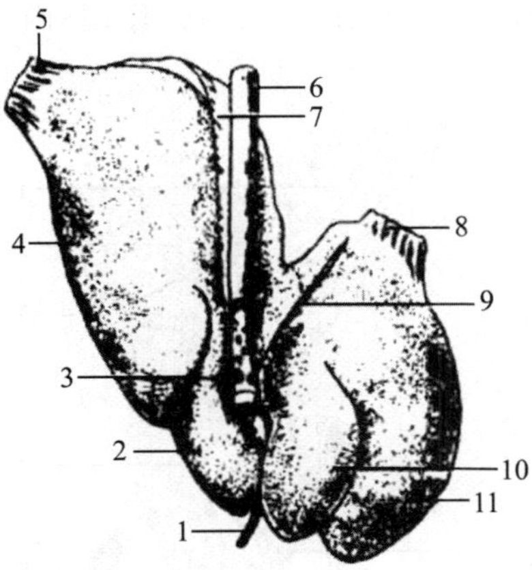

1.圆韧带　2.方叶　3.肝静脉汇入后腔静脉　4.右叶
5.右三角韧带　6.后腔静脉　7.右冠状韧带
8.左三角韧带　9.左冠状韧带
10.左内叶　11.左叶

图 5-19　马肝壁面

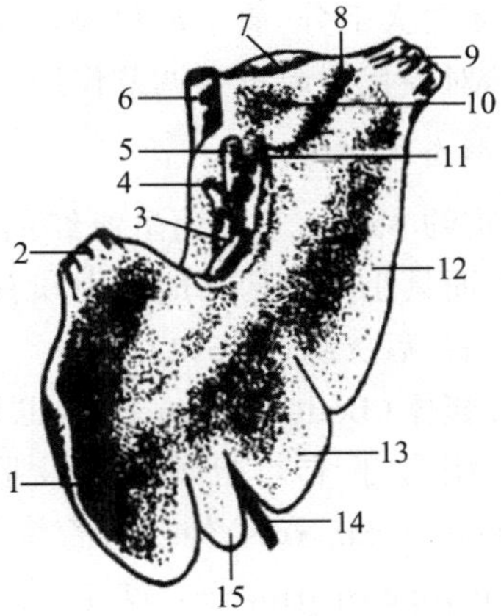

1.左叶　2.左三角韧带　3.胆管　4.肝动脉　5.肝门静脉
6.后腔静脉　7.肾压迹　8.尾状突　9.右三角韧带
10.尾叶　11.肝十二指肠韧带　12.右叶
13.方叶　14.圆韧带　15.左内叶

图 5-20　马肝脏面

2.位置和附着

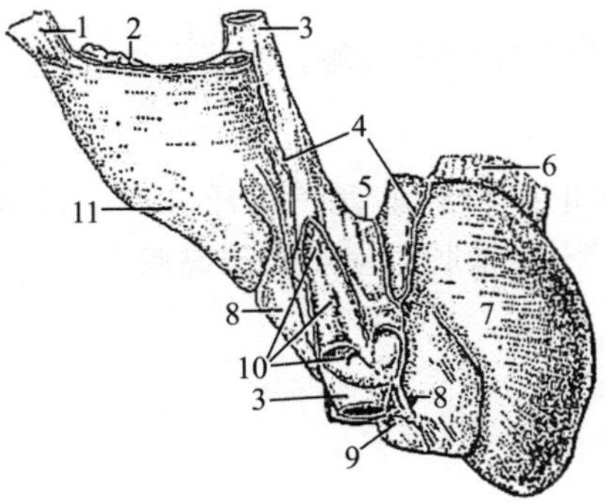

1.右三角韧带　2.肝肾韧带　3.后腔静脉
4.左、右冠状韧带　5.食管切迹
6.左三角韧带　7.左叶　8.中叶
9.镰状韧带　10.肝静脉　11.右叶

图 5-21　肝脏固定韧带

肝斜位于膈的后方，大部分在右季肋部，右上端位置最高，与右肾前端接触，左下端最低，约平第7、8肋骨的胸骨端。肝的表面有浆膜被覆，并形成下列韧带以固定肝，它们是：左、右冠状韧带（Left & right coronary ligament），镰状韧带和左、右三角韧带。这些韧带将肝牢牢地固定在膈的腹腔面上（图5-21）。其中左、右三角韧带（Left & right triangular ligament）将左、右叶背缘连于膈上；左、右冠状韧带沿腔静脉沟两侧连于膈上；镰状韧带（Falciform ligament）是很薄的浆膜褶，由中间叶和左叶之间连于膈及腹腔底壁，其游离缘增厚呈索状，为胎儿期脐静脉的遗迹，称为肝圆韧带（Round ligament）；肝肾韧带由尾状叶至右肾腹侧；小网膜由肝的脏面连于胃小弯和十二指肠。

3.肝管（Hepatic duct）

马无胆囊（Gall bladder）。肝脏的输出管为肝总管，胆汁经肝总管直接注入十二指肠。肝总管在肝门的腹侧部由左、右肝管汇合而成，行经十二指肠系膜内，在距幽门12～15 cm处，同胰管一起斜穿十二指肠壁，开口于肝胰壶腹（十二指肠憩室）。

二、胰

胰（Pancreas）为马体内重要的消化腺，兼有内分泌功能。有外分泌部和内分泌部。外分泌部占腺体的大部分，属于消化腺，含有多种酶，由胰管排入十二指肠，参与消化作用；内分泌部称胰岛，对糖代谢起重要调节作用。

1. 形态

胰重约 350 g，柔软而呈淡红色，外形呈三角形片状，柔软而具小叶结构，分左、中和右 3 叶，具有背腹 2 面及左、右、后 3 缘(图 5-22)。

(1)胰体(Body of pancreas，也称中叶)位于胰的右前部，附着于十二指肠前部及肝的脏面；胰左叶(Left lobe of pancreas)伸入胃盲囊和左肾之间；胰右叶(Right lobe of pancreas)较钝，位于右肾腹侧。

(2)胰脏右缘较直，与十二指肠降部的左缘相邻；左缘前凹陷，与十二指肠起始部、胃盲囊相邻接；后缘有一深切迹，与空肠系膜根相邻，切迹内侧有门静脉通过，门静脉背侧的胰腺组织将切迹两侧的胰腺组织桥联起来，形成胰环(Pancreatic Ting)，供门静脉通过。

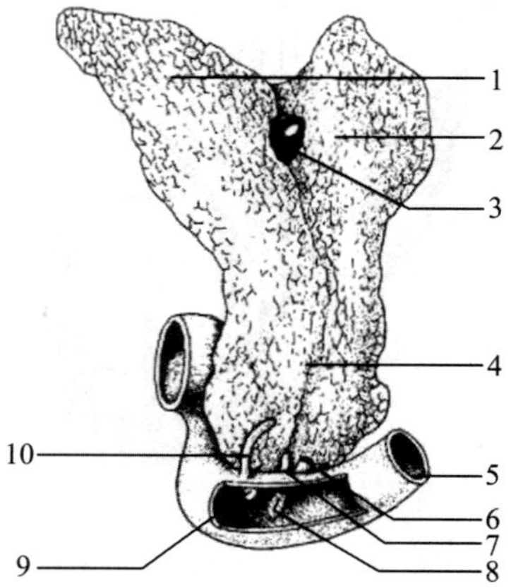

1. 胰左叶　2. 胰右叶　3. 门静脉胰环　4. 胰体　5. 十二指肠　6. 胆管　7. 胰管　8. 十二指肠大乳头　9. 十二指肠小乳头　10. 副胰管

图 5-22　马匹胰腺的形态

2. 位置

胰脏在 16～18 胸椎水平横位于腹腔顶壁下方，大部分在体中线右侧。

3. 胰管

胰管(Duct of Wirsung)由左、右支汇合而成，自胰体走出与肝总管一同开口于十二指肠憩室，又称主胰管。副胰管小，自胰管或左支分出，开口于十二指肠憩室对侧的黏膜上。

【测试题】

一、名词解释

肝门　齿星　胃盲囊　大网膜

二、填空题

1. 三大唾液腺包括________、________、________。

2. 马匹咽较牛的略长，在咽鼓管咽口后方的正中，黏膜向后上方形成一盲囊，为________。马属动物的咽鼓管在颅底和咽后壁之间形成一膨大的黏膜囊，为________。

3. 小肠前端起于________，后端止于________，可分为________、________和________ 3 部分。

4. 十二指肠分为 3 部分，即________、________和________。

5. 回肠开口于盲肠，黏膜在盲肠内隆起形成________。

6. 消化吸收的主要部位是________，吸收水分的主要部位是________。

7. 大肠分为________、________和________。

8. 马的盲肠最发达，分________、________和________ 3 部分。

9. 马的十二指肠前部有乙状弯曲，曲内有纽扣状突起，称为________。这是________和________的开口。

10. 马胃的左端向后背侧膨大，形成________。

11. 胃有腺部分为________、________、________3部分。

12. 马十二指肠近幽门处管腔膨大，为________；第二曲黏膜面具有一纽扣状突起，中央凹陷，为________憩室。在憩室对侧黏膜面具有________乳头。

13. 在回肠与盲肠之间有三角形的________，可视作空肠和回肠的分界。

14. 马大结肠盘曲成双层马蹄铁形，可分为4部3曲，即________、________、________、________、________、________、________。

三、选择题

1. 下列器官中属于消化腺的是(　　)。

A. 食管　　B. 肝　　C. 口腔　　D. 小肠

2. 消化道和呼吸道共同的器官是(　　)。

A. 口腔　　B. 咽　　C. 食道　　D. 气管

3. 马体内最大的消化腺是(　　)。

A. 胰　　B. 肝　　C. 腮腺　　D. 下颌腺

4. 咽通过(　　)与中耳相通。

A. 鼻后孔　　B. 咽峡　　C. 食管口　　D. 咽鼓管

5. 关于食管，说法错误的是(　　)。

A. 颈前2/3位于气管背侧　　B. 颈后1/3位于气管的右侧

C. 进胸前口后，位于气管的背侧　　D. 穿过膈上的食管裂孔进入腹腔

6. 马大结肠呈(　　)。

A. 圆盘状　　B. 双层的马蹄铁形

C. 圆锥形　　D. 呈U形

项目六

马匹呼吸系统

【知识目标】

- 熟悉马呼吸系统的组成和功能。
- 掌握鼻腔、喉和气管的结构。
- 掌握肺的形态、位置和结构。
- 熟悉纵隔的构成。
- 了解马肺的分叶特点。

【能力目标】

- 能在马呼吸器官浸渍标本或解剖模型上指出各呼吸器官的位置和形态。
- 能说出各呼吸器官的结构和功能的关系。

【素质目标】

- 培养学生崇尚科学、积极探索的职业素养。
- 培养学生理论联系实际、理论指导实践的学习和工作态度。

马在新陈代谢过程中，需要不断地从外环境中吸入氧气，以氧化体内的营养物质而产生能量，满足机体各种活动的需要；同时，又不断将体内氧化过程中产生的二氧化碳等代谢产物排出体外，以维持正常的生命活动。这种不断地吸入氧，呼出二氧化碳的气体交换过程，称为呼吸(Breath)。完整的呼吸过程包括外呼吸、气体运输和内呼吸3个环节。空气进入肺内，与肺毛细血管中的血液进行气体交换，称为外呼吸或肺呼吸；血液携带氧和二氧化碳往返循环于肺与全身器官组织之间，称为气体运输；血液与组织细胞之间进行氧和二氧化碳的交换，称为内呼吸或组织呼吸。呼吸主要靠呼吸系统来实现，但与心血管系统有着密切的联系。

呼吸系统(Respiratory system)包括鼻、咽、喉、气管、支气管和肺等器官及胸膜和胸膜腔等辅助装置。鼻、咽、喉、气管和支气管是气体出入肺的通道，称为呼吸道，其中鼻、咽和喉为上呼吸道，气管和支气管为下呼吸道。呼吸道的特征是由骨或软骨构成支架，围成管腔，以保证气体出入通畅。肺是进行气体交换的场所，主要由肺内各级支气管和肺泡构成，总面积很大，有利于气体交换。胸膜和纵隔是呼吸系统的辅助装置(图6-1)。

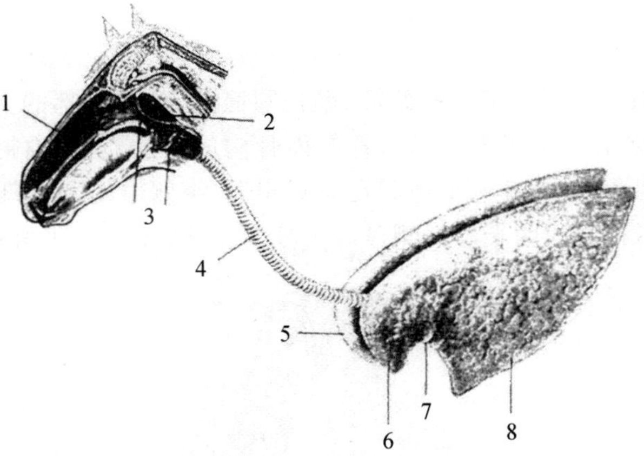

1.鼻腔　2.喉囊　3.咽喉　4.气管　5.肺　6.尖叶　7.心切迹　8.心膈叶

图 6-1　马呼吸系统的模式图

任务 6-1　鼻

【学习任务单】

一、学习目标

1.掌握马呼吸系统的组成及功能。

2.掌握鼻腔形态和内部构造。

二、学习资源

1.马呼吸器官的标本、模型和图片。

2.教材。

3.信息化教学资源。

三、学习任务

1.在鼻腔纵、横断面标本上观察鼻孔。

2.在马房观察鼻前庭的构成。

3.观察学习鼻泪管的位置。

4.观察鼻中隔、上下鼻甲骨、上中下鼻道。

5.观察鼻旁窦的位置与鼻腔的关系。

【相关知识】

鼻(Nose)位于面部中央,口腔的背侧,既是气体出入肺的通道,又是嗅觉器官,对发声也有辅助作用。包括鼻腔和鼻旁窦。马匹鼻孔的大小一定程度上影响了马匹运动能力。

一、鼻腔

鼻腔(Nasal cavity)为呼吸道的起始部,呈长圆筒状,位于面部的上半部,由鼻骨、额骨、切齿骨、上颌骨、腭骨、犁骨和鼻甲骨及鼻软骨等面骨构成骨性支架,内衬鼻黏膜(图 6-2)。鼻腔前端经鼻孔与外界相通,后端经两个鼻后孔与咽相通,腹侧由硬腭与口腔隔开。正中有鼻中隔将其等分为左右互不相通的两半。每侧鼻腔可分为鼻孔、鼻前庭和固有鼻腔 3 部分。

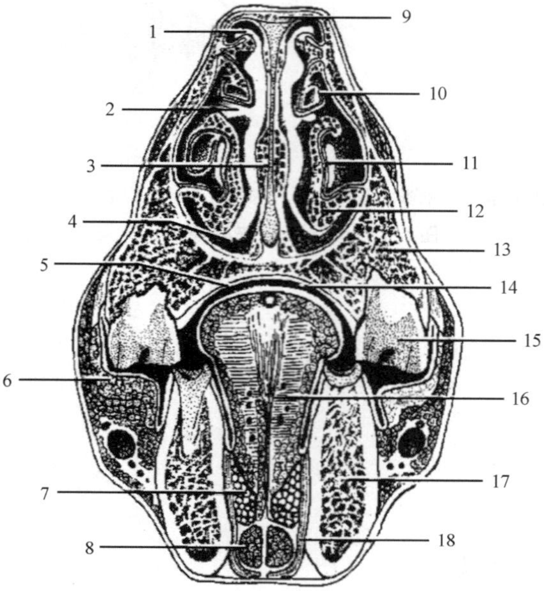

1.上鼻道 2.中鼻道 3.鼻中隔 4.下鼻道 5.硬腭 6.颊腺 7.舌下腺 8.颏舌骨肌 9.鼻骨 10.上鼻甲 11.下鼻甲 12.鼻静脉丛 13.上颌骨 14.口腔 15.第 3 前臼齿 16.舌体 17.下颌骨 18.颌舌骨肌

图 6-2 马头横断面

(一)鼻孔

鼻孔(Nostril)为鼻腔的入口,由内侧鼻翼和外侧鼻翼围成。鼻翼为包有鼻翼软骨和肌肉的皮肤褶,具有一定的弹性和活动性。

鼻孔呈逗点状,位于鼻镜两侧,鼻端随呼吸而活动(图 6-3)。

(二)鼻前庭

鼻前庭(Nasal vestibule)为鼻腔前部衬有皮肤的部分,相当于鼻翼所围成的空间,表面有色素沉着,并长有短毛。其内侧壁有鼻泪管的开口(图 6-3)。

马鼻前庭背侧的皮下有一盲囊,向后伸达鼻切齿骨切迹(或称鼻颌切迹),称为鼻憩室(Nasal diverticulum)或鼻盲囊,囊内皮肤呈黑色,生有细毛,富含皮脂腺。在鼻前庭外侧的下部距黏膜约 0.5 cm 处有一小孔,为鼻泪管口(Orifice of nasolacrimal duct)。

图 6-3 马鼻部特写

(三)固有鼻腔

固有鼻腔(Proper nasal cavity)位于鼻前庭之后,由骨性鼻腔内衬黏膜构成。

1.鼻道

在每侧鼻腔的侧壁上,附着有一上鼻甲和一下鼻甲(Nasal conchae),将鼻腔分为上、中、下3个鼻道,见图6-4和图6-5。上鼻道较窄,位于鼻腔顶壁和上鼻甲之间,后通嗅区。中鼻道在上、下鼻甲之间,通鼻旁窦。下鼻道最宽,位于下鼻甲与鼻腔底壁之间,以鼻后孔直接连通鼻咽部。上、下鼻甲与鼻中隔之间的裂隙为总鼻道(General nasal meatus),与上、中、下鼻道相通。

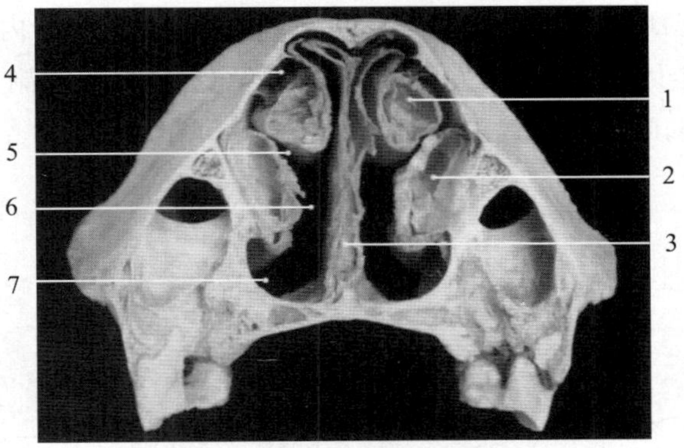

1.上鼻甲　2.下鼻甲　3.鼻中隔　4.上鼻道　5.中鼻道　6.总鼻道　7.下鼻道

图6-4　马鼻腔横断面头侧观

(引自陈耀星等,2016)

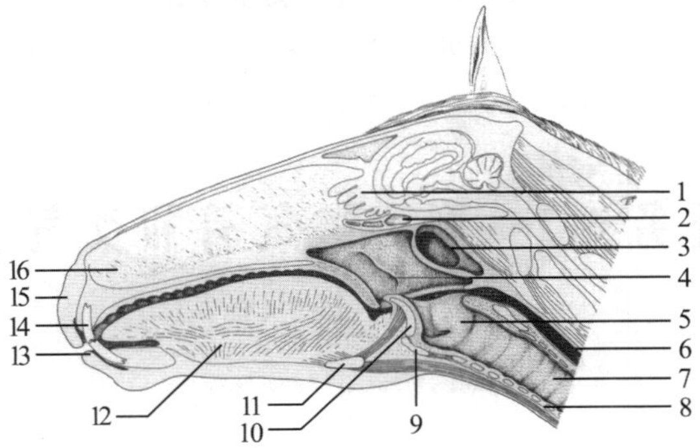

1.筛鼻甲　2.蝶窦　3.喉囊　4.咽鼓管咽口　5.喉　6.食管　7.气管　8.气管软骨　9.甲状软骨　10.会厌　11.底舌骨　12.舌　13.下唇　14.切齿　15.上唇　16.鼻中隔

图6-5　马头部矢状面示意图(示咽和喉)

(引自陈耀星等,2016)

2.鼻黏膜

鼻黏膜(Nasal mucous membrane)被覆于固有鼻腔内表面及鼻甲表面,因结构与功能不同,可分为呼吸区和嗅区2部分。

(1)呼吸区(Respiratory region)位于鼻前庭和嗅区之间,占鼻黏膜的大部分,呈粉红色,由黏膜上皮和固有层组成。上皮为假复层纤毛柱状上皮,杯状细胞较多;固有层为结缔组织,含有丰富的血管和腺体。呼吸区具有温暖、湿润和净化吸入空气的功能。

(2)嗅区(Olfactory region)位于呼吸区之后,上皮为假复层柱状上皮,含有嗅细胞;固有层由结缔组织构成,内含嗅腺。嗅区有嗅觉功能。

二、鼻旁窦

鼻旁窦(Paranasal sinus)又称副鼻窦,为鼻腔周围头骨内的含气空腔,共有4对:即上颌窦(Maxillary sinus)、额窦(Frontal sinus)、蝶腭窦(Sphenopalatine sinus)和筛窦(Ethmoid sinus),其中上颌窦最发达,它们均直接或间接与鼻腔相通(图6-6)。鼻旁窦内面衬有黏膜,与鼻黏膜相延续,但较薄,血管较少。在鼻黏膜发炎时,常可波及鼻旁窦,引起副鼻窦炎。鼻旁窦具有减轻头骨重量、温暖和湿润吸入的空气以及对发声起共鸣等作用。

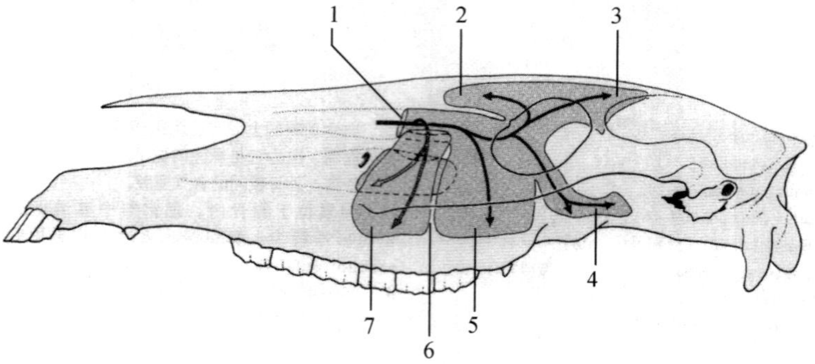

1.鼻上颌口　2.上鼻窦　3.额窦(鼻甲额窦)　4.蝶腭窦　5.上颌后窦　6.上颌窦中隔　7.上额前窦

图6-6　马的鼻旁窦示意图

(引自陈耀星等,2009)

任务6-2　咽、喉、气管和支气管

【学习任务单】

一、学习目标

掌握马喉、气管和支气管的形态与内部构造。

二、学习资源

1.马呼吸器官的标本、模型和图片。
2.教材。
3.信息化教学资源。

三、学习任务

1. 观察喉软骨的构成及特点。
2. 观察马喉腔、声带和声门裂等结构特点。
3. 观察咽的位置和通路。
4. 观察气管颈段、胸段的走向及与周围气管的关系，气管环、支气管的形态特点。

【相关知识】

一、咽

咽是消化管和呼吸道相交叉的部位，是消化和呼吸的共同通道。详见消化系统。

二、喉

喉(Larynx)是空气出入肺的重要通道，又是发声器。喉位于下颌间隙的后方、头颈交界处的腹侧，悬于2个甲状舌骨之间，前端以喉口和咽相通，后端与气管相通。喉既是空气出入肺的通道，又是调节空气流量和发声的器官。喉由喉软骨、喉黏膜和喉肌构成。

(一)喉软骨

喉软骨(Laryngeal cartilage)包括不成对的会厌软骨、甲状软骨、环状软骨和成对的杓状软骨，见图6-7。

1. 会厌软骨

会厌软骨(Epiglottic cartilage)位于喉的前部，呈叶片状，基部厚，由弹性软骨构成，借弹性纤维与甲状软骨体相连；尖端钝圆，弯向舌根。会厌软骨与表面覆盖的黏膜，合称会厌(Epiglottis)，在吞咽时可关闭喉口，以防食物误入喉内。

2. 甲状软骨

甲状软骨(Thyroid cartilage)最大，位于会厌软骨和环状软骨之间，呈弯曲的板状，可分为甲状软骨体(Thyroid cartilage body)和左右甲状软骨侧板(Lateral plate)。甲状软骨体连于两侧板之间，构成喉腔的底壁。两侧板呈菱形，从体的两侧伸出，构成喉腔左右两侧壁的大部分。

3. 环状软骨

环状软骨(Annular cartilage)位于甲状软骨之后，呈指环状，背侧较宽，称为环状软骨板(Lamina of annular cartilage)，构成喉腔背侧壁。其余部分窄称为弓，构成喉腔腹侧壁和外侧壁的后部。环状软骨前缘和后缘以弹性纤维分别与甲状软骨及气管软骨相连。

4. 杓状软骨

杓状软骨(Arytenoid cartilage)一对，位于环状软骨的前上方，在甲状软骨侧板的内侧，构成喉腔背侧壁的前部。杓状软骨呈三面锥体形，其尖端弯向后上方，上部较厚；下部变薄，形成声带突(Vocal process)，供声韧带(Vocal ligament)和声带肌(Vocal muscle)附着。

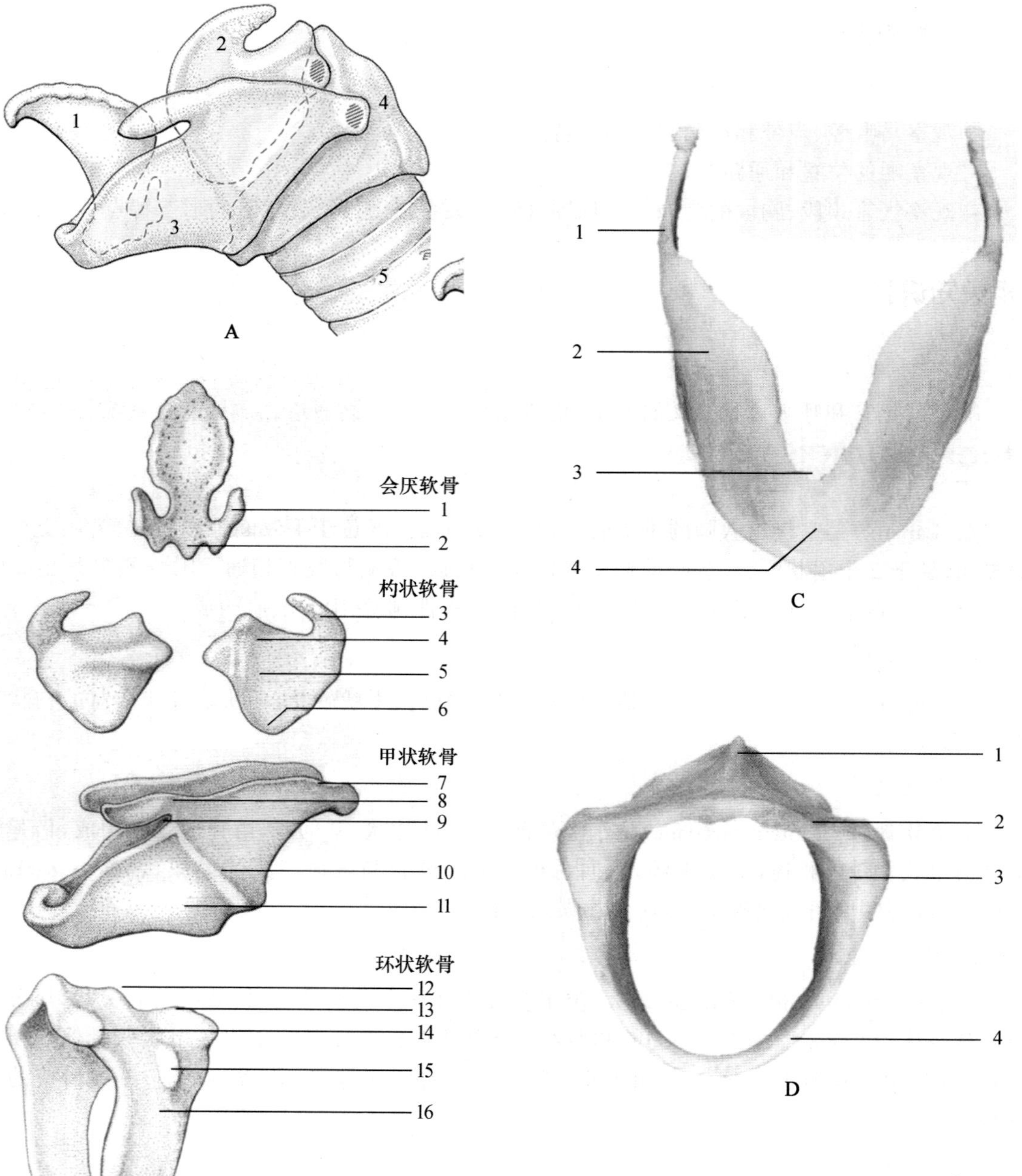

A. 马喉软骨示意图(左侧观):1. 会厌软骨　2. 杓状软骨　3. 甲状软骨　4. 环状软骨　5. 气管
B. 马喉软骨示意图(分解图):1. 楔状寰　2. 软骨柄　3. 小角突　4. 肌突　5. 关节面　6. 声带突　7. 后突　8. 前突　9. 甲状切迹　10. 斜线　11. 左板　12. 正中嵴　13. 环骨板　14. 环杓关节　15. 环甲关节　16. 软骨弓
C. 马甲状软骨腹侧面:1. 后突　2. 基板　3. 后切迹　4. 软骨体
D. 马环状软骨吻侧面:1. 正中嵴　2. 基板　3. 环杓关节　4. 软骨弓

图 6-7　马喉软骨

(引自陈耀星等,2009)

(二)喉腔和喉黏膜

喉软骨彼此借关节和韧带等连成支架、内衬黏膜所围成的腔隙,称喉腔(Laryngeal cavity)。在喉腔中部的侧壁上有一对明显的黏膜褶,称为声带(Vocal cord)。声带是喉的发声器官,由声韧带覆以黏膜构成,连于杓状软骨声带突和甲状软骨体之间。两侧声带之间的狭窄缝隙,称为声门裂(Fissure of glottis)。喉腔在声门裂以前的部分称为喉前庭,其两侧壁凹陷,称喉侧室;以后的部分称声门下腔(Infraglottic cavity),又称喉后腔。喉前庭与喉后腔经声门裂相通。声带和声门裂共同构成声门(Glottis)(图 6-8)。

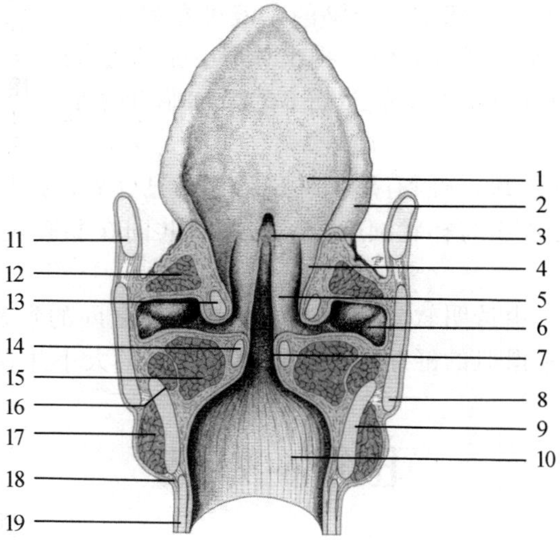

1.会厌软骨　2.杓会厌褶　3.喉前庭与喉正中隐窝　4.前庭褶　5.声带褶　6.侧喉室　7.声门裂　8.甲状软骨　9.环状软骨　10.声门下腔　11.舌骨　12.室肌　13.室韧带　14.声韧带　15.声带肌　16.环杓外侧肌　17.环甲肌　18.气管环韧带　19.第 1 气管软骨

图 6-8　马喉部背侧切面示意图

喉黏膜(Laryngeal mucous membrane)被覆于喉腔内面,与咽黏膜相延续,由上皮和固有层组成。上皮有 2 种:①被覆于喉前庭和声带的上皮为复层扁平上皮;②喉后腔和喉侧室的黏膜上皮为假复层纤毛柱状上皮,柱状细胞之间常夹有数量不等的杯状细胞。固有层由结缔组织构成,内有淋巴小结和喉腺。喉腺分泌黏液和浆液,有润滑声带的作用。

(三)喉肌

喉肌(Laryngeal muscle)属于横纹肌,分外来肌和固有肌。外来肌有胸骨甲状肌和舌骨甲状肌等,可牵引喉前后移动。固有肌有环甲肌、环杓肌等,均起止于喉软骨,可使喉腔扩大或缩小。

三、气管和支气管

(一)形态、位置和构造

气管和支气管是连接喉与肺之间的管道。气管(Trachea)由一系列呈"U"形的气管软骨环作支架,以环韧带连接的长圆筒状管道,前端与喉相接,向后沿颈部腹侧正中线而进入胸腔,然后经心前纵隔达心基的背侧(在第 5、6 肋间隙处),分为左、右 2 条主支气管(Bronchus),分别进入左、右肺。

气管由一连串(48～60 个)软骨环借环韧带连接而成。软骨环的背侧不完全闭合,两端或分开或略重叠，因动物种类而异。马匹气管软骨环背侧两端游离，不相接触，而由弹性纤维膜所封闭。软骨两端由结缔组织和平滑肌（气管肌）连接（图 6-9）。

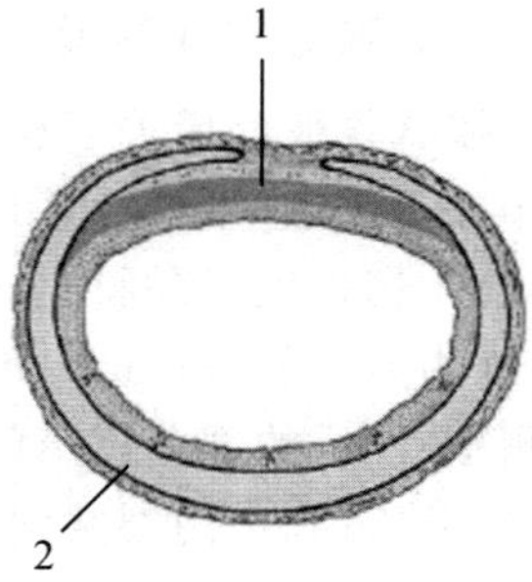

1. 气管肌　2. 气管软骨

图 6-9　马气管横断面示意图

（二）气管及支气管的基本结构

气管壁由黏膜、黏膜下层和外膜组成。气管和支气管的管壁结构基本相似，均由黏膜、黏膜下层和外膜构成。

黏膜由上皮和固有层构成。上皮为假复层柱状纤毛上皮，并夹有杯状细胞，基膜明显。杯状细胞分泌的黏液可黏附尘埃，纤毛向喉的方向摆动，能将尘埃和细菌等排出体外。固有层为含有弹性纤维的疏松结缔组织，并分布有较多的浆细胞和弥散淋巴组织。

黏膜下层为疏松结缔组织，与固有层和外膜均无明显分界，内含血管、淋巴管、神经和气管腺（混合腺）。气管腺的分泌物与杯状细胞分泌的黏液共同在黏膜表面形成黏液层，具有润滑和防御作用。

外膜又称软骨纤维膜，由透明软骨环和连接于软骨环之间的致密结缔组织所构成。软骨环的缺口处有平滑肌束，平滑肌的舒缩可适度调节气管腔的大小并有助于分泌物的排出。

任务 6-3　肺

【学习任务单】

一、学习目标

1. 掌握马肺的形态、位置和组织结构。
2. 熟悉马肺的分叶。

二、学习资源

1. 肺的铸型标本、模型和图片。
2. 光学显微镜、气管切片和肺切片。
3. 教材。
4. 信息化教学资源。

三、学习任务

1. 观察肺的 3 个面（肋面、膈面和纵隔面）、3 个缘（背侧缘、底缘和腹侧缘）和肺门。
2. 在肺的铸型标本上观察支气管树。
3. 观察肺泡模型。
4. 用光学显微镜观察气管和肺切片，了解肺组织结构。

【相关知识】

一、肺的形态和位置

肺(Lung)位于胸腔内，在纵隔的两侧，左、右各一，右肺通常比左肺大。健康肺为粉红色，呈海绵状，质轻而柔软，富有弹性。

左、右肺均呈半圆锥体，肺尖向前，在胸前口处，肺底向后，与膈相贴。每个肺具有 3 个面和 3 个缘。肋面凸，与胸腔侧壁接触，固定标本上显有肋骨压迹。膈面凹，与膈接触。纵隔面与纵隔接触，并有心压迹以及食管和大血管压迹。在心压迹的后上方有肺门，为主支气管、肺血管、淋巴管和神经出入肺的地方。上述结构被结缔组织包成一束，称肺根。

背侧缘钝而圆，腹侧缘和底缘薄而锐，在腹侧缘上有心切迹。左肺的心切迹大，相当于第 3～6 肋骨之间；右肺的心切迹小。

二、肺的分叶

动物的左右肺上的叶间裂把每个肺分成若干个叶。各种动物肺的分叶不同。马肺分叶不明显，在心切迹以前的部分为前叶(Cranial lobe)，又叫尖叶(Apical lobe)，以后的部分称后叶(Caudal lobe)，又叫心膈叶。右肺有一中间叶或副叶(Accessory lobe)，位于后叶的内侧，呈小锥体形，在纵隔和后腔静脉之间(图 6-10)。

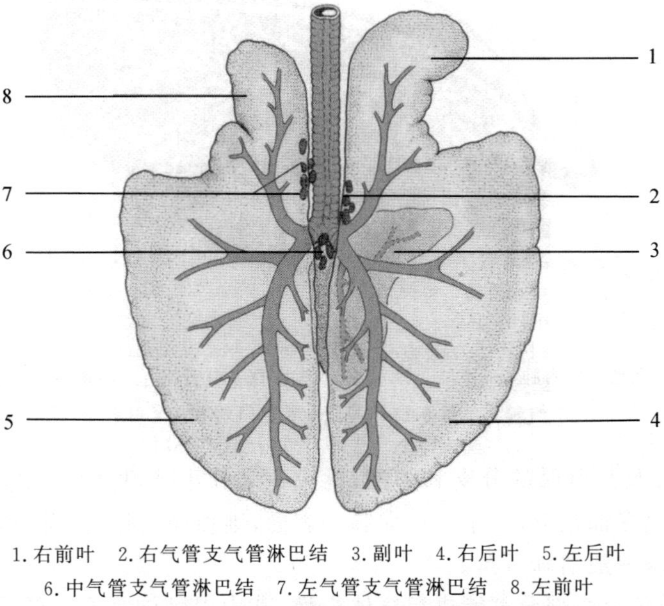

1. 右前叶 2. 右气管支气管淋巴结 3. 副叶 4. 右后叶 5. 左后叶
6. 中气管支气管淋巴结 7. 左气管支气管淋巴结 8. 左前叶

图 6-10 马肺分叶，支气管树和淋巴结示意图(背侧面)

(引自陈耀星等，**2009**)

三、肺的结构

肺由被膜和肺实质 2 部分构成。

1. 被膜

肺表面覆有一层光滑而湿润的浆膜，称肺胸膜(Pulmonary pleura)(胸膜脏层)。内含弹性纤维、血管、淋巴管、神经及平滑肌纤维。结缔组织深入实质内形成间质，将实质分为一些肺段和肺小叶(Lobules of lung)。肺的间质在有些马较发达均匀。由于肺间质含有大量弹性纤维,因此肺在吸气时能大大扩张,而在呼气时又能自行回缩。

2.肺实质

肺组织分实质和间质2部分,实质即肺内导管部和呼吸部,间质由结缔组织、血管、神经和淋巴管等构成。

(1)肺内导管部　支气管由肺门入肺后,反复分支,形成树枝状结构,称为支气管树(Bronchial tree)。依次为肺叶支气管(Lobar bronchus)、肺段支气管(Segmental bronchus)、细支气管(Bronchiole)和终末细支气管(Terminal bronchiole),是气体在肺内流通的管道。

每一肺段支气管及其分支,以及所属的肺组织共同构成一个支气管肺段,简称肺段。肺段略呈锥体形,底朝向肺的表面,尖朝向肺门,相邻肺段间以薄层结缔组织相隔。马匹右肺有11个肺段,左肺有9个肺段,见图6-11。

(2)肺的呼吸部　终末细支气管以下的分支包括呼吸性支气管(Respiratory bronchiole)、肺泡管(Alveolar duct)、肺泡囊(Alveolar sac)和肺泡(Alveoli of lung)。以上各段均有肺泡的开口,可进行气体的交换。

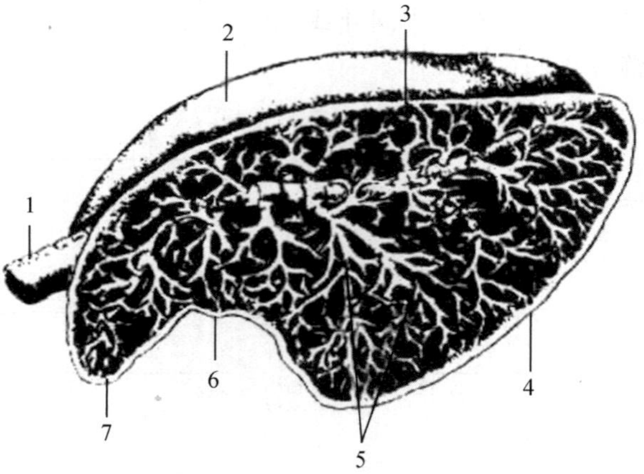

1.气管　2.右肺　3.左肺　4.心膈叶　5.各级支气管树　6.心切迹　7.尖叶

图6-11　马肺(示支气管树)

每个细支气管及其所属的分支和肺泡,构成一个肺小叶,见图6-12。肺小叶是肺的结构单位或呼吸单位,呈多面锥形体,锥底朝向肺的表面,锥顶朝向肺门,周围有薄层结缔组织与其他肺小叶分隔,界限一般清晰可辨。

肺泡　呼吸单位每个部分都能进行气体交换,其中以肺泡为主。肺泡壁的上皮细胞分为2种:扁平上皮细胞呈鳞状,相互连接成薄膜状,覆盖大部分肺泡表面;分泌上皮细胞呈圆形或立方形,具有分泌功能,能合成和分泌肺表面活性物质。肺泡与肺泡之间的组织结构称为肺泡隔,隔内有丰富的毛细血管网、弹力纤维及少量的胶原纤维等,使肺具有一定的弹性。肺泡气体与肺毛细血管之间进行气体交换所通过的组织结构,称为呼吸膜。在电子显微镜下,呼吸膜由6层结构组成:肺表面活性物质、液体分子、泡上皮细胞、间隙(弹力纤维和胶原纤维)、毛细血管基膜和毛细血管内皮细胞。呼吸膜通透性大,气体容易扩散通过,见图6-13。

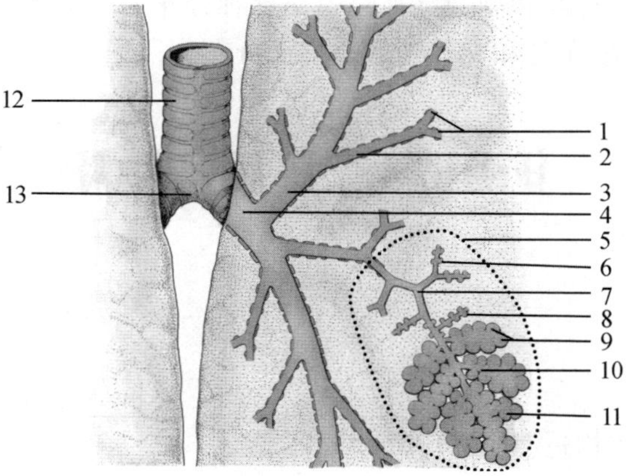

1.亚节段性支气管　2.节段性支气管　3.肺支气管　4.主支气管　5.肺小叶　6.终末细支气管　7.真性细支气管　8.呼吸性支气管　9.肺泡　10.肺泡管　11.肺泡囊　12.气管　13.气管分支处

图 6-12　支气管树及肺小叶示意图

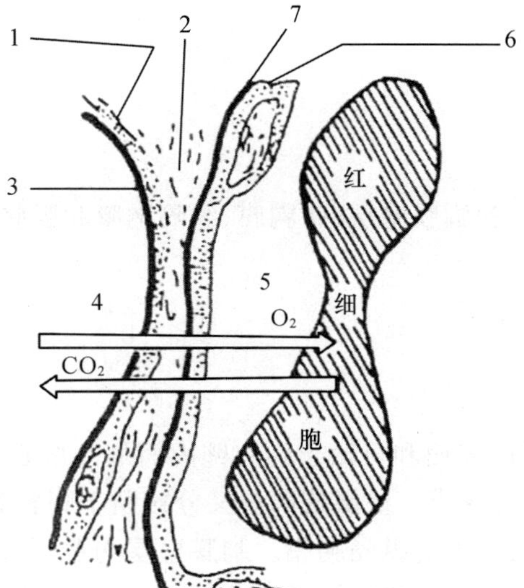

1.液体分子层肺泡上皮　2.间隙　3.肺表面活性物质层　4.肺泡
5.毛细血管　6.毛细血管内皮细胞　7.毛细血管肌膜

图 6-13　肺泡呼吸膜示意图

(3)肺的血管和神经　肺内有 2 套血管系统:功能性血管和营养性血管。功能性血管为肺动脉及其分支,肺泡毛细血管和肺静脉。肺动脉干从右心室发出,至心基部背侧分为左、右肺动脉,经肺门入肺,将全身的静脉血运入肺内;肺动脉在肺内反复分支,形成肺泡毛细血管包绕肺泡,再陆续汇合为静脉,最后成为 6～8 支肺静脉由肺门出肺,注入左心房。肺的功能性血管组成血液小循环。营养性血管为支气管动脉、毛细血管和支气管静脉,属于大循环。支气管动脉由主动脉分出,伴随支气管而分支,供应细支气管以上的营养,最后汇集为支气管静脉,出肺门后注入奇静脉。肺的 2 套血管之间具有吻合支。马无支气管静脉,肺血管在肺内一般伴随支气管而行。

肺的神经主要为交感神经和副交感神经。交感神经来自星状神经节和胸部交感干，副交感神经来自迷走神经，伴随血管和支气管的分支而分布。

任务 6-4　胸膜和纵隔

【学习任务单】

一、学习目标

1. 熟悉胸膜的组成和构造。
2. 掌握胸膜腔和胸膜的概念。
3. 熟悉纵隔的组成。

二、学习资源

1. 教材。
2. 信息化教学资源。

三、学习任务

学习胸膜脏层（肺胸膜）和胸膜壁层（肋胸膜、纵隔胸膜和膈胸膜）、胸膜腔和纵隔。

【相关知识】

一、胸膜

胸膜（Pleura）是被覆在肺表面和衬贴于胸腔壁内面的一层浆膜。前者称为胸膜脏层或肺胸膜；后者称为胸膜壁层或壁胸膜。壁层按部位又分衬贴于胸腔侧壁内面的肋胸膜、衬贴于膈胸腔面的膈胸膜和参与构成纵隔的纵隔胸膜。胸膜壁层与脏层在肺根处互相移行，共同围成左、右密闭的 2 个胸膜腔。左、右胸膜腔被纵隔分开，腔内含有少量浆液，称为胸膜液，有减少呼吸时两层胸膜摩擦的作用。

一般的左右胸膜腔完整，二者之间互不相通，一侧发生气胸，不会影响另一侧肺的功能。但是马属动物的左右胸膜腔间的纵隔较薄，常见有小的孔道相通，打开一侧胸膜腔，造成气胸，会使另一侧同时发生气胸，使肺组织塌陷，失去呼吸功能。在临床手术时，应注意这一结构特点。

二、纵隔

纵隔（Mediastinum）位于左、右胸膜腔之间，由两侧的纵隔胸膜以及夹在其中的心脏、心包、食管、气管、出入心脏的大血管（除后腔静脉外）和神经（除右膈神经外）、胸导管、淋巴结和结缔组织等构成。

纵隔以肺根分为背侧纵隔和腹侧纵隔，腹侧纵隔又分为心脏所在部位的中纵隔，心脏之前的前纵隔和心脏之后的后纵隔。

【测试题】

一、名词解释

鼻旁窦　声带　肺门　肺小叶　胸膜腔　纵隔

二、填空题

1. 呼吸系统包括________、________、________、________、________和________。
2. 马肺分叶不明显，左肺分为________和________。
3. 肺的呼吸部包括________、________、________和________。
4. ________是气体出入肺的重要通道，又是发声器官。
5. 喉部在吞咽时防止食物误入食管的结构是________软骨。
6. 鼻腔包括________、________和________ 3 部分。

三、选择题

1. 马的肺位于(　　)。

A. 胸腔　B. 胸廓　C. 胸膜腔　D. 胸纵隔

2. 鼻憩室是位于鼻前庭背侧皮下的一个盲囊，见于(　　)。

A 牛　B. 马　C. 猪　D. 犬

3. 上呼吸道病变指的是(　　)。

A. 肺　B. 鼻腔　C. 气管　D. 喉

4. 下列喉骨中，(　　)是成对的。

A. 甲状软骨　B. 环状软骨　C. 会厌软骨　D. 杓状软骨

5. 与鼻旁窦相通的是(　　)。

A. 上鼻道　B. 中鼻道　C. 下鼻道　D. 总鼻道

四、简答题

1. 简述纵隔的组成。
2. 简要说明喉的软骨支架。

项目七

马匹泌尿系统

【知识目标】

- 熟悉马泌尿系统的组成。
- 掌握马肾的基本结构特点。
- 掌握马膀胱的位置、形态结构及与相邻器官的关系。
- 理解肾、输尿管、膀胱和尿道在尿液生成和排出中的作用。

【能力目标】

- 能在泌尿器官浸渍标本或解剖模型上指出各泌尿器官的位置和形态。
- 能说出各泌尿器官的结构和功能的关系。

【素质目标】

- 培养学生崇尚科学、积极探索的职业素养。
- 培养学生理论联系实际的能力和严谨的工作态度。

泌尿系统是马体内最重要的排泄系统，由肾、输尿管、膀胱和尿道组成。机体在新陈代谢过程中产生许多代谢产物，如尿素、尿酸、多余的水分及无机盐类等，由血液运至肾形成尿液，经输尿管导入膀胱暂时储存，然后经尿道排出体外（图 7-1）。肾除了排泄功能外，在维持机体水盐代谢、渗透压和酸碱平衡方面也起着重要作用。此外，肾还分泌多种生物活性物质如肾素、前列腺素等，对机体的某些生理功能起调节作用。

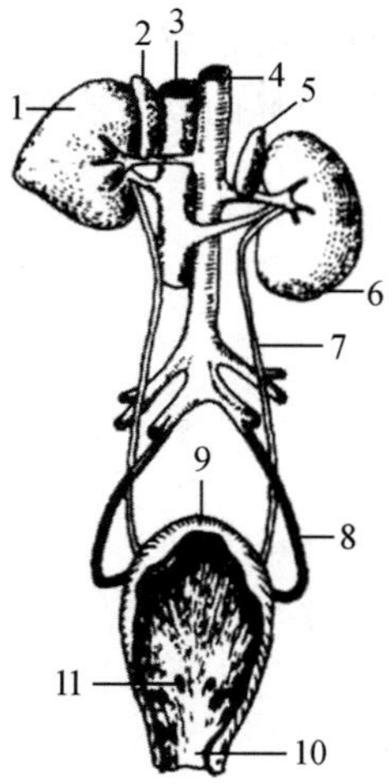

1.右肾　2.右肾上腺　3.后腔静脉　4.腹主动脉　5.左肾上腺　6.左肾　7.输尿管　8.膀胱圆韧带　9.膀胱顶　10.膀胱颈　11.输尿管开口

图 7-1　马匹泌尿系统(腹侧观)

任务 7-1　肾

【学习任务单】

一、学习目标

掌握马肾的形态、位置和构造。

二、学习资源

1. 动物泌尿器官的标本和模型；肾铸型标本。
2. 显示泌尿器官位置的整体标本。
3. 教材。
4. 信息化教学资源。

三、学习任务

1. 观察肾脂肪囊、肾门、肾窦、皮质、髓质、肾乳头、肾盂和肾盏等。
2. 肾铸型标本上观察肾动脉、肾静脉的分布和肾盂的形态。
3. 学习肾单位的构成。
4. 学习尿液的产生过程。
5. 显微镜观察肾脏组织学切片。

【相关知识】

一、肾

肾(Kidney)是生成尿液的器官。通过尿的生成与排出，马可以排出大部分代谢终产物和进入体内的异物，调节细胞外液量和渗透压，调节体液中重要的电解质如钠、钾、碳酸氢盐以及氯离子、氢离子等浓度，维持内环境的酸碱平衡。同时，肾还具有内分泌功能，分泌促红细胞生成素、前列腺素、肾素和羟胆钙化醇等物质。

(一)肾的一般构造

肾是成对的实质器官，红褐色，一般呈豆形，位于腰部的腹膜外，在腹主动脉和后腔静脉的两侧。肾的表面有一层致密结缔组织构成的纤维膜，在正常情况下此膜容易剥离。营养状况良好的动物，肾的外周包裹有脂肪囊(Capsula adiposa)。肾的内侧缘中部凹陷，称肾门(Renal hilum)，是肾动脉、肾静脉、淋巴管、神经和输尿管出入之处。肾门向内有一空隙，称肾窦(Renal sinus)，内有肾盏、肾盂、血管、淋巴管、神经和脂肪等。

肾的实质由若干个结构相同的肾叶组成，每个肾叶分为浅部的皮质和深部的髓质。皮质(Cortical substance)富含血管，新鲜标本呈红褐色，切面上有许多细小红点状颗粒，称肾小体(Renal corpuscle)。髓质(Medullary substance)位于皮质的深部，约占肾实质的 2/3，血管较少，由许多平行排列的肾小管构成，呈淡红色条纹状。每个肾叶的髓质部均呈圆锥形，称肾锥体(Renal pyramid)。肾锥体的底较宽大，并稍向外凸与皮质相连。肾锥体的顶部钝圆，称肾乳头(Renal papilla)，与肾盏或肾盂相对。

(二)肾的类型

哺乳动物的肾由于肾叶联合的程度不同，其外形和内部构造也不相同，可分为4种类型(图7-2)，其中马属于第4种。

(1)复肾　每个肾叶都是结构独立的小肾，互不愈合，见于熊、鲸和水獭等动物。

(2)有沟多乳头肾　相邻肾叶中间部合并，肾表面有沟，内部有分离的乳头，无明显的肾盂，如牛肾。

(3)平滑多乳头肾　所有肾叶的皮质部完全合并，但内部仍有单独存在的肾乳头，见于猪和人。

(4)平滑单乳头肾　所有肾叶的皮质部和髓质部完全合并，肾乳头连成嵴状，如羊肾、马肾、犬肾和兔肾。

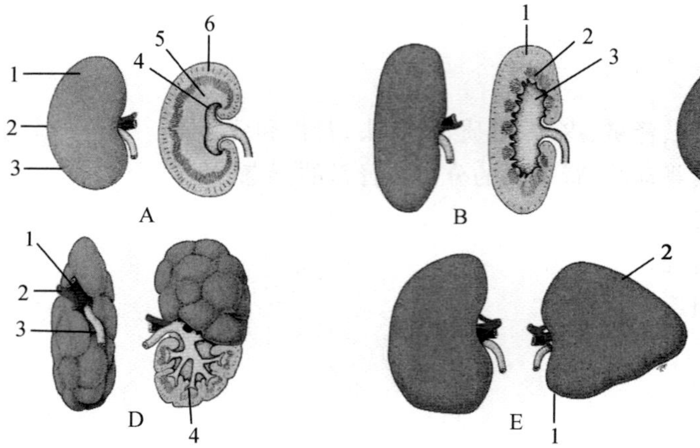

A. 犬左肾，平滑单乳头肾：1. 前端　2. 外侧缘　3. 后端　4. 肾盂　5. 肾髓质　6. 肾皮质
B. 猪左肾，平滑多乳头肾：1. 肾皮质　2. 肾髓质　3. 肾盂
C. 小型反刍动物左肾：1. 肾动脉　2. 肾静脉　3. 输尿管
D. 牛左肾和右肾，有沟多乳头肾：1. 肾静脉　2. 肾动脉　3. 输尿管　4. 肾盂
E. 马左、右肾，平滑单乳头肾　1. 内侧缘 2. 外侧缘

图7-2　动物肾模式图

(引自陈耀星等，2019)

(三)马肾的形态和位置

1. 位置

(1)右肾略大，位于最后2、3肋骨椎骨端及第1腰椎横突的腹侧。右肾前端与肝相接，在肝上形成明显的肾压迹。后端和外侧缘的后半部与十二指肠相邻；内侧缘前部与右肾上腺接触。

(2)左肾呈豆形，较狭长，位置偏后，位于最后肋骨和前2或3个腰椎横突的腹侧。

2. 形态

马肾属于平滑单乳头肾，两肾总重 900～1500 g，右肾稍重。

右肾呈钝角等边三角形，背侧面稍凸，与膈和腰肌接触；腹侧面稍凹，与肝、胰及盲肠底相接触；前端位于肝的肾压迹内；左肾呈豆形，位置偏后，位于最后肋骨和前 2～3 腰椎横突的腹侧。背侧面凸，与腰肌及膈接触；腹侧面及后端与十二指肠、胰和小结肠接触；前端抵胃盲囊；外侧缘与脾的基部接触；内侧缘中部有肾门，前部接左肾上腺。

在肾切面上，可见皮质与髓质间有深红色的中间区。在中间区内每隔一定距离见有血管（弓状动脉、静脉）的断面，这些血管将髓质部分成一个个肾椎体。皮质部伸入髓质肾椎体之间形成肾柱。肾乳头融合成嵴状的肾总乳头（Total renal papilla），突入肾盂中。肾盂呈漏斗状，中部宽阔，直接接输尿管。肾盂向肾的前端和后端伸延形成裂隙状的终隐窝（Terminal crypt）（图 7-3）。

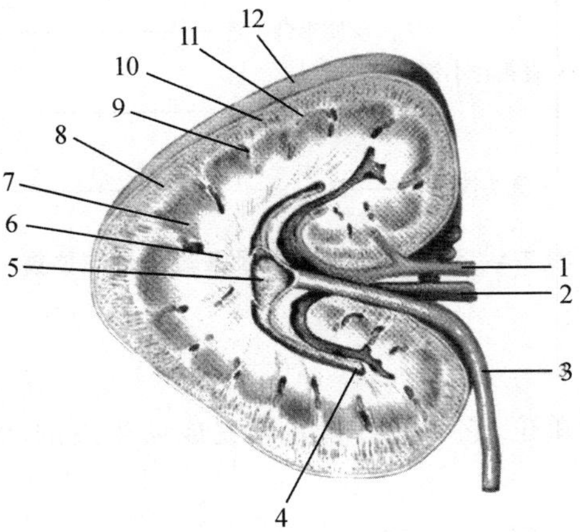

1. 肾动脉　2. 肾静脉　3. 输尿管　4. 末端隐窝　5. 肾盂　6. 肾柱　7. 肾锥体
8. 皮质迷路　9. 叶间动脉、静脉　10. 髓放线　11. 弓形动脉　12. 被膜

图 7-3　马肾纵切面模式图

（引自陈耀星等，2019）

肾位置的固定，主要靠肾筋膜和周围器官的挤压来固定，肾筋膜为腹膜外结缔组织发育而来，包绕于肾周肾脂囊的外周。右肾因与肝、胰及结肠起始部毗邻，而较左肾位置固定；左肾有时可后移，后端达第 3、4 腰椎横突的腹侧。

肾盂壁由 3 层结构构成，外层为纤维层，中为平滑肌，内侧为黏膜，黏膜上皮为变移上皮。

二、肾的组织学结构

肾实质由泌尿小管和肾间质组成。泌尿小管包括肾单位和集合小管 2 部分，见图 7-4。泌尿小管间的少量结缔组织、血管和神经等为肾的间质。

组成　　　　　　　　　　分布位置

- 泌尿小管
  - 肾单位
    - 肾小体
      - 血管球 —— 皮质迷路、肾柱
      - 肾小囊 —— 皮质迷路、肾柱
    - 肾小管
      - 近端小管
        - 曲部（近曲小管）—— 皮质迷路、肾柱
        - 直部
      - 细段
      - 远端小管
        - 直部
        - 曲部（远曲小管）—— 皮质迷路、肾柱
      - 髓袢（髓单位袢）（近端小管直部、细段、远端小管直部）—— 髓放线、肾柱
  - 集合小管
    - 弓形集合小管 —— 皮质迷路
    - 直集合小管
      - 皮质集合小管 —— 髓放线
      - 髓质集合小管 —— 肾锥体
    - 乳头管 —— 肾乳头

图 7-4　泌尿小管的组成及各段的分布位置

(一)肾单位

肾单位是肾的基本功能单位，它与集合管共同完成尿生成的功能。肾单位由肾小体和肾小管 2 部分组成(图 7-5)。

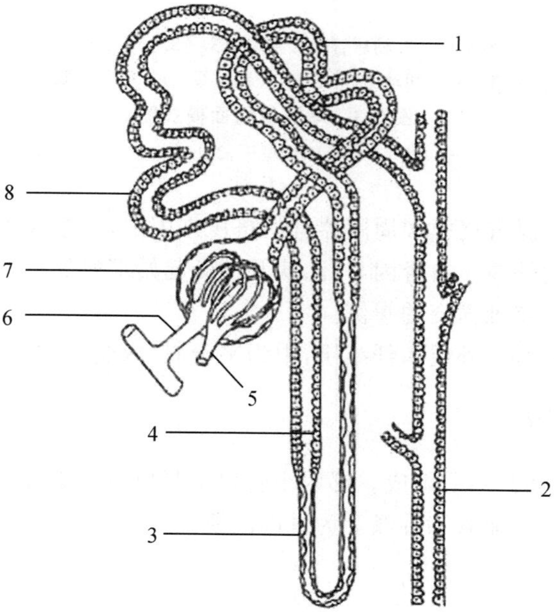

1. 近曲小管　2. 集合管　3. 髓袢细段　4. 髓袢粗段　5. 出球小动脉　6. 入球小动脉　7. 肾小球　8. 远曲小管

图 7-5　肾单位示意图

1. 肾小体

肾小体(Renal corpuscle)又可分为肾小球(Glomerulus)和肾小囊(Renal capsule)2 部分。肾小球是一团毛细血管网,其两端分别与入球小动脉和出球小动脉相连。入球小动脉分支,最后形成毛细血管网,毛细血管网又汇合成出球小动脉。肾小球外的包囊称为肾小囊,是中空的杯形囊,其内层紧贴在毛细血管壁上,外层与肾小管壁相连,两层上皮之间的腔隙称为肾囊腔,与肾小管管腔相通,见图 7-6。

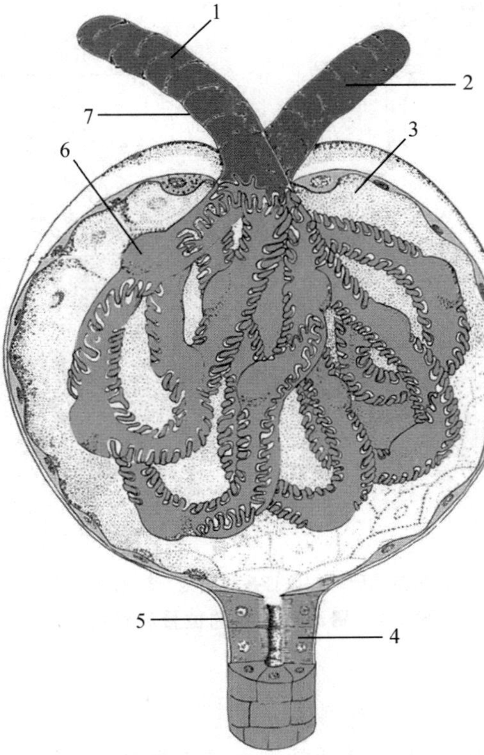

1. 输入微动脉　2. 输出微动脉　3. 肾小囊腔　4. 近曲小管　5. 尿极　6. 足细胞　7. 血管极

图 7-6　肾小体模式图

2. 肾小管

肾小管(Kidney tubules)始于肾囊腔,止于集合管,是一弯曲细管,由近球小管、髓袢和远球小管 3 部分组成。近球小管包括近曲小管和髓袢降支粗段。髓袢由髓袢降支和髓袢升支组成,前者可分为髓袢降支粗段(也是近球小管的组成部分)和降支细段,后者是指髓袢升支细段和升支粗段(也是远球小管的一部分)。远球小管包括髓袢升支粗段和远曲小管。远曲小管末端与集合管相连。

(二)集合管

肾集合管(Renal collecting tubule)不包括在肾单位内,但在功能上和远球小管密切相关,它在尿生成过程中,特别是在尿浓缩过程中起重要作用。每一集合管接受多条远曲小管运来的液体。它从皮质直下进入髓质到达髓质内带(内髓)时,许多集合管又汇入乳头管并开口于肾乳头,最后形成的尿液经肾盏、肾盂和输尿管而进入膀胱,由膀胱排出体外。

(三)肾小球旁器(近球小体)

肾小球旁器(Paraglomerular apparatus)又称球旁复合体,是肾内具有内分泌功能的结构,位于肾小体血管极一侧三角区周围,由球旁细胞、致密斑和球外系膜细胞组成(图 7-7)。

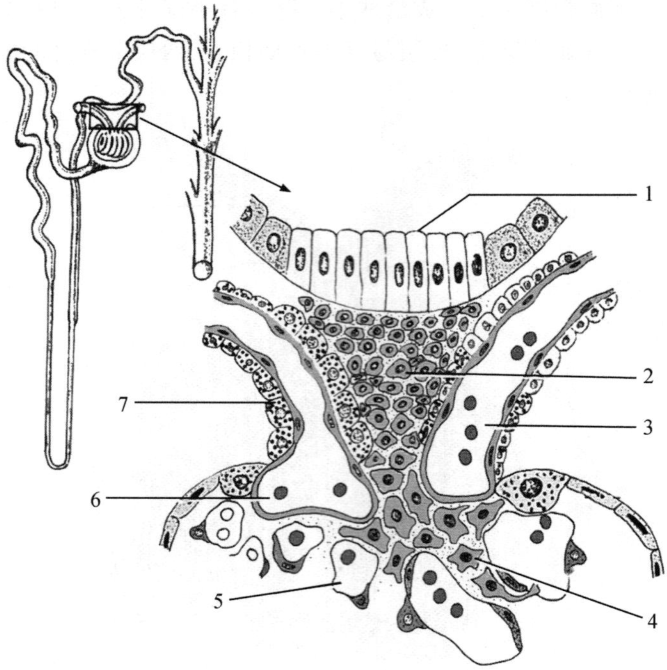

1. 致密斑　2. 球外系膜细胞　3. 出球微动脉　4. 血管系膜细胞　5. 毛细血管　6. 入球微动脉　7. 球旁细胞

图 7-7　肾小球旁器的位置和结构

1. 球旁细胞

球旁细胞(Parabulbar cell)在入球微动脉进入肾小囊处,其管壁中膜的平滑肌细胞转变为上皮样细胞,称为球旁细胞。细胞呈立方形或多边形,核圆形,位于细胞中央。胞质弱嗜碱性,内有分泌颗粒,含有肾素。肾素具有收缩血管、升高血压和增强肾小球滤过的作用。

2. 致密斑

远端小管靠近肾小体血管极一侧的管壁上皮细胞,由单层立方变为单层柱状,排列紧密,胞核深染,形成椭圆形斑,称为致密斑(Dense spot)。致密斑可感受远曲小管内滤液的钠离子浓度的变化,对球旁细胞分泌肾素起调节作用。

3. 球外系膜细胞

球外系膜细胞(Extrabulbar mesangial cells)位于肾小体血管极的三角区内,又称极垫细胞。细胞较小,具有小突起,染色较浅。该细胞在球旁复合体的功能活动中可能起传递信息的作用。

三、尿的生成过程

尿生成过程包括 3 个环节:

（1）肾小球的滤过作用，形成原尿　循环血液流经肾小球毛细血管时，除了血细胞和大分子蛋白质外，血浆中的水和小分子溶质，包括少量分子质量较小的血浆蛋白，都可通过滤过膜滤入肾小囊而形成原尿。因此，原尿中其他成分，如葡萄糖、氯化物、无机磷酸盐、尿素、尿酸和肌酐等各种晶体物质的浓度都与血浆非常接近，而且渗透压及酸碱度也与血浆相似，由此可见囊内液确是血浆的超滤液。而滤过膜通透性和有效滤过面积的改变、有效滤过压的改变和肾血浆流量是决定肾小球滤过作用的重要因素。

（2）肾小管和集合管对原尿的重吸收作用　肾小管和集合管的重吸收与分泌作用均属于物质跨膜转运功能。重吸收是指肾小管和集合管上皮细胞将物质从肾小管液转运到血液中的过程。

原尿生成后进入肾小管被称为小管液，小管液经过肾小管和集合管的重吸收与分泌作用后成为终尿，最后被排出体外。从化学成分上看，小管液中有的物质如葡萄糖可全部被重吸收，有的被部分重吸收（如 Na^+ 等），有的则完全不被重吸收（如肌酐）。肾小管和集合管对不同物质的不同程度的重吸收过程，称为选择性重吸收。

肾小管与集合管的重吸收方式，可概括为 2 类，即主动转运和被动转运。转运的途径分为跨细胞途径和旁细胞途径。根据主动转运过程中能量来源的不同，可细分为原发性主动转运和继发性主动转运。主要的重吸收物质包括 Na^+、Cl^-、K^+、HCO^-、PO_4^{3-}、水和葡萄糖等。

肾脏的重吸收功能有 2 个重要特点：①选择性，这一特点有利于肾排泄代谢废物，维持内环境的稳定；②有限性，肾小管的重吸收功能有一定限度，当血浆中某些物质浓度过高时，滤液中该物质含量过高，且超过肾小管重吸收限度时，尿中便出现该物质。

（3）肾小管和集合管的分泌、排泄作用　是指上皮细胞将自身代谢产生的物质或血液中的物质转运到肾小管液内的过程，最后生成尿液（终尿）排出。

四、肾的血管、淋巴管与神经分布

肾的血液供给极为丰富，肾动脉由腹主动脉发出，经肾门入肾分为前后 2 支，再分成数支，在肾叶间延伸，称叶间动脉（Interlobar artery）。叶间动脉在皮质髓质交界处呈弓状弯曲，称弓形动脉（Arcuate artery）。由弓形动脉发出小叶间动脉，呈放射状行走于皮质迷路内。由小叶间动脉分支发出短而粗的入球微动脉进入肾小体形成血管球。浅表肾单位的出球微动脉离开肾小体后又分支形成球后毛细血管网，分布在近端小管曲部和远端小管曲部周围。毛细血管依次汇合成小叶间静脉、弓形静脉和叶间静脉，与相应动脉伴行，最后由肾静脉经肾门出肾，注入后腔静脉。髓袢肾单位的出球微动脉不仅形成毛细血管袢，而且还分出分支直小动脉直行于髓质，又返折为直小静脉，形成血管袢与髓袢伴行，直小静脉汇入弓形静脉，见图 7-8 和图 7-9。

肾血液循环的特点可概括为：①肾动脉直接由腹主动脉发出，血流量大；②血流通路中两次形成毛细血管网，血管球为动脉型毛细血管网，起滤过作用，球后毛细血管网分布于肾小管周围，起营养及运输重吸收物质的作用；③入球微动脉较出球微动脉粗，故血管球内压力较高，有利于滤过作用；④髓质内直小血管与髓袢伴行，有利于髓袢及集合小管重吸收和尿液的浓缩。

肾有深浅 2 组淋巴丛，深组为肾内淋巴丛，肾内毛细淋巴管分布于肾单位周围，沿血管逐级汇成小叶间淋巴管、弓形淋巴管和叶间淋巴管，经肾门淋巴管出肾。浅组为被膜淋巴丛，被膜内的毛细淋巴管汇合成淋巴管后，与肾内淋巴丛吻合，汇入邻近器官的淋巴管。

肾的神经来自肾丛，其中交感神经主要来自腹腔神经丛；副交感神经主要来自迷走神经。神经纤维从肾门入肾，分布于肾血管、肾间质和球旁复合体。

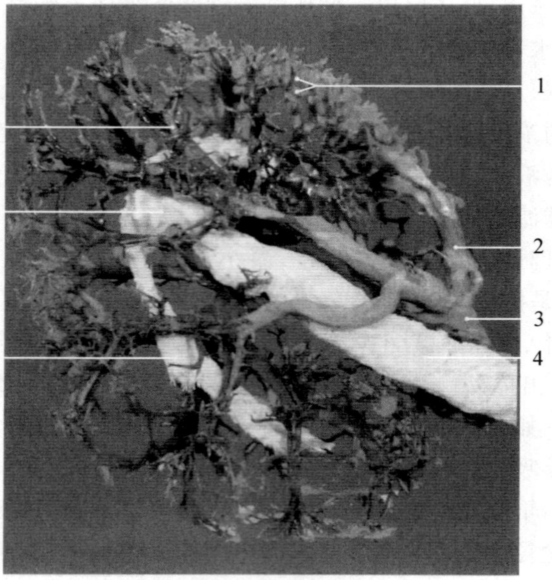

1.小叶间动、静脉 2.肾叶间动脉 3.肾动脉 4.输尿管 5.终隐窝 6.肾盂 7.弓形动脉

图 7-8 马肾铸型标本展示肾血管

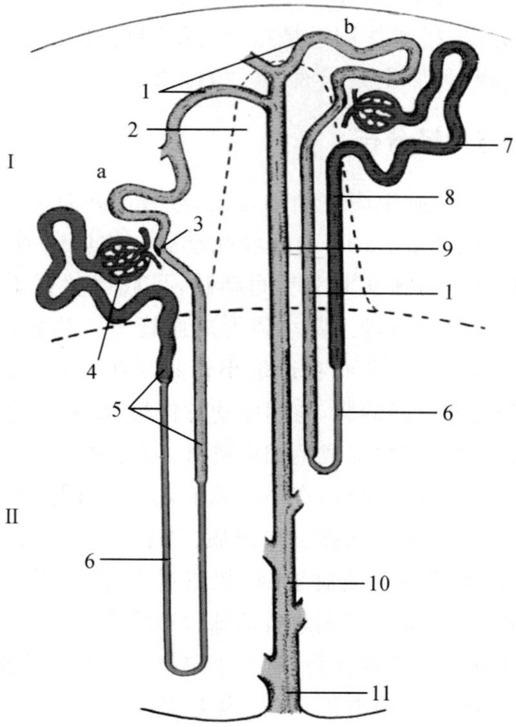

Ⅰ.皮质 Ⅱ.髓质 a.髓旁肾单位 b.浅表肾单位

1.远直小管 2.髓放线 3.致密斑 4.肾小体 5.髓袢 6.细段 7.近曲小管

8.近直小管 9.皮质集合小管 10.髓质集合小管 11.乳头管

图 7-9 肾单位与肾血管示意图

任务 7-2　输尿管、膀胱和尿道

【学习任务单】

一、学习目标

1. 掌握马输尿管、膀胱的形态、位置和构造的区别。
2. 熟悉输尿管的位置和走向。
3. 比较公马和母马尿道的区别。

二、学习资源

1. 显示泌尿器官位置的标本和模型。
2. 教材。
3. 信息化教学资源。

三、学习任务

1. 观察输尿管的走向、位置及其在膀胱上的开口。
2. 观察膀胱的形态、位置和固定以及与雌性、雄性尿道的关系。
3. 观察尿道的起点，开口部位，以及雌性、雄性的尿道特点。
4. 观察输尿管的组织切片。

【相关知识】

一、输尿管

输尿管(Ureter)为输送尿液的 1 对细而长的肌性管道，起始于肾盂，出肾门后，沿腹腔顶壁向后伸延，左侧输尿管在腹主动脉外侧，右侧输尿管在后腔静脉外侧，横过髂内动脉的腹侧进入骨盆腔。在尿生殖褶中(公马)或沿子宫阔韧带的背侧缘(母马)继续向后伸延，至膀胱颈稍前方穿入膀胱背侧壁，在膀胱壁内斜走 3～5 cm，有利于防止尿液逆流。

输尿管管壁由黏膜、肌层和外膜构成。黏膜形成很多纵行皱褶。黏膜上皮为变移上皮。肌层较发达，由内纵、中环和外纵 3 层平滑肌构成。外膜大部分为浆膜。

二、膀胱

膀胱(Bladder)为储存尿液的器官，略呈梨形，前端钝圆为膀胱顶，突向腹腔；后端细小，为膀胱颈，与尿道相连；膀胱顶和膀胱颈之间的部分为膀胱体。膀胱的形状、大小和位置均随尿液充盈的程度不同而异。膀胱空虚时，位于骨盆腔内；充满尿液时，其前端可突入腹腔内。膀胱的背侧在雄性有直肠、尿生殖褶、输精管末端、精囊腺和前列腺。在雌性有子宫及阴道。

膀胱的位置由3个浆膜褶来固定。连于膀胱腹侧和骨盆腔底壁之间的为膀胱中韧带；连于膀胱两侧与骨盆腔侧壁之间的为膀胱侧韧带，其游离缘各有一膀胱圆韧带，为胎儿脐动脉的遗迹。膀胱后部，由疏松结缔组织与周围器官联系，疏松结缔组织内常有多量脂肪。

膀胱壁由黏膜、肌层和外膜构成。黏膜形成不规则的皱褶，黏膜上皮为变移上皮。肌层为内纵、中环和外纵3层平滑肌，中环肌较厚，在膀胱颈部形成膀胱括约肌。在膀胱顶部和体部外层为浆膜，颈部为结缔组织外膜。

三、尿道

尿道（Urethra）是尿液从膀胱向外排出的通道。雌性尿道起于尿道内口，开口于尿生殖前庭腹侧壁的尿道外口。雄性尿道除有排尿功能外，还兼有排精的作用，又称尿生殖道（图7-1）。

【测试题】

一、名词解释

肾门　肾锥体　肾单位　球旁复合体

二、选择题

1. 马的尿液排出最后与输尿管相接的结构是（　　）。

A. 肾乳头　　B. 肾大盏　　C. 肾盂　　D. 肾小盏

2. 肾有多种类型，属于平滑单乳头肾的动物是（　　）。

A. 牛　　B. 猪　　C. 马　　D. 猴

3. 哺乳动物肾有4种类型，属有沟多乳头肾的是（　　）。

A. 牛　　B. 猪　　C. 犬　　D. 马

4. 肾外表面坚韧的结缔组织膜构成（　　）。

A. 滑膜　　B. 浆膜　　C. 纤维膜　　D. 脂肪囊

5. 下列不是由肾门出入的是（　　）。

A. 肾动脉　　B. 肾静脉　　C. 输尿管　　D. 输精管

6. 原尿是经过（　　）的滤过形成的。

A. 肾小管　　B. 肾小体　　C. 集合管　　D. 乳头管

7. 生成尿液的器官是（　　）。

A. 输尿管　　B. 肾脏　　C. 膀胱　　D. 尿道

8. 输尿管与膀胱的哪部分接触？（　　）

A. 膀胱体　　B. 膀胱颈　　C. 膀胱顶　　D. 尿道

三、填空题

1.泌尿系统包括________、________、________和________。

2.肾的每个肾叶分为浅部的________和深部的________。

3.肾皮质切面上有许多细小颗粒状小体，叫________。肾髓质切面上可见许多纵向条纹，它是由许多________构成的。

4.肾小管是由单层上皮围成的细长而弯曲的小管，包括________、________和________3个部分。

四、简答题

简述尿液生成的过程。

项目八

马匹生殖系统

【知识目标】

- 掌握公马和母马生殖器官的组成及其功能。
- 掌握公马睾丸、附睾和阴囊的形态结构。
- 熟悉公马副性腺的形态及功能。
- 掌握母马卵巢、子宫的形态、位置及结构。

【能力目标】

- 能在大体标本中或模型上指出各生殖器官的位置和形态。
- 能说出各生殖器官的结构和功能的关系。

【素质目标】

- 培养学生崇尚科学、积极探索的职业素养。
- 培养学生理论联系实际、理论指导实践的学习和工作态度。

生殖系统的功能是产生生殖细胞和分泌性激素,以繁衍后代,保证动物种族延续,并形成和维持第二性征。生殖系统包括雄性生殖系统和雌性生殖系统。

任务 8-1　公马生殖系统

【学习任务单】

一、学习目标

1. 掌握公马雄性生殖系统的构成器官。
2. 掌握公马各生殖器官的形态构造及相互位置关系。
3. 比较公马与其他动物雄性生殖器官的区别。

二、学习资源

1.动物雄性生殖器官的标本和模型。
2.教材。
3.信息化教学资源。

三、学习任务

1.观察公马睾丸和附睾的形态，在纵切面标本上观察其构造。
2.观察精索的组成，以及输精管的径路。
3.观察公马精囊腺、前列腺和尿道球腺的位置。
4.观察尿生殖道的位置，以及与膀胱和输精管壶腹部的位置关系。
5.观察阴囊各层构造及其与睾丸、附睾的关系。

【相关知识】

公马生殖系统由睾丸、附睾、输精管、尿生殖道、副性腺、阴茎、包皮和阴囊组成。其中睾丸为生殖腺；附睾、输精管、尿生殖道为生殖管道；阴茎、包皮和阴囊为外生殖器官，见图 8-1。

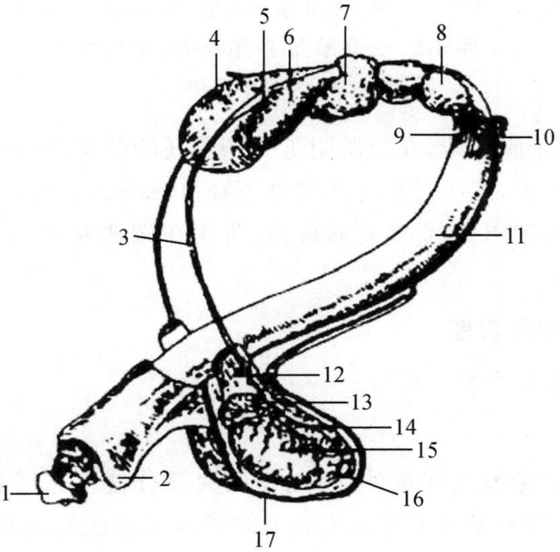

1.龟头　2.包皮　3.输精管　4.膀胱　5.输精管壶腹　6.精囊腺　7.前列腺
8.尿道球腺　9.坐骨海绵体肌　10.阴茎缩肌　11.阴茎　12.精索
13.附睾头　14.附睾体　15.睾丸　16.附睾尾　17.阴囊

图 8-1　公马生殖器官模式图

一、睾丸

(一)睾丸的形态和位置

睾丸(Testis)是公马的主要性器官，位于阴囊内，左、右各一，中间由阴囊中隔分开。睾丸可产生精子，分泌雄性激素，促进第二性征出现和其他性器官的发育。

睾丸呈椭圆形，长轴与地面平行，睾丸头向前。睾丸实质呈淡棕色，左侧睾丸通常较大。一侧有附睾附着，称为附睾缘；另一侧为游离缘。血管和神经进出的一端为睾丸头，接附睾头；另一端为睾丸尾，以睾丸固有韧带（Proper ligament of testis）与附睾尾相连，中间为睾丸体（图 8-2）。

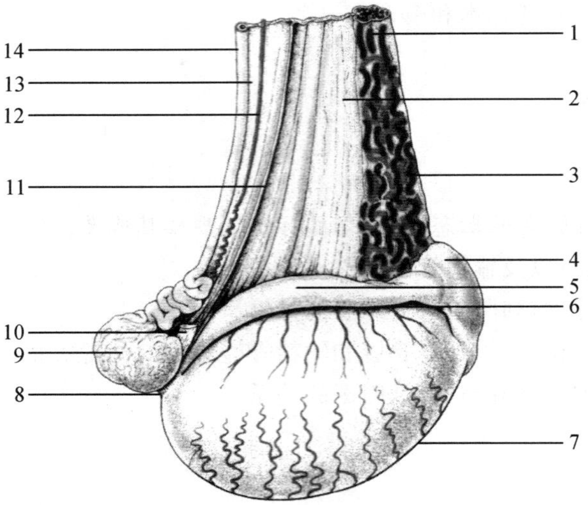

1. 睾丸动静脉以及植物神经纤维和淋巴管　2. 睾丸系膜　3. 蔓状丛和睾丸动脉　4. 附睾头　5. 附睾体　6. 睾丸囊入口　7. 睾丸游离缘　8. 睾丸固有韧带　9. 附睾尾　10. 附睾尾韧带　11. 睾丸系膜　12. 输精管动脉　13. 输精管系膜　14. 输精管

图 8-2　公马睾丸、附睾和精索模式图

（引自陈耀星等，2009）

在胚胎时期，睾丸位于腹腔内，在肾脏附近。随着胚胎的发育，在出生前后，睾丸和附睾一起经腹股沟管下降到阴囊中，这一过程称为睾丸下降（Descent of testis）。马驹出生后，如果有一侧或两侧睾丸没有下降到阴囊，仍留在腹腔内，称为单睾或隐睾，其生殖功能弱或无生殖能力，不宜作种用。

（二）睾丸的组织结构与功能

睾丸的结构包括被膜和实质 2 部分。

1. 被膜

除附睾缘与附睾借结缔组织连接外，睾丸表面大部分被覆一层浆膜，称为睾丸固有鞘膜（Proper vagina tunica）。固有鞘膜的深面为致密结缔组织构成的白膜。白膜的结缔组织从睾丸头伸入睾丸实质内，由睾丸头向睾丸尾延伸，形成睾丸纵隔，贯穿睾丸的长轴。马睾丸纵隔只局限在睾丸头。纵隔结缔组织分出睾丸小隔，将睾丸实质分成许多锥形的睾丸小叶。

2. 实质

睾丸实质由精小管、睾丸网和间质组织组成。在每个睾丸小叶内有 2～3 条精小管，精小管之间为间质组织。精小管在睾丸纵隔直精小管内吻合成睾丸网。睾丸网在睾丸头处汇合成睾丸输出小管，穿出睾丸形成附睾头（图 8-3）。

（1）精小管　包括曲精小管和直精小管 2 部分。

曲精小管（Contorted seminiferous tubule）为精子发生的场所，是细而弯曲的上皮性管道，管壁由基膜和多层上皮细胞组成。上皮包括 2 种类型的细胞：一种是产生精子的生精细胞；另一种是支持细胞，具有支持和营养生精细胞的作用。

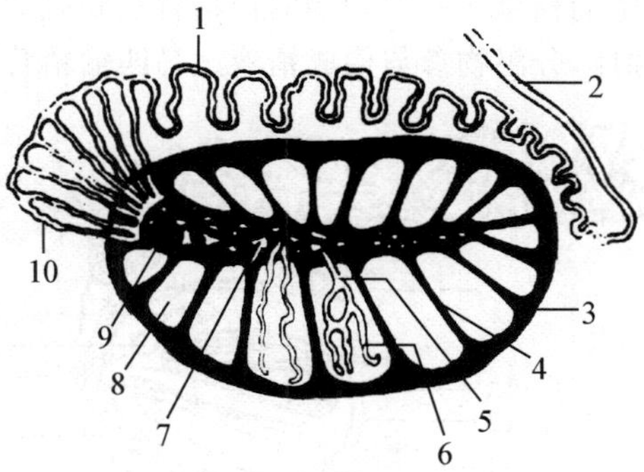

1.附睾管　2.输精管　3.白膜　4.睾丸小隔　5.精直小管　6.精曲小管
7.睾丸网　8.睾丸小叶　9.睾丸纵隔　10.睾丸输出小管

图 8-3　睾丸和附睾结构模式图

直精小管(Straight seminiferous tubule)是曲精小管在近睾丸纵隔处变成短而直的一段管道，其管径细，管壁无生精细胞，仅衬以单层立方或扁平上皮。

(2)睾丸网　是由直精小管进入睾丸纵隔内互相吻合而成的网状小管，管腔大小不一，管壁上皮为单层立方或扁平上皮。马匹细胞内含大量糖原。

(3)间质组织　为填充在曲精小管之间的疏松结缔组织，其中含有血管、淋巴管、神经纤维和间质细胞。间质细胞常成群分布在曲精小管之间，胞体较大，呈卵圆形或多边形。胞核大而圆，细胞质呈嗜酸性，含有脂滴和褐色素。间质细胞分泌雄激素，可促进精子的发生和成熟，维持正常的性欲活动，促进生殖器官发育和第二性征的出现。

二、附睾

附睾(Epididymis)位于阴囊中，附着于睾丸边缘，外面也被覆有固有鞘膜和薄的白膜。附睾是精子储存和进一步成熟的场所。

附睾可分为附睾头(Head of epididymis)、附睾体(Body of epididymis)和附睾尾(Tail of epididymis)3 部分。附睾头膨大，由十几条睾丸输出小管组成，与睾丸头相对应。睾丸输出小管进而汇合成一条很长的附睾管，迂曲并逐渐增粗，构成附睾体和附睾尾，在附睾尾处管径增大，最后延续为输精管(图 8-3)。附睾尾借睾丸固有韧带与睾丸尾相连，以附睾尾韧带(或阴囊韧带)与鞘膜壁层相连。去势时切开阴囊后，必须切断阴囊韧带和睾丸系膜，方能摘除睾丸和附睾。

睾丸输出小管上皮由单层高柱状纤毛细胞群与低柱状无纤毛细胞群相间排列而成，两种细胞都具有分泌功能。上皮细胞位于基膜上，基膜外为薄层的固有层。有纤毛的柱状细胞除有分泌功能外，还可以吸收管腔内的液体。纤毛的摆动有利于腔内精子的运送。马匹附睾位于睾丸背侧缘稍偏外侧。

三、输精管

输精管(Deferent duct)为输送精子的管道，由附睾管直接延续而成。输精管起始于附睾尾，沿附睾体至附睾头附近，进入精索后缘内侧的输精管褶中，经腹股沟管入腹腔，然后向后上方进入骨盆腔，在膀胱背侧的尿生殖褶内继续向后伸延，末端与精囊腺导管合并成短的射精管，开口于尿生殖道起始部背侧壁的精阜。有些动物的输精管在膀胱背侧的尿生殖褶内膨大形成输精管壶腹,其黏膜内分布有腺体,分泌物参与构成精液。马匹输精管壶腹很发达,见图 8-4。

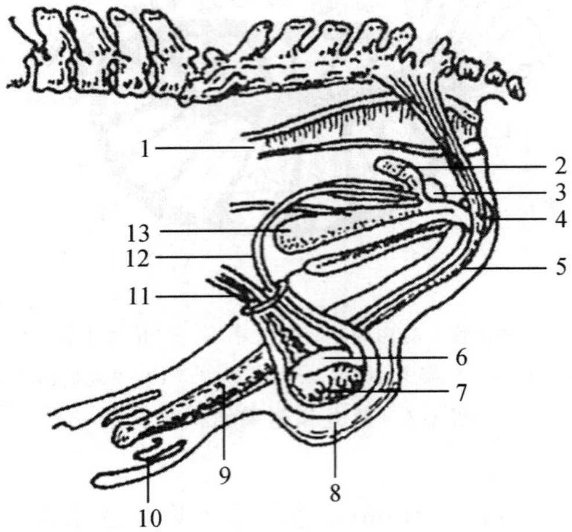

1. 直肠　2. 精囊　3. 前列腺　4. 尿道球腺　5. 阴茎缩肌　6. 附睾　7. 睾丸　8. 阴囊
9. 阴茎　10. 包皮　11. 精索　12. 输精管　13. 膀胱

图 8-4　公马生殖器官

四、精索

精索(Spermatic cord)呈扁平的圆锥形索状,其基部附着于睾丸和附睾上,上端达腹股沟管内环,内由睾丸动脉、静脉、神经、淋巴管、睾内提肌和输精管等组成,外表包以固有鞘膜,见图 8-4。

五、阴囊

阴囊(Scrotum)为呈袋状的腹壁囊,借助腹股沟管与腹腔相通,内有睾丸、附睾和部分精索。阴囊具有保护睾丸和附睾等功能,并可调节阴囊内的温度略低于体腔内的温度,有利于精子的生长、发育和活动。

阴囊壁的结构与腹壁相似,由外向内依次分为皮肤、肉膜、阴囊筋膜和鞘膜(图 8-5)。

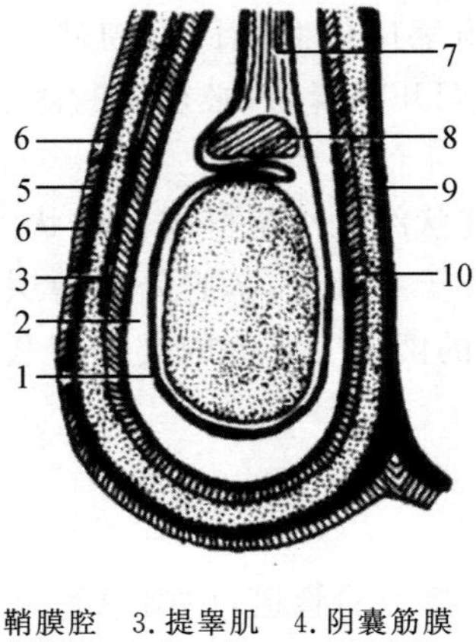

1. 固有鞘膜　2. 鞘膜腔　3. 提睾肌　4. 阴囊筋膜　5. 肉膜　6. 皮肤
7. 精索　8. 附睾　9. 阴囊中隔　10. 总鞘膜

图 8-5　阴囊结构模式图

(一)皮肤

阴囊皮肤(Scrotal skin)薄而柔软,富有弹性,表面生有短而细的毛,内有丰富的皮脂腺和汗腺。阴囊表面的腹侧正中有 1 条阴囊缝(Scrotal seam),将阴囊从外表分为左、右 2 部分,是马阉割术切口部位的定位标志。

(二)肉膜

肉膜(Sarcolemma)紧贴于皮肤的内面,相当于皮下组织,不易分离,由含有弹性纤维和平滑肌纤维的致密结缔组织构成。肉膜在阴囊的正中矢面形成阴囊中隔(Scrotal septum),将阴囊分为左、右互不相通的 2 个腔。阴囊中隔背侧分为 2 层,沿阴茎两侧附着于腹壁。肉膜的收缩和舒张有调节阴囊内温度的作用。天冷时肉膜收缩,使阴囊起皱,面积减小;天热时肉膜松弛,使阴囊下垂,面积扩大。

(三)阴囊筋膜

阴囊筋膜(Scrotal fascia)位于肉膜深面,由腹壁深筋膜和腹外斜肌腱膜伸延而来,将肉膜与总鞘膜较疏松地连接起来,其深面有睾外提肌,是由腹内斜肌分出的横纹肌,包于总鞘膜的外侧面和后缘。睾外提肌的收缩和舒张,可调节阴囊和睾丸与腹壁的距离,以获得利于精子发育和生存的适宜温度。

(四)鞘膜

鞘膜(Common vaginal tunica)包括总鞘膜和固有鞘膜。总鞘膜为阴囊最内层,由腹膜壁层延伸而来,为腹横筋膜所加强。总鞘膜折转而覆盖于睾丸和附睾表面,称为固有鞘膜。折转处所形成的浆膜褶,称为睾丸系膜。在总鞘膜和固有鞘膜之间的腔隙,称为鞘膜腔(Vaginal cavity),内有少量浆液。鞘膜腔上段细窄,形成鞘膜管(Vaginal canal),通过腹股沟管以鞘膜管口或鞘膜环(Vaginal ring)与腹膜腔相通。马的阴囊位于两股之间,阴囊颈较明显,当鞘膜管口过大时,小肠可脱入鞘膜管或鞘膜腔内,形成腹股沟疝或阴囊疝,严重者需进行手术治疗。

六、尿生殖道

公马尿道兼有排尿和排精作用,故称为尿生殖道(Urogenital tract)。其前端以尿道内口起于膀胱颈,沿骨盆腔底壁向后伸延,绕过坐骨弓,再沿阴茎腹侧的尿道沟,向前伸延至阴茎头末端,以尿道外口开口于外界(图 8-6)。

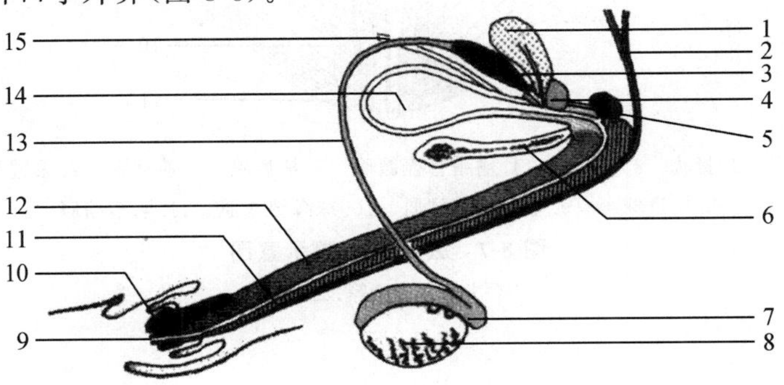

1. 精囊腺　2. 阴茎缩肌　3. 输精管壶腹　4. 前列腺　5. 尿道球腺　6. 坐骨　7. 附睾　8. 睾丸
9. 尿道突　10. 阴茎头　11. 尿道海绵体　12. 阴茎海绵体　13. 输精管　14. 膀胱　15. 输尿管

图 8-6　公马生殖器官

(引自陈耀星等,2010)

尿生殖道可分为骨盆部和阴茎部 2 部分,二者以坐骨弓为界。在两部交界处,尿生殖道的管腔稍变窄,称为尿道峡(Urethral isthmus)。公马导尿时,要在坐骨弓部压迫导尿管的前端,使其绕过坐骨弓,转向骨盆腔,以利插入膀胱。

尿生殖道骨盆部是指自膀胱到骨盆后口的一段,位于骨盆腔底壁与直肠之间。在起始部背侧壁的中央有一圆形隆起,称为精阜(Seminal hillock)。输精管和精囊腺管共同开口于此。此外,在骨盆部黏膜表面,还有其他副性腺的开口。

尿生殖道阴茎部是骨盆部的直接延续,起于坐骨弓,经左、右阴茎脚之间进入阴茎腹侧的尿道沟,末端以尿道外口开口于阴茎头。

尿生殖道管壁从内向外由黏膜层、海绵体层、肌层和外膜构成。黏膜层有很多纵褶,在骨盆部的固有层含有小而分散的尿道腺。海绵体层主要是由毛细血管膨大而形成的海绵腔,在尿道峡的背侧壁较厚,称尿道球(Urethral bulb);在阴茎部较发达,称尿道海绵体。肌层由深层的平滑肌和浅层的横纹肌组成。横纹肌在骨盆部呈环行,称为尿道肌。在尿道球和尿道球腺背侧呈横向,称为球海绵体肌(Bulbocavernosus muscle)。马球海绵体肌分布较长,可延至龟头,分布于尿生殖道的腹侧。其收缩有协助射精和排空余尿的作用。外膜为结缔组织,与周围器官相连。

七、副性腺

副性腺是位于尿生殖道骨盆部背侧的腺体,包括精囊腺、前列腺和尿道球腺 3 种,其分泌物与输精管壶腹部的分泌物以及睾丸产生的精子共同组成精液(图 8-7)。

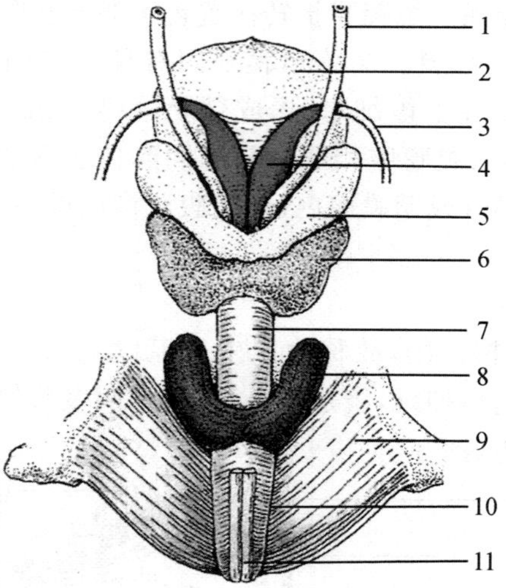

1. 输尿管　2. 膀胱　3. 输精管　4. 输精管壶腹腺　5. 精囊腺　6. 前列腺　7. 尿道及尿道肌
8. 尿道球腺　9. 坐骨海绵体肌　10. 球海绵体肌　11. 阴茎缩肌

图 8-7　公马副性腺示意图

(引自陈耀星等,2019)

(一)精囊腺

精囊腺(Seminal vesicle)有 1 对,位于膀胱颈背侧的尿生殖褶中,在输精管的外侧。每侧精囊腺的导管与同侧输精管共同开口于精阜。其分泌物为黄白色黏稠液体,呈弱碱性,富含果糖,有稀释精子、供给精子能量、促进精子运动等作用。马精囊腺呈梨形、囊状,壁薄而腔大,表面光滑囊壁由腺体组织构成，精囊腺导管与同侧输精管合并成射精管，开口于精阜。

（二）前列腺

前列腺（Prostate gland）位于尿生殖道起始部背侧，以许多导管开口于尿生殖道内。其分泌物为一种黏稠的蛋白质液体，呈弱碱性，具有特殊腥味，可中和精液中精子代谢时产生的二氧化碳。马前列腺较发达，呈蝴蝶形，由左、右两侧腺叶和中间的峡部构成。每侧前列腺导管有15～20条，穿过尿道壁，开口于精阜外侧。

（三）尿道球腺

尿道球腺（Bulbourethral gland）有1对，位于尿生殖道骨盆部末端的背面两侧，导管开口于尿生殖道黏膜上。其分泌物透明黏滑，为黏液性和蛋白样液组成，有冲洗和润滑尿生殖道的作用。马尿道球腺呈椭圆形，表面被覆尿道肌，每侧腺体有6～8条导管，开口于尿生殖道骨盆部末端背侧的两列小乳头上。

八、阴茎

阴茎（Penis）是排尿、排精和交配的器官，平时很柔软，退缩在包皮内，交配时勃起，伸长并变粗变硬，利于交配。阴茎位于腹壁之下，起自坐骨弓，附着于两侧的坐骨结节，经两股部之间向前伸延至脐部的后方。

阴茎可分为阴茎根、阴茎体和阴茎头3部分。阴茎根（Root of penis）以2个阴茎脚附着于坐骨弓两侧的坐骨结节，两阴茎脚向前合并为阴茎体（Body of penis）。阴茎头（Head of penis）为阴茎的游离端，位于阴茎的前端，其形态因家畜种类不同而有较大差异。

马阴茎长约50 cm，呈左、右略扁的圆柱状，粗大、平直。阴茎头膨大，后缘或基部形成阴茎头冠（Glans coronal），其上有阴茎头窝（Fossa of glans pe-nis），窝内有一短的尿道突，尿道突上有尿道外口，见图8-8和图8-9。

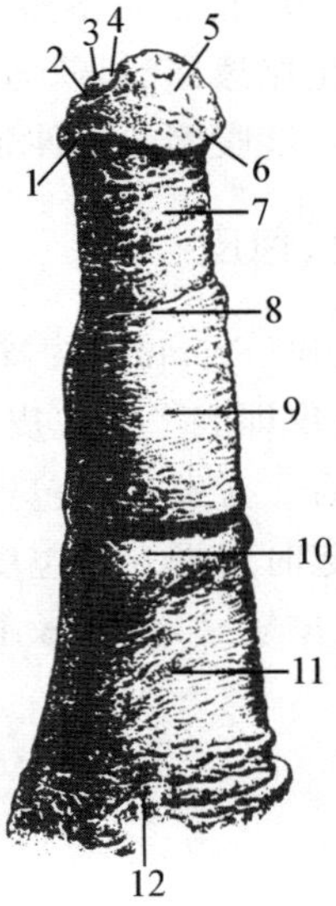

1. 阴茎头颈　2. 阴茎头窝　3. 尿道外口　4. 尿道突　5. 阴茎头　6. 阴茎头冠　7. 阴茎游离部　8. 包皮褶内层到阴茎的附着部　9. 包皮褶内层　10. 包皮环　11. 外包皮褶内层　12. 外包皮褶外层

图8-8　公马阴茎和包皮

（引自陈耀星等，2010）

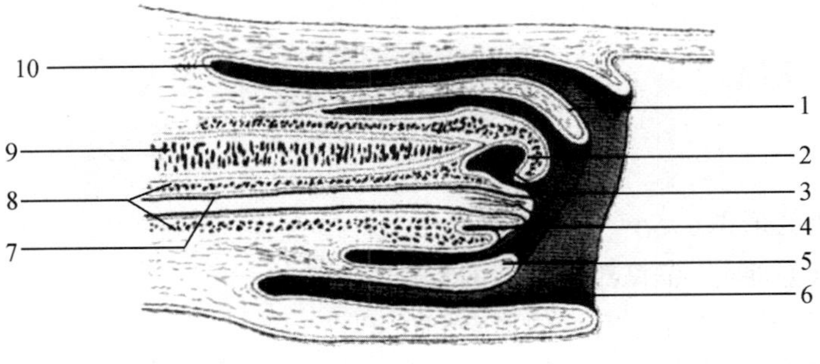

1. 包皮褶　2. 阴茎头　3. 阴茎头窝　4. 尿道突　5. 包皮环　6. 包皮口　7. 尿道　8. 尿道海绵体　9. 阴茎海绵体　10. 包皮腔

图8-9　公马阴茎纵切面

阴茎主要由阴茎海绵体、尿生殖道阴茎部和肌肉构成。阴茎海绵体外面包有很厚的致密结缔组织白膜。白膜的结缔组织伸入海绵体内形成小梁，并分支互相连接成网。小梁内含有血管和神经。在小梁及其分支之间有许多腔隙，称为海绵腔。腔壁衬以内皮，并与血管直接相通。海绵腔实为扩大的毛细血管。当充血时，阴茎膨大变硬而发生勃起现象。尿生殖道阴茎部位于阴茎海绵体腹侧的尿道沟内，周围包有尿道海绵体。尿道海绵体的外面被覆有球海绵体肌。

阴茎的肌肉除球海绵体肌外，还有坐骨海绵体肌和阴茎缩肌。坐骨海绵体肌较发达，起于坐骨结节，止于阴茎脚的表面。收缩时将阴茎向后向上牵拉，压迫阴茎海绵体及阴茎背侧静脉，阻止血液回流，使海绵腔充血，阴茎勃起。阴茎缩肌为两条带状平滑肌，起于荐椎或尾椎腹侧，沿阴茎腹侧向前伸延，止于阴茎头后方。收缩时可使阴茎退缩，将阴茎头隐藏于包皮腔内。

九、包皮

包皮(Prepuce)为皮肤折转而形成的一管状皮肤鞘，有容纳和保护阴茎头的作用。阴茎勃起时包皮即展平。包皮外层为腹壁皮肤，在包皮口向包皮腔折转，形成包皮内层。两层之间含有前、后 2 对发达的包皮肌，可将包皮向前、向后牵引。马包皮有 2 层，分别称为内包皮和外包皮，勃起时展平。外包皮较长，其游离缘围成包皮口或包皮外口；内包皮直接包于阴茎头之外，比外包皮短小，游离缘围成包皮环(Preputial ring)或包皮内口。

任务 8-2　母马生殖系统

【学习任务单】

一、学习目标

1. 掌握母马生殖系统的构成。
2. 掌握母马生殖器官的形态构造及相互位置关系。

二、学习资源

1. 母马生殖器官的标本和模型。
2. 教材。
3. 信息化教学资源。

三、学习任务

1. 观察马卵巢的形态、大小、位置和结构。
2. 观察输卵管漏斗部、壶腹部和峡部的形态。
3. 观察子宫角、子宫体和子宫颈的形态和位置。
4. 观察阴道穹隆、尿生殖前庭与周围器官的位置关系。

【相关知识】

母马生殖系统由卵巢、输卵管、子宫、阴道、尿生殖前庭和阴门等组成，其中卵巢、输卵管、子宫和阴道为内生殖器官，尿生殖前庭和阴门为外生殖器官(图 8-10)。

一、卵巢

卵巢(Ovary)1 对，是母马主要性器官，可产生卵子和分泌雌性激素，以促进其他生殖器官及乳腺的发育。

(一)卵巢的形态和位置

卵巢位于距腹腔背侧壁 8～10 cm 处。卵巢系膜将卵巢系于腰下部或骨盆腔前口处。卵巢的前端为输卵管端，与输卵管伞相邻，卵巢的后端为子宫端，借卵巢固有韧带与子宫角相连。卵巢固有韧带是位于卵巢后端与子宫角之间的浆膜褶，位于输卵管的内侧。卵巢固有韧带与输卵管系膜之间形成卵巢囊(Ovarian bursa)。卵巢的背侧缘有卵巢系膜附着，称为卵巢系膜缘或附着缘，此缘缺腹膜，有血管、淋巴管和神经进出，称为卵巢门(Hilum of ovary)。

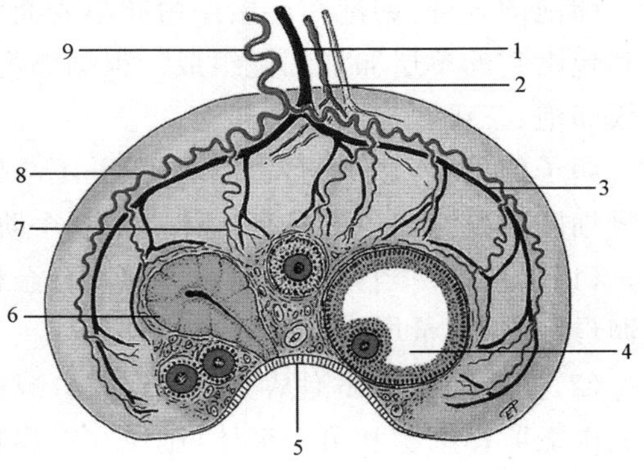

1. 卵巢静脉　2. 淋巴管　3. 血管区　4. 格拉夫卵泡　5. 排卵窝　6. 黄体　7. 皮质　8. 血管区　9. 卵巢动脉

图 8-10　母马卵巢结构示意图

(引自陈耀星等，2019)

腹侧缘为游离缘，卵巢的解剖特征之一是没有排卵管道，卵巢的腹缘游离，有一凹陷部，称为排卵窝，成熟卵泡由此排出卵细胞，这是马属动物的特征。排出的卵细胞经腹膜腔落入输卵管的起始部。

卵巢的形状和大小因畜种、个体、年龄及性周期而异。卵巢的位置在个体发育的过程中会有不同程度下行迁移(卵巢下降，Descensus ovariorum)。马卵巢较大，呈豆形，平均长约 7.5 cm，厚 2.5 cm，宽 3.5 cm，借卵巢系膜悬于腰下部肾的后方，在第 4 或第 5 腰椎横突腹侧，常与腰部的腹壁相接。经产老龄马卵巢，常因卵巢系膜松弛，而被肠管挤到骨盆前口处。

(二)卵巢的组织结构

卵巢的结构随动物种类、年龄和性周期不同而异。卵巢为实质性器官，可分为被膜和实质，实质由外周的皮质和中央的髓质构成。马属动物卵巢皮质和髓质的位置与其他动物相反，即皮质在内部，髓质在外周(图 8-10)。

1. 被膜

卵巢的被膜由生殖上皮和白膜组成。卵巢表面除卵巢系膜附着部外，都覆盖着一层生殖上皮。年轻动物的生殖上皮为单层立方或柱状上皮，到老龄时变为扁平。在生殖上皮的深面为致密结缔组织构成的白膜。马卵巢的生殖上皮仅分布于排卵窝处，其余部分均被覆浆膜。

2. 皮质

皮质较厚，由基质、不同发育阶段的卵泡、黄体和闭锁卵泡等组成。

基质由致密结缔组织构成，主要参与形成卵泡膜和间质腺。另外，基质内含有大量的网状纤维和少量的胶原纤维、弹性纤维。

雌性马在出生前卵巢内就存在大量原始卵泡，出生后则随着年龄的增长，数量不断减少。在发育过程中大多数卵泡中途闭锁而死亡，只有少数卵泡能发育成熟。因此，生卵功能实际上包括卵泡发育和卵子发育 2 个过程。

卵泡的发育：卵泡在胚胎期由卵巢表面的生殖上皮演化而来，原始卵泡由一个初级卵母细胞和包围它的单层卵泡细胞组成。根据卵泡的形态和功能，卵泡可分为原始卵泡、初级卵泡、次级卵泡、三级卵泡和成熟卵泡。

卵子的发育：卵子的发育和成熟并不与卵泡同步。成熟卵泡中的卵子大体上仍处于次级卵母细胞阶段。卵子的发育大体需经 3 个阶段：

(1)增殖期　当卵泡从原始卵泡发育至初级卵泡时，卵原细胞经过多次有丝分裂后成为初级卵母细胞，数量增加。

(2)生长期　当卵泡从初级卵泡发育成次级卵泡时，初级卵母细胞经过第一次成熟分裂，形成次级卵母细胞和第一极体，胞质和内容物增加。

(3)成熟期　虽然这一阶段卵泡发育已进入成熟期，但卵子的发育则出现滞后，次级卵母细胞在进行第二次成熟分裂时中途停止，一直到排卵。卵子进入输卵管并受精后，暂停的第二次成熟分裂才继续进行，直到最后成熟。

排卵：卵巢内卵子从成熟卵泡排出的过程称排卵。排卵的发生取决于卵泡、卵子的一系列变化，包括卵泡内部卵泡液的增加，内压增大；卵母细胞核的成熟；卵胞膜在蛋白酶作用下，不断溶化，形成排卵点，并向卵巢表面突出，直至破裂，卵泡液流出。随卵泡液排出的卵子经输卵管伞进入输卵管。

马自发性排卵后，即能形成功能性黄体。马发情周期为 19～25 d，发情持续时间为 4～8 d，排卵时间为发情结束前 1～2 d。

3. 髓质

髓质由富含弹性纤维的疏松结缔组织构成，其中有许多血管、淋巴管和神经等，而梭性细胞和平滑肌纤维较少。在卵巢门靠近卵巢系膜根部有成群的上皮样细胞称门细胞，形态类似间质腺细胞，能分泌少量雄激素。

二、输卵管

输卵管是位于卵巢和子宫角之间的 1 对细长而弯曲的管道，是输送卵细胞和受精卵的场所。

输卵管通过输卵管系膜与卵巢、子宫连接和固定。输卵管系膜与卵巢固有韧带之间形成卵巢囊。卵巢囊能保证卵巢排出的卵细胞顺利地进入输卵管。输卵管可分为漏斗部、壶腹部和峡部(图 8-11)。

(1)漏斗部　输卵管漏斗(Infundibulum of uterine tube)为输卵管起始膨大的部分，漏斗的边缘有许多不规则的皱褶，呈伞状，称为输卵管伞(Pavilion of

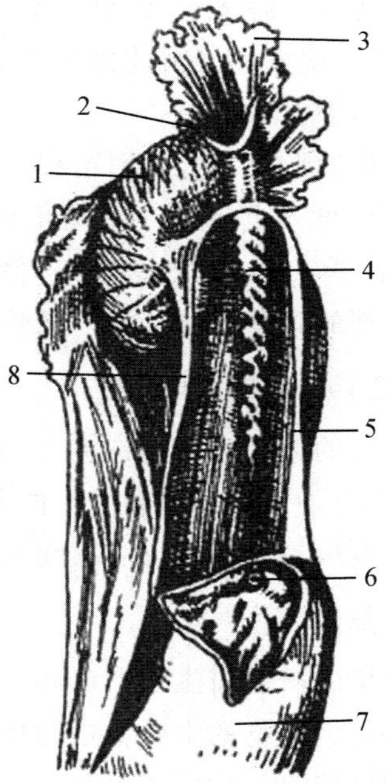

1. 卵巢　2. 输卵管腹腔口　3. 输卵管伞　4. 输卵管
5. 输卵管系膜　6. 输卵管子宫口
7. 子宫角　8. 卵巢固有韧带

图 8-11　输卵管模式图

(引自张双等，2015)

oviduct)。漏斗的中央有一小的开口为输卵管腹腔口,与腹膜腔相通。

(2)壶腹部　输卵管壶腹(Ampulla of uterine tube)部较长,是位于漏斗部和峡部之间的膨大部分,壁薄而弯曲,为卵子受精处。

(3)峡部　输卵管峡(Isthmus of uterine tube)部位于壶腹部之后,细而直,末端以小的输卵管子宫口与子宫角相接。

输卵管管壁由黏膜、肌层和浆膜构成。黏膜形成纵的输卵管褶,其上具有纤毛;肌层主要是环形平滑肌;浆膜包围在输卵管的外面,并形成输卵管系膜。浆膜由疏松结缔组织和间皮构成。马输卵管壶腹部明显且特别弯曲,末端与子宫角之间界限明显。

三、子宫

子宫是中空的肌质性器官,富有伸展性,是胚胎发育和胎儿娩出的器官。

1.子宫的形态和位置

子宫(Uterus)是胚胎生长发育的器官,借子宫阔韧带附着于腹腔顶壁和骨盆腔侧壁,大部分位于腹腔内,小部分位于骨盆腔内,背侧为直肠,腹侧为膀胱,前端与输卵管相接,后端与阴道相通。

马子宫呈"Y"形。子宫角稍弯曲成弓状,背侧缘凹,有子宫阔韧带(Broad ligament of uterus)附着。腹侧缘凸而游离。子宫体与子宫角等长。子宫颈后端突入阴道内,形成明显的子宫颈阴道部,其黏膜褶呈花冠状。整个子宫可分为子宫角(Uterine horn)、子宫体(Uterine body)和子宫颈(Uterine cervix)3 部分(图 8-12),妊娠后期子宫位于腹腔左下部。

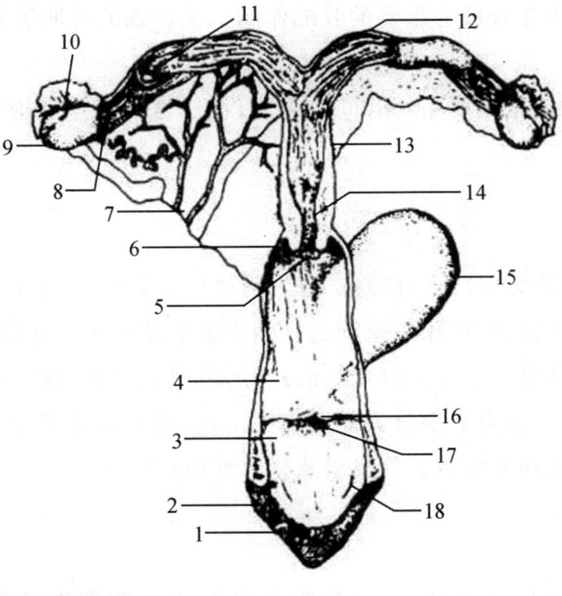

1.阴蒂　2.阴唇　3.尿生殖前庭　4.阴道　5.子宫外口　6.阴道穹隆　7.子宫阔韧带　8.输卵管　9.左侧卵巢　10.输卵管腹腔口　11.输卵管子宫口　12.子宫角　13.子宫体　14.子宫颈　15.膀胱　16.阴瓣　17.尿道外口　18.前庭大腺开口

图 8-12　母马生殖器官(部分剖开)半模式图

(引自陈耀星等,2010)

子宫角 1 对，为子宫的前部，全部位于腹腔内，呈弯曲的圆筒状。前端通输卵管，并连接卵巢固有韧带，两角的后端汇合而成为子宫体。

子宫体呈圆筒状，位于骨盆腔内，部分在腹腔。子宫体向后延续为子宫颈。

子宫颈是子宫的后部，位于骨盆腔内，向后接阴道；子宫颈呈圆筒状，壁很厚，黏膜形成许多纵褶，其内腔为窄细的管道，称子宫颈管。前端开口于子宫体，称子宫颈内口。后端开口于阴道，称子宫颈外口。马子宫颈后部突入于阴道内，形成子宫颈阴道部。子宫颈管平时闭合，发情时稍松弛，分娩时扩大。

2. 子宫壁的结构

子宫的形态及结构因发情周期及妊娠而有变化。子宫壁由子宫内膜、肌层和外膜 3 层组成。

(1)子宫内膜　由上皮和固有层构成。上皮随动物发情周期而有变化，为单层柱状上皮。具有分泌作用，分泌物对早期胚胎有营养作用。游离缘有时有暂时性的纤毛。

固有层的浅层有较多的细胞成分及子宫腺导管。细胞以梭形或星形的胚型结缔组织细胞为主，细胞借突起互相连接。还含有各种白细胞及巨噬细胞。固有层深层的细胞成分少，内有子宫腺分布。子宫腺为弯曲的分支管状腺，其数量因品种、胎次和发情周期而不同。腺上皮由分泌黏液的柱状细胞构成，胞质内富含黏原颗粒和糖原，分泌物对附植前的早期胚胎有营养作用。

(2)肌层　子宫肌层由厚的内环行肌和薄的外纵行肌构成，含丰富的血管和神经。肌层在妊娠期增生，在分娩过程中起着极为重要的收缩作用。子宫颈的环肌层发达，形成子宫颈括约肌，分娩时开张。

(3)外膜　为浆膜，由疏松结缔组织和间皮组成，在子宫外膜中有时可见少量平滑肌细胞存在。

四、阴道

阴道(Vagina)是雌性的交配器官，也是产道。阴道呈扁管状，位于骨盆腔内，背侧为直肠，腹侧为膀胱和尿道；前接子宫，后接尿生殖前庭。马阴道前端由于子宫颈阴道部突入而形成一个环状的陷窝，称为阴道穹隆(Fundus of vagina)。阴道壁由黏膜、肌层和外膜构成。黏膜粉红色，较厚，形成许多纵褶。上皮大部分为复层扁平上皮，固有层为疏松结缔组织，没有腺体。肌层为平滑肌，包括内环肌和外纵肌。外膜由疏松结缔组织构成。

五、尿生殖前庭

尿生殖前庭(Urogenital vestibulum)又称阴道前庭，是交配器官和产道，也是尿液排出的径路。位于骨盆腔内，直肠的腹侧，左、右压扁，前接阴道，后连阴门。在与阴道交界处腹侧形成一横行的黏膜褶，称为阴瓣(Hymen)。幼龄母马阴瓣发达，经产老龄母马阴瓣常不明显。在尿生殖前庭的腹侧壁上，靠近阴瓣的后方有一尿道外口(External urethral orifice)。在尿道外口后方两侧，有前庭小腺(Lesser vestibular gland)的开口；两侧壁内有前庭大腺(Greater ves-

tibular gland)的开口。

六、阴门

阴门(Vulva)是尿生殖前庭的外口,也是泌尿和生殖系统与外界相通的天然孔。阴门位于肛门腹侧,以短的会阴部与肛门隔开,由左、右 2 片阴唇(Labium vulvae)构成,两阴唇间的垂直裂缝称为阴门裂(Vulval slit)。两阴唇上、下两端的联合,分别称为阴门背侧联合和阴门腹侧联合。在阴门腹侧联合前方有一阴蒂窝(Clitoral fossa),内有小而凸出的阴蒂(Clitoris)。阴蒂相当于公畜的阴茎,也由海绵体构成,与阴茎属同源器官。

【测试题】

一、名词解释

精索　精阜　副性腺　睾丸下降　输精管壶腹　子宫阜　尿生殖前庭

二、填空题

1. 尿生殖道骨盆部和阴茎部交界处,内腔变细,称为________,是临床上公畜尿道结石或尿道阻塞常发部位。

2. 公马副性腺包括________、________、________。

3. 尿生殖道可分为________和________ 2 部分,以________为界。

4. 卵巢固有韧带与输卵管系膜之间形成________,包裹卵巢。

5. 马属动物卵巢的游离缘有一凹陷部,称为________。

三、选择题

1. 公马精子排出不通过的结构是(　　)。

A. 输精管　B. 尿道骨盆部　C. 输尿管　D. 尿道阴茎部

2. 马受精的场所在(　　)。

A. 输卵管漏斗部　B. 输卵管壶腹部　C. 输卵管峡部　D. 子宫体

3. 马子宫不具有的特点是(　　)。

A. 有 2 个子宫角　B. 子宫角长形似小肠　C. 子宫体短　D. 形成子宫颈阴道部

4. 马输精管末端开口于(　　)。

A. 膀胱颈　B. 尿道内口腹侧　C. 精阜　D. 前列腺

5. 母马生殖系统中,产生卵细胞的器官是(　　)。

A. 卵巢　B. 输卵管　C. 子宫　D. 阴道

6. 下列腺体中属于副性腺的是(　　)。

A. 肾上腺　B. 颌下腺　C. 前列腺　D. 胰腺

7. 卵巢表面平滑,皮质在内,髓质在外,有排卵窝的动物是(　　)。

A. 牛　B. 羊　C. 马　D. 猪

8. 精索不包括(　　)。

A. 输精管　B. 血管和淋巴管　C. 神经　D. 尿道

9. 下列说法，错误的是(　　)。

A. 马精囊腺呈囊状　B. 犬前列腺很发达　C. 猪尿道球腺发达　D. 犬尿道球腺发达

四、简答题

1. 阴囊壁包括哪几层结构。

2. 简述母马生殖器官的组成及功能。

3. 简述公马生殖器官的组成及功能。

项目九

马匹心血管系统

【知识目标】

- 熟悉马心血管系统的组成。
- 掌握马心脏的基本结构特点。
- 掌握血液循环顺序。
- 了解血管的分类及分支特点。
- 了解马全身动脉、静脉主干和主要分支的名称与位置，熟悉临床采血、注射常用血管的名称及位置。

【能力目标】

- 能在马体上指出心脏检查、脉搏检查和静脉注射部位。
- 能说明药物经内服吸收或静脉注射到达各器官的径路。

【素质目标】

- 培养学生自我学习的能力素养。
- 培养学生理论联系实际、理论指导实践的学习和工作态度。

心血管系统(Cardiovascular system)由心脏、动脉、毛细血管和静脉组成。心脏是血液循环的动力器官，动脉(Artery)是输送血液到肺和全身各部的血管，静脉(Vein)是收集血液回心的血管，毛细血管(Blood capillary)是动脉和静脉之间的微细血管，也是血液与周围组织进行物质交换的场所。

血液从心脏流出，经动脉到毛细血管，然后再沿静脉返回心脏，这一过程称为血液循环。根据循环途径和功能的不同，可将血液循环分为体循环和肺循环。

体循环(Systemic circulation)又称大循环，是指血液从左心室搏出，经主动脉及其分支到全身各部的毛细血管，在此与组织细胞进行物质和气体交换后变成静脉血，再经各级静脉汇注入前、后腔静脉，返回右心房的流动过程。

肺循环(Pulmonary circulation)又称小循环，是血液从右心室搏出，经肺动脉干及其各级分支至肺泡壁毛细血管，在此与肺泡进行气体交换后变成了动脉血，然后经肺静脉返回左心房的过程。

心血管系统还是机体重要的防卫系统，存在于血液中的免疫细胞和抗体，能吞噬、杀伤和灭活侵入体内的细菌和病毒，并能中和它们所产生的毒素。心血管系统还具有内分泌功能，能分泌心钠素、脑钠素、血管活性肠肽、血管紧张素、内皮素等，参与机体多种功能的调节。心血管系统也参与体温的调节。心血管系统的结构和功能障碍，均可造成局部或全身性机能紊乱，甚至危及生命。

任务 9-1　心　　脏

【学习任务单】

一、学习目标

1. 掌握马心脏的形态、位置和结构。
2. 了解心脏的传导系统。
3. 熟悉马心脏的主要血管。

二、学习资源

1. 心脏的标本和模型；心脏传导系统模型。
2. 教材。
3. 信息化教学资源。

三、学习任务

1. 观察马心脏外形，识别冠状沟、窦下室间沟、锥旁室间沟，心房和心室的外部分界，心基部相连的血管。

2. 观察心腔的结构，识别右心房、右心室、左心房、左心室、室间隔、房间隔、左右房室口、二尖瓣、三尖瓣、主动脉瓣、肺动脉瓣的形态和构造。

3. 观察心包腔、心外膜、心肌和心内膜，注意各室的厚薄与功能间的关系。

4. 观察窦房结、房室结的形态和位置，房室束和浦肯野纤维的径路和分支。

【相关知识】

一、心脏的形态与位置

(一)心脏的形态

心脏(Heart)为左右稍扁、倒圆锥形、中空的肌质性器官，外由心包(Pericardium)包裹。心脏的前缘凸，后缘短而直。上部宽大，称为心基(Cardiac base)；下端尖细，为心尖(Cardiac apex)。心脏表面有 1 条环形冠状沟(Coronary groove)，是心房和心室的外表分界。沟的上部为心房，下部为心室。在心脏的左前方和右后方，分别有 1 条锥旁室间沟和 1 条窦下室间沟。两室间沟是左、右心室的外表分界，两沟的右前部为右心室，左后部为左心室。在冠状沟、室间沟及副纵沟内有营养心脏的血管，并有脂肪填充（图 9-1、图 9-2）。

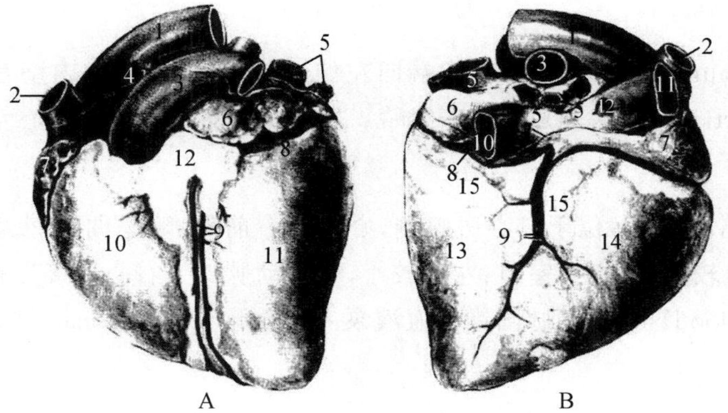

A. 左侧面：1. 主动脉　2. 臂头动脉干　3. 肺动脉干　4. 动脉韧带　5. 肺静脉　6. 左心耳
7. 右心耳　8. 冠状沟、左冠状动脉旋支、心大静脉　9. 锥旁室间沟、左冠状动脉锥旁室间支、心大静脉分支　10. 右心室　11. 左心室　12. 心外膜下脂肪体

B. 右侧面：1. 主动脉　2. 臂头动脉干　3. 右肺动脉　4. 左肺动脉　5. 肺静脉　6. 左心房
7. 右心房　8. 心大静脉　9. 窦下室间沟、右冠状动脉、心中静脉　10. 后腔静脉
11. 前腔静脉　12. 右奇静脉　13. 左心室　14. 右心室　15. 心外膜下脂肪体

图 9-1　马心脏示意图

（引自陈耀星等，2010）

（二）心脏的位置

心脏位于胸腔纵隔内，夹于左、右两肺之间，略偏左，3/5 位于正中矢状面的左侧，约在胸腔下 2/3 部，其前缘与第 3 对肋骨相对，后缘与第 6 对肋骨相对，心基大致位于胸高（鬐甲最高点至胸的腹侧缘）中点之下 3～4 cm，心尖距膈 6～8 cm，距胸骨约 1 cm。

二、心腔的构造

心腔被纵走的房间隔（Interatrial septum）和室间隔（Interventricular septum）分为互不相通的左、右两半，每半又分为上部的心房（Atrium）和下部的心室（Ventricle），因此，心腔分为左心房、左心室、右心房和右心室 4 个腔，同侧的心房与心室经房室口（Atrioventricular orifice）相通。

（一）右心房

右心房（Right atrium）位于右心室的背侧，构成心基的右前背侧部，接纳来自前、后腔静脉和冠状窦的血液，壁薄腔大，由腔静脉窦和右心耳组成。

1. 腔静脉窦

腔静脉窦（Sinus of venae cavae）为体循环静脉的入口部，背侧壁及后壁分别有前、后腔静脉口，两腔静脉口之间有半月形的静脉间结节（Intervenous tubercle），具有分流腔静脉血液，避免互相撞击的作用。后腔静脉口的腹侧有冠状窦（Coronary sinus），为心大静脉、心中静脉入口处，窦口有瓣膜（冠状窦瓣），可防止血液倒流。在后腔静脉口附近的房间隔上，有深浅不一的凹窝，称卵圆窝（Oval fossa），为胚胎时期卵圆孔（Oval foramen）的遗迹。右奇静脉开口于右心房背侧壁或前腔静脉根部。

2. 右心耳

右心耳(Right auricle)为锥形盲囊，尖端向左伸达肺动脉干前方，内壁有许多方向不同的肉嵴，称梳状肌(Pectinate muscle)，终止于终嵴。右心房经右房室口与右心室相通。

(二)右心室

右心室(Right ventricle)位于右心房腹侧，心室的右前部，略呈曲面三角形，不达心尖，上部有2个开口，右口较大，为右房室口；左口较小，为肺动脉口。右心室接受来自右心房的静脉血(Deoxygenated blood)，通过动脉圆锥把血液泵入肺动脉干(Pulmonary trunk)，进而把血运送到肺(Lung)。

1. 右房室口

右房室口(Right atrioventricular orifice)由致密结缔组织构成的纤维环围成，纤维环上附着有3片三角形的瓣膜，称右房室瓣(Right atrioventricular valve)或三尖瓣(Tricuspid valve)，瓣膜的游离缘下垂入心室，每片瓣膜以腱索(Chordae tendineae)分别连于心室壁相邻的两个乳头肌(Papillary muscle)上。乳头肌为突出于心室壁的圆锥形肌肉，有3个，供腱索附着。当心房收缩时，房室口打开，血液由心房向下流入心室；当心室收缩时，心室内压升高，血液将瓣膜向上推使其相互合拢，关闭房室口。由于腱索的牵引，瓣膜不能翻向心房，从而防止血液倒流入心房。

2. 肺动脉干口

肺动脉干口(Pulmonary trunk orifice)在动脉圆锥顶端，由纤维环围成，环上附有3片半月形的瓣膜，称肺动脉干瓣(Pulmonary valve)或半月瓣(Semilunar valve)。每个瓣膜均呈袋状，袋口向着肺动脉干。每个瓣膜游离缘中点增厚形成半月瓣小结节(Nodule of semilunar valve)，可使瓣膜闭合更为严密。当心室收缩时，瓣膜开放，血液进入肺动脉；当心室舒张时，肺动脉干瓣受倒流血液冲击而展开，将肺动脉干口关闭，阻止肺动脉干血液倒流入右心室。右心室壁上有隔缘肉柱和乳头肌。3个乳头肌，1个位于前壁，2个在室间隔。隔缘肉柱(Septomarginal trabecula)又称心横肌，连于心室侧壁与室间隔之间，有防止心室过度扩张的作用，故又称节制索(Moderator band)。右心室腹侧有很多从外侧壁突入的心肌嵴，它们被认为有减少血液涡流的作用。

(三)左心房

左心房(Left atrium)的构造与右心房相似，构成心基的左后部。接受来自肺静脉的动脉血。向前突出的圆锥状盲囊，为左心耳(Left auricle)，其盲端向前伸达肺动脉干后方，内壁也有梳状肌，左心房的后背侧壁上有6～8条肺静脉的开口(Orifice of pulmonary vein)，下方为左房室口。

(四)左心室

左心室(Left ventricle)构成心室的左后部及心尖，室壁很厚，上方有左房室口和主动脉口。它接受来自左心房的动脉血，通过主动脉把血液运送到身体的绝大部分。左心室内有2个乳头肌和2条隔缘肉柱，较粗大。

1. 左房室口

左房室口(Left atrioventricular orifice)由纤维环围成,环上附有2片强大的瓣膜,称左房室瓣(Left atrioventricular valve)或二尖瓣(Bicuspid, mitral vale),其结构和作用与三尖瓣相同。

2. 主动脉口

主动脉口(Aortic orifice)位于左心室的前上方,构造与肺动脉干口相似,纤维环上也具有3个半月形瓣膜称主动脉瓣(Aortic valve),其结构及作用同肺动脉干口的半月瓣。

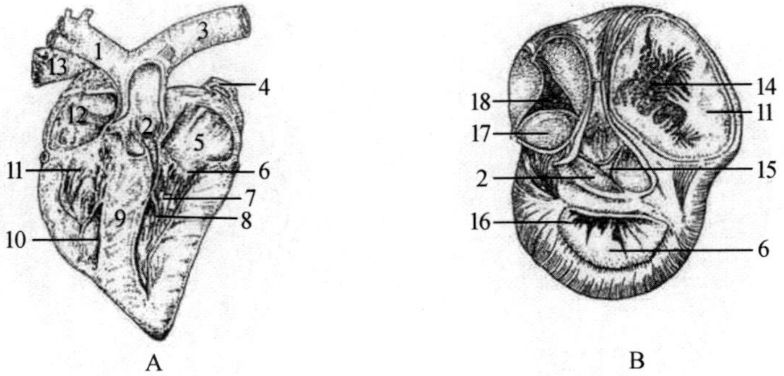

A. 纵切面　B. 横切面

1. 臂头动脉总干　2. 主动脉半月瓣　3. 主动脉　4. 肺静脉　5. 左心室　6. 二尖瓣　7. 左心室　8. 隔缘肉柱　9. 室中隔　10. 右心室　11. 三尖瓣　12. 右心房　13. 前腔静脉　14. 右房室口　15. 主动脉口　16. 左房室口　17. 肺动脉半月瓣　18. 肺动脉口

图9-2　马心脏剖面

(引自张双等,2015)

三、心壁的构造

心壁由心外膜、心肌和心内膜构成。

(一)心外膜

心外膜(Epicardium)为被覆于心肌表面的一层浆膜,表面是间皮,间皮下是薄层结缔组织,内含血管、神经和脂肪组织。

(二)心肌

心肌(Myocardium)主要由心肌纤维构成,心肌被房室口的纤维环分为心房肌和心室肌2个独立的肌系。心房肌薄,分浅、深2层。浅层为左、右心房共有,深层分别为左、右心房所独有。心室肌厚,左心室壁最厚,约为右心室壁的3倍。心肌纤维呈螺旋状环绕,分层排列为内纵、中环和外纵3层。它们多集合成束,肌束间有较多的结缔组织和毛细血管。

(三)心内膜

心内膜(Endocardium)由内皮、内皮下层和心内膜下层组成。内皮为衬于腔面的单层扁平上皮,与血管内皮相连;内皮下层为薄层疏松结缔组织,在近室间隔处含有少许平滑肌;心内膜下层由疏松结缔组织构成,内含血管、神经和浦肯野纤维(Purkinje fiber)。

心壁的厚度和结构反映了心脏每个具体部位所承受的负荷。心房接收血液,其收缩功能很小,壁薄。心室泵出血液,其壁较厚,右心室壁(肺循环)比左心室壁(体循环)薄。有些疾病如瓣膜狭窄或闭锁不全和扩张性心肌病，心肌将发生肥大和/或扩张。心室扩张可通过 X 线摄影或超声检查观察到。

四、心脏的血管

心脏的血管包括冠状动脉、毛细血管和心静脉。动物心脏上的血管接受 5%以上的左心室输出血量，见图 9-3。

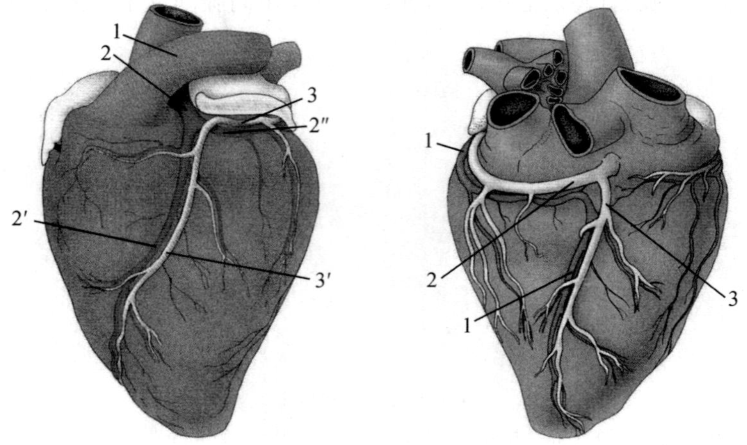

A. 左侧观：1. 肺动脉干　2. 左冠状动脉　2′. 锥旁室间支　2″. 冠状支　3. 心大静脉　3′. 心大静脉锥旁室间支

B. 右侧观：1. 左冠状动脉冠状支　1′. 左冠状动脉窦下室间支　2. 心大静脉　3. 心中静脉

图 9-3　心血管示意图

（引自 Dyce 等，2010）

（一）冠状动脉

冠状动脉（Coronary artery）有左、右 2 条，分别由主动脉根部发出，行于冠状沟和左、右室间沟内，分支分布于心房和心室，在心肌内形成丰富的毛细血管网。

1. 左冠状动脉

左冠状动脉（Left coronary artery）一般较粗，起始于主动脉球的左窦，通过左心耳与肺动脉干之间，伸入冠状沟后分为锥旁室间支和旋支。锥旁室间支沿着同名沟下行到心尖，为左心室壁和大部分室间隔运输血液。旋支沿冠状沟行至心脏后面，止于接近右室间沟处。

2. 右冠状动脉

右冠状动脉（Right coronary artery）起于主动脉球的右窦，通过右心耳与肺动脉干之间，伸入冠状沟后绕至心基的前面，其右冠状动脉伸延到心尖。

（二）心静脉

心静脉有心大、心中和心小静脉。心大静脉和心中静脉分别与左、右冠状动脉伴行，都注入右心房的冠状窦（Coronary sinus）。心小静脉有数支，在冠状沟附近直接开口于右心房。

1. 心大静脉

心大静脉（Great cardiac vein）沿锥旁室间沟向上入冠状沟，绕过左心室缘至心右侧，注入冠状窦,沿途有左冠状动脉及其分支伴行。

2.心中静脉

心中静脉(Middle cardiac vein)沿窦下室间沟向上延伸,注入冠状窦,沿途有右冠状动脉的分支伴行。

3.心右静脉

心右静脉(Right cardiac vein)有数支,沿右心室上行注入右心房。

4.心最小静脉

心最小静脉(Smallest cardiac vein)是行于心肌内的小静脉,直接开口于各心腔,或者主要开口于右心房梳状肌之间。

心脏中的一部分组织液进入毛细淋巴管(Lymphatic capillary),在心外膜下汇集形成小淋巴管,小淋巴管向心基延伸,在冠状沟和左室间沟汇合处形成大淋巴管,最后注入前、后纵隔淋巴结和气管支气管淋巴结。

五、心脏的传导系统

心脏的传导系统是由特殊分化的心肌纤维构成的,包括窦房结、房室结、房室束和浦肯野纤维(图 9-4)。

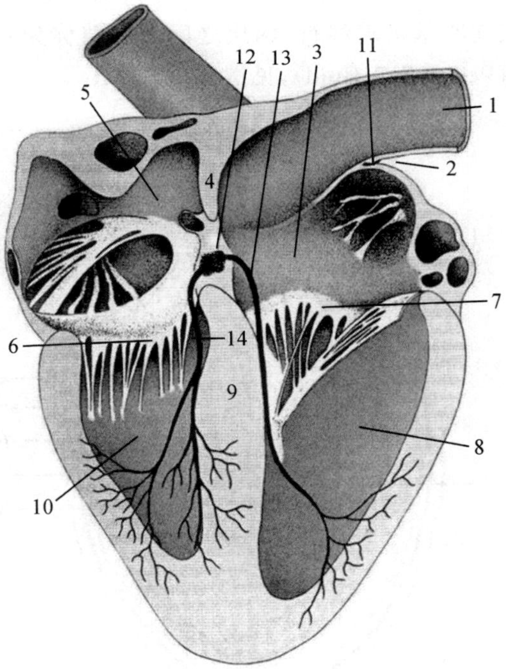

1.前腔静脉 2.界沟 3.右心房 4.房间隔 5.左心房 6.左房室瓣 7.右房室瓣 8.右心室 9.室中隔 10.左心室 11.窦房结 12.房室结 13、14.房室束的左右束

图 9-4 心传导系统示意图

(引自 Dyce 等,2010)

(一)窦房结

窦房结(Sinoatrial node)位于前腔静脉和右心耳之间的界沟内心外膜下,由薄而分支的纤维网结织而成,与心房肌纤维相联系。

(二)房室结

房室结(Atrioventricular node)位于房间隔右房侧的心内膜下,冠状窦口的前下方,由排列不规则的小分支状的结细胞构成,与心房肌纤维和房室束相联系。

(三)房室束

房室束(Atrioventricular bundle)是房室结向下的直接延续,在室间隔上部,分为较细的右束支(右脚)和较粗的左束支(左脚),两束支分别沿室间隔两侧的心内膜下向下伸延,分出小分支至室间隔,还分出一些分支通过隔缘肉柱到左、右心室的侧壁。上述小分支在心内膜下分散成浦肯野纤维,与普通心肌纤维相连。

六、心包

心包(Pericardium)为包围心脏的纤维浆膜囊,由纤维心包和浆膜心包组成。纤维心包(Fibrous pericardium)为一层坚韧的结缔组织膜,在心基部与起止于心脏的大血管外膜相延续,在心尖部折转到胸骨背侧与心包胸膜共同构成胸骨心包韧带(Sternopericardial ligament)。浆膜心包(Serous pericardium)分壁层和脏层,壁层衬于纤维心包的内面,脏层贴于心肌表面,构成心外膜。壁层和脏层在心基折转移行,两层之间的腔隙称为心包腔(Pericardial cavity)。内有少量浆液,即心包液(Pericardial fluid),见图 9-5。

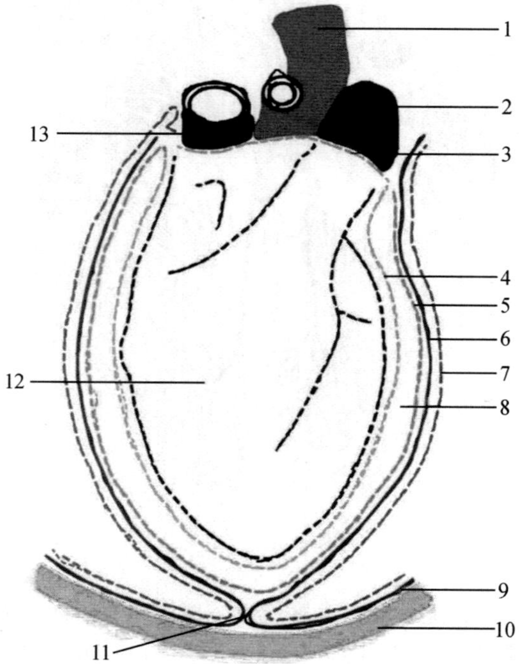

1. 主动脉　2. 肺动脉干　3. 浆膜心包壁层与脏层折转处　4. 心外膜　5. 浆膜心包　6. 纤维心包　7. 心包胸膜　8. 心包腔　9. 肋胸膜　10. 胸壁　11. 胸骨心包韧带　12. 右心室　13. 前腔静脉

图 9-5　心包模式图

七、心脏的神经

心脏接受自主神经系统支配,包括交感神经和副交感神经。这些神经有运动神经纤维和感觉神经纤维。交感神经来自颈胸神经节、胸交感干等的心支,可使窦房结兴奋,心跳加快,心收缩力增强,所以常称为心兴奋神经。副交感神经来自迷走神经和喉返神经的心支,其作用与交感神经相反,故常称为心抑制神经。所有的神经纤维在纵隔前部形成心神经丛。大部分交感神经是节后纤维,而副交感神经是节前纤维,在位于心室壁心外膜下靠近大血管处的小神经节中形成突触。节后纤维分布于窦房结、房室结、心房和心室肌、冠状动脉等。

心的感觉神经分布于心壁各层,随交感神经和迷走神经进入脑和脊髓。交感神经的传入纤维主要传导痛觉,副交感神经的传入纤维主要传导压力和牵张感觉。

任务 9-2　血　　管

【学习任务单】

一、学习目标

1. 掌握马血液循环途径。
2. 熟悉马全身动脉、静脉血管主干的起止、径路、分支和分布情况。
3. 了解胎儿血液循环途径特点。

二、学习资源

1. 血液循环电动模型;头部、躯干、前肢、后肢动脉和静脉血管标本。
2. 教材。
3. 信息化教学资源。

三、学习任务

1. 观察肺循环的血管,包括肺动脉和肺静脉。
2. 观察体循环的主动脉,识别升主动脉、主动脉弓、胸主动脉和腹主动脉。
3. 观察体循环的臂头动脉干,识别左锁骨下动脉、双颈动脉干和右锁骨下动脉。
4. 观察头颈部动脉,识别左右颈总动脉及其分支。
5. 观察胸腹部动脉,识别胸主动脉的分支(支气管食管动脉、肋间背侧动脉)、腹主动脉的分支(腹腔动脉、肾动脉、肠系膜前动脉和肠系膜后动脉等)。
6. 观察骨盆部的动脉,识别髂内动脉的分支和分布。
7. 观察前肢动脉,识别腋动脉、臂动脉、正中动脉的分支和分布。
8. 观察后肢动脉,识别髂外动脉、股动脉和腘动脉等。
9. 观察前腔静脉,识别左右颈内外静脉和左右锁骨下静脉。
10. 观察后腔静脉,识别左右髂总静脉。
11. 观察门静脉,识别胃十二指肠静脉、脾静脉、肠系膜前静脉和肠系膜后静脉。

【相关知识】

一、血管的种类和构造

血管(Vessel)是血液流通的管道,是有着强大分支、闭合的管状系统。根据结构和功能不同,可分为动脉、毛细血管和静脉3种。

(一)动脉

动脉(Artery)管壁厚,富有收缩性和弹性,是将血液由心引出,流向畜体各部器官的血管。动脉分为大、中、小、微4类,它们之间并无严格的界限,是逐渐移行的,其管壁由内、中、外3层膜构成。内膜分内皮、内皮下层和内弹性膜3层。内皮为单层扁平上皮,表面光滑,可减少血流阻力。内皮下层为薄层疏松结缔组织,有再生血管内皮的能力。内弹性膜由弹性蛋白构成,富有弹性,膜上有许多孔,因平滑肌收缩,常呈波纹状;中膜厚,大动脉的中膜主要由弹性纤维构成,中动脉的中膜主要由环形平滑肌构成,小动脉和微动脉仅有几层平滑肌;外膜较中膜薄,由结缔组织构成。

(二)静脉

静脉(Vein)管壁薄,管腔较大,有些部位的静脉内有静脉瓣(膜)(Valve of vein),尤其四肢部的静脉瓣较多,可防止血液逆流。静脉是将全身各部的血液引入心脏的血管。静脉也分微、小、中、大4类,常与相应的动脉伴行,但数量比动脉多,管壁也由内、中、外3层膜构成。其结构特点是管腔大,管壁薄而塌陷,三层膜的界限不明显。中膜平滑肌与弹性纤维少,外膜中有较多的纵行平滑肌束。

(三)毛细血管

毛细血管(Blood capillary)的管径细,管壁薄,分布广,互相连通成网。管内血流速度缓慢,通透性强,有利于血液与周围组织进行物质交换。动物体内除上皮、软骨、角膜、晶状体和蹄匣外,毛细血管遍布全身各处。

毛细血管由内皮和基膜构成,管径为7～9 μm,一般由2～3个内皮细胞围成。有的毛细血管只有1个细胞围成,仅能通过1个红细胞。内皮细胞呈扁平梭形或不规则形,细胞核略向管腔突出。内皮外有一层很薄的基膜,基膜外有少量的结缔组织。

二、肺循环的血管

肺循环(Pulmonary circulation)的血管包括肺动脉干、毛细血管和肺静脉。

(一)肺动脉干

肺动脉干(Pulmonary trunk)起始于右心室的肺动脉干口,经主动脉的左侧向后上方伸延。在主动脉弓后面分为左、右肺动脉,分别与同侧支气管一起经肺门入肺,与支气管伴行和分支,最后在肺泡周围形成毛细血管网。肺动脉干与主动脉之间有一圆柱状的动脉韧带(Arterial ligament)相连,为胚胎期动脉导管的遗迹,又称动脉导管索。

(二)肺静脉

肺静脉(Pulmonary vein)由肺内毛细血管网汇合而成,与肺动脉分支和各级支气管伴行,最后汇集成5～8支肺静脉。由肺门出肺后注入左心房。

三、体循环的血管

(一)体循环动脉

体循环(Systemic circulation)的动脉主干为主动脉，由左心室发出，起始段为升主动脉(Ascending aorta)，在肺动脉干和右心房之间上升。出心包后向后上方呈弓形延伸，至第6胸椎腹侧称为主动脉弓(Aortic arch)；然后沿胸椎腹侧延伸到膈，称为胸主动脉(Thoracic aorta)；穿过膈上的主动脉裂孔至腹腔，称为腹主动脉(Abdominal aorta)；沿腰椎腹侧向后伸延，在第6腰椎腹侧分为左、右髂外动脉(External iliac artery)，左、右髂内动脉(Internal iliac artery)及荐正中动脉 (Median sacral artery)，见图9-6。

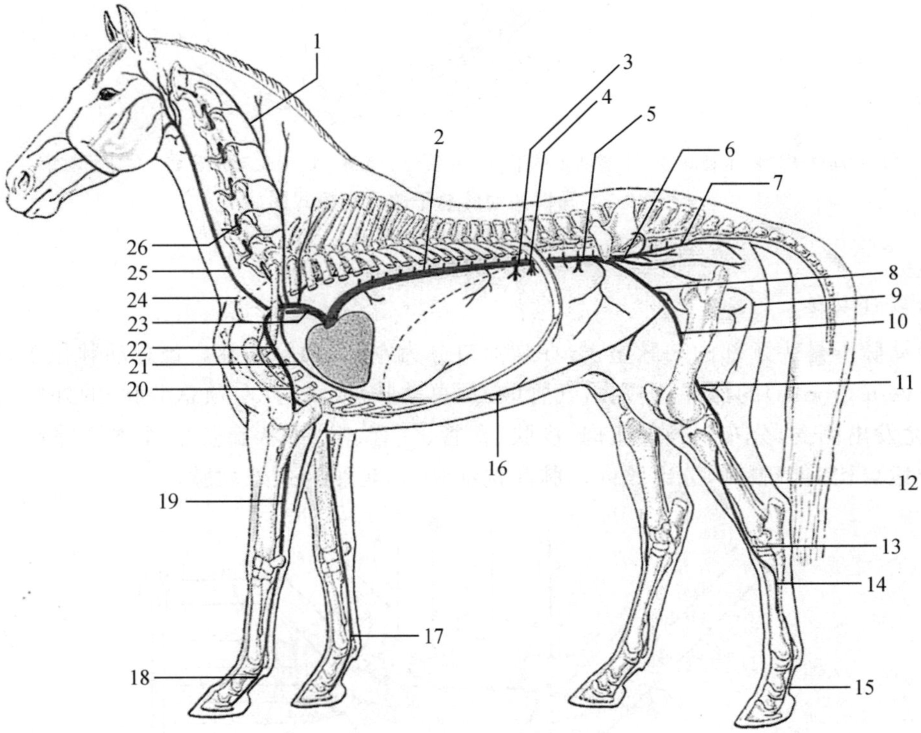

1.颈深动脉　2.降主动脉　3.腹腔动脉　4.肠系膜前动脉　5.肠系膜后动脉　6.髂内动脉　7.荐正中动脉　8.髂外动脉　9.阴部内动脉　10.股动脉　11.腘动脉　12.胫前动脉　13.足背动脉　14.跖背侧第3动脉　15.趾跖外侧动脉　16.腹壁后动脉　17.指掌侧第2总动脉　18.指掌外侧动脉　19.正中动脉　20.臂动脉　21.胸廓内动脉　22.腋动脉　23.臂头(动脉)干　24.左锁骨下动脉　25.颈总动脉　26.椎动脉

图9-6　马全身动脉模式图

(引自陈耀星等,2009)

升主动脉起始端稍膨大称主动脉球(Aortic bulb)，在其根部发出左、右冠状动脉。

主动脉弓向前发出臂头动脉干(Brachiocephalic trunk)，供给前肢、颈部、头部和胸廓腹侧部的血液。臂头动脉干沿气管腹侧向前伸延，分出左锁骨下动脉后，移行为臂头动脉。臂头动脉分出短而粗的双颈动脉干后，移行为右锁骨下动脉(图9-7)。

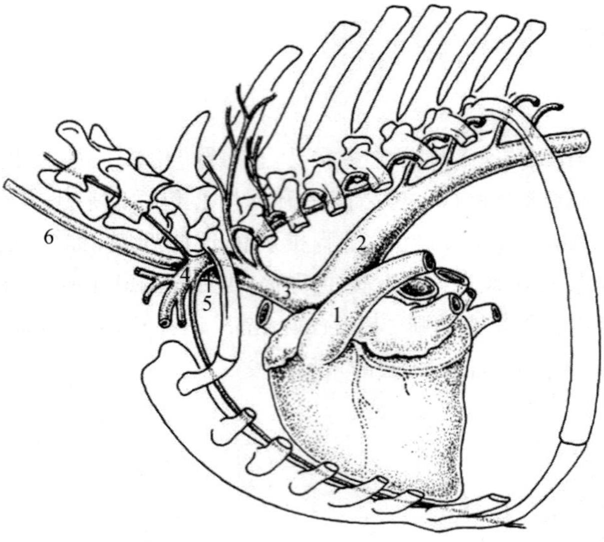

1.肺动脉干　2.主动脉弓　3.臂头动脉干　4.左锁骨下动脉　5.双颈动脉干　6.左颈总动脉

图 9-7　马臂头动脉总干的分支模式图

(引自陈耀星等,2010)

1.头颈部动脉

双颈动脉干是头颈部的动脉主干,在胸前口分为左、右颈总动脉。颈总动脉位于颈静脉沟(Carotid vein groove)的深部,分别沿气管(右颈总动脉)或食管(左颈总动脉)的外侧向前上方伸延,沿途发出侧支,分布到颈部肌肉、皮肤、食管、气管、喉、甲状腺及扁桃体等(图 9-8);颈总动脉在伸达寰枕关节腹侧,分出颈内动脉和枕动脉后,延续为颈外动脉。

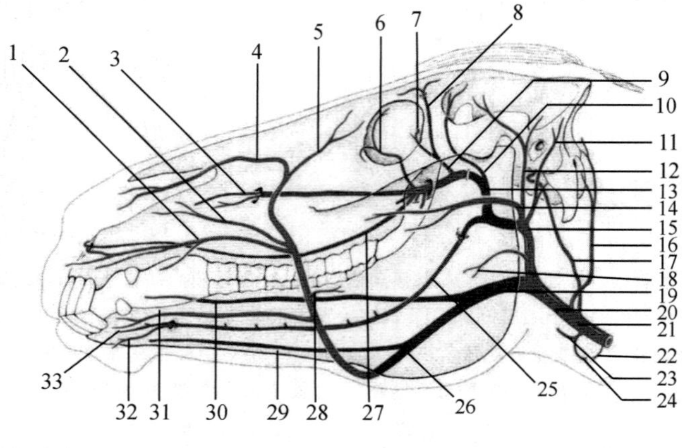

1.上唇动脉　2.鼻外侧动脉　3.眶下动脉　4.鼻背侧动脉　5.眼眶角动脉　6.颧动脉　7.筛动脉　8.眶上动脉　9.眼外动脉　10.颞深动脉　11.耳后动脉　12.耳前动脉　13.上颌动脉　14.面横动脉　15.颞浅动脉　16.枕动脉　17.颈内动脉　18.咬肌支　19.舌面动脉干　20.颈外动脉　21.颈总动脉　22.甲状腺后动脉　23.喉前动脉　24.甲状腺前动脉　25.下齿槽动脉　26.面动脉　27.腭大动脉　28.咬肌动脉　29.舌下动脉　30.舌动脉　31.下唇动脉　32.颏动脉　33.齿支

图 9-8　马头部主要动脉

(引自陈耀星等,2009)

颈内动脉的起始部血管稍膨大，称颈动脉窦（Aortic sinus），窦壁外膜下有丰富的游离神经末梢，为血液的压力感受器（Pressure receptor）；在颈总动脉末端分叉处或附近的不甚明显的小体，称颈动脉体或颈动脉球（Carotid sinus），有结缔组织与颈总动脉相连，为血液的化学感受器。

（1）枕动脉（Occipital artery）　在颌下腺的深面向寰椎窝延伸，分布于寰枕关节处的肌肉和皮肤、咽部和软腭、中耳、脑和脑膜。

（2）颈内动脉（Internal carotid artery）　经破裂孔入颅腔，分布于脑和脑硬膜。

（3）颈外动脉（External carotid artery）　为颈总动脉的直接延续，向前上方伸延，在颞下颌关节处分出颞浅动脉后，移行为上颌动脉。在颈外动脉起始处腹侧分出一舌面干，经二腹肌前缘向前下方，分为舌动脉和面动脉。面动脉绕过下颌骨面血管切迹时位于皮下，是探脉搏的常用部位。颈外动脉分布于面部、口腔、咽、腮腺、牙齿、眼球和泪腺等处。

2. 前肢动脉

前肢动脉是由左、右锁骨下动脉延续而来，按部位依次为腋动脉、臂动脉、正中动脉、指掌侧第3总动脉和第3、第4指掌轴侧固有动脉（图9-9）。

（1）腋动脉（Axillary artery）　为锁骨下动脉的直接延续，位于肩关节内侧，分出肩胛上动脉和肩胛下动脉，分布于肩部的肌肉和皮肤。

（2）臂动脉（Brachial artery）　为腋动脉向下的延续，在臂内侧下行，经肘关节内侧至前臂近端，沿途分支分布于喙臂肌、臂二头肌、胸深肌和肱骨外，还分出臂深动脉、尺侧副动脉、肘横动脉和骨间总动脉。分布于臂部和前臂部的肌肉和皮肤。

（3）正中动脉（Median artery）　为臂动脉的延续，沿前臂内侧向下伸延，分布于前臂部的肌肉和皮肤。

（4）指总动脉（Common digital artery）　为正中动脉的延续。指总动脉分布于前肢远端的皮肤和肌肉，向指部伸延分为指掌侧第2总动脉，分支分布于指骨、指屈肌腱和蹄。

3. 胸主动脉及其分支

胸主动脉（Thoracic aorta）为主动脉弓的向后延续，其主要分支有：

（1）支气管食管动脉（Bronchoesophageal artery）　支气管动脉和食管动脉为同一总干，很短，约在第6胸椎腹侧由胸主动脉分出，立即分为1条支气管动脉和1条食管动脉，分别分布于肺内支气管和

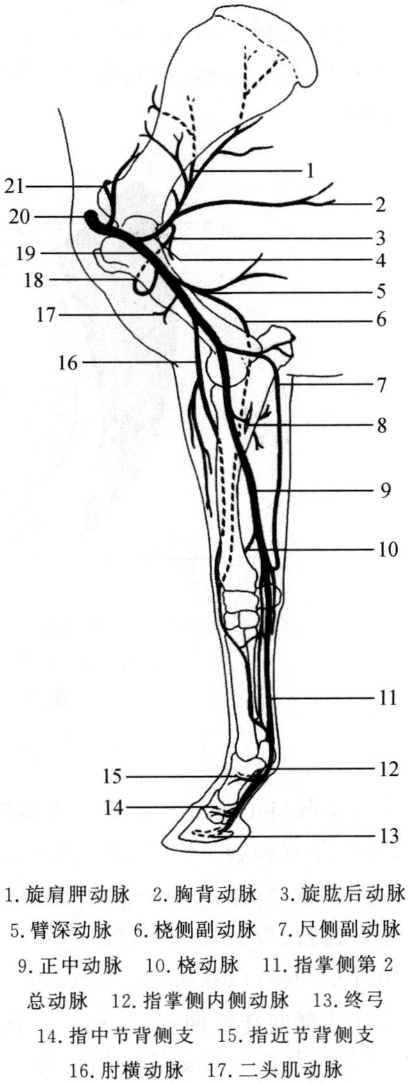

1. 旋肩胛动脉　2. 胸背动脉　3. 旋肱后动脉　5. 臂深动脉　6. 桡侧副动脉　7. 尺侧副动脉　9. 正中动脉　10. 桡动脉　11. 指掌侧第2总动脉　12. 指掌侧内侧动脉　13. 终弓　14. 指中节背侧支　15. 指近节背侧支　16. 肘横动脉　17. 二头肌动脉　18. 旋肱前动脉　19. 臂动脉　20. 腋动脉　21. 肩胛上动脉

图9-9　马前肢动脉内侧面

食管。

(2)肋间背侧动脉(Dorsal costoabdominal artery)　为起于胸主动脉背侧的成对侧支,马有17对。第1对由颈深动脉分出,第2～5对由肋颈动脉干分出,其余均由胸主动脉分出。每一肋间背侧动脉在肋间隙上端分为背侧支和腹侧支,前者分布于脊髓和脊柱背侧肌肉及皮肤;后者沿肋骨后缘下行,分布于胸侧壁的肌肉和皮肤。

4.腹主动脉及其分支

腹主动脉(Abdominal aorta)为腰腹部动脉的主干,位于腰椎腹侧,向后伸延到第5、6腰椎处,分为左、右髂内动脉和左、右髂外动脉及荐正中动脉。腹主动脉在腹腔内的分支分为壁支和脏支,脏支有腹腔动脉、肠系膜前动脉、肾动脉、肠系膜后动脉和睾丸动脉或卵巢动脉;壁支为成对的腰动脉。

(1)腹腔动脉(Celiac artery)　单支,短且粗。在膈的主动脉裂孔紧后方起于腹主动脉,分支分布于胃、肝、脾、胰、网膜和十二指肠。腹腔动脉分为肝动脉、脾动脉和胃左动脉3个分支(图9-10)。

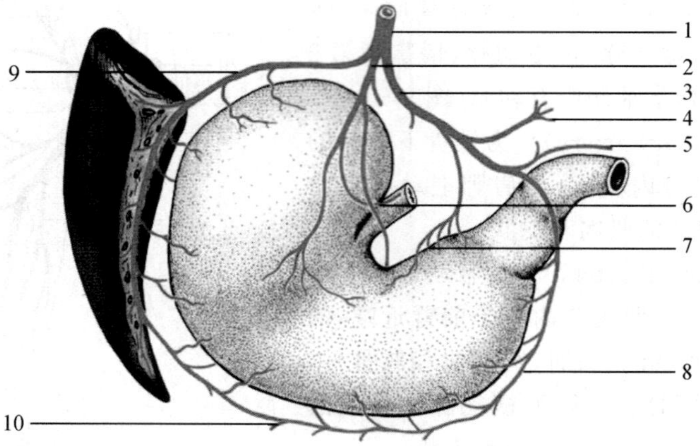

1.腹主动脉　2.胃左动脉　3.肝动脉　4.肝支　5.胰十二指肠前动脉　6.食管支
7.胃右动脉　8.胃网膜右动脉　9.脾动脉　10.胃网膜左动脉

图9-10　马腹腔动脉分支示意图

(引自陈耀星等,2009)

①肝动脉(Hepatic artery)　由腹腔动脉右侧发出,向右前方行走,经门静脉的右侧由肝门入肝,并有分支到胰、十二指肠、胃大弯和网膜。

②脾动脉(Splenic artery)　经脾门入脾,由腹腔动脉左侧发出,向左伸延,主要分布于脾,并有分支到胰、胃大弯和网膜。

③胃左动脉(Left gastric artery)　最细的一支,向贲门延伸,分为壁面支和脏面支,主要分布于胃壁的壁面和脏面;另外还分出食管支向前延伸,分布于食管腹段,并向前与胸主动脉分出的支气管 食管干的食管支相吻合。

(2)肠系膜前动脉(Cranial mesenteric artery)　不成对,为腹主动脉的最大分支。在第1腰椎腹侧起于主动脉,经左右膈脚进入总肠系膜,向后向下延伸,分布到大部分肠管。马匹缺胰支和侧副支,结肠中动脉和结肠右动脉以一总干起自肠系膜前动脉,分布于盲肠的动脉有2

条：盲肠内侧动脉和盲肠外侧动脉（图 9-11）。

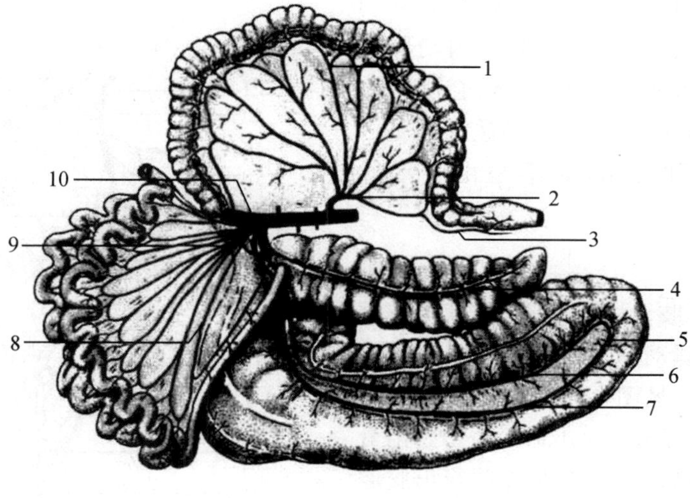

1.结肠左动脉　2.肠系膜后动脉　3.直肠前动脉　4.盲肠内侧动脉　5.骨盆曲吻合
6.结肠支　7.结肠右动脉　8.空肠动脉　9.肠系膜前动脉　10.腹主动脉

图 9-11　马肠系膜前、后动脉分支示意图

（引自陈耀星等，2009）

①结肠中动脉（Middle colic artery）　分布于横结肠和降结肠，常有分支到十二指肠，并与结肠左动脉相吻合。

②回结肠动脉（Ileocolic artery）　为肠系膜前动脉主干的延续，分布于回肠、结肠和盲肠。主要分支有：结肠右动脉，分布于结肠终袢和离心回；结肠支，分布于结肠初袢和向心回；盲肠动脉，分布于盲肠；回肠系膜支，分布于回肠。

③空肠动脉（Jejunal artery）　由肠系膜前动脉的凸面以一总干发出，然后放射状分为 18～20 支进入空肠系膜，分布于空肠。每一空肠动脉在肠系膜中又分为 2 支，分支间互相吻合成动脉弓，动脉弓的分支又相互吻合成动脉网。

（3）肾动脉（Renal artery）　为一对短而粗的动脉，约在第 2 腰椎腹侧由腹主动脉分出，经肾门入肾，入肾前尚有分支到肾上腺。

（4）肠系膜后动脉（Caudal mesenteric artery）　在第 4～5 腰椎腹侧起于腹主动脉，分为前、后 2 支：前支为结肠左动脉，分布于降结肠，并与结肠中动脉吻合；后支为直肠前动脉，分布于直肠（图 9-11）。

（5）睾丸动脉（Testicular artery）或卵巢动脉（Ovarian artery）　为成对的动脉，在肠系膜后动脉附近起于腹主动脉。睾丸动脉经腹股沟管进入精索，分布于精索、睾丸、附睾和输精管。卵巢动脉从卵巢门处进入卵巢。侧支有输卵管支和子宫支，分别分布于输卵管和子宫角。

（6）腰动脉（Lumbar artery）　有 6 对，前 5 对由腹主动脉分出，第 6 对起自髂内动脉，分布于腰腹部肌肉、皮肤和脊髓。

5.骨盆部和尾部动脉

髂内动脉（Internal iliac artery）是骨盆部动脉主干，沿荐结节阔韧带的内侧面向后伸延，沿途分支分布于骨盆腔器官及荐臀部的肌肉和皮肤。髂内动脉分支分出第 5 和第 6 腰动脉、臀后动脉和阴部内动脉。臀后动脉分出臀前动脉、荐支、尾中动脉和尾腹外侧动脉，自臀前动脉分出髂腰动脉和闭孔动脉。阴部内动脉分出脐动脉、前列腺动脉或阴道动脉、会阴腹侧动脉、阴茎动脉或阴蒂动脉。值得注意的是子宫动脉由髂外动脉分出，而不是由脐动脉分出。

6.后肢动脉

髂外动脉是后肢动脉的主干，延续干按部位依次为股动脉、腘动脉、胫前动脉、足背动脉和跖背侧第3动脉，见图9-12。

(1)髂外动脉(External iliac artery)　沿骨盆腔入口侧缘走向后下方，至耻骨前缘出腹腔延续为股动脉。髂外动脉分出旋髂深动脉和股深动脉，分布于腰腹肌肉和皮肤、阴茎、阴囊、包皮或乳房等。

(2)股动脉(Femoral artery)　为髂外动脉的直接延续，在股薄肌深面向下伸延。其分支有旋股外侧动脉(股前动脉)、隐动脉和股后动脉，分布于股前肌群、股后肌群、腓肠肌、趾浅屈肌及跖部和趾部等。

(3)腘动脉(Popliteal artery)　股动脉延续至膝关节后方称腘动脉，被腘肌覆盖。腘动脉分出胫后动脉分布于腘肌、趾浅屈肌和趾深屈肌，主干延续为胫前动脉。

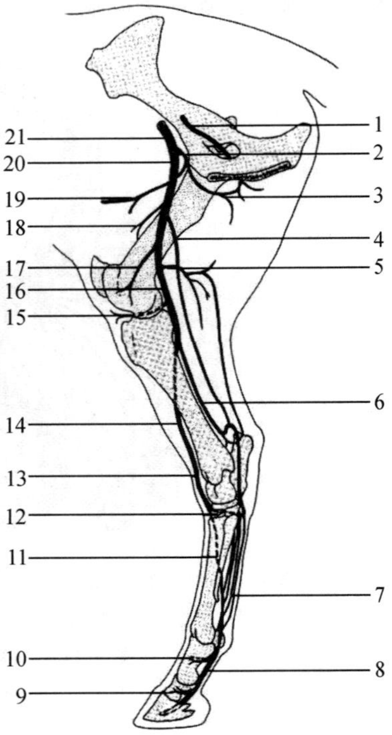

1.闭孔动脉　2.股深动脉　3.旋股内侧动脉　4.隐动脉　5.股后远动脉　6.胫后动脉　7.趾跖侧动脉和趾跖侧总动脉　8.趾跖内侧动脉　9.中趾节背侧支　10.近趾节背侧支　11.跖背侧第3动脉　12.跗穿动脉　13.足背动脉　14.胫前动脉　15.膝中动脉　16.腘动脉　17.膝降动脉　18.旋股外侧动脉　19.阴部腹壁动脉干　20.股动脉　21.髂外动脉

图9-12　马后肢动脉

(4)胫前动脉(Cranial tibial artery)　穿过小腿骨间隙，沿胫骨背外侧面向下伸延，至跗背侧，在伸肌腱深面延续为足背动脉。胫前动脉发出短小分支供给胫骨背外侧肌肉及关节和皮肤。

(5)足背动脉(Dorsal pedal artery)　在跗跖关节背侧分出跗穿动脉后，向跖背侧伸延为跖背侧第3动脉。

(6)跖背侧第3动脉(Dorsal metatarsalⅢ)　沿跖背侧纵沟下行，至跖骨远端为趾背侧第3总动脉。下行至趾间隙，分为第3趾和第4趾背侧固有动脉，其分支分布情况与前肢的固有动脉相同。

(二)体循环静脉

体循环的静脉包括心静脉、前腔静脉、后腔静脉和奇静脉4个静脉系(图9-13)。

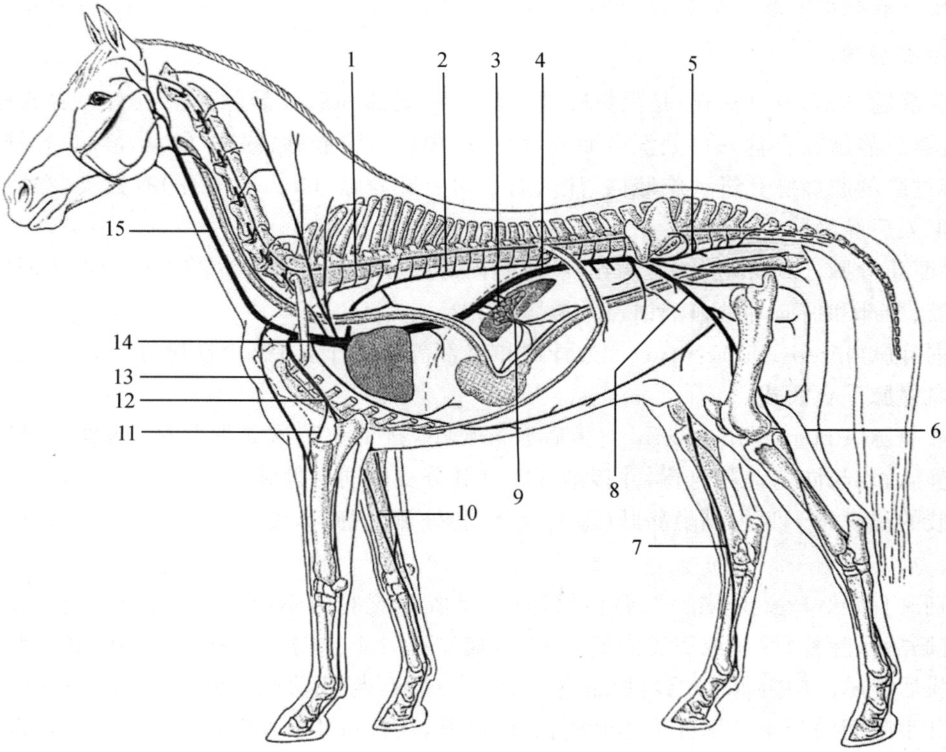

1.椎静脉　2.右奇静脉　3.肝静脉　4.后腔静脉　5.髂内静脉　6.外侧隐静脉　7.内侧隐静脉　8.髂外静脉　9.门静脉　10.正中静脉　11.肘正中静脉　12.臂静脉　13.头静脉　14.前腔静脉　15.颈外静脉

图 9-13　马静脉系统

(引自陈耀星等,2019)

1.前腔静脉

前腔静脉(Precaval vein)是汇集头、颈、前肢和部分胸壁、腹壁静脉血液的主干,由左、右腋静脉和左、右颈静脉在胸腔前口处汇合而成。在心前纵隔内沿气管和臂头动脉干的腹侧向后伸延,注入右心房。

(1)颈静脉(Carotid vein)　为头颈部粗大的静脉干,由舌面静脉和上颌静脉汇集而成,属支有舌面静脉、上颌静脉、颈浅静脉和头静脉等。马因为无颈内静脉,所有颈静脉相当于其他动物的颈外静脉。颈静脉位于颈静脉沟内,因其直接位于皮下而易触及,是马临床上采血、放血、注射的主要静脉。

(2)头静脉(Cephalic vein)　为前肢的浅静脉干,无动脉伴行,在腕的掌内侧面起自桡静脉,沿前臂内侧面上行,并经前臂前面入胸外侧沟向上向内延伸,最后注入颈外静脉。头静脉经肘正中静脉与臂静脉或正中静脉相连。副头静脉(Accessory cephalic vein)起自蹄静脉丛,位于前脚部背侧,在前臂部汇入头静脉。

(3)锁骨下静脉(Subclavian vein)　为前肢的深静脉干,在前肢的延续干依次为腋静脉、臂静脉、正中静脉、指掌侧总静脉和指掌侧固有静脉,上述静脉多与同名动脉伴行。

(4)胸内静脉(Internal thoracic vein)　收集胸前壁和部分腹壁的静脉血。与胸内动脉伴行。腹皮下静脉汇入腹壁前静脉，再向前经剑状软骨处汇入胸内静脉，注入前腔静脉起始部。

2.后腔静脉

后腔静脉（Postcaval vein）是汇集腹部、骨盆部、尾部和后肢静脉血液入右心房的静脉干。由左、右髂总静脉在骨盆入口处汇合而成，前行途中接纳腰静脉、睾丸（卵巢）静脉、肾静脉和肝静脉，穿过膈的腔静脉孔进入胸腔内，注入右心房。肝静脉（Hepatic vein）有数支，在腔静脉沟内直接汇入后腔静脉。

（1）髂总静脉（Common iliac vein） 由髂内静脉和髂外静脉在盆腔入口处汇集而成，为收集骨盆腔、尾部和后肢等处血液回流的静脉干。

髂内静脉（Internal iliac vein） 为骨盆和尾部静脉主干，与髂内动脉伴行，由伴随动脉分支的同名静脉汇合而成。

髂外静脉（External iliac vein） 为后肢静脉干，按部位依次是股静脉、腘静脉、胫前静脉和足背静脉，均与同名动脉伴行，并接纳伴随动脉分支的同名静脉。

后肢的浅静脉干为内侧隐静脉（隐大静脉）和外侧隐静脉（隐小静脉），分别注入股静脉或腘静脉。

（2）肝门静脉（Portal vein） 简称门静脉，是收集腹腔内不成对脏器，如胃、脾、胰、小肠、大肠（直肠后段除外）的血液回流的静脉干，其属支有胃十二指肠静脉、脾静脉、肠系膜前静脉和肠系膜后静脉。门静脉位于后腔静脉腹侧，穿过胰，与肝动脉一起经肝门入肝（图 9-14）。两者在肝小叶间的分支分别称为小叶间动脉、静脉，均开口于肝小叶的窦状隙。窦状隙的血液汇流入中央静脉，后者汇合成小叶下静脉，最后汇集成数支肝静脉，汇入后腔静脉。因此，肝动脉为肝的营养血管，门静脉为肝的功能性血管。门静脉与一般静脉不同，两端均为毛细血管网。

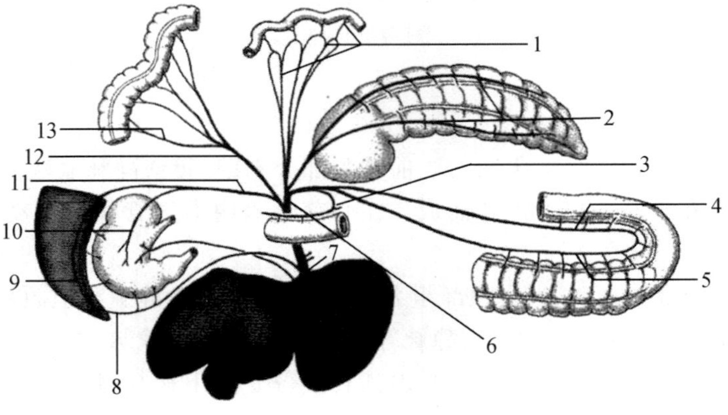

1.空肠静脉 2.盲肠静脉 3.结肠中静脉 4.结肠右静脉 5.结肠支 6.肠系膜前静脉 7.门静脉 8.胃网膜右静脉 9,11.脾静脉 10.胃左静脉 12.肠系膜后静脉 13.结肠左静脉

图 9-14 马匹门静脉及其属支

（3）乳房静脉 乳房的大部分静脉血液经阴部外静脉注入髂外静脉，一部分静脉血液经腹皮下静脉注入胸内静脉。乳房两侧的阴部外静脉、腹皮下静脉和会阴静脉在乳房基部互相吻合，形成一个大的乳房基部静脉环，所以当任何一支静脉血流受阻时，其他静脉可起代偿作用。

3. 奇静脉

奇静脉(Azygos vein)接受部分胸壁和腹壁的血液,也接受支气管和食管的血液。右奇静脉位于胸椎腹侧偏右,与胸主动脉和胸导管伴行向前伸延,注入右心房。

4. 心静脉

心静脉(Cardiac vein)为心脏的静脉总称。心脏静脉血通过心大静脉、心中静脉和心小静脉注入右心房。

四、胎儿血液循环

胎儿在母体子宫内发育,所需要的全部营养物质和氧都是通过胎盘由母体供给,代谢产物也通过胎盘由母体排出。所以,胎儿心血管系统的结构及血液循环途径均与此相适应。

(一)心脏和血管结构特点

1. 卵圆孔

心脏房间隔上有一卵圆孔(Oval foramen),使左、右心房相通,孔的左侧有卵圆瓣,血液只能从右心房流向左心房。

2. 动脉导管

主动脉与肺动脉干之间有动脉导管(Arterial catheter)相通,由右心室入肺动脉干的大部分血液经此导管流入主动脉。

3. 脐动脉和脐静脉

胎盘是胎儿与母体交换物质的特有器官,借脐带(Umbilical cord)与胎儿相连。马匹脐带内有 1 条脐静脉(Umbilical vein),而牛、犬有 2 条。

脐动脉(Umbilical artery)由阴部内动脉分出,沿膀胱侧韧带到膀胱顶,再沿腹腔底壁向前伸延至脐孔,进入脐带到胎盘,分支形成毛细血管网,借渗透和扩散作用与母体子宫上的毛细血管进行物质交换。胎盘上的毛细血管汇集成脐静脉,经脐带由脐孔进入胎儿腹腔,沿肝的镰状韧带伸延,经肝门入肝。

(二)胎儿血液循环途径

脐静脉将胎盘内富有营养物质和含氧较多的动脉血输入到胎儿体内,经肝门入肝,经过肝的窦状隙(在此与来自门静脉、肝动脉的血液混合),最后汇合成数支肝静脉,注入后腔静脉,与来自胎儿身体后半部的静脉血相混后入右心房,大部分血液经卵圆孔到左心房,再经左心室到主动脉及其分支,大部分到头颈部和前肢(图 9-15)。

来自身体前半部的静脉血,经前腔静脉入右心房,大部分到右心室,再入肺动脉干,因胎儿肺尚无功能活动,因此,肺动脉中的血液只有少量进入肺内,大部分血液经动脉导管到主动脉,进而到身体的后半部,并经脐动脉至胎盘,与母体进行物质交换。

由此可见,胎儿的动脉血液为混合血,但到肝、头颈和前肢的血液主要是从胎盘毛细血管而来,含氧和营养物质较多,以供肝行使功能和头部及前肢急剧生长,而到肺、躯干和后肢的血液主要是胎儿头颈和前肢的静脉血,含氧和营养物质较少,所以胎儿后躯发育较缓慢。

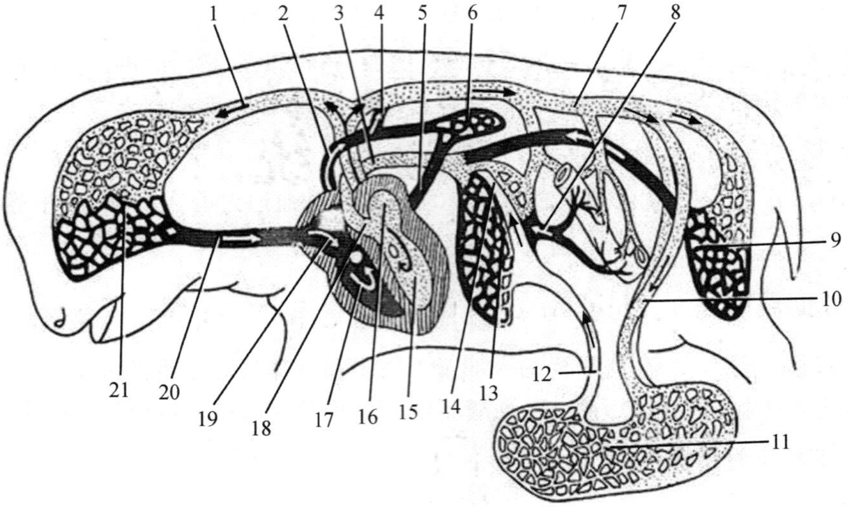

1. 臂头干　2. 肺干　3. 后腔静脉　4. 动脉导管　5. 肺静脉　6. 肺毛细血管　7. 腹主动脉　8. 门静脉
9. 骨盆部和后肢毛细血管　10. 脐动脉　11. 胎盘毛细血管　12. 脐静脉　13. 肝毛细血管
14. 静脉导管　15. 左心室　16. 左心房　17. 右心室　18. 卵圆孔
19. 右心房　20. 前腔静脉　21. 头、颈部毛细血管

图 9-15　胎儿血液循环模式图

(引自董常生,1987)

(三)出生后的变化

1. 脐动脉和脐静脉退化

由于切断脐带,使胎盘循环终止。脐动脉形成膀胱圆韧带(Round ligament of bladder),脐静脉形成肝圆韧带(Round ligament of liver)。

2. 动脉导管闭锁

由于肺开始呼吸而扩张,肺动脉的血液注入肺内,动脉导管封闭成为动脉韧带(Arterial ligament),又称动脉导管索。

3. 卵圆孔封闭

由于肺静脉回左心房的血量增多,内压增高,卵圆瓣与房间隔贴连,将卵圆孔封闭成为卵圆窝(Oval fossa)。左、右心房完全分开,左心房内为动脉血,右心房内为静脉血。

【测试题】

一、名词解释

门脉循环　肺循环　体循环　卵圆孔　动脉导管

二、填空题

1. 血管是血液流通的管道,根据结构和功能不同,可分为________、________和________3 种。

2. ________是胎儿与母体进行气体及物质交换的特有器官。

3. 马脐带内有________条脐动脉和________条脐静脉。

4. 与心脏相连的血管：与右心房相连的是________，与右心室相连的是________，与左心房相连的是________，与左心室相连的是________。

5. 马属动物腹腔动脉包括________、胃左动脉和________，其中________是最粗的一支。

6. 前肢动脉包括________、臂动脉、________、指总动脉和________。

7. 后肢动脉包括髂外动脉、________、________、胫前动脉、________和趾背侧总动脉。

三、选择题

1. 马心脏的右房室口有（　　）。

A. 二尖瓣　　B. 三尖瓣　　C. 半月瓣　　D 主动脉瓣

2. 下列不属于心脏传导系统的是（　　）。

A. 窦房结　　B. 房室结　　C. 房室束　　D. 心横肌

3. 环绕心基部代表心房和心室分界的是（　　）。

A. 冠状沟　　B. 左纵沟　　C. 右纵沟　　D. 锥旁室间沟

4. 肺静脉内的血液首先流入（　　）。

A. 左心室　　B. 右心室　　C. 左心房　　D. 右心房

5. 前腔和后腔静脉内的血液首先流入（　　）。

A. 左心室　　B. 右心室　　C. 左心房　　D. 右心房

6. 位于马前臂部的动脉称为（　　）。

A. 锁骨下动脉　　B. 腋动脉　　C. 臂动脉　　D. 正中动脉

7. 供应马头颈部和前肢血液的动脉称为（　　）。

A. 锁骨下动脉　　B. 臂头干　　C. 臂动脉　　D. 颈动脉

8. 马胃肠内的静脉血管首先汇合成为（　　）。

A. 髂外静脉　　B. 髂内静脉　　C. 髂总静脉　　D. 门静脉

三、简答题

简述马血液循环的路径。

项目十

马匹淋巴系统

【知识目标】

- 熟悉马淋巴系统的组成。
- 掌握马主要淋巴器官的位置、形态、构造和功能。
- 熟悉马体表浅在淋巴结的位置、大小,了解内脏淋巴结的分布规律。

【能力目标】

- 能够辨别淋巴结的正常形态。
- 能说出淋巴器官的结构和功能的关系。

【素质目标】

- 培养学生崇尚科学、积极探索的职业素养。
- 培养学生理论联系实际、理论指导实践的学习和工作态度。

任务 10-1　淋巴管道和淋巴组织

【学习任务单】

一、学习目标

1. 掌握马淋巴系统与心血管系统之间的关系。
2. 熟悉马各级淋巴管道的形态与位置关系。
3. 掌握淋巴小结的定义。
4. 熟悉淋巴组织的聚集方式。

二、学习资源

1. 显示淋巴管和淋巴结的标本。
2. 教材。
3. 信息化教学资源。

三、学习任务

1. 观察马左右气管淋巴干，左右腰淋巴干和内脏淋巴干的注入部位和收集范围。
2. 观察乳糜池和胸导管的位置及注入部位。

【相关知识】

淋巴系统(Lymphatic system)由淋巴管道、淋巴组织和淋巴器官组成，与心血管系统有着密切的联系，当血液流经毛细血管动脉端时，一些成分经毛细血管壁进入组织间隙，形成组织液。组织液与细胞进行物质交换后，大部分经毛细血管静脉端吸收入静脉，小部分水分和大分子物质进入毛细淋巴管，形成淋巴，沿淋巴管道和淋巴结的淋巴窦向心流动，最后流入前腔静脉。因此，淋巴系统是心血管系统的辅助系统，协助静脉引流组织液(图 10-1)。

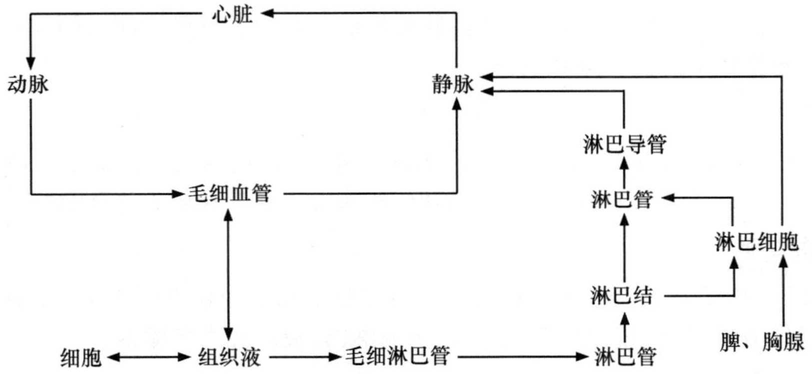

图 10-1　淋巴循环径路及其与心血管系统的关系

(引自陈耀星等，2010)

淋巴为无色透明液体，其成分与血浆相似，通过淋巴结后含有较多的淋巴细胞。来自小肠淋巴管中的淋巴则含有大量脂肪小滴，呈乳白色，称乳糜(Chyle)。

一、淋巴管道

淋巴管道(Lymphatic vessel)起于组织间隙，最后注入静脉，根据汇集顺序、口径大小及管壁薄厚，可分为毛细淋巴管、淋巴管、淋巴干和淋巴导管。

(一)毛细淋巴管

毛细淋巴管(Lymphatic capillary)以膨大的盲端起始，互相吻合成毛细淋巴管网，其管壁由很薄的内皮细胞构成，管腔大，且不规则。内皮细胞外面有纤维细丝牵拉，使毛细淋巴管处于扩张状态。毛细淋巴管的通透性较大，蛋白质、细胞碎片、异物、细菌和肿瘤细胞等容易进入毛细淋巴管。上皮、角膜、晶状体、软骨、脑和脊髓等处无毛细淋巴管。毛细淋巴管常彼此吻合成网，但小肠绒毛内的毛细淋巴管常为 1～2 条较直小管，因收集小肠吸收的脂肪微粒而使淋巴呈乳白色，故称乳糜管(Lacteal)。

(二)淋巴管

淋巴管(Lymph vessel)由毛细淋巴管汇集而成，其形态结构与静脉相似，但管壁较薄，管径粗细不均。淋巴管内有很多瓣膜，具有防止淋巴液逆流的功能。由于相邻两对瓣膜之间的淋巴管段扩张明显，淋巴管外观呈串珠状。在其行程中，通过一个或多个淋巴结。按所在位置，可分浅层淋巴管和深层淋巴管，前者汇集皮肤及皮下组织的淋巴液与浅静脉伴行；后者汇集肌肉、骨和内脏的淋巴液，多与深层血管伴行。浅、深淋巴管之间存在丰富的交通支。根据淋巴液对淋巴结的走向，淋巴管还可分为输入淋巴管（Afferent lymph vessel）和输出淋巴管（Efferent lymph vessel）。

（三）淋巴干

淋巴干（Lymphatic trunk）为身体一个区域内大的淋巴集合管，由淋巴管汇集而成，多与大血管伴行。主要有以下淋巴干：

1. 气管淋巴干

气管淋巴干（Tracheal lymphatic trunk）左、右侧各1条，分别伴随左、右颈总动脉，沿气管腹侧后行，各自收集左、右侧头、肩带部和前肢的淋巴。左气管淋巴干注入胸导管，右气管淋巴干注入右淋巴导管或前腔静脉或颈静脉。

2. 腰淋巴干

腰淋巴干（Lumbar lymphatic trunk）左、右各1条，由髂内淋巴结的输出淋巴管形成，收集骨盆壁、部分腹壁、后肢及盆腔内脏器官的淋巴，伴随腹主动脉和后腔静脉前行，注入乳糜池。

3. 内脏淋巴干

内脏淋巴干（Visceral lymphatic trunk）由肠淋巴干和腹腔淋巴干形成，分别汇集空肠、回肠、盲肠、大部分结肠和胃、肝、脾、胰、十二指肠的淋巴，最后注入乳糜池。

（四）淋巴导管

淋巴导管（Lymphatic duct）由淋巴干汇集而成，包括胸导管和右淋巴导管。

1. 胸导管

胸导管（Thoracic duct）是全身最大的淋巴管，起始部呈长梭状膨大，称为乳糜池，位于最后胸椎和前三个腰椎腹侧，在腹主动脉和右膈肌脚之间。注入乳糜池的有左、右腰淋巴干和内脏淋巴干。胸导管入胸腔后沿胸主动脉的右上方向前延伸，在第6胸椎处，越过食管和气管左侧向下，在胸前口处注入前腔静脉。胸导管收集除右淋巴导管以外的全身淋巴。

2. 右淋巴导管

右淋巴导管（Right lymphatic duct）又称“右胸导管”（Right thoracic duct）。短而粗，为右侧气管干的延续，收集右侧头颈、右前肢、右肺、心脏右半部及右侧胸下壁的淋巴，末端注入前腔静脉或右颈静脉。

二、淋巴组织

淋巴组织（Lymphatic tissue）以网状细胞和网状纤维为支架，网眼中充满淋巴细胞及一些浆细胞、巨噬细胞和肥大细胞等。这种含有大量淋巴细胞的组织称为淋巴组织。淋巴组织可因淋巴细胞的聚集程度和方式不同，分为弥散淋巴组织和淋巴小结。

（一）弥散淋巴组织

弥散淋巴组织（Diffuse lymphatic tissue）中淋巴细胞分布稀疏，没有特定的外形。常分布在消化管、呼吸道和泌尿生殖道的黏膜内，可抵御外来细菌或异物的侵入。淋巴组织内及其周围有许多毛细淋巴管，淋巴细胞可经此进入淋巴和血液循环，并经毛细血管后微静脉再进入淋巴器官或淋巴组织。抗原刺激可使弥散淋巴组织扩大，并出现淋巴小结。

(二)淋巴小结

淋巴小结(Lymphatic nodule)又称淋巴滤泡，淋巴细胞排列紧密，具有一定的形态，多呈球形或卵圆形，轮廓清晰，分布于淋巴器官及消化道和呼吸道等处的黏膜。其中单独存在的称淋巴孤结，成群存在的称淋巴集结，如回肠黏膜内的淋巴孤结和淋巴集结。

任务 10-2　淋 巴 器 官

【学习任务单】

一、学习目标

1. 掌握马临床常见浅层淋巴结的名称与位置。
2. 熟悉深层淋巴结和内脏淋巴结的分布规律。
3. 掌握马脾的位置与形态。

二、学习资源

1. 脾、胸腺、淋巴结的标本或模型。
2. 教材。
3. 信息化教学资源。

三、学习任务

1. 观察马胸腺和脾的位置与形态。
2. 观察体表淋巴结，识别下颌淋巴结、颈浅淋巴结、髂下淋巴结、乳房淋巴结的位置、大小、色泽和收集范围。
3. 观察胸部淋巴结，识别纵隔淋巴结和气管支气管淋巴结的位置、大小和色泽。
4. 观察腹腔内脏淋巴结，识别胃淋巴结、肝淋巴结、空肠淋巴结、肠系膜后淋巴结的位置和形态。
5. 观察腹壁和骨盆壁主要淋巴结，识别髂内侧淋巴结的位置、收集范围和引流方向。
6. 观察前肢第 1 肋腋淋巴结、后肢腘淋巴结的位置。

【相关知识】

淋巴器官(Lymphatic organ)是以淋巴组织为主构成的实质性器官，根据发生和机能的特点，可分为中枢淋巴器官(Central lymphatic organ)和周围淋巴器官(Peripheral lymphatic organ)。

中枢淋巴器官又叫初级淋巴器官(Primary lymphatic organ)，包括胸腺、腔上囊，在胚胎发育过程，其原始淋巴细胞来源于骨髓的干细胞，在此类器官的影响下，分化成T细胞和B细胞。

周围淋巴器官又叫次级淋巴器官(Secondary lymphatic organ)，包括淋巴结、脾、扁桃体和血淋巴结。外周淋巴器官发育较迟，其淋巴细胞由中枢淋巴器官迁移而来，定居在特定区域内，就地繁殖，再进入淋巴和血液循环，参与机体免疫。其中T淋巴细胞形成具有特异性的免疫淋巴细胞，起细胞免疫作用；B淋巴细胞转化为能产生抗体的浆细胞，参与免疫。

一、胸腺

(一)胸腺的形态和位置

胸腺(Thymus)位于胸腔前部纵隔内，分颈、胸2部分，呈红色或粉红色，单蹄类动物和肉食类动物的胸腺主要在胸腔内，猪和反刍动物的胸腺胸部和颈部均很发达，向前可到喉部。胸腺在幼畜发达，性成熟时体积最大，然后逐渐退化，到老年几乎被脂肪组织所代替，但不完全消失，在胸腺中仍可找到有活动的胸腺结构。马在2～3岁胸腺开始退化。胸腺是T淋巴细胞增殖分化的场所，是机体免疫活动的重要器官，并可分泌胸腺激素。

(二)胸腺的组织结构

胸腺表面覆以薄层结缔组织被膜，被膜深入胸腺内部形成小叶间隔，将实质分隔成许多不完全分离的胸腺小叶。每个小叶均有皮质和髓质2部分，所有的髓质都连续。皮质内胸腺细胞密集，故着色深；髓质含较多的上皮细胞，故着色浅。

1.皮质

皮质(Cortex)以胸腺上皮细胞为支架，间隙内含有大量的胸腺细胞和少量的吞噬细胞。

2.髓质

髓质(Medulla)与皮质无明显分界，淋巴细胞较少。髓质的上皮细胞主要包括髓质上皮细胞和胸腺小体上皮细胞。

(1)髓质上皮细胞　呈球形或多边形，胞体较大，细胞间以桥粒相连，间隙内有少量胸腺细胞。髓质上皮细胞是分泌胸腺激素的主要细胞。

(2)胸腺小体上皮细胞　构成胸腺小体。胸腺小体上皮细胞不分泌激素，功能未明，但缺乏胸腺小体的胸腺不能培育出T细胞。

髓质内的胸腺细胞数量虽少，但均已成熟，并具有免疫应答的能力。

3.血-胸腺屏障

血液内的大分子物质不能进入胸腺皮质，说明皮质的毛细血管及其周围结构具有屏障作用，称血-胸腺屏障(Blood-thymus barrier)。它由下列结构组成：①连续毛细血管，其内皮细胞间有完整的紧密连接；②内皮周围连续的基膜；③血管周隙，内含巨噬细胞；④上皮基膜；⑤一层连续的胸腺上皮细胞。血液内一般抗原物质和药物不易透过此屏障，这对维持胸腺内环境的稳定、保证胸腺细胞的正常发育起着极其重要的作用。

二、脾

(一)脾的形态和位置

脾(Spleen)是动物体内最大的淋巴器官，位于腹前部、胃的左侧。脾的表面包以结缔组织构成的被膜。被膜伸入脾实质内形成小梁，小梁互相吻合形成网状支架。脾的实质为脾髓，分白髓和红髓。白髓呈灰白色，由淋巴细胞聚集而成；红髓位于白髓周围，是富于血管的弥散淋巴组织。

脾呈扁平镰刀形，颜色蓝红或铁青色，位于胃大弯左侧。上端宽，与最后2、3个肋骨椎骨端和第1腰椎相对；下端窄，约与第10、11肋骨下1/3相对，见图10-2。

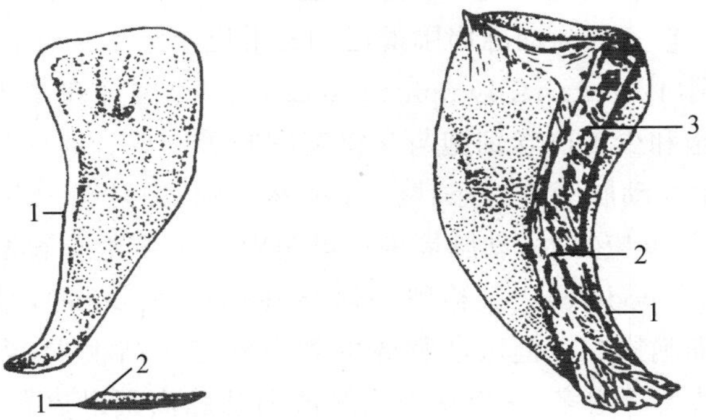

1. 前缘　2. 脾门　3. 胃脾网膜

图10-2　马脾的形状

（引自陈耀星等，2010）

脾可产生淋巴细胞和巨噬细胞，参与机体免疫活动，同时还具有造血、灭血、滤血、贮血等功能。

（二）脾的组织结构

脾内也含有大量淋巴组织，但其淋巴组织的分布规律与淋巴结不同。脾无皮质、髓质之分，而分为白髓、边缘区和红髓3部分；脾没有输入淋巴管和淋巴窦，但有大量的血窦，见图10-3。

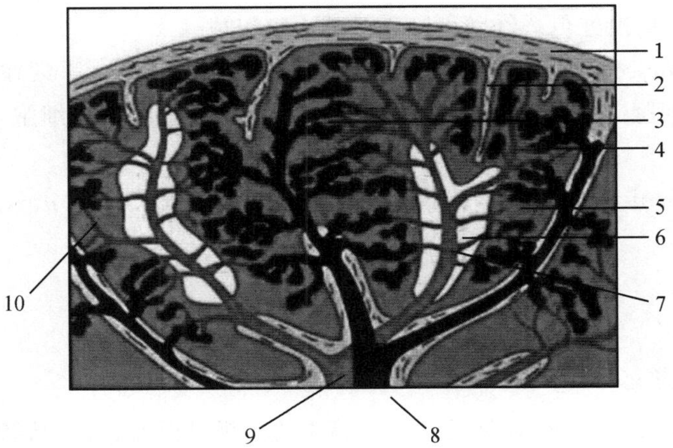

1. 被膜　2. 小梁　3. 脾索　4. 静脉窦　5. 红髓　6. 白髓　7. 中央动脉

8. 脾静脉　9. 脾动脉　10. 小动脉和毛细血管

图10-3　脾结构模式图

（引自陈耀星等，2019）

1.被膜与小梁

脾的被膜(Capsule)较厚,表面覆有间皮。被膜结缔组织伸入脾内形成许多分支的小梁(Trabecula),小梁互相连结,构成脾的支架。

2.白髓

白髓(White pulp)主要由淋巴细胞密集的淋巴组织构成,在新鲜脾的切面上呈分散的灰白色小点状,故称白髓。它又分为动脉周围淋巴鞘和淋巴小结2部分。

(1)动脉周围淋巴鞘(Periarterial lymphatic sheath) 是围绕在中央动脉周围的厚层弥散淋巴组织,由大量T细胞和少量巨噬细胞与交错突细胞等构成。此区相当于淋巴结内的副皮质区,是胸腺依赖区。中央动脉旁有一条伴行的小淋巴管,它是鞘内T细胞经淋巴迁出脾的重要通道。当发生细胞免疫应答时,动脉周围淋巴鞘内的T细胞分裂增殖,鞘也增厚。

(2)淋巴小结(Lymph nodule) 又称脾小体(Splenic corpuscle),结构与淋巴结的淋巴小结相同,主要由大量B细胞构成。健康动物体的脾内淋巴小结很少,当抗原侵入脾内引起体液免疫应答时,淋巴小结大量增多,它出现于边缘区和动脉周围淋巴鞘之间,使中央动脉常偏向鞘的一侧。

3.边缘区

边缘区(Marginal zone)位于白髓和红髓交界处,宽约100 μm。该区的淋巴细胞较白髓稀疏,但较脾索密集,并混有少量红细胞。此区含有T细胞及B细胞,并含有较多的巨噬细胞。中央动脉分支而成的一些毛细血管,其末端在白髓和边缘区之间膨大形成的小血窦,称为边缘窦(Marginal sinus),它是血液以及淋巴细胞进入淋巴组织的重要通道,淋巴细胞也可经此区再迁入动脉周围淋巴鞘、淋巴小结或脾索内。边缘区也是脾内捕获抗原、识别抗原和诱发免疫应答的重要部位。

4.红髓

红髓(Red pulp)约占脾的2/3,分布于被膜下、小梁周围及边缘区外侧,因含有大量血细胞,在新鲜脾切面上呈现红色。红髓由脾索及脾血窦组成。

(1)脾索(Splenic cord) 由富含血细胞的索状淋巴组织构成,脾索在血窦之间相互连接成网,索内含有T细胞、B细胞和浆细胞以及许多其他血细胞和巨噬细胞,是脾进行滤血的主要场所。

(2)脾血窦(Splenic blood sinus) 是一种静脉性血窦,宽12～40 μm,形态不规则,相互连接成网。

三、淋巴结

(一)淋巴结的形态

淋巴结(Lymph node)是机体淋巴回流径路中的次级淋巴器官,由结缔组织被膜包裹淋巴组织形成。淋巴结大小不一,直径从1mm到数厘米不等,多呈球形、卵圆形或肾形等。其颜色变化较大,在活体呈粉红或微红色,在尸体则呈灰白色或略带黄色。淋巴结数量较多,有浅、深之分,单个或成群分布,多位于躯体隐蔽处的较安全部位,如腋窝、关节屈侧、内脏器官门部及大血管附近(图10-4)。各大器官或局部均有一个主要淋巴结群。

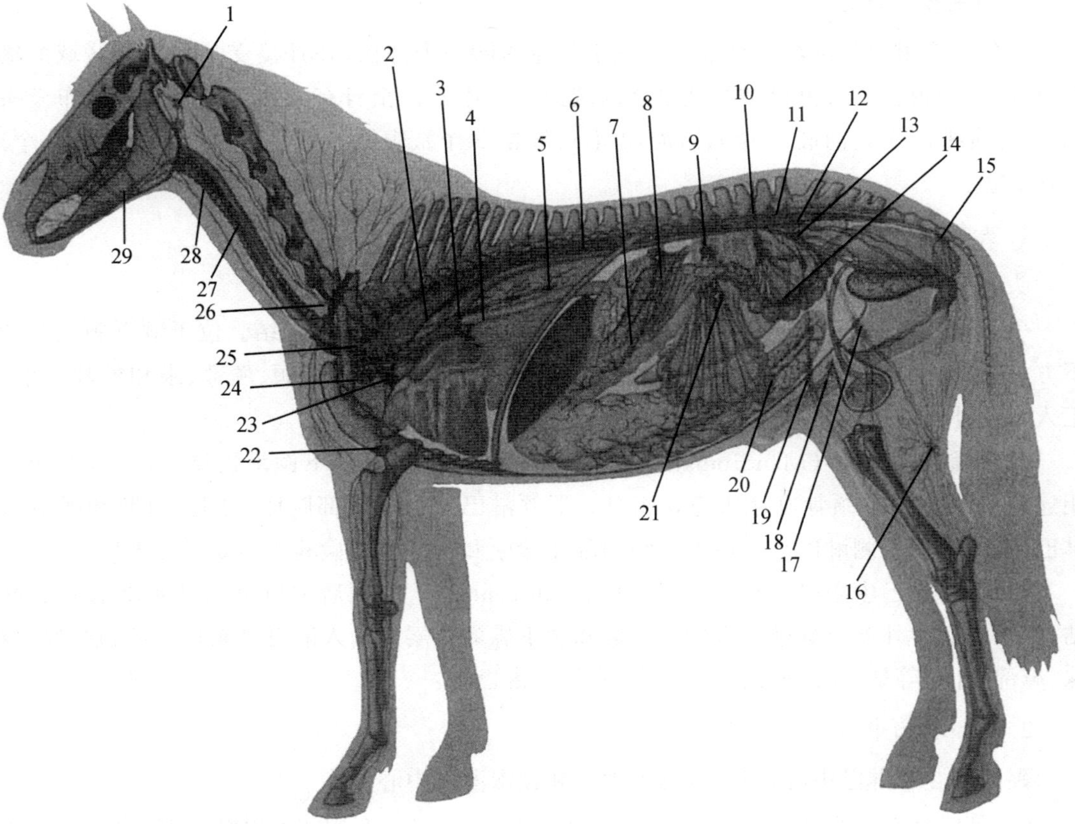

1.咽后淋巴结 2.胸导管 3.左支气管淋巴结 4.支气管背侧淋巴结 5.纵隔后淋巴结 6.纵隔背淋巴结 7.脾淋巴结 8.腹腔淋巴结 9.前肠系膜淋巴结 10.后肠系膜淋巴结 11.腰淋巴结 12.髂内淋巴结 13.髂外淋巴结 14.小结肠淋巴结 15.荐淋巴结 16.腘淋巴结 17.腹股沟深淋巴结 18.腹股沟浅淋巴结 19.膝上淋巴结 20.大结肠淋巴结 21.空肠淋巴结 22.肘淋巴结 23.腋淋巴结 24.纵隔前淋巴结 25.颈后淋巴结 26.肩前淋巴结 27.颈中淋巴结 28.颈前淋巴结 29.下颌淋巴结

图 10-4 马淋巴管及淋巴结模式图

淋巴结一侧隆凸，连有数条输入淋巴管；另一侧凹陷，是输出淋巴管、神经和血管出入之处，称淋巴结门。淋巴结的主要功能是产生淋巴细胞，滤过淋巴，清除进入体内的细菌和异物，参与免疫反应产生抗体，是机体重要的防卫器官，同时又是造血器官。淋巴结的体积经常处于动态变化之中，受抗原刺激时可增大，当抗原被清除后，又恢复正常状态。因此在临床上，局部淋巴结肿大，可反映其收集区域有病变，对临床诊断疾病和兽医卫生检疫有重要实践意义。

淋巴结由被膜和实质构成。被膜是结缔组织薄膜，含有少量弹性纤维和平滑肌纤维。被膜深入实质形成许多小梁，小梁构成淋巴结的支架。实质分外围的皮质和中央的髓质。皮质颜色较深，有许多圆形或梨形淋巴小结，在被膜下方和小梁与淋巴小结之间有不规则裂隙，称为皮质窦。髓质颜色较淡，有许多淋巴细胞形成髓索，小梁和髓索之间的空隙称髓质窦，同皮质窦相通，是淋巴流经的地方。

(二)主要淋巴结

马的一个淋巴结或淋巴结群经常位于身体的同一个部位,并且接受几乎相同区域的输入淋巴管,这个淋巴结或淋巴结群就是该区域的淋巴中心。全身有19个淋巴中心,分布于头部(3个)、颈部(2个)、前肢(1个)、胸腔(4个)、腹腔(3个)、腹壁和骨盆壁(4个)及后肢(2个)等7个部位。

1.头部淋巴中心及淋巴结

头部有腮腺淋巴中心、下颌淋巴中心和咽后淋巴中心。

(1)腮腺淋巴中心(Parotid lymph centre) 有1群,即腮腺淋巴结。位于颞下颌关节的后下方,部分或全部被腮腺覆盖。较大,长6~9 cm。引流鼻腔、唇、颊、颅部、眼和外耳的淋巴,汇入咽后外侧淋巴结。

(2)下颌淋巴中心(Mandibular lymph centre) 有1群,即下颌淋巴结。左、右两侧前端相连呈"V"形,与下颌骨血管切迹处相对。下颌淋巴结引流头部腹侧、鼻腔、口腔和唾液腺的淋巴,汇入咽后外侧淋巴结。该淋巴结为临床诊断和兽医卫生检验的主要浅在淋巴结之一。

(3)咽后淋巴中心(Retropharyngeal lymph centre) 有咽后内侧淋巴结和咽后外侧淋巴结,位于咽后背外侧至寰椎翼腹侧及腮腺和颌下腺的深层。输入淋巴管来自口腔、咽、喉、唾液腺、鼻部、外耳等处,输出淋巴管形成左、右气管淋巴干。

2.颈部淋巴中心及淋巴结

颈部有2个淋巴中心,即颈浅淋巴中心和颈深淋巴中心。

(1)颈浅淋巴中心(Superficial cervical lymph centre) 有颈浅淋巴结1群,为重要的浅淋巴结,又称肩前淋巴结,收集颈部、前肢、胸壁的淋巴,注入右气管淋巴干和胸导管。颈浅淋巴结大部分被臂头肌覆盖,下端可显露于颈静脉沟内,长达10 cm。颈浅腹侧淋巴结位于腮腺后缘和臂头肌之间,有3~5个,呈链状,沿臂头肌前缘从咽后外侧淋巴结伸向后下方。

(2)颈深淋巴中心(Deep cervical lymph centre) 有3群,即颈深前淋巴结(Cranial deep cervical lymph node)、颈深中淋巴结(Middle deep cervical lymph node)和颈深后淋巴结(Caudal deep cervical lymph node)。

颈深前淋巴结位于甲状腺附近的气管两侧,有4~5个,输入淋巴管收集颈部肌肉、甲状腺、气管、食管以及肩臂部的淋巴,输出淋巴管注入右淋巴导管或胸导管。

颈深中淋巴结位于颈中部气管的两侧,收集范围与颈深前淋巴结相似,汇入颈深后淋巴结。

颈深后淋巴结位于胸前口气管腹侧,血管附近。输入淋巴管收集颈部肌肉、气管、食管、胸腺以及肩臂部的淋巴,注入气管淋巴干、胸导管或颈外静脉。

3.前肢淋巴中心及淋巴结

前肢只有1个腋淋巴中心(Axillary lymph centre) 有肘淋巴结、固有腋淋巴结和第一肋腋淋巴结。肘淋巴结(Cubital lymph node)位于肘关节内侧面;固有腋淋巴结位于大圆肌下部的内侧面;第一肋腋淋巴结位于第一肋骨的前外侧。腋淋巴中心引流前肢、胸下壁和腹下壁前部的淋巴,汇入颈深后淋巴结或气管干。冈下肌后缘与臂三头肌长头间的小淋巴结,收集冈下肌、臂三头肌等的淋巴，汇入固有腋淋巴结。

4.胸腔淋巴中心及淋巴结

胸腔淋巴中心包括4个淋巴中心，即胸背侧淋巴中心、胸腹侧淋巴中心、纵隔淋巴中心和支气管淋巴中心。

(1)胸背侧淋巴中心(Dorsal thoracic lymph centre) 有2群，即胸主动脉淋巴结和肋间淋巴结。胸主动脉淋巴结位于主动脉上方的纵隔内；肋间淋巴结每肋间1个，位于交感神经干上方的肋间脂肪中。该淋巴中心的引流区域为胸壁上半部和腹前部的腹壁上半部，直接或间接地汇入胸导管。

(2)胸腹侧淋巴中心(Ventral thoracic lymph centre) 有2群，即胸骨前淋巴结(Cranial sternal lymph node)和胸骨后淋巴结(Caudal sternal lymph node)。胸骨前淋巴结位于胸骨前部上方，在左、右胸廓内动、静脉之间；胸骨后淋巴结位于胸骨中部上面和肌肉之间，沿胸廓内动、静脉分布。胸腹侧淋巴中心的引流区域为胸壁下部和腹前部腹壁的下部，左侧直接或间接地汇入胸导管末端；右侧直接或间接地汇入右侧气管干。

(3)纵隔淋巴中心(Mediastinal lymph centre) 有3群，即纵隔前、纵隔中和纵隔后淋巴结。纵隔前淋巴结在心前纵隔中，位于大血管、气管和食管的表面；纵隔中淋巴结位于心的上方；纵隔后淋巴结位于主动脉弓后方的纵隔内，沿食管分布。纵隔淋巴中心的引流区域为支气管淋巴结、肺、胸膜、心包、心、食管、气管和胸腺。最后都通过纵隔前淋巴结，左侧的汇入胸导管末端，右侧的汇入右侧气管干。

(4)支气管淋巴中心(Bronchial lymph centre) 有4群，即气管支气管前淋巴结和气管支气管左、中、右淋巴结。气管支气管前淋巴结和气管支气管左淋巴结位于气管叉左侧；气管支气管右淋巴结位于气管叉右侧；气管支气管中淋巴结位于气管叉之间。支气管淋巴中心的引流区域为支气管、心和肺的淋巴，都注入纵隔前淋巴结，而后左侧的汇入胸导管末端，右侧的汇入右侧气管干。

5.腹腔内脏淋巴中心及淋巴结

腹腔内脏淋巴中心有3个，即腹腔淋巴中心、肠系膜前淋巴中心和肠系膜后淋巴中心。

(1)腹腔淋巴中心(Coeliac lymph centre) 所属的淋巴结有腹腔淋巴结、胃淋巴结、肝淋巴结、脾淋巴结和胰十二指肠淋巴结。分别位于腹腔动脉起始处、胃部、胰与十二指肠之间、肝门区和脾门附近，收集胃、肝、脾、胰、十二指肠和网膜等处的淋巴。输入管与肠淋巴干汇合成内脏淋巴干，注入乳糜池。

(2)肠系膜前淋巴中心(Cranial mesenteric lymph centre) 有4群，即肠系膜前淋巴结、空肠淋巴结、盲肠淋巴结和结肠淋巴结。分别位于肠系膜前动脉起始处和肠管沿途的肠系膜内。引流空肠、盲肠和结肠的淋巴，汇入肠系膜前淋巴结；输出淋巴管形成肠淋巴干，与腹腔淋巴干汇成内脏淋巴干后，注入乳糜池。

(3)肠系膜后淋巴中心(Caudal mesenteric lymph centre) 只有1群，即肠系膜后淋巴结(Caudal mesenteric lymph node)，位于肠系膜后动脉起始部附近，分布于结肠末端和直肠前部的系膜中。收集降结肠和直肠前部的淋巴，汇入腰淋巴干，注入乳糜池。该淋巴结较重要。

6.腹壁和骨盆壁淋巴中心及淋巴结

腹壁和骨盆壁有4个淋巴中心，即腰淋巴中心、髂荐淋巴中心、腹股沟浅(腹股沟股)淋巴中心和坐骨淋巴中心。

(1)腰淋巴中心(Lumbar lymph centre) 有腰主动脉淋巴结(Lumbar aortic lymph node)和肾淋巴结(Renal lymph node)，位于腹主动脉和后腔静脉的径路上及肾门附近。输入淋巴管引流腰部肌肉、腹膜和泌尿生殖器官的淋巴，输出淋巴管注入腰淋巴干或乳糜池。

(2)髂荐淋巴中心(Iliosacral lymph centre) 有3群，即髂内侧淋巴结、髂外侧淋巴结和肛门直肠淋巴结。

髂内侧淋巴结(Medial iliac lymph node)左、右各有1大群，位于旋髂深动脉起始部和髂外动脉起始部附近。髂内侧淋巴结输入管收集腰荐部、尾部、腹壁后部和后肢等处的淋巴，输出管形成左、右腰淋巴干。左、右髂内侧淋巴结为身体后部两个大淋巴枢纽，是髂荐淋巴中心的总汇和腰淋巴干的起点，后躯的大部分淋巴汇流到此，再由腰淋巴干向前引流到乳糜池。所以，髂内侧淋巴结是兽医卫生检验的重要的深淋巴结。

髂外侧淋巴结(Lateral iliac lymph node)位于旋髂深动脉前、后分叉处附近，收集腰荐部、后腹部等处的淋巴，汇入髂内侧淋巴结。

肛门直肠淋巴结(Anorectal lymph node)有多个，位于直肠腹膜后部的背侧面，引流区域为直肠、肛门和会阴处，汇入髂内侧淋巴结。

(3)腹股沟浅淋巴中心(Inguinofemoral lymph centre) 有2群，即腹股沟浅淋巴结和髂下淋巴结。

腹股沟浅淋巴结(Inguinofemoral lymph node)为浅在淋巴结，位于腹底壁皮下，大腿内侧，腹股沟管皮下环附近。因性别差异而有不同名称。公马在阴茎背侧的精索后上方，称阴茎背侧淋巴结(Scrotal lymph node)；母马在乳房基底部后上方两侧，称乳房上淋巴结(Mammary lymph node)。该淋巴结收集腹底壁的肌肉、皮肤，股内侧、股后方，小腿内侧的皮肤、皮下组织，公马阴茎、包皮、阴囊，母马乳腺和外生殖器的淋巴。输出管经腹股沟管入腹腔，注入髂内侧淋巴结。

髂下淋巴结(Subiliac lymph node)又称股前淋巴结或膝上淋巴结，为1个大而长的浅在淋巴结，位于膝关节的前上方、股阔筋膜张肌前缘膝褶中，活体可摸到。该淋巴结输入管收集腹侧壁、骨盆、股部、小腿部等处的淋巴，输出管汇入髂外侧淋巴结和髂内侧淋巴结。

(4)坐骨淋巴中心(Ischial lymph centre) 只有坐骨淋巴结(Ischial tubercle lymph node)。引流臀部肌肉、尾部、肛门的淋巴，注入荐部淋巴结和髂内侧淋巴结。

7.后肢淋巴中心及淋巴结

后肢淋巴中心有2个，即腘淋巴中心和腹股沟深淋巴中心。

(1)腘淋巴中心(Popliteal lymph centre) 仅有1群，即腘淋巴结(Deep popliteal lymph node)。位于膝关节后方，臀股二头肌与半腱肌之间，腓肠肌外侧头近端的表面脂肪内。收集区域为膝关节以下的小腿部肌肉和皮肤的淋巴，直接注入髂内侧淋巴结，有一部分注入腹股沟深淋巴结或坐骨淋巴结后，再注入髂内侧淋巴结。

(2)腹股沟深淋巴中心(Deep inguinal lymph centre) 有2群，即腹股沟深淋巴结和腹壁淋巴结。腹股沟深淋巴结有1～3个，位于髂骨体前方。收集膀胱、子宫、尿道盆部副性腺及后肢、腹壁等处的淋巴，汇入髂内侧淋巴结。腹壁淋巴结位于近耻骨处的腹直肌内面，收集腹壁、乳房等处的淋巴，输出管汇入髂内侧淋巴结。

四、血淋巴结

血淋巴结(Hemolymph node)　一般呈圆形或椭圆形，紫红色，直径为5～12 cm。结构似淋巴结，但无淋巴输入管和输出管，其中充盈血液而非淋巴。血淋巴结主要分布于主动脉附近、胸腹腔脏器的表面和血液循环的通路上，有滤血的作用。血淋巴结的被膜比淋巴结被膜厚。血淋巴结有滤血的作用，还能产生淋巴细胞和浆细胞，参与机体的免疫功能。

五、扁桃体

扁桃体(Tonsil)　位于消化道和呼吸道交会处的舌、软腭和咽之间的黏膜下组织内，此处的黏膜内含有大量淋巴组织，是经常接触抗原引起局部免疫应答的部位。扁桃体一般呈卵圆形，黏膜一侧表面覆有复层扁平上皮，上皮向固有层内陷入形成许多分支的隐窝。隐窝周围的固有层内有大量弥散淋巴组织及淋巴小结。隐窝深部的复层扁平上皮内含有许多T细胞、B细胞、浆细胞和少量巨噬细胞等。扁桃体仅有输出淋巴管，注入附近的淋巴结。研究表明，扁桃体内含直接杀死病原的自然杀伤细胞，同时扁桃体内的白细胞能分化为分泌抗体的细胞，对病原侵入呼吸道和消化道能做出积极的反应。

【测试题】

一、名词解释

乳糜　淋巴小结　胸导管

二、填空题

1. ________是马体内最大的淋巴器官。

2. 淋巴管道起于组织间隙，最后注入静脉，根据汇集顺序、口径大小及管壁薄厚，可分为________、________、________和________。

3. 中枢淋巴器官包括________，________和________。

4. ________是马体内最大的淋巴管道。

5. 胸腺可向外周淋巴器官和淋巴组织输送________细胞。

6. 马脾形状略呈________形。

7. 扁桃体滤泡的特点之一是表面上皮凹陷，称________。

三、选择题

1. 位于肩关节前上方的淋巴结是(　　)。

A. 股前淋巴结　　B. 颌下淋巴结　　C. 颈浅淋巴结　　D. 腘淋巴结

2. 位于乳房基部后上方的淋巴结是(　　)。

A. 腘淋巴结　　B. 腹股沟浅淋巴结　　C. 颌下淋巴结　　D. 乳房上淋巴结

3. 位于下颌间隙的淋巴结是(　　)。

A. 颈浅淋巴结　　B. 颌下淋巴结　　C. 腹股沟深淋巴结　　D. 腹股沟浅淋巴结

4. 马体内收集淋巴液最广泛的是(　　)。

A. 输入淋巴管　　B. 输出淋巴管　　C. 淋巴干　　D. 胸导管

5. 马体内性成熟后逐渐退化并消失的器官是(　　)。

A. 淋巴结　　B. 脾　　C. 扁桃体　　D. 胸腺

6. 下列不属于家畜体表主要淋巴结是(　　)。

A. 颌下淋巴结　　B. 颈浅淋巴结　　C. 髂下淋巴结　　D. 肠系膜前淋巴结

7. 不属于淋巴器官的是(　　)。

A. 肝　　B. 淋巴结　　C. 脾　　D. 扁桃体

8. 下列属于中枢淋巴器官的是(　　)。

A. 胸腺　　B. 淋巴结　　C. 脾　　D. 扁桃体

四、简答题

简述马淋巴循环径路及其与心血管系统的关系。

项目十一

马匹神经系统

【知识目标】

- 熟悉马脊髓、脑的形态和结构。
- 掌握马脑神经和脊神经的分布。
- 了解马植物性神经的结构特征。

【能力目标】

- 能在脑和脊髓的标本及模型上指出其各部结构。
- 能结合标本说明脊神经的组成及一般规律。
- 能指出心、肺、胃和肠等器官交感神经和副交感神经的来源。

【素质目标】

- 培养学生自我学习的能力素养。
- 培养学生理论联系实际、理论指导实践的学习和工作态度。

神经系统(Nervous system)是动物体内起主导作用的调节机构,在内分泌、免疫和感觉器官的配合下,通过对各种刺激的应答反应,调节和协调环境与机体、体内各个器官系统之间的关系。神经系统的功能体现在两大方面:一方面使机体适应外界环境的变化;另一方面协调机体内各系统、各器官、器官内各组织的活动,使机体成为统一的整体。动物体的运动与平衡,动物体内内脏的活动、血液的分布、代谢产物的排泄等均受神经系统的控制和调节。因此,一旦神经系统发生异常,立即引起平衡失调,或肌肉松弛,或代谢障碍等,甚至危及动物的生命。

一、神经系统的组成

神经系统由位于颅腔和椎管中的脑和脊髓,以及与脑和脊髓相连并分布于全身各处的周围神经所组成。神经系统是一个不可分割的整体,为了学习的方便,按照其结构和机能可分为中枢神经系(Central nervous system)和周围神经系(Peripheral nervous system)。

中枢神经系包括脑和脊髓。

周围神经系是指脑和脊髓以外的神经成分,一端与脑或脊髓相连,另一端通过各种末梢装置与全身各器官、系统相联系。

在周围神经系中分布于骨、关节、骨骼肌、皮肤及其衍生物和感觉器官的神经,称躯体神经(Somatic nerve),其中与脑相连的,称脑神经(Cranial nerve),同脊髓相连的,称脊神经(Spinal nerve)；分布于内脏、血管平滑肌、心肌及腺体的神经，称植物性神经（Vegetative nerve）或自主神经（Autonomic nerve）。植物性神经又分为交感神经（Sympathetic nerve）和副交感神经（Parasympathetic nerve）。

二、神经系统常用术语

灰质、皮质、神经核、白质、神经束和网状结构等是中枢神经系常用的术语，神经和神经节则是周围神经系常用的术语。

1.灰质

灰质（Grey matter）为位于脑、脊髓内的神经元胞体集中存在的部位，因富含血管，新鲜标本呈暗灰色，故称灰质。位于脊髓内部的灰质，称脊髓灰质。位于大脑和小脑表面的灰质称皮质（Cortex），且分别称大脑皮质和小脑皮质。

2.神经核

神经核（Nucleus）指位于中枢神经系中，由形态和功能相似的神经元胞体构成的灰质团块。

3.白质

白质（White matter）指位于中枢神经系的神经纤维集聚的区域，一般位于脊髓和脑干的周围以及大脑和小脑的内部。

4.神经束

神经束（Fasciculus）由白质内行程和功能基本相同的神经纤维构成。

5.网状结构

网状结构（Reticular formation）指中枢神经系内交织成网的神经纤维间散布有神经元胞体的区域。网状结构的神经元在神经系统发生史上相当古老，较低等动物的网状结构在神经系统中占十分重要的地位，分布也广泛，而在较高等的脊椎动物，由于大脑的高度发展，其作用和分布有所减退。

6.神经

神经（Nerve）由周围神经系内的神经纤维聚集而成。

7.神经节

神经节（Ganglion）指周围神经系中神经元胞体聚集的区域。神经节分脊神经节、脑神经节和植物性神经节。

任务11-1　中枢神经系统

【学习任务单】

一、学习目标

1.掌握马脊髓的位置、形态和构造。

2.掌握马脑的形态和构造。

二、学习资源

1. 脑和脊髓的标本及模型。
2. 教材。
3. 信息化教学资源。

三、学习任务

1. 通过脑的标本和模型，区分大脑、小脑和脑干。

2. 识别大脑纵裂、额叶、枕叶、颞叶、顶叶、嗅叶、梨状叶、胼胝体，大脑皮质、白质，基底神经节、侧脑室、海马等。

3. 区分小脑的小脑半球、蚓部和小脑三对脚，小脑皮质、白质和第 4 脑室。

4. 观察延髓背侧的绳状体、菱形窝；腹侧的锥体、斜方体、脑神经根。

5. 观察中脑四叠体、大脑脚和中脑导水管。

6. 观察丘脑外侧膝状体、内侧膝状体、第 3 脑室、松果体、视束、视交叉、灰结节、漏斗、垂体。

7. 通过脊髓的标本和模型，识别颈膨大、腰膨大、脊髓圆锥、终丝和马尾，脊髓两侧的脊神经。

8. 通过脊髓横断面，识别脊髓中央灰质、中央管和白质、背正中沟和腹正中裂。

9. 识别脊髓硬膜、蛛网膜和硬膜，以及硬膜外腔、硬膜下腔和蛛网膜下腔。

【相关知识】

一、脊髓

脊髓(Spinal cord)　位于椎管内，自枕骨大孔后缘向后伸延至荐部。脊髓是中枢神经系内的低级反射中枢，能直接完成一些低级的反射，同时，脊髓也是脑和躯体相联系的中转站。一方面，来自外周的各种信息经处理后通过上行的传导径路传递到脑；另一方面，脑的冲动可通过脊髓内的下行的传导径路传递到运动神经元，并经后者传达到外周，引起外周的各种活动。

(一)脊髓的位置和形态

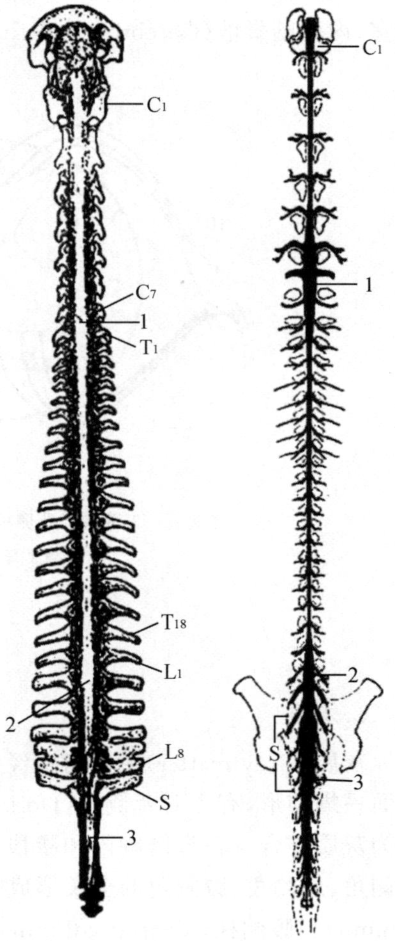

C_1. 第 1 颈椎　C_7. 第 7 颈椎　T_1. 第 1 胸椎　T_{18}. 第 18 胸椎

L_1. 第 1 腰椎　L_6. 第 6 腰椎　S. 荐椎

1. 颈膨大　2. 腰膨大　3. 马尾

图 11-1　马脊髓背侧面

脊髓　位于脊柱椎管内，呈背、腹向稍扁的圆柱状。依据与其联系的神经进出椎管的部位可将其划分为颈髓、胸髓、腰髓、荐髓和尾髓(图 11-1)。前端在枕骨大孔处与延髓相连；后端直到荐骨的中部，逐渐变细呈圆锥形，称脊髓圆锥(Medullary cone)，自脊髓圆锥向后伸出 1 根来自软膜的细丝称为终丝(Terminal filament)。脊髓粗细不均,在颈后部和胸前部较粗,称颈膨大(Cervical intumescence,cervical enlargement),发出的神经大部分分布于前肢;在腰荐部较粗,称腰膨大(Lumbar intumescence, lumbar enlargement),发出的神经大都分布于后肢。由于脊柱比脊髓长,荐神经和尾神经要在椎管内向后伸延一段,才能到达相应的椎间孔,它们包围脊髓圆锥和终丝,共同构成马尾(Cauda equins)。根据脊髓与脊柱的对应关系,可将脊髓分为颈、胸、腰、荐 4 部分。

脊髓的背侧面有纵向的浅沟,称背正中沟(Dorsal median groove),在此沟的两侧各有 1 条背外侧沟,脊神经的背侧根丝由此沟进入脊髓。脊髓腹侧面正中有 1 纵向的裂隙,称腹正中裂(Ventral median fissure),在此裂两侧各有 1 条腹外侧沟(Ventral lateral groove),脊神经的腹侧根丝由此沟离开脊髓。

(二)脊髓内部构造

脊髓内部为灰质,外周为白质。灰质中央有纵行的脊髓中央管(Central canal),前通第 4 脑室,内含脑脊液(Cerebrospinal fluid),见图 11-2。

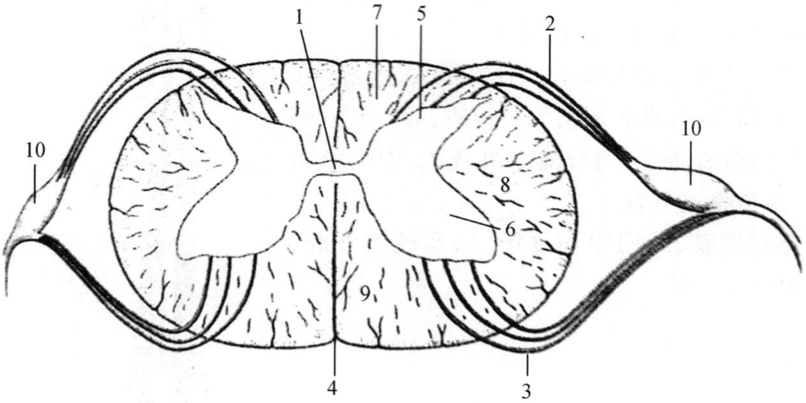

1. 中央管 2. 脊神经背侧根 3. 脊神经腹侧根 4. 腹正中裂 5. 背侧角 6. 腹侧角 7. 背侧索 8. 外侧索 9. 腹侧索 10. 脊神经节

图 11-2 脊髓横切面

(引自 Dyce 等,2010)

1. 灰质

灰质(Grey matter)主要由神经元的胞体构成,并含有少量神经纤维和神经胶质细胞。横断面呈蝴蝶形,有 1 对背侧角(Dorsal horn)和 1 对腹侧角(Ventral horn)。背侧角和腹侧角之间为灰质连合。在脊髓胸段和腰段腹侧柱基部的外侧,还有稍隆起的外侧角(Lateral horn)。背侧角、外侧角、腹侧角的全长形成纵柱,所以分别称背侧柱(Dorsal column)、外侧柱(Lateral column)和腹侧柱(Ventral column)。外侧柱腹侧角内有运动神经元的胞体,支配骨骼肌纤维。背侧角内含有中间神经元的胞体,接受脊神经节内的感觉神经元的冲动,传导至运动神经元或下一个中间神经元。外侧角内有植物性神经节前神经元的胞体。

2. 白质

白质(White matter)呈亮白色,位于脊髓表面,灰质的周围。主要由纵行的神经纤维构成。被灰质柱分成3对索。背侧索位于背正中沟与背侧柱之间，索内的纤维是由脊神经节内的感觉神经元的中枢突构成（上行纤维束）。腹侧索位于腹侧柱与腹正中裂之间，外侧索位于背侧柱与腹侧柱之间，它们均由来自背侧柱的中间神经元的轴突（上行纤维束）以及来自大脑和脑干的中间神经元的轴突（下行纤维束）所组成。

3.脊神经根

脊神经根（Spinal nerve roots），亦称脊髓神经，是由脊髓发出的成对神经。每一节段脊髓的背外侧沟和腹外侧沟，分别与脊神经背侧根及腹侧根相连。背侧根（或感觉根）较粗，上有感觉神经元的胞体所构成的脊神经节。腹侧根（或运动根）较细，由腹侧柱和外侧柱内的运动神经元的轴突构成。背侧根和腹侧根在椎间孔附近合并成脊神经，经椎间孔出椎管（图11-3）。

全身大部分感觉神经冲动要经过脊髓白质传导到脑，才能产生感觉；脑对躯干各部的运动神经冲动也要经过脊髓白质传导到相应的骨骼肌、平滑肌和心肌。若脊髓受损伤，其上传下达的功能便发生阻滞，引起一定的感觉障碍和运动失调。此外，脊髓灰质内存在许多低级反射中枢，如肌肉的牵张反射中枢和排尿、排粪以及性功能活动的低级反射中枢等。

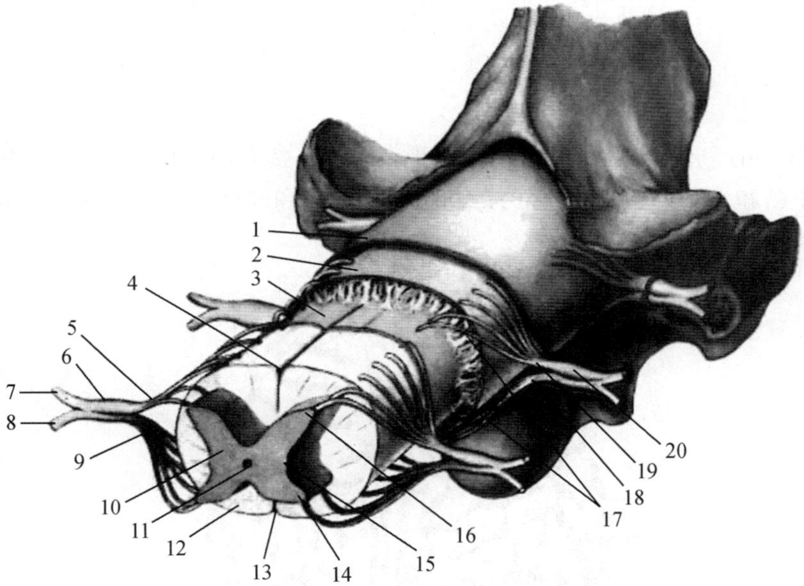

1.脊硬膜　2.脊蛛网膜　3.脊软膜　4.背正中沟　5.脊神经背侧根　6.脊神经节　7.脊神经背侧支　8.脊神经腹侧支　9.脊神经腹侧根　10.灰质　11.中央管　12.白质（腹侧索）　13.腹正中裂　14.腹侧柱　15.外侧柱　16.背侧柱　17.蛛网膜下腔　18.脊神经腹侧根　19.脊神经背侧根　20.脊神经节

图11-3　脊膜及脊神经根模式图

（引自陈耀星等，2019）

（三）脊髓膜

脊髓外周包有3层结缔组织膜，由外向内依次为脊硬膜、脊蛛网膜和脊软膜。

1.脊硬膜

脊硬膜（Spinal dura mater）为厚而坚韧的致密结缔组织膜，与脊蛛网膜之间形成狭窄的硬膜下腔（Subdural cavity），内含淋巴液，向前方与脑硬膜下腔相通。在脊硬膜与椎管之间有1

较宽的腔隙，称为硬膜外腔(Epidural cavity)，内含静脉和大量脂肪，有脊神经通过。在临床上做硬膜外麻醉时，即通过在最后腰椎与第1荐椎间(腰荐间隙)或最后荐椎与第1尾椎间将麻醉药注入硬膜外腔，阻滞脊神经的传导作用。

2. 脊蛛网膜

脊蛛网膜(Spinal arachnoid)薄而透明，与脊硬膜之间形成狭窄的硬膜下腔，内含淋巴液。与软膜之间形成的腔隙，称为蛛网膜下腔(Subarachnoid cavity)，内含脑脊液以营养脊髓。

3. 脊软膜

脊软膜(Spinal pia mater)，内含丰富的血管和神经纤维，紧贴在脊髓的表面，并突入至背正中沟和腹正中裂。脊软膜在两侧沿着脊髓的外侧面加厚，形成齿状韧带(Denticulate ligament)。齿状韧带延伸穿过蛛网膜下间隙附着于硬膜，因此脊髓被悬吊在蛛网膜下腔的脑脊液中。

(四)脊髓血管

脊髓的营养主要来自脑脊液，少量来自随脊软膜伸入脊髓的血管。脊髓腹侧动脉位于腹正中裂的脊软膜中；脊髓的静脉有2条，统称静脉窦，位于脊柱背侧纵韧带的两侧，2条静脉间有很多的交通支。

二、脑

脑(Encephalon) 位于颅腔内，后端在枕骨大孔处延接脊髓，是神经系统的高级中枢。脑可分为脑干、小脑和大脑，其中脑干分为延髓、脑桥、中脑和间脑。其中大脑和小脑之间由一大脑横裂分开(图11-4、图11-5)。

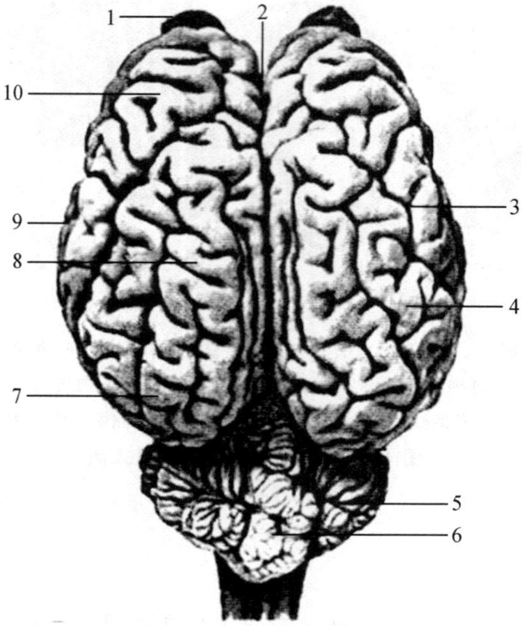

1. 嗅球 2. 大脑纵裂 3. 脑沟 4. 脑回 5. 小脑半球 6. 小脑蚓部
7. 枕叶 8. 顶叶 9. 颞叶 10. 额叶

图11-4 马脑的背侧面

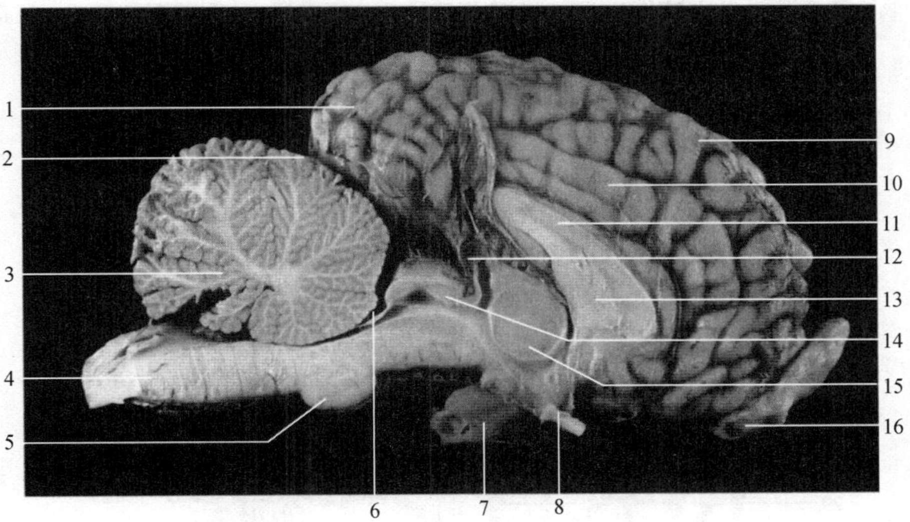

1. 枕叶　2. 大脑横裂　3. 小脑髓树　4. 延髓　5. 脑桥　6. 前髓帆　7. 垂体　8. 视交叉　9. 额叶　10. 扣带回　11. 胼胝体　12. 松果体　13. 透明隔　14. 中脑顶盖(四叠体)　15. 丘脑黏合块　16. 嗅球

图 11-5　马脑正中矢状面

(引自陈耀星等,2019)

(一)脑干

脑干(Brain stem)由后向前依次分为延髓、脑桥、中脑和间脑,是脊髓向前的直接延续。延髓、脑桥和小脑的共同室腔为第 4 脑室。中脑内部室腔狭小,称中脑导水管。有第Ⅲ至第Ⅻ对脑神经根与脑干相连。脑干也由灰质和白质构成。灰质是由功能相同的神经细胞集合成团块状的神经核组成,分散存在于白质中;白质为上、下行传导径。脑干的结构比脊髓复杂,它联系着视、听、平衡等专门感觉器官,是内脏活动的反射中枢,是联系大脑高级中枢与各级反射中枢的重要径路;也是大脑、小脑、脊髓以及骨骼肌运动中枢之间的桥梁。

1. 延髓

延髓(Medulla oblongata)呈前宽后窄、上下略扁的锥形体,位于脑干的末段。后端在枕骨大孔处与脊髓相连,前端与脑桥相接,背侧面被小脑覆盖。延髓的腹侧面有 1 浅沟,称腹正中裂。在腹正中裂两侧各有 1 条纵行隆起,称为锥体,由大脑皮质发出的运动纤维束构成。在延髓后端,锥体束的大部分纤维越过中线交叉至对侧,称锥体交叉。在延髓腹侧有第Ⅵ至Ⅻ对脑神经根。

延髓前半部的中央管敞开,形成第 4 脑室底壁的后部。延髓后半部外形与脊髓相似,其室腔仍为中央管。延髓是生命中枢所在部位,呼吸、心跳等均直接由延髓控制,其内还有唾液分泌、吞咽、呕吐等生命中枢,见图 11-6。

2. 脑桥

脑桥(Pons)位于小脑的腹侧,在大脑脚与延髓之间。背侧面为第 4 脑室底壁的前部,腹侧面呈横行的隆起,内有横行纤维,为大脑皮层与小脑之间的中间站。脑桥的两侧有粗大的三叉神经 5 根。

第 4 脑室(Fourth ventricle)位于延髓、脑桥和小脑之间,前方通中脑导水管,后方通脊髓中央管。第4脑室内有第4脑室脉络丛，可产生脑脊髓液。底呈菱形，故称菱形窝(Rhomboid fossa)。

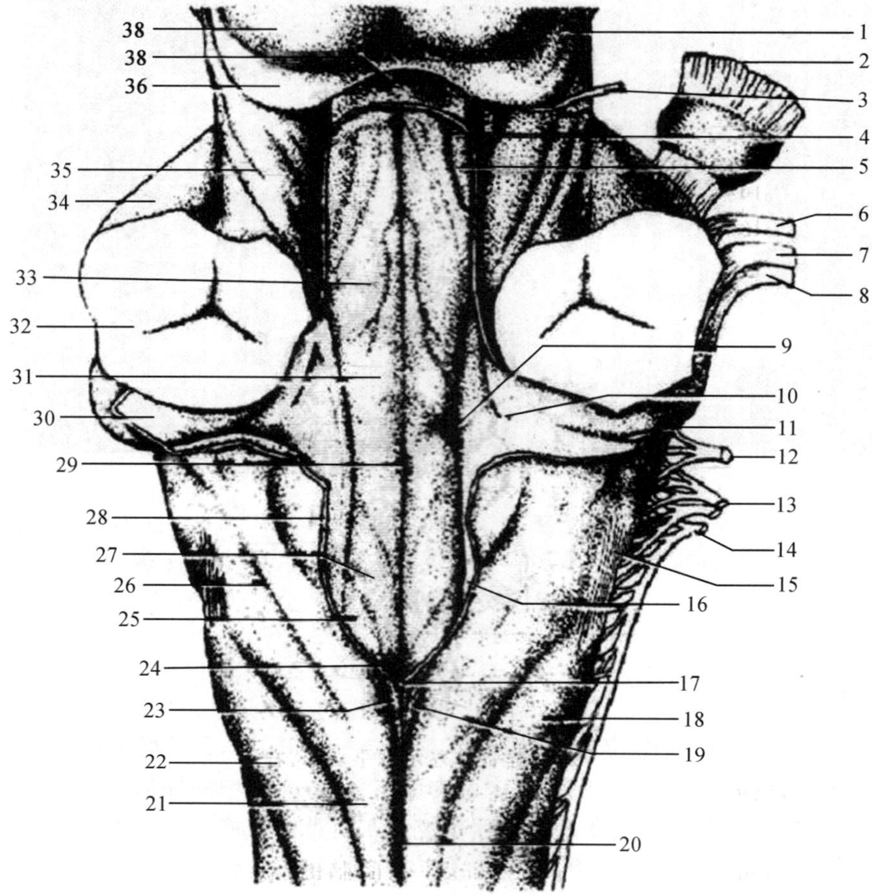

1.后丘臂　2.三叉神经　3.滑车神经　4.前凹　5.蓝斑　6,7.前庭耳蜗神经　8.面神经　9.界沟　10.前庭区　11.第4脑室外侧隐窝　12.舌咽神经　13.迷走神经　14.副神经　15.浅弓状纤维　16.后凹　17.闩　18,22.三叉神经结节　19.背中间沟　20.背正中沟　21.楔束　23.薄束结节　24.写翮　25.迷走三角　26.绳状体　27.舌下三角　28.第4脑室带　29.正中沟　30.听结节　31.内侧隆起　32.小脑脚　33.面神经丘　34.脑桥臂　35.结合臂　36.后丘　37.前髓帆　38.前丘

图 11-6　马延髓和脑桥背侧面

3.中脑

中脑(Mesencephalon，midbrain)位于脑桥的前方，其脑室为中脑导水管，前通第3脑室，后连第4脑室。中脑导水管(Mesencephalic aqueduct)将中脑分为背侧的四叠体和腹侧的大脑脚。

(1)四叠体(Quadrigeminal body)　由前、后2对圆丘组成。前丘(Rostral colliculi)是光反射的联络站，主要接受视束纤维，为皮质下视觉反射中枢；后丘(Caudal colliculi)是声反射的联络站，主要接受耳蜗神经核的纤维，为皮质下听觉反射中枢。后丘的后方有滑车神经(Ⅳ)根，是唯一从脑干背侧面发出的脑神经。

(2)大脑脚(Cerebral peduncle)　为1对由纵行纤维束构成的隆起，左、右两脚之间的凹窝称脚间窝，窝的外侧缘有第Ⅲ脑神经根。

4.间脑

间脑(Diencephalon)位于中脑的前方,前外侧被大脑半球所遮盖,内有第3脑室。间脑主要可分为丘脑和下丘脑,见图11-7和图11-8。

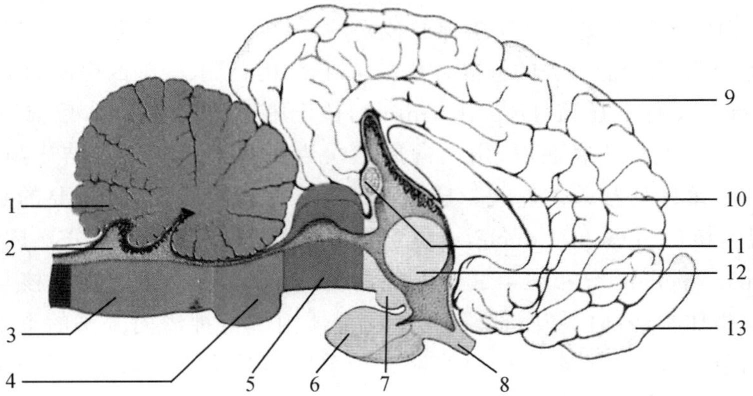

1.小脑　2.第4脑室　3.延髓　4.脑桥　5.中脑　6.垂体　7.乳头体　8.视神经
9.端脑　10.第3脑室　11.松果体　12.丘脑黏合块　13.嗅球

图11-7　脑的分区(马脑,正中矢状面)

(引自陈耀星等,2019)

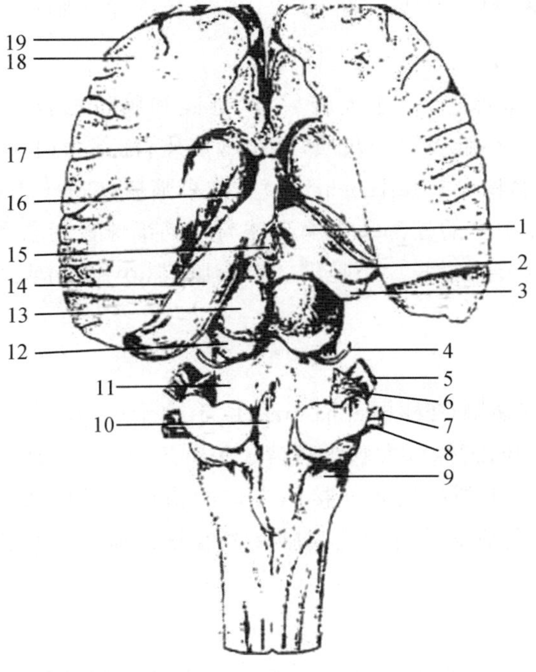

1.丘脑　2.外侧膝状体　3.内侧膝状体　4.滑车神经　5.三叉神经　6.小脑中脚　7.面神经　8.前庭耳蜗神经
9.小脑后脚　10.第4脑室　11.小脑前脚　12.后丘　13.前丘　14.海马　15.松果体
16.侧脑室脉络丛　17.尾状核　18.大脑白质　19.大脑皮质

图11-8　马脑

(引自张双等,2015)

(1)丘脑(Thalamus)　为一对卵圆形的灰质团块。左、右两丘脑的内侧部相连,断面呈圆形,称丘脑间黏合(丘脑黏合块),其周围的环状裂隙为第3脑室。丘脑一部分核是上行传导径的总联络站,接受来自脊髓、脑干和小脑的纤维,由此发出纤维至大脑皮质。在丘脑后部的背外侧,有外侧膝状体和内侧膝状体。外侧膝状体接受视束来的纤维,是视觉冲动传向大脑皮质的最后联络站。内侧膝状体接受由耳蜗神经核来的纤维,是听觉冲动传向大脑的最后联络站。丘脑还有与运动、记忆等功能有关的核群。在左、右丘脑的背侧、中脑四叠体的前方,有松果体。

(2)丘脑下部　又称下丘脑(Hypothalamus),位于第3脑室的底部,丘脑的腹侧,是植物性神经系统的皮质下中枢。从底面看,由前向后依次为视交叉、视束、灰结节和乳头体等结构。灰结节正中腹侧有垂体柄与垂体连接。丘脑下部有许多神经核团,较重要的是1对视上核和1对室旁核。视上核(Supraoptic nucleus)位于视束的背侧,扁平状,可分泌抗利尿激素;室旁核(Paraventricular nucleus)分布在第3脑室的两侧,可分泌催产素。视上核与室旁核均有细的神经纤维伸向垂体神经部(后叶),是下丘脑向垂体内进行神经内分泌的重要途径。视束和乳头体之间称结节区,其中有漏斗核,纤维终止于垂体门脉系统的血窦,可分泌多种释放激素和抑制激素,以影响垂体前叶激素的合成与分泌。

丘脑下部形体虽小,但与其他各脑有广泛的纤维联系。接受来自嗅脑、大脑皮质额叶、丘脑和纹状体等的纤维;发出纤维至丘脑、垂体后叶、脑干网状结构、脑神经核和植物性神经核,通过植物性神经主要调节心血管和内脏的活动。

(3)第3脑室　位于间脑内,呈环形围绕着丘脑间黏合,向后通中脑导水管,向前以1对室间孔通大脑半球的侧脑室,腹侧形成一漏斗形凹陷,顶壁为第3脑室脉络丛。

(二)小脑

小脑(Cerebellum)略呈球形,位于大脑后方,延髓和脑桥的背侧。表面有许多平行的横沟,将小脑分成许多小叶。小脑表层的灰质,称小脑皮质;深部为白质,称小脑髓质。髓质呈树枝状伸入小脑各叶,形成髓树(Medullary arbor)又称小脑树(Cerebellar arbor)。小脑被2条纵沟分为两侧的小脑半球和中央的蚓部。小脑半球与大脑半球密切联系,参与调节随意运动;蚓部(Vermis)主管平衡和调节肌紧张。小脑借3对小脑脚(小脑后脚、小脑中脚及小脑前脚)分别与延髓、脑桥和中脑相连。

(三)大脑

大脑(Cerebrum)或称端脑(Telencephalon),位于脑干前方,后端以大脑横裂(Transverse cerebral fissure)与小脑分开,背侧以大脑纵裂(Longitudinal cerebral fissure)分为左、右大脑半球(Cerebral hemisphere)。纵裂的底是连接两半球的横行宽纤维板,即胼胝体(Corpus callosum),每个大脑半球包括大脑皮质、白质、嗅脑和基底核。每个半球内均有1个侧脑室,见图11-9。

1. 大脑皮质和白质

大脑皮质(Cerebral cortex)为覆盖于大脑半球表面的一层灰质,表面凹凸不平,凹陷处为脑沟(Cerebral sulcus),突起处为脑回(Cerebral gyrus),以增加大脑皮质的面积。大脑皮质背外侧面可分为4叶,前部为额叶,后部为枕叶,背侧部为顶叶,外侧部为颞叶。一般认为额叶(Frontal lobe)是运动区,枕叶(Occipital lobe)是视觉区,顶叶(Parietal lobe)是一般感觉区,颞叶(Temporal lobe)是听觉区,见图11-4。

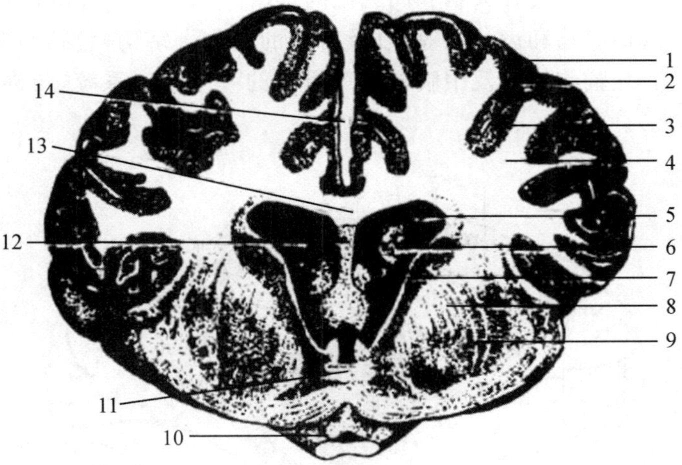

1.脑回 2.脑沟 3.大脑皮质 4.白质 5.侧脑室 6.侧脑室脉络丛 7.尾状核 8.内囊 9.豆状核 10.视束 11.前联合 12.透明隔 13.胼胝体 14.大脑纵裂

图 11-9 大脑半球横断面

皮质深面为白质，由各种神经纤维构成。大脑半球内的白质由以下 3 种纤维构成。一是联合纤维，是连接左、右大脑半球皮质的纤维，主要为胼胝体。胼胝体位于大脑纵裂底，构成侧脑室顶壁，将左右大脑半球连接起来。二是联络纤维，是连接同侧半球各脑回、各叶之间的纤维。三是投射纤维，是连接大脑皮质与脑其他各部分及脊髓之间的上、下行纤维，如内囊。

2.嗅脑

嗅脑(Rhinencephalon)位于大脑腹侧，包括嗅球、嗅回、嗅三角、梨状叶、海马、透明隔、穹隆和前联合等结构。

嗅球(Olfactory bulb)呈卵圆形，在左、右大脑半球前端，位于筛骨窝中。嗅球中空为嗅球室，与侧脑室相通。来自鼻黏膜嗅区的嗅神经纤维通过筛板而终止嗅球。嗅回短而粗，白嗅球向后伸延约 2 cm，分为内侧嗅回和外侧嗅回。内、外侧嗅回之间的三角形灰质隆起为嗅三角(Rhinencephalon)。

梨状叶(Piriform lobe)为位于大脑脚和视束外侧的梨状隆起，是海马回的前部，表面为灰质，前端深部有杏仁核，位于侧脑室底壁。海马(Hippocampus)呈弓带状，位于侧脑室底的后内侧，由梨状叶的后部和内侧部转向半球的深部而成。左、右半球的海马前端于正中相连接，形成侧脑室后部的底壁。海马为古老的皮质，海马行向胼胝体方向的部分逐渐变窄。沿海马内侧有一白色扁平的纤维束称为海马伞。海马伞向后与海马分离，称穹隆(Fornix)。穹隆呈弓形弯向前上方走行，在中线位于胼胝体和透明隔腹侧。

前联合为左、右嗅脑间的联合纤维形成。

透明隔(Pellucid septum)又称端脑隔，为位于胼胝体和穹隆之间的两层神经组织膜，由神经纤维和少量的神经细胞体组成，构成左、右侧脑室之间的正中隔。透明隔背侧缘隆突，与胼胝体相连。

嗅脑中有部分与嗅觉无关的结构，属于“边缘系统”(Limbic system)。大脑半球内侧面的扣带回和海马旁回等，因其位置在大脑和间脑之间，故称为边缘叶(Limbic lobe)。边缘系统由边缘叶与附近的皮质(如海马和齿状回等)以及有关的皮质下结构，包括与扣带回前端相连的隔区、杏仁核、下丘脑、丘脑前核以及中脑被盖等组成的一个功能系统，与内脏活动、情绪变化及记忆有关(图 11-10)。

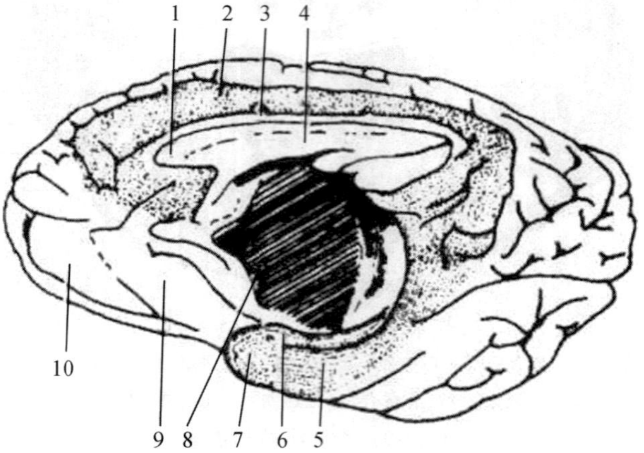

1. 透明隔　2. 扣带回　3. 胼胝体　4. 穹隆　5. 海马回　6. 齿状回　7. 梨状叶　8. 丘脑切面　9. 嗅三角　10. 嗅束

图 11-10　大脑半球内侧面(示边缘系统各部)

3. 基底核

在大脑基底部有一些灰质团块，称基底核(Basal nucleus)，也是皮质下运动中枢，主要由尾状核和豆状核构成。尾状核、豆状核和位于其间的内囊，横切面上呈灰、白质相间的条纹状，故合称纹状体(Striate body)。侧脑室为每侧大脑半球中的不规则腔体，经室间孔与第 3 脑室相通。侧脑室内有脉络丛，在室间孔处与第 3 脑室脉络丛相连，可产生脑脊液，见图 11-8。

4. 侧脑室

每侧大脑半球内的腔体称侧脑室(Lateral ventricle)，经室间孔与第 3 脑室相通。

(四)脑膜

脑膜和脊髓膜一样，分为脑硬膜、脑蛛网膜和脑软膜 3 层。

脑硬膜(Encephalic dura mater)　较厚，紧贴于颅腔壁，无硬膜外腔。含若干脑硬膜静脉窦，接受来自脑的静脉血。

脑蛛网膜(Encephalic arachnoid)　很薄，硬膜与蛛网膜之间的腔隙称硬膜下腔(Subdural cavity)，内含淋巴；在小脑后面与延髓背侧面相会处，蛛网膜下腔间隙增大，称为小脑延髓池(Cerebellomedullary cistern)，是临床上可以用来抽取脑脊液或注射药物的重要部位。脑蛛网膜以纤维与软膜相连，两者之间的腔隙称蛛网膜下腔(Subarachnoid cavity)，内含脑脊液。脑蛛网膜有绒毛状突起伸入静脉窦中，称为蛛网膜粒。

脑软膜(Encephalic pia mater)　较薄，富含血管，紧贴于脑的表面并深入脑沟。脑软膜上的毛细血管丛与脑室膜上皮共同折入侧脑室、第 3 脑室和第 4 脑室形成脉络丛，能产生脑脊液。

(五)脑血管

脑的血液供给主要来自成对的颈内动脉(图 11-11)。颈内动脉从鞍隔穿入硬膜,围绕着下丘脑腹侧漏斗柄形成完整的大脑动脉环(Cerebral arterial circle),或称 Willis 环。动脉环的后部与基底动脉和椎动脉相连。从大脑动脉环和基底动脉发出侧支,分布于脑。

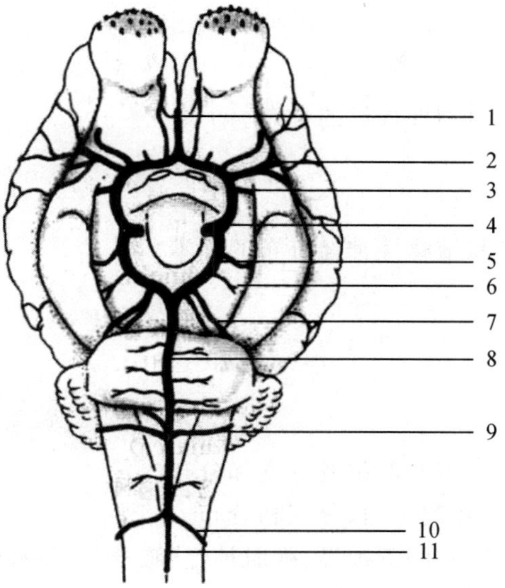

1.前总动脉　2.大脑中动脉　3.大脑前动脉　4.颈内动脉　5.动脉环　6.大脑后动脉　7.小脑前动脉
8.基底动脉　9.小脑后动脉　10.椎动脉分支　11.脊髓腹侧动脉

图 11-11　马脑的基底动脉(腹侧观)

三、脑室和脑脊液循环

脑室(Ventricle)　胚胎神经管腔保留下来,构成了脑室和脊髓中央管。脑室系统由侧脑室(每个大脑半球各有 1 个)、第 3 脑室、中脑导水管和第 4 脑室组成(图 11-7)。每一侧脑室通过室间孔与第 3 脑室相通。第 3 脑室是一个位于正中矢状面的窄腔,环绕着间脑的丘脑间黏合。中脑的中脑导水管连通第 3 脑室和第 4 脑室。第 4 脑室位于菱脑,向后延续为脊髓中央管。

脑脊液(Cerebrospinal fluid)　是无色透明的液体,由侧脑室、第 3 脑室和第 4 脑室的脉络丛产生(每个侧脑室有 1 个脉络丛,第 3 脑室和第 4 脑室有 2 个脉络丛),充满于脑室和脊髓中央管,通过第 4 脑室脉络丛上的孔(正中孔和外侧孔)进入蛛网膜下腔。蛛网膜下腔内的脑脊液通过硬膜静脉窦而归入静脉。可见,脑脊液不断由脉络丛产生,沿一定途径循环,又不断被重吸收流到血液,此过程称为脑脊液循环。如果脑室系统的通路发生阻塞,脑脊液循环即发生障碍,可产生脑积水或颅内压增高。

脑脊液具有营养脑、脊髓的作用,并在维持脑组织的渗透压和颅内压的相对恒定及减少外力震荡方面有重要作用。发生病变时,脑脊液的成分和压力发生变化,故临床进行“腰穿”,抽取脑脊液进行检查,协助对某些疾病作出诊断。

任务11-2 周围神经系统

【学习任务单】

一、学习目标

掌握脑神经、脊神经和植物性神经的分布。

二、学习资源

1. 显示脑神经、脊神经和植物性神经分布的标本。
2. 教材。
3. 信息化教学资源。

三、学习任务

1. 观察12对脑神经出入脑的部位及分支和分布。
2. 观察分布于躯干的神经的走向、分支和分布。
3. 观察前肢肩胛上神经、肩胛下神经、胸肌神经、腋神经、桡神经、尺神经、正中神经等。
4. 观察后肢臀前神经、臀后神经、股神经、闭孔神经、坐骨神经的分支和分布。
5. 观察脊柱两侧的交感神经干；观察迷走神经的行径、分支和分布。

【相关知识】

周围神经系(Peripheral nervous system)是指脑和脊髓以外的由神经元胞体和神经纤维组成的神经干、神经丛、神经节和神经末梢装置，由联系中枢神经与外周器官之间的神经纤维和神经节所组成，神经呈白色的带状或索状结构。

一、概述

周围神经系可划分为脊神经、脑神经和植物性神经，是中枢神经与外周各器官间联系的结构基础。

(一)神经干、神经丛和神经根

1. 神经干

神经干(Nerve trunk)简称神经，白色，呈带状或索状，内有许多纵行的神经纤维构成的粗细不等的神经纤维束。神经纤维束在神经干内的行径并非平行的，而是反复重排，构成神经丛，因此在同一条神经的不同部位，神经纤维束的数目和分布均不相同。通常在易受压的部位和关节处，神经纤维束变细，但数目增加。

2. 神经丛

神经丛(Nerve plexus)是由许多神经错综交织构成的，由此再发出神经分布到联系的器官，如臂神经丛、腰荐神经丛等。

3.神经根

周围神经借神经根(Nerve root)与中枢神经相联系。神经根有2类。一类为感觉根,由感觉神经元的中枢突组成,其神经元的胞体集中于感觉根上,形成结节状,称为神经节(Ganglion)。另一类为运动根,由脊髓的腹侧柱内或脑运动核的神经元发出的轴突组成。

(二)周围神经的分类

1.根据功能性质

神经可分为:将感觉冲动由器官传向中枢的感觉神经(传入神经);将神经冲动由中枢传向效应器而引起肌肉收缩或腺体分泌的运动神经(传出神经);既有感觉神经纤维,又有运动神经纤维构成的混合神经。

2.根据分布

神经可分为躯体神经(Somatic nerve)和内脏神经(Visceral nerve)。躯体神经分布于体表和骨骼肌,自脊髓发出的为脊神经(Spinal nerve);自脑发出的为脑神经 (Cranial nerve)。内脏神经分布于内脏、腺体和心血管,又称植物性神经(Vegetative nerve),根据其功能不同,又分为交感神经(Sympathetic nerve)和副交感神经(Parasympathetic nerve)。

(三)周围神经的分布规律

左、右侧的周围神经一般对称分布和分支,但分布到腹腔内非对称性器官的神经例外。

大的神经干多与分布到相同区域的血管伴行,共同包裹在一个结缔组织鞘内,组成血管神经束。

较大的躯体神经一般具有3种分支:肌支、关节支和皮支。肌支主要为躯体运动神经纤维,也有少量的躯体感觉神经纤维和分布到肌肉内血管壁的交感神经节后纤维。大多数肌支从所支配肌肉的起点处发出并随该肌肉的肌膜进入骨骼肌组织。关节支主要由感觉神经纤维组成,大多数在关节附近发出,一条大的神经要经过数个关节,故有若干条关节支。同样,一个关节可接受多条神经的关节支。皮支主要由感觉神经纤维和交感神经节后纤维(分布到血管、立毛肌和腺体)组成,自神经干发出后穿越深筋膜到达皮下。主要的皮神经多与一条大的皮下静脉伴行。

(四)神经的血液供应

神经内有丰富的血液供应。供应神经的动脉称神经动脉,一般来自与之伴行的血管或邻近的血管,其数目和管径差异很大。神经动脉通常垂直到达神经,然后发出分支进入神经束膜。分布于神经干中的血管形成3层血管网,分别位于神经干的外膜内、神经束膜内和神经束内,神经束内的血管为微血管。阻断一条或数条神经动脉通常不影响神经的功能。神经内的静脉分布通常与动脉相似,但不一定伴行。

二、脊神经

脊髓的每个节段连有1对脊神经(Spinal nerve)。脊神经按部位分为颈神经(Cervical nerve)、胸神经(Thoracic nerve)、腰神经(Lumbar nerve)、荐神经(Sacral nerve)和尾神经(Coccygeal nerve)。每一脊神经以背侧根(感觉根)和腹侧根(运动根)与脊髓相连。背侧根和腹侧根在椎间孔附近汇合成脊神经。除颈椎和尾椎外,脊柱各段脊神经对的数量与椎骨数相一致。

脊神经为混合神经，包括4种纤维成分：①躯体感觉纤维，将躯体各部(皮肤、骨骼肌、腱、关节)感受器的神经冲动传向中枢。②躯体运动纤维，将神经冲动由中枢传向骨骼肌。③内脏感觉纤维，将内脏、心、血管和腺体的感觉冲动传向中枢。④内脏运动纤维，将神经冲动由中枢传向平滑肌、心肌和腺体(图11-12)。

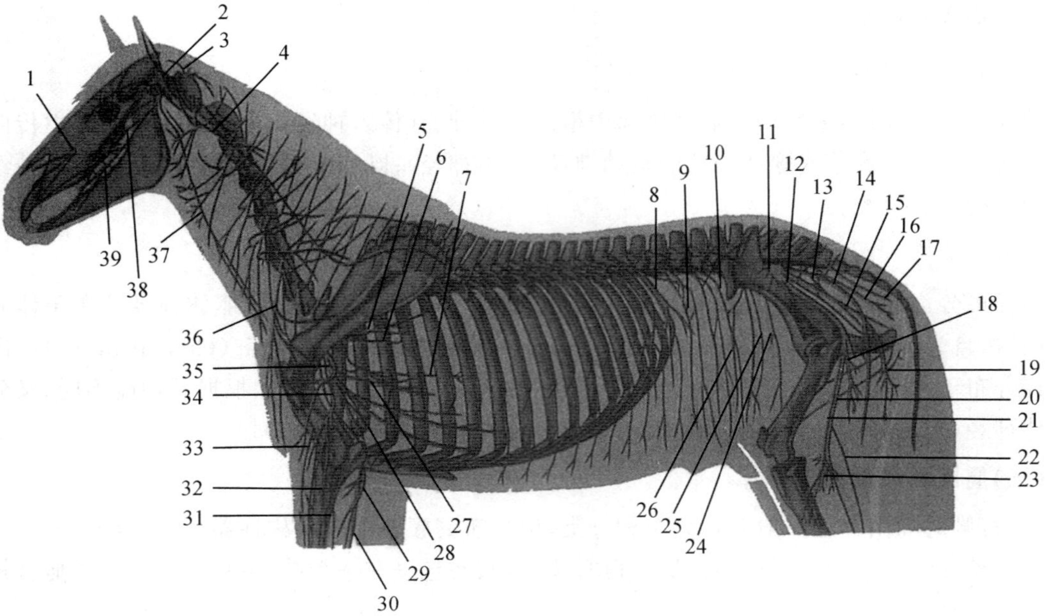

1.眶下神经 2.耳大神经 3.枕神经 4.副神经 5.胸长神经 6.胸背侧神经 7.膈神经 8.最后肋间神经 9.髂腹后神经 10.髂腹股沟神经 11.臀前神经 12.坐骨神经 13.阴部神经 14.臀后神经 15.股后皮神经 16.直肠后神经 17.第5荐神经 18.胫神经近侧肌支 19.股后皮神经皮支 20.胫神经 21.腓神经 22.小腿跖侧皮神经 23.胫神经远侧肌支 24.股神经 25.精索外神经 26.股外侧皮神经 27.胸外侧神经 28.胸腹外侧神经 29.前臂掌侧皮神经 30.尺神经 31.正中神经 32.前臂外侧皮神经 33.前臂背侧皮神经 34.桡神经 35.腋神经 36.锁骨上神经 37.颈皮神经 38.颊背侧神经 39.颊腹侧神经

图11-12 马匹脊神经

(一)躯干神经

脊神经的背侧支：较细，颈神经、胸神经和腰神经的背侧支都分为内侧支和外侧支，分布于颈背侧、鬐甲、背部和腰部。荐神经和尾神经的背侧支分布于荐臀部和尾背侧。脊神经的腹侧支：较粗，分布于颈侧、胸壁、腹壁和四肢(图11-13)。主要有：

1.膈神经

膈神经(Phrenic nerve)来自第5、6、7颈神经的腹侧支，经胸前口入胸腔，沿纵隔向后延伸，分布于膈。

2.肋间神经

肋间神经(Intercostal nerve)为胸神经的腹侧支，沿肋骨后缘向下延伸，分布于肋间肌、腹肌和皮肤。最后肋间神经(Last thoracic nerve)的腹侧支，又称为肋腹神经(Costoabdominal

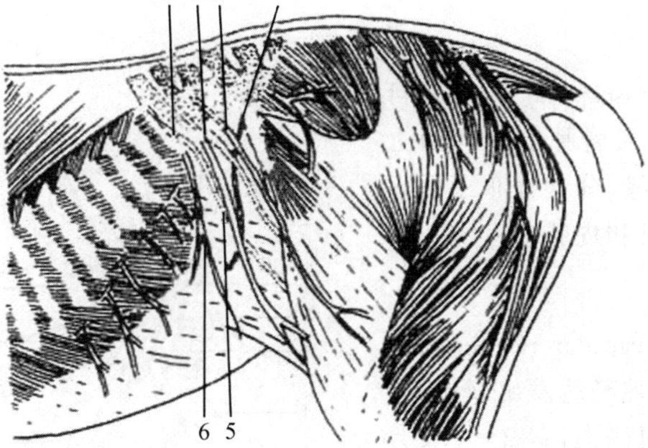

1. 最后肋间神经　2. 髂腹下神经　3. 髂腹股沟神经　4. 旋髂深动脉　5. 深支　6. 浅支

图 11-13　马腹壁神经

nerve)，沿最后肋骨后缘向下伸延，进入腹直肌，有浅支穿过腹外斜肌形成皮神经，分布于腹部的皮肤，也分出分支到乳腺。

3. 髂腹下神经

髂腹下神经(Iliohypogastric nerve)来自第 1 腰神经的腹侧支，行经第 2 腰椎横突的末端腹侧。分浅、深 2 支。浅支穿过腹内斜肌、腹外斜肌和胸腹皮肌，分布于上述肌肉及腹侧壁和膝关节外侧的皮肤。深支向下延伸，进入腹直肌，分布于腹横肌、腹内斜肌、腹直肌和腹底壁的皮肤。

4. 髂腹股沟神经

髂腹股沟神经(Ilioinguinal nerve)来自第 2 腰神经的腹侧支。行经第 3 腰椎横突末端。分浅、深 2 支。浅支分布到膝外侧的皮肤和髋结节下方的皮肤；深支分布到腹横肌和腹内斜肌。

5. 生殖股神经

生殖股神经(Genitofemoral nerve)来自第 2、3、4 腰神经的腹侧支，沿腰肌间下行，向下延伸穿过腹股沟管，与阴部外动脉一起分布于睾外提肌、阴囊和包皮(公马)或乳房(母马)。

6. 阴部神经

阴部神经(Pudendal nerve)来自第 2、3、4 荐神经的腹侧支，沿荐结节阔韧带向后、向下延伸，其终支绕过坐骨弓，雄性在阴茎背侧成为阴茎背神经，雌性在阴蒂和阴唇成为阴蒂背神经。

7. 直肠后神经

直肠后神经(Caudal rectal nerve)来自第 3、4 荐神经的腹侧支，在阴部神经背侧沿荐结节阔韧带的内侧面向后、向下延伸，分布于直肠和肛门。在雌性还分布于阴唇。

(二)前肢神经

前肢的神经来自位于腋窝内的臂神经丛。丛根主要由第 6、7、8 颈神经和第 1、2 胸神经的腹侧支所构成。发出的神经有肩胛上神经、肩胛下神经、腋神经、肌皮神经、桡神经、胸肌神经、尺神经和正中神经，见图 11-14。

1. 肩胛上神经

肩胛上神经(Suprascapular nerve)自臂神经丛前部发出，进入肩胛上肌与冈上肌之间，绕过肩胛骨前缘，分支分布于冈上肌、冈下肌、肩臂部皮肌和皮肤。

2. 肩胛下神经

肩胛下神经(Subscapular nerve)在肩胛上神经的后方，自臂神经丛发出，纤维来自第 6、7、8 颈神经的腹侧支，有 2～4 支分布于肩胛下肌及肩关节。

3. 腋神经

腋神经(Axillary nerve)较粗，由臂神经丛中部发出，分支分布于肩胛下肌、大圆肌、小圆肌、三角肌、臂头肌及臂部和前臂部背外侧的皮肤。

4. 胸肌神经

胸肌神经(Pectoral nerve)分为胸肌前神经(Cranial pectoral nerve)和胸肌后神经(Caudal pectoral nerve)。数支，分布于背阔肌、腹侧锯肌、胸肌、躯干皮肌和胸侧壁皮肤。

5. 肌皮神经

肌皮神经(Musculocutaneous nerve)由臂神经丛前部发出，在腋动脉下方与正中神经相连形成腋袢，然后分出肌支分布于喙臂肌和臂二头肌，其主干与正中神经一起沿臂动脉前缘下行，至臂中部与正中神经分开，分支分布于臂二头肌和臂肌后，在该二肌之间延续为前臂内侧皮神经，分布于前臂、腕、掌内侧皮肤。

肌皮神经的损伤是罕见的，但是一旦损伤将使肘部的主要屈肌瘫痪。

6. 桡神经

桡神经(Radial nerve)由臂神经丛后部发出，在臂内侧经臂三头肌长头与内侧头之间进入臂肌沟，沿臂肌后缘向下延伸，分出肌支分布于臂三头肌和肘肌之后，在臂三头肌

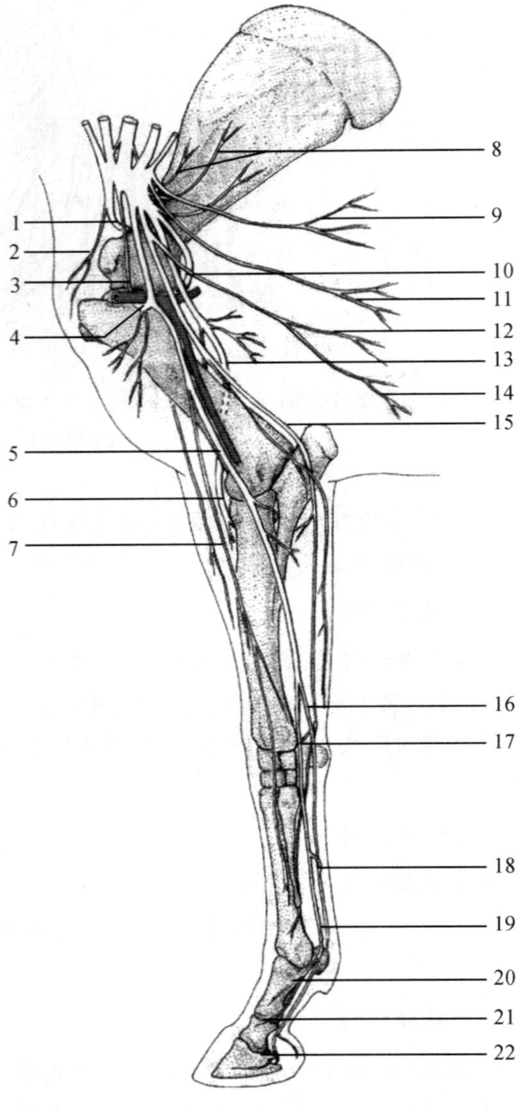

1. 肩胛上神经　2. 胸肌前神经　3. 肌皮神经　4. 肌皮神经近支　5. 正中神经　6,13. 桡神经　7. 肌皮神经远支　8. 肩胛下神经　9. 胸长神经　10. 腋神经　11. 胸背神经　12. 胸外侧神经　14. 胸肌后神经　15. 尺神经　16. 掌外侧神经　17. 掌内侧神经　18. 交通支　19. 指内侧神经　20. 近指节骨背侧支　21. 中指节骨背侧支　22. 指掌内侧支

图 11-14　马前肢臂神经丛的分支

(引自陈耀星等，2009)

外侧头的深面分为深、浅 2 支。深支分布于腕和指的伸肌。浅支分布于前臂背外侧的皮肤，经腕桡侧伸肌前面，沿指伸肌腱内侧至腕部和掌部，分布于第 3、4 指的背侧面。

桡神经由于其位置和径路，易受压迫、牵引而损伤，在临床上可见到桡神经麻痹。损伤部位越接近神经的近端，症状越严重，预后也就越不良。

①臂中部近侧桡神经的损伤，通常导致肘部伸肌的麻痹和腕部、指部伸肌麻痹及皮肤的感觉缺失，受伤的动物不能固定肘关节，因此表现为不能负重的拖指跛行。②发生于桡骨远端的桡神经损伤，可导致腕和指伸肌（腕蹄侧伸肌、腕尺侧伸肌、指总伸肌）的麻痹，使患病动物指关节贴地，并试图以指背侧面着地站立。

7. 尺神经

尺神经（Ulnar nerve）在腕关节上分为一背侧支和一掌侧支。掌侧支合并于掌外侧神经。背侧支分布于腕、掌部的背外侧和掌侧的皮肤。

8. 正中神经

正中神经（Median nerve）为臂神经丛最长的分支，沿臂动脉前缘向下伸延，至臂中部与肌皮神经分离后，经肘关节的内侧进入前臂的正中沟中，在掌部远端分为内、外侧支。正中神经在前臂近端分出肌支，分布于腕桡侧屈肌和指浅、深屈肌，并分出前臂骨间神经进入前臂近骨间隙，分布于前臂骨。

正中神经主干在前臂远端掌侧，分为掌内侧神经和掌外侧神经。掌内侧神经即指掌侧第 2 总神经，和掌心浅动脉一起沿指深屈肌腱的内侧缘向下伸延，在掌中部分出交通支，绕过指屈腱掌侧面合并于掌外侧神经。掌内侧神经在掌的远端分为背侧支（指背侧神经）和掌侧支（指掌侧神经），分布于指内侧的皮肤和关节。掌外侧神经即指掌侧第 3 总神经，与尺神经的深支合并后，沿指深屈肌腱外侧缘向下伸延，在掌部下 1/3 处接受来自掌内侧神经的交通支，其在指部的分支和分布情况，与掌内侧神经相同，但分布于指外侧。

（三）后肢神经

后肢的神经由腰荐神经丛发出。腰荐神经丛由第 4、5、6 腰神经和第 1、2 荐神经的腹侧支构成，位于腰荐部腹侧，发出分支到后肢。由此丛发出的主要神经有：股神经、闭孔神经、臀前神经、臀后神经和坐骨神经，见图 11-15。

1. 股神经

股神经（Femoral nerve）由腰荐神经丛前部发出，经腰大肌与腰小肌之间向后向下伸延，分布于髂腰肌、股四头肌。并分出较长的隐神经（Saphenous nerve），分布于膝关节、小腿、跖内侧皮肤。

由于股神经在耻骨梳附近通过，此处容易受机械损伤。如马麻醉之后到苏醒过程或骨盆骨折后的康复过程中股四头肌的过度伸展，是导致股神经损伤最常见的原因，股神经损伤导致股四头肌瘫痪，妨碍了膝关节的固定而使后肢无法支撑体重。

2. 闭孔神经

闭孔神经（Obturator nerve）由腰荐丛前部发出，沿髂骨内侧面向后下方延伸，穿出闭孔，分布于闭孔外肌、耻骨肌、内收肌和股薄肌。因为闭孔神经与骨比较贴近，所以容易损伤。骨盆骨折和分娩过程中神经受压迫是最常见的病因。

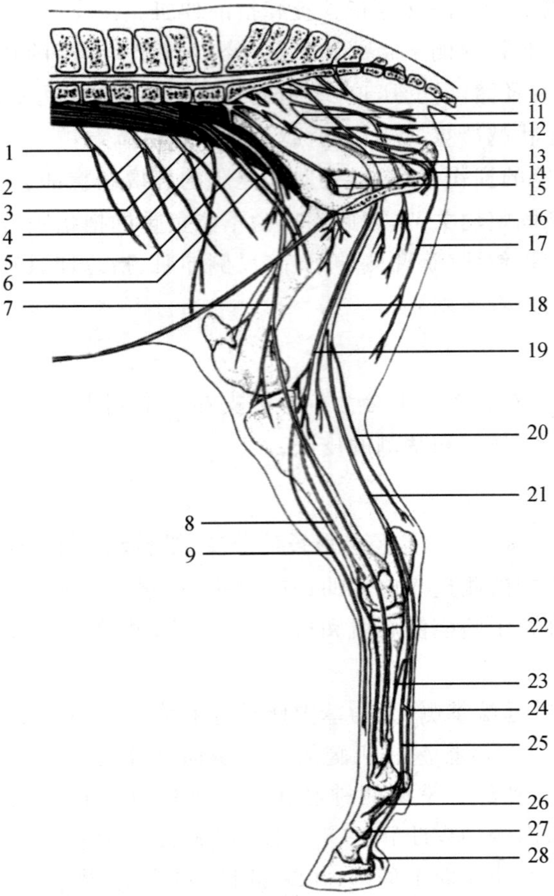

1. 最后肋间神经　2. 髂腹下神经　3. 髂腹股沟神经　4. 股外侧皮神经　5. 生殖股神经　6. 股神经　7. 隐神经　8. 腓深神经　9. 腓浅神经　10. 直肠后神经　11. 臀前神经　12. 臀后神经　13. 坐骨神经　14. 阴部神经　15. 闭孔神经　16. 胫神经近侧肌支　17. 股后皮神经　18,21. 胫神经　19. 腓总神经　20. 小腿后侧皮神经　22. 趾跖侧第 3 总神经　23. 趾跖侧第 3 总神经深支　24. 交通支　25. 趾跖侧第 2 总神经　26. 近趾节骨背侧支　27. 中趾节骨背侧支　28. 趾内侧神经跖支

图 11-15　马腰荐神经丛的分支

3. 臀前神经

臀前神经(Cranial gluteal nerve)由腰荐丛后部发出，通过坐骨大孔，分为数支分布到臀肌和股阔筋膜张肌。

4. 臀后神经

臀后神经(Caudal gluteal nerve)由腰荐丛后部发出，沿荐结节阔韧带外侧面向后延伸，分布于臀股二头肌、臀浅肌、臀中肌和半腱肌。

5. 坐骨神经

坐骨神经(Sciatic nerve)为全身最粗大的神经，自坐骨大孔出盆腔，沿荐结节阔韧带外侧向后下方伸延，绕过髋关节后方，约在股骨中部分为胫神经和腓总神经。坐骨神经沿途分支分布于闭孔肌、半膜肌、臀股二头肌和半腱肌。

股骨骨折、肌肉注射不当或臀部外科手术的并发症都可能导致坐骨神经或其终末分支的损伤。这些损伤通常可通过后肢不能支撑体重的跛行及由其导致的损伤肌肉的快速萎缩和后肢主要感觉短缺等临床症状来诊断。

(1)胫神经(Tibial nerve)　进入腓肠肌内、外侧头之间，沿趾浅屈肌的内侧缘向下伸延至小腿远端，在跟结节平位处稍下方，分为足底内、外侧神经。胫神经在小腿近端分出肌支分布于跗关节的伸肌和趾关节的屈肌，在起始部还分出皮支，分布于小腿、跗部、跖部后外侧的皮肤。

足底内侧神经沿趾屈肌腱的内侧缘向下伸延，分支分布于趾内侧的皮肤及趾关节。在跖部分出交通支，绕过趾屈肌腱的表面，合并于足底外侧神经。足底外侧神经沿趾屈肌腱的外侧缘向下伸延，分支分布于趾外侧的皮肤及趾关节。

(2)腓总神经(Common fibular nerve)　沿腓肠肌外侧面向前向下行，到腓骨近端外侧分为腓浅神经和腓深神经。腓总神经在股部分出皮支，分布于小腿背外侧皮肤。

腓浅神经较小，沿趾长伸肌与趾外侧伸肌之间向下伸延，分布于趾外侧伸肌以及小腿和跖外侧皮肤.腓深神经进入趾外侧伸肌与趾长伸肌之间，除分布于小腿背外侧部肌肉外，还分布于跗、跖及趾背内侧和趾背外侧的皮肤。

(四)尾部神经

尾神经(Coccygeal nerve)分背侧支和腹侧支。背侧支相互吻合形成尾背侧神经伸至尾尖，腹侧支相互吻合形成尾腹侧神经伸至尾尖。分别分布于尾背、腹侧的肌肉和皮肤。

三、脑神经

脑神经(Cranial nerve)　是与脑相连的周围神经，共有 12 对，多数从脑干发出。脑神经通过颅骨上的孔或裂进出颅腔，主要分布于头部和颈部。脑神经的神经纤维成分比脊神经复杂，可分一般躯体传入纤维(传导头部的一般感觉)、特殊躯体传入纤维(接受光、声、位的刺激)、一般内脏传入纤维(接受内脏、心血管、腺体的信息)、特殊内脏传入纤维(接受嗅黏膜、味蕾、颈动脉窦的刺激)、一般躯体传出纤维(支配头部的骨骼肌)和副交感神经纤维(支配头部的腺体、瞳孔括约肌、睫状肌)，所以有的脑神经是感觉神经，有的为运动神经，有的是含有感觉纤维和运动纤维的混合神经。支配头部平滑肌、血管、腺体的交感神经纤维来自脊髓。脑神经的先后次序、与脑联系的部位、神经纤维的性质以及主要分布情况如表 11-1，图 11-16。

记忆口诀：一嗅二视三动眼，四滑五叉六外展，七面八听九舌咽，十迷与副舌下全。

1. 嗅神经

嗅神经(Olfactory nerve)为感觉神经，由鼻腔嗅黏膜内的嗅觉细胞的轴突构成。轴突集合成许多嗅丝，经筛骨的筛孔入颅腔，止于嗅球。

2. 视神经

视神经(Optic nerve)为感觉神经，由眼球视网膜神经节细胞的轴突形成。视神经穿出眼球后壁，经视神经孔入颅腔，经视交叉、视束止于间脑的外侧膝状体。

表 11-1　脑神经的简表

名称	与脑联系的部位	纤维成分	分布
Ⅰ嗅神经	嗅球	感觉纤维	嗅黏膜
Ⅱ视神经	间脑外侧膝状体	感觉纤维	视网膜
Ⅲ动眼神经	中脑的大脑脚	运动纤维	眼球肌、瞳孔括约肌
Ⅳ滑车神经	中脑	运动纤维	眼上斜肌
Ⅴ三叉神经	脑桥		
眼神经		感觉纤维	眶、额部皮肤、泪腺、结膜
上颌神经		感觉纤维	鼻腔、硬腭黏膜、上齿根、口唇鼻皮肤
下颌神经		混合纤维	咀嚼肌、下唇皮肤、下齿根、舌
Ⅵ外展神经	延髓	运动纤维	眼外直肌、眼球退缩肌
Ⅶ面神经	延髓	混合纤维*	颜面部肌肉、耳、味蕾、唾液腺
Ⅷ前庭耳蜗神经	延髓	感觉纤维	耳蜗、前庭及半规管
Ⅸ舌咽神经	延髓	混合纤维*	舌、咽、味蕾、唾液腺
Ⅹ迷走神经	延髓	混合纤维*	咽、喉、腺体、内脏
Ⅺ副神经	延髓	运动纤维	斜方肌、胸头肌及臂头肌
Ⅻ舌下神经	延髓	运动纤维	舌肌及舌骨肌

* 含有副交感神经成分。

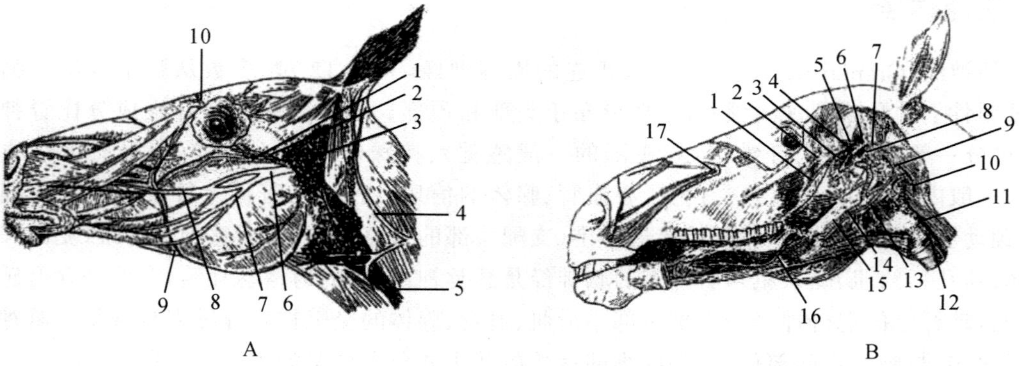

A. 浅层神经：1. 面横动脉　2. 额浅神经　3. 腮腺　4. 第 2 颈神经　5. 颈静脉　6. 面神经　7. 颊腹侧支　8. 颊背侧支　9. 面动脉　10. 额神经

B. 深层神经：1. 颊肌神经　2. 蝶腭神经　3. 舌神经　4. 下颌齿槽神经　5. 下颌神经肌支　6. 下颌神经　7. 额浅支　8. 鼓索神经　9. 迷走神经　10. 副神经　11. 迷走交感干　12. 返神经　13. 喉前神经　14. 舌下神经　15. 舌咽神经　16. 舌神经　17. 眶下神经

图 11-16　马头部神经

3. 动眼神经

动眼神经(Oculomotor nerve)为运动神经，大部分为支配眼球肌的躯体运动神经纤维，起自中脑的动眼神经核，自大脑脚内侧发出后，经眶孔至眼眶，支配眼球肌肉。此外，动眼神经内有少部分为内脏运动纤维(副交感节前纤维),这部分纤维随动眼神经入眼眶后,止于睫状神经节,在节内换神经元,节后纤维支配瞳孔括约肌和睫状肌。

4.滑车神经

滑车神经(Trochlear nerve)为运动神经,起自中脑的滑车神经核,从脑干背面发出,经眶孔出颅腔,含有躯体运动神经纤维、支配眼球上斜肌。

5.三叉神经

三叉神经(Trigeminal nerve)为混合神经,是最粗大的脑神经,以感觉根和运动根与脑桥相连。感觉根较粗,有感觉神经节,其纤维在脑干内止于三叉神经感觉核。运动根较细,起于脑桥内的三叉神经运动核。三叉神经在颅腔内分为眼神经、上颌神经和下颌神经3大支。

(1)眼神经(Ophthalmic nerve)　为3支中最细的一支,属感觉神经。出颅腔后分为3支,即泪腺神经、额神经和鼻睫神经。泪腺神经分布于泪腺、上睑、颞区和额区的皮肤。额神经分布于上睑、额区和颞区的皮肤。鼻睫神经分为数支,分布到眼球、眼睑结膜、泪阜和鼻黏膜。

(2)上颌神经(Maxillary nerve)　为感觉神经,出颅腔后,分为3支,即颧神经、眶下神经和翼腭神经。颧神经分布于下睑及其附近的皮肤。翼腭神经分为数支,分布于软腭、硬腭和鼻黏膜。眶下神经较粗,行经眶下管内,出眶下孔后,在上唇固有提肌的深面分为3支:背侧支分布于鼻背侧的皮肤;中支分布于鼻翼外侧部和鼻前庭的皮肤;腹侧支分布于上唇的皮肤和黏膜。眶下神经在蝶腭窝和眶下管内还分出侧支分布于上颌窦、上颌的牙齿和齿龈。

(3)下颌神经(Mandibular nerve)　为混合神经,出颅腔后分为颞深神经、咬肌神经、翼肌神经、下颌舌骨肌神经、舌神经、下颌齿槽神经、颊肌神经和颞浅神经。前4支神经为运动神经,分布于颞肌、咬肌、翼肌、下颌舌骨肌、二腹肌前腹等,支配咀嚼运动。后4支神经为感觉神经。颞浅神经分布于颞区和面颊部。颊肌神经分布于颊部。下颌齿槽神经入下颌孔,在下颌骨内向前伸延,自颏孔穿出,分布于颏部和下唇,在下颌骨中还分出侧支分布于下颌的牙齿和齿龈。舌神经分布于舌黏膜和口腔底壁。

6.外展神经

外展神经(Abducent nerve)为运动神经,与动眼神经一起经眶孔穿出颅腔,分布于眼肌。

7.面神经

面神经(Facial nerve)为混合神经,与前庭耳蜗神经一起进入内耳道,在内耳道底两神经分离,面神经进入岩颞骨的面神经管中,最后经茎乳突孔穿出颅腔。面神经有3种神经纤维。大部分为运动神经纤维,支配颜面肌肉的运动;植物性神经(内脏感觉)纤维分布于舌前2/3的味蕾,司味觉;副交感神经(内脏运动)纤维分布于颌下腺和舌下腺。

8.前庭耳蜗神经

前庭耳蜗神经(Vestibulocochlear nerve)为感觉神经,由前庭神经根和耳蜗神经根组成。前庭神经(根)为司平衡觉的感觉神经;耳蜗神经(根)为司听觉的感觉神经。

9. 舌咽神经

舌咽神经(Glossopharyngeal nerve)为混合性神经,分布于咽和舌,感觉纤维司咽部的感觉和舌后 1/3 的味觉,运动纤维支配咽肌。

舌咽神经通过喉囊的内侧间隔与舌下神经走在一个共同的皱襞内。喉囊炎能够引起该神经损伤,其症状表现为吞咽困难。

10. 迷走神经

迷走神经(Vagus nerve)为混合神经,是脑神经中行程最长,分布最广的神经。含 4 种神经纤维成分:①内脏运动纤维,是迷走神经的主要成分。节后纤维主要分布到胸、腹腔内脏器官,控制平滑肌、心肌和腺体的活动。②躯体运动纤维,支配咽、喉肌。③内脏感觉纤维,周围突分布于颈、胸、腹部的脏器,传导一般内脏感觉冲动。④躯体感觉纤维,周围突主要分布于耳郭及外耳道的皮肤。

11. 副神经

副神经(Accessory nerve)为运动神经,由颅根和脊髓根组成,颅根含特殊内脏运动纤维,起自疑核,从迷走神经根下方出脑后与脊髓根同行,经静脉孔出颅腔,加入迷走神经,支配咽、喉肌。脊髓根也含特殊内脏运动纤维,起自脊髓颈部的副神经脊髓核,由脊神经背侧根和腹侧根之间出脊髓,经枕骨大孔入颅腔,与颅根汇合一并出颅腔,后又与颅根分开,支配斜方肌和胸头肌。

12. 舌下神经

舌下神经(Hypoglossal nerve)为运动神经,主要由躯体运动纤维组成,由舌下神经核发出,自延髓腹侧的后部出脑,经舌下神经管出颅腔,分布于舌肌和舌骨肌。

四、植物性神经

(一)植物性神经的一般特点

植物性神经系统(Vegetative nervous system)又称自主神经系统(Autonomic nervous system),是指分布到内脏器官、血管和皮肤的平滑肌、心肌和腺体的神经,有的学者亦称其为内脏神经(Visceral nerve),见图 11-17。与躯体运动神经在功能与形态结构上有如下区别:

1. 支配的器官不同

躯体运动神经支配骨骼肌,而植物性神经支配平滑肌、心肌和腺体。

2. 在神经传导通路上,神经元数目不同

躯体运动神经的神经冲动从中枢到效应器只经过 1 个神经元传导;而植物性神经的神经冲动要经过 2 个神经元。第 1 个神经元称为节前神经元,胞体位于脑干和脊髓灰质内,发出节前神经纤维,伸延到植物性神经节中;第 2 个神经元称为节后神经元,胞体位于植物性神经节内,发出节后神经纤维,分布于平滑肌、心肌和腺体。节前纤维在植物性神经节内与节后神经元形成突触;节后神经元发出的节后纤维将中枢发出的神经冲动传到效应器。节后神经元的

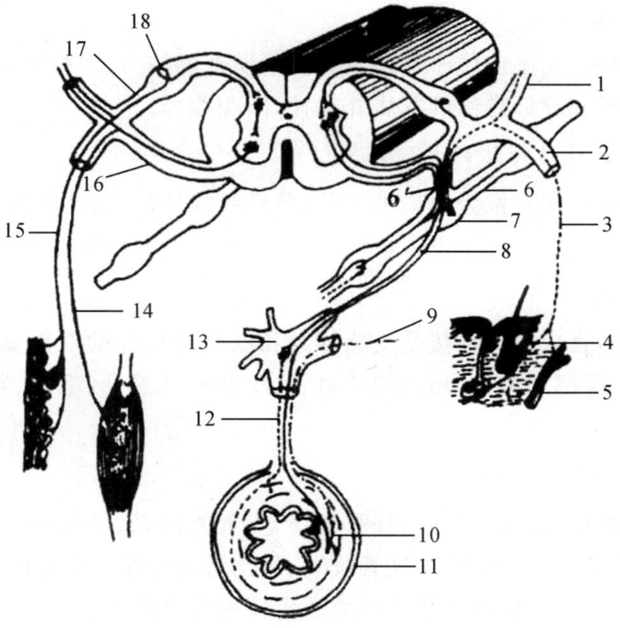

1. 脊神经背侧支　2. 脊神经腹侧支　3,12. 交感节后神经纤维　4. 立毛肌　5. 血管　6. 交感神经干　6′. 交通支　7. 椎神经节　8. 交感节前神经纤维　9. 副交感节前神经纤维　10. 副交感节后神经纤维　11. 消化管　13. 椎下神经节　14. 脊神经运动神经纤维　15. 感觉神经纤维　16. 腹侧根　17. 背侧根　18. 脊神经节

图 11-17　脊神经和植物性神经反射径路模式图

(引自陈耀星等,2010)

数目较多,一个节前神经元可与多个节后神经元形成突触,这有利于多个效应器同时活动。

植物性神经节有 3 类:位于椎骨两侧的神经节称椎旁节,如交感神经干上的神经节;在脊柱下方的神经节称为椎下节,如腹腔肠系膜前神经节、肠系膜后神经节等;位于内脏器官附近或器官壁内的神经节称为终末节,如副交感神经的盆神经节和壁内神经节。

3. 神经纤维类型不同

躯体运动神经一般是较粗的有髓纤维,以神经干形式分布到效应器;植物性神经的节前纤维是较细的有髓纤维,节后纤维是较细的无髓纤维,常攀附在血管或脏器表面形成神经丛,再由神经丛发出分支到效应器。

4. 受意识支配程度不同

躯体运动神经一般都受意识支配;而植物性神经在一定程度上不受意识的直接控制,有相对的自主性。

(二)交感神经和副交感神经的比较

植物性神经根据形态和功能的不同,可分为交感神经和副交感神经。它们都具有上述植物性神经的共同特点,但它们之间也有一些不同点。

1. 节前神经元位置不同

交感神经的节前神经元胞体位于胸腰段脊髓灰质外侧柱内，即胸腰部；而副交感神经的节前神经元胞体位于脑干和荐部脊髓的灰质外侧柱，即颅荐部。

2. 神经节的位置和节后纤维的长短不同

交感神经的节后神经元在椎旁节或椎下节，节后纤维较长；而副交感神经的节后神经元在终末节，节后纤维较短。

3. 支配的范围不同

机体的绝大部分器官或组织都接受交感神经和副交感神经的双重支配，但交感神经的支配更广。一般认为，头颈部大部分血管、四肢血管、皮肤的汗腺、竖毛肌、肾上腺髓质等处无副交感神经支配。

4. 功能相互对抗、相互统一

交感神经能使心跳加强、血压升高、呼吸加快，支气管舒张、消化活动减弱；而副交感神经能使心跳减慢，血压降低、呼吸减慢，支气管收缩、消化活动加强。正是由于交感神经和副交感神经保持功能上的对立统一，机体才能更好地适应环境的变化。

(三)交感神经

交感神经(Sympathetic nerve)的节前神经元位于脊髓胸1到腰4节段的脊髓灰质外侧柱内，交感神经的节后神经元主要位于椎旁节或椎下节，少数直接伸到器官附近的终末节。节前纤维经脊髓腹侧根至脊神经，出椎间孔后经白交通支(White communicating branch)到相应部位的椎旁节。交感神经干(Sympathetic trunk)可分颈部、胸部、腰部和荐尾部(图11-18)。

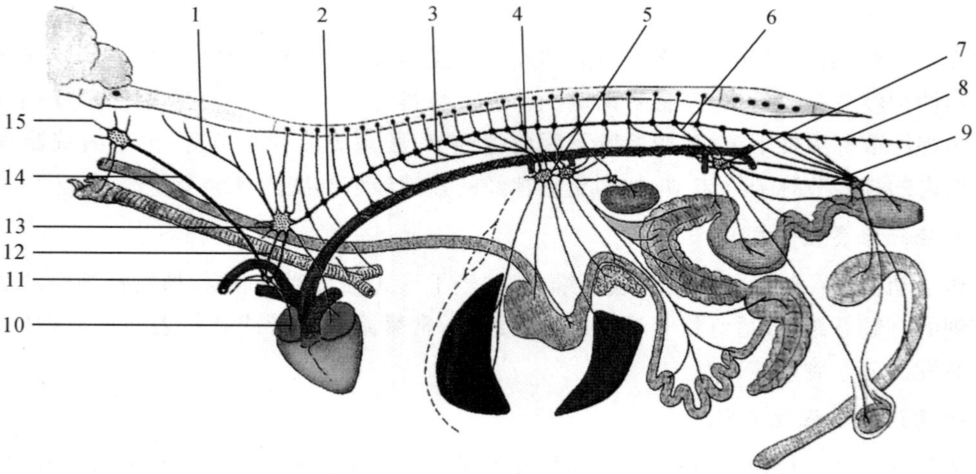

1. 椎神经　2. 胸交感干　3. 内脏大神经　4. 内脏小神经　5. 腹腔肠系膜前神经节　6. 腰内脏神经　7. 肠系膜后神经节　8. 荐内脏神经　9. 腹下神经　10. 心支　11. 颈中神经节　12. 锁骨下袢　13. 星状神经节　14. 颈交感干　15. 颈前神经节

图 11-18　马交感神经系示意图

(引自陈耀星等，2009)

1. 颈部交感神经干

颈部交感神经干由来自前部胸段脊髓的节前纤维组成，位于气管的背外侧，常与迷走神经合并成迷走交感干(Vagosympathetic trunk)。颈部神经干有3个椎神经节：①颈前神经节，位于颅底腹面，发出的节后纤维分布于头部皮肤、唾液腺、泪腺、瞳孔开大肌。②颈中神经节，发出的节后纤维参与构成心神经丛。③颈后神经节，与第1或第2胸神经节合并成星状神经节，位于胸前口及第1肋骨椎骨端的内侧，发出的节后纤维参与构成心神经丛，分布于心、肺。

2. 胸部交感神经干

胸部交感神经干紧贴于胸椎的腹外侧面，由椎旁神经节和节间支组成。神经节的数目与胸椎的数目相等。在每一个椎间孔附近有1个椎旁神经节，每个椎旁神经节都以白交通支和灰交通支与相应的胸神经相连，分布于胸壁的皮肤。另一些节后神经纤维形成小支，伸到主动脉、食管、气管和支气管，并参与心和肺神经丛。胸部交感神经干还发出内脏大神经和内脏小神经。

(1)内脏大神经(Greater splanchnic nerve)　自胸部交感干发出，由节前神经纤维构成，在胸腔内与交感神经干并行，分开后穿经膈脚的背侧入腹腔。在腹腔动脉的根部连于腹腔肠系膜前神经节。

(2)内脏小神经(Lesser splanchnic nerve)　由最后胸段脊髓和第1、2腰段脊髓的节前神经纤维构成，在内脏大神经后方连于腹腔肠系膜前神经节，且有分支参与构成肾神经丛。

3. 腰部交感神经干

腰部交感神经干较细，在最后胸椎后端接胸部交感神经干，主要由前3个腰段脊髓发出的节前纤维和腰神经节组成，由于腰神经节有合并现象，通常每侧有2～5个。仅前几个腰神经节有灰、白交通支与腰神经相连，后2～3个腰神经节没有白交通支，只以灰交通支连接于相应的脊神经。腹腔内有2个神经节，即腹腔肠系膜前神经节和肠系膜后神经节。

(1)腹腔肠系膜前神经节(Coeliac ganglion and cranial mesenteric ganglion)　位于腹腔动脉和肠系膜前动脉根部，包括左、右2个腹腔神经节和1个肠系膜前神经节。它们接受内脏大神经和内脏小神经的纤维，其节后纤维与迷走神经的分支一起参与形成腹腔神经丛，分布于胃、肝、脾、胰、肾、小肠和大肠等器官。

(2)肠系膜后神经节(Caudal mesenteric ganglion)　在肠系膜后动脉根部两侧，位于肠系膜后神经丛内，接受来自腰交感神经干的腰内脏支和自腹腔肠系膜前神经节的节间支。从肠系膜后神经节发出分支沿动脉分布到结肠后段、精索、睾丸、附睾或卵巢、输卵管和子宫角。此外，还分出1对腹下神经(Hypogastric nerve)，向后延伸到盆腔内，参与构成盆神经丛。

4. 荐尾交感神经干

荐尾交感神经干沿荐骨骨盆面向后延伸且逐渐变细。前1对荐神经节较大，后部的较小。其节后神经纤维组成灰交通支连于荐神经和尾神经，分布于所属部位的血管、汗腺、竖立毛肌和平滑肌等。

(四)副交感神经

副交感神经(Parasympathetic nerve)的节前神经元的胞体位于脑干和荐段脊髓，故可分为颅部和荐部副交感神经。节后神经元的胞体位于所支配器官旁或器官内，统称终末神经节(图 11-19)。

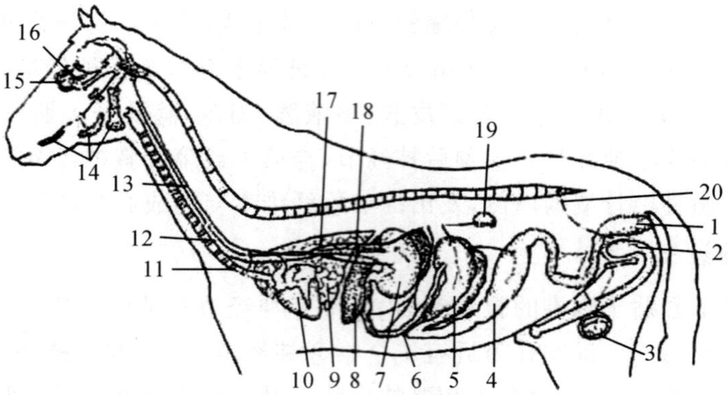

1.直肠　2.膀胱　3.睾丸　4.大结肠　5.盲肠　6.小肠　7.胃　8.肝　9.肺　10.心　11.气管　12.食管
13.迷走神经　14.唾液腺　15.眼球　16.泪腺　17.迷走神经食管背侧干
18.迷走神经食管腹侧干　19.肾　20.盆神经

图 11-19　副交感神经分布模式图

1.颅部副交感神经

节前纤维走行于动眼神经、面神经、舌咽神经和迷走神经内,到相应的副交感终末神经节交换神经元,其发出的节后纤维到达所支配器官。

(1)动眼神经内的副交感神经节前纤维在眼眶中的睫状神经节更换神经元,由此发出的节后神经纤维分布于瞳孔括约肌和睫状肌。

(2)面神经内副交感神经节前纤维伴随面神经出延髓后分为 2 部分。一部分纤维通过翼腭神经节更换神经元后,节后纤维伴随上颌神经至泪腺、腭腺和鼻腺;另一部分纤维经鼓索神经加入舌神经,于下颌神经节更换神经元后,节后纤维至舌下腺和下颌腺。

(3)舌咽神经内的副交感神经节前纤维在颅底附近的耳神经节更换神经元,其节后纤维分布于腮腺。

(4)迷走神经内的副交感神经节前纤维起自延髓的迷走神经背核,出颅腔后与副神经伴行,向下至颈总动脉的分支处与交感神经合并成迷走交感干,沿颈总动脉的背侧向后伸延到胸前口,迷走神经与交感神经干分离,经锁骨下动脉腹侧入胸腔,在纵隔中继续向后伸延,约于支气管背侧分为 1 背侧支和 1 腹侧支,左、右迷走神经的背侧支在食管背侧合成迷走神经的食管背侧干,左、右迷走神经的腹侧支在食管腹侧合成迷走神经的食管腹侧干,分别沿食管的背侧和腹侧向后伸延,随食管经膈的食管裂孔进入腹腔。

迷走神经食管背侧干进入腹腔后,食管腹侧干分布于胃、幽门、十二指肠、肝和胰;食管背侧干除分布于胃外,还分出 1 大支通过腹腔神经节参与构成腹腔神经丛,分布于胃、肠、肝、胰、脾、肾等。迷走神经分出的侧支有咽支、喉前神经、喉后神经(返神经)、心支、支气管支及一些分布于食管、气管及外耳的小支。咽支在咽外侧发出,分布于咽和食管前端。喉前神经在咽外侧发出,分布于咽、喉和食管前端。喉后神经在胸腔中发出,绕过主动脉弓(左侧)或右锁骨下动脉(右侧),沿气管向前伸延,分布于喉肌。心支常有 2～3 支,在胸腔内发出,参与构成心神经丛,分布于心和肺。支气管支在胸腔中发出,参与构成肺神经丛,分布于肺。迷走神经的副交感节前纤维在心神经丛、肺神经丛及其他内脏器官的神经丛进入终末神经节,并在这些神经节内更换神经元，其节后纤维分布在这些神经节所在的器官。

2. 荐部副交感神经

荐部或盆部副交感神经的节前纤维由第2～4荐部脊髓灰质外侧柱发出，伴随第3、4荐神经腹侧支出荐盆侧孔，形成1～2支盆神经。盆神经沿盆腔壁向腹侧延伸到直肠或膀胱外侧，与腹下神经一起构成盆神经丛，节前纤维在盆神经丛中的终末神经节交换神经元，节后纤维分布于结肠后段、直肠、膀胱、阴茎或子宫、阴道等。

（五）肠神经系统

肠神经系统由胃肠道中位于内环肌与外纵肌之间的肌间神经丛（Myenteric nerve plexus）、位于黏膜肌外围的黏膜下神经丛（Submucosal nerve plexus）和位于肌层外围的黏膜下层神经丛（Subserosal nerve plexus）组成。由于阻断外来神经与胃肠的联系，胃肠道的共济运动如蠕动和节段性收缩等仍然存在，故现今已不再将肠神经系统简单地划归为副交感神经的终末神经丛（节）。

在肠神经丛中主要有3类神经元双极或假单极的感觉神经元，参与局部反射活动，其中（a）有部分轴突投射到腹腔肠系膜前神经节；（b）副交感节后神经元，发出的节后神经纤维支配平滑肌和腺体，副交感神经节前纤维、交感神经的节后纤维及神经丛内中间神经元的轴突能与其形成突触；（c）小型的中间神经元，肠神经丛内的3类神经元形成反射装置，协调胃肠道的共济运动，而交感和副交感神经则对这些活动起高层次的调节作用。

（六）内脏感觉（传入）神经

内脏神经里也含有许多传入神经。传入神经元与躯体神经相似，属假单极神经元，胞体位于脑和脊神经节内，其外周突随交感和副交感神经而分布，中枢突到脑干的有关感觉核和脊髓灰质背侧柱。在中枢内，这些中枢突一部分借中间神经元直接与内脏神经的节前神经元或躯体运动神经元相联系，以完成内脏反射活动或内脏-躯体反射活动；另一部分可经过特定的传导径路，到内脏神经在脑干的高级中枢，直至大脑皮质而产生内脏感觉，从而对内脏活动进行综合调整。一般来讲，内脏痛觉的传入纤维主要行于交感神经内，内脏特殊感觉（如饥饿、膨胀等）的传入纤维主要行于副交感神经内。

【测试题】

一、名词解释

灰质　白质　神经核　马尾　脑脊液

二、填空题

1. 脊神经是________神经，既含有________神经纤维，又含有________神经纤维。
2. 根据神经元的功能可将其分为________、________和________3种。
3. 脑脊膜是保护脑和脊髓的结缔组织膜，除硬膜外，还有________和________。
4. 支配膈肌活动的神经是________。
5. 臂神经丛是由________和________的腹侧支汇合而成的，主要分布于前肢。
6. 交感神经的神经节有________和________。
7. 身体中最粗大的脊神经是________。
8. 全身最大的脑神经是________，最长的脑神经是________。

9.脑神经中作用于舌的神经有________。

三、选择题

1.反射弧是由 5 部分组成的,起表达中枢命令的部分是(　　)。

A.效应器　　B.中枢　　C.传入神经　　D.感受器

2.包围丘脑联合并含脑脊液的是(　　)。

A.第 4 脑室　　B.第 3 脑室　　C.侧脑室　　D.中脑导水管

3.在大脑的基底神经节中,最大的灰质是纹状体,起连接传导作用的白质是(　　)。

A.豆状核　　B.内囊　　C.尾状核　　D.透明隔

4.紧贴在脑和脊髓表面的结缔组织膜叫(　　)。

A.硬膜　　B.软膜　　C.蛛网膜　　D.浆膜

5.丘脑下部的灰结节后与漏斗相连的是(　　)。

A.松果体　　B.乳头体　　C.脑垂体　　D.视交叉

6.包围在胼胝体外的回称(　　)。

A.海马回　　B.齿状回　　C.扣带回　　D.脑回

7.脊神经背侧根的组成是(　　)。

A.感觉神经纤维　　B.运动神经纤维

C.交感神经纤维　　D.感觉和运动神经纤维

8.坐骨神经主要分布到(　　)。

A.胸部皮肤和肌肉　　B.前肢的皮肤和肌肉

C.腹壁皮肤和肌肉　　D.股部和后肢皮肤肌肉

9.下列脑神经中,属于运动神经纤维的是(　　)。

A.视神经　　B.外展神经　　C.面神经　　D.迷走神经

10.属于植物性神经的是(　　)。

A.视神经　　B.肋间神经　　C.内脏大神经　　D.坐骨神经

11.脊髓的灰质腹侧柱内是(　　)。

A.感觉神经元　　B.运动神经元　　C.中间神经元　　D.植物性神经元

12.位于大脑半球内的脑室称为(　　)。

A.侧脑室　　B.第 3 脑室　　C.中脑导水管　　D.第 4 脑室

13.环绕丘脑中间块周围的脑室称为(　　)。

A.侧脑室　　B.第 3 脑室　　C.中脑导水管　　D.第 4 脑室

14.位于延髓和小脑之间的脑室称为(　　)。

A.侧脑室　　B.第 3 脑室　　C.中脑导水管　　D.第 4 脑室

15.全身分布最广的神经是(　　)。

A.迷走神经　　B.外展神经　　C.副神经　　D.舌下神经

项目十二

马匹感觉系统

【知识目标】

- 了解马匹感觉器官、感受器的概念。
- 掌握马眼球及其辅助器官的结构和功能。
- 掌握马耳的结构和功能。

【能力目标】

- 能在马实体解剖中找出感觉器官并说出其内部结构。
- 能在感觉器官模型上指出各部分结构名称及功能，并能够快速组装器官。
- 能说出感觉器官结构与功能相适应的本质联系。

【素质目标】

- 培养学生崇尚科学、积极探索的职业素养。
- 培养学生理论联系实际、理论指导实践的学习和工作态度。

感觉器官（Sense organ）由感受器和附属器构成。感受器是感觉神经末梢的特殊装置，广泛分布于身体各器官和组织内。感受器的功能是接受机体内、外环境各种不同的刺激，并将刺激转变为神经冲动，经过感觉神经传入中枢神经，最后到达大脑皮质，产生相应的感觉。

根据所在部位及接受刺激的来源，感受器可分为外感受器（Exteroceptor）、内感受器（Interoceptor）和本体感受器（Proprioceptor）3 大类。外感受器分布于皮肤、黏膜、视觉器官和听觉器官等处，接受来自外环境变化的刺激，如疼痛、温度、触、压、光波和声波等刺激；内感受器分布于内脏器官和心、血管等处，接受内环境变化的刺激，如渗透压及离子浓度变化等刺激；本体感受器分布于运动系统的肌、腱、关节、韧带和内耳等处，接受机体自身位置变化（如运动和平衡变化时等）所产生的刺激。

任务12-1 视觉器官

【学习任务单】

一、学习目标

1. 熟悉马视觉器官的结构及功能。
2. 掌握马视觉器官的外部形态及内部构造。

二、学习资源

1. 视觉器官的标本、模型和彩图。
2. 教材。
3. 信息化教学资源。

三、学习任务

1. 掌握马眼球的基本构造,在动物实体解剖中,找出眼球及其眼球的辅助器官。
2. 掌握眼球各组成部分的结构及功能。
3. 利用实验马更好地观察眼球的构造,进一步深化马解剖结构与功能相适应的理念。

【相关知识】

视觉器官(Visual organ)能感受光波的刺激,经视神经传至脑的视觉中枢,产生视觉。视觉器官包括眼球和辅助器官(图 12-1、图 12-2)。

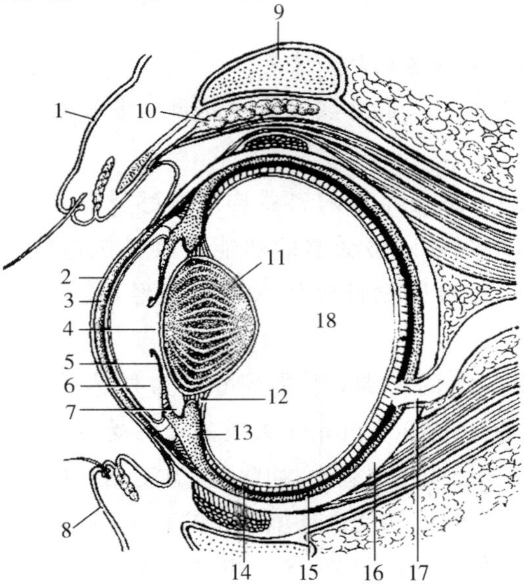

1.上眼睑 2.球结膜 3.角膜 4.瞳孔 5.虹膜 6.眼前房 7.眼后房 8.下眼睑 9.眶上突 10.泪腺 11.晶状体 12.睫状小带 13.睫状体 14.视网膜 15.脉络膜 16.巩膜 17.视神经 18.玻璃体

图 12-1 眼球结构模式图

(引自程会昌等,2007)

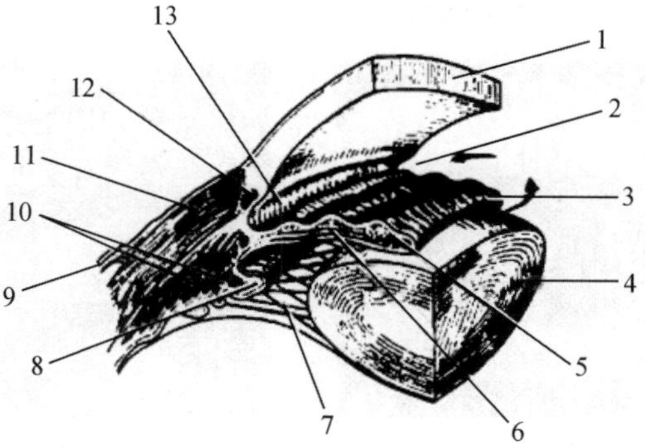

1.角膜　2.虹膜角膜角　3.虹膜　4.晶状体　5.瞳孔括约肌　6.瞳孔开大肌　7.睫状小带
8.睫状突　9.球结膜　10.睫状肌　11.巩膜　12.巩膜静脉窦　13.小梁网

图 12-2　眼球前部断面模式图

(引自程会昌等,2007)

一、眼球

眼球(Eyeball)是视觉器官的主要部分,位于眼眶内。呈前后略扁的球形,后端借视神经与脑相连。眼球宽度(50 mm)超过其高度(42 mm)和长度(45 mm)。其构造可分为眼球壁和眼球内容物2部分。

(一)眼球壁

眼球壁由外向内依次为纤维膜、血管膜和视网膜。

1.纤维膜

纤维膜(Tunica fibrosa)位于眼球壁的最外层,主要由致密结缔组织构成,厚而坚韧,有保护眼球内容物和维持眼球外形等作用。可分为角膜和巩膜2部分。

(1)角膜(Cornea)　约占纤维膜的前1/5,无色透明,边缘嵌入巩膜中。角膜前面隆凸,后面凹陷,具有折光作用。角膜内无血管和淋巴管,但有丰富的神经末梢,感觉灵敏。角膜上皮再生能力很强,损害后易恢复,如损伤较重,则形成瘢痕或因炎症而不透明,严重影响视力。

(2)巩膜(Sclera)　约占纤维膜的后4/5,呈乳白色,主要由胶原纤维束构成,坚韧而不透明。其前部与角膜相接,其深面有环形的巩膜静脉窦(Corneoscleral junction),是眼房水流出的通道,发挥调节眼压的作用。巩膜的后腹侧有巩膜筛板(Cribriform plate of sclera),为视神经纤维的通路。

2.血管膜

血管膜(Tunica vascular)是眼球壁的中间层,富含血管和色素细胞,有营养眼内组织的作用,并能吸收眼球内散射光线,形成暗的环境,有利于视网膜对光和色彩的感应。由前向后可分为虹膜、睫状体和脉络膜3部分。

(1)虹膜(Iris)　呈环形薄膜状,其中央有1孔,称为瞳孔,为横椭圆形(图12-3)。虹膜富含色素细胞、平滑肌和血管。因色素细胞的多少和分布情况不同,可使动物虹膜呈现不同色彩,一般呈棕黑色。平滑肌层即瞳孔括约肌和瞳孔开大肌。瞳孔括约肌(Sphincter muscle of pupil)呈环形,围于瞳孔缘,受动眼神经的副交感纤维支配,在强光或看近距离物体时肌纤维收缩可使瞳孔缩小,减少强光刺激;瞳孔开大肌(Dilator muscle of pupil)分布于括约肌外侧,肌纤维呈放射状排列，其收缩可开大瞳孔。

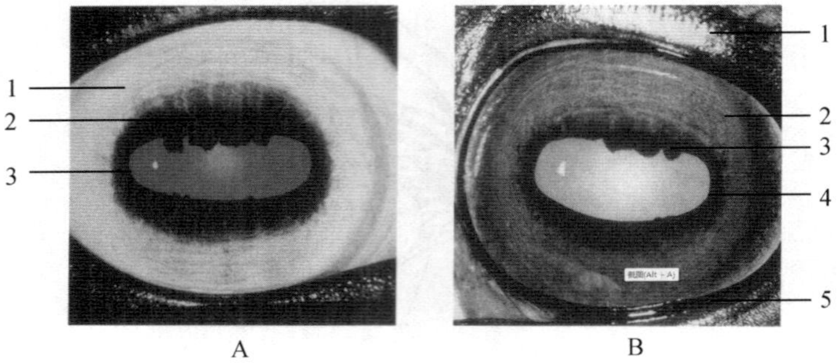

A：1.虹膜（色素层） 2.黑色样体（虹膜粒） 3.瞳孔缘

B：1.上眼睑 2.虹膜 3.黑色样体（虹膜粒） 4.瞳孔缘 5.下眼睑

图 12-3 马眼球前部

（2）睫状体（Ciliary body） 位于脉络膜和虹膜之间，是血管膜中部增厚的部分，呈环形，可分为内部的睫状突和外部的睫状肌。睫状突是睫状体内表面许多呈放射状排列的皱褶，以睫状小带与晶状体相连。睫状肌是平滑肌，受副交感神经支配，可改变晶状体凸度大小，有调节视力的作用。

（3）脉络膜（Choroid） 呈暗褐色，衬于巩膜内面。脉络膜后部在视神经穿过的背侧，有一片青绿色带金属光泽的三角形区，称为照膜（Tapetum）。其作用是将外来光线反射到视网膜，加强光刺激作用，有助于动物在暗光下对外界的感应。动物的种属不同，照膜的颜色亦不同，虹彩亦不同。马匹为蓝绿色。

3.视网膜

视网膜（Retina optic part）是眼球壁的最内层，为衬于血管膜内面的一层柔软而透明的薄膜。活体视网膜呈淡红色，死后混浊呈灰白色，易于脱落。根据视网膜衬贴部位不同，由前向后可分为：虹膜部、睫状体部和脉络膜部。虹膜部和睫状体部没有感光作用，称视网膜盲部；脉络膜部有感光作用，称视网膜视部（图 12-4）。一般所说的视网膜是指视部。视部和盲部交界

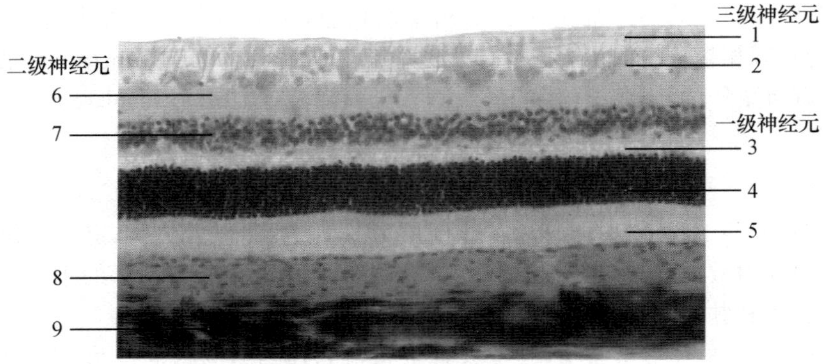

1.神经纤维层 2.节细胞层 3.外网状层 4.外颗粒层 5.神经上皮层 6.内网状层 7.内颗粒层 8.照膜 9.脉络膜色素层

图 12-4 马照膜区视网膜视部的组织学切片

处呈锯齿状，称锯齿缘。在视网膜后部中央的背侧下方，来自眼球不同方位的视神经细胞（节细胞）轴突，在穿过脉络膜前形成网盘状、白色的隆起，称为视神经盘或视神经乳头。盘的中央凹陷，有视网膜中央动、静脉穿过。因视神经盘仅有神经纤维，缺乏感光细胞，不能感光辨色，故称为盲点（Blind spot）。在盲点的背外侧，约在视网膜的中央，有一小网形区，称视网膜中心（Foveal region of retina），是感光最敏锐的地方，相当于人的黄斑。

视网膜视部的外层是色素上皮层，内层是神经层。神经层由浅向深部由 3 级神经元构成。最浅层为感光细胞，有 2 种细胞，即视锥细胞（Cone cell）和视杆细胞（Rod cell）。前者有感强光和辨别颜色的能力；后者有感弱光的能力。第 2 级神经元为双极神经元，是中间神经元。第 3 级神经元为多极神经元，称为视网膜神经节细胞（Retinal ganglion cell），其轴突向视神经乳头聚集，形成视神经（Optic nerve），马不能分辨红色和蓝色。

（二）眼球内容物

眼球内容物没有血管分布，是眼球内的一些透明结构，包括晶状体、眼房水和玻璃体，它们与角膜一起组成眼球的折光系统，使物像呈现在视网膜上。

（1）晶状体（Lens）　位于虹膜与玻璃体之间，周缘以睫状小带连接于睫状突上，不含血管、淋巴管和神经，主要为排列致密而整齐的晶状体纤维所构成。晶状体呈双凸透镜状，无色透明而富有弹性。看近物时睫状肌收缩，睫状小带放松，晶状体凸度变厚；看远物时睫状肌松弛，睫状小带将晶状体拉紧，使凸度变小，以便使光线聚焦于视网膜上。晶状体营养来自眼房水和玻璃体，以扩散方式与晶状体进行物质交换。晶状体混浊时光线不能透过，形成白内障（Cataract）。

（2）眼房（Eye chamber）和眼房水（Ocular humor）　眼房位于角膜与晶状体之间，被虹膜分为眼前房和后房。眼房内充满眼房水，两房经瞳孔相通。眼房水为无色透明液体，由睫状体上皮分泌产生，由后房经瞳孔流入前房，然后渗入巩膜静脉窦，而汇入眼静脉。眼房水具有折光、营养角膜和晶状体、维持眼内压等功能，若眼房水回流受阻，可引起眼内压升高，出现青光眼。马属动物易患混睛虫病，是由丝状线虫的幼虫误入眼房而引起的，常引发角膜炎、虹膜炎和白内障，严重时可致失明。该病多见于马，在临床上多采取手术刺破角膜随房水流出的方法治疗。

（3）玻璃体（Vitreous body）　填充于晶状体与视网膜之间，为无色透明的半流动胶状物质，具有折光和支撑视网膜的作用。当玻璃体萎缩时，对视网膜的支撑功能减弱，则易导致视网膜剥脱症。当玻璃体发生变性或混浊时，影响光线通过，可致视力下降。

光线经过角膜、眼房水、晶状体和玻璃体而到达视网膜，由视锥细胞和视杆细胞感受光刺激，形成神经冲动，再经过双极细胞和节细胞，沿视神经传入脑的视觉中枢。

二、眼球的辅助器官

眼球的辅助器官（Adnexa of eye）包括眼睑、泪器、眼球肌和眶骨膜等，对眼球有支持、保护、运动和营养的功能（图 12-5）。

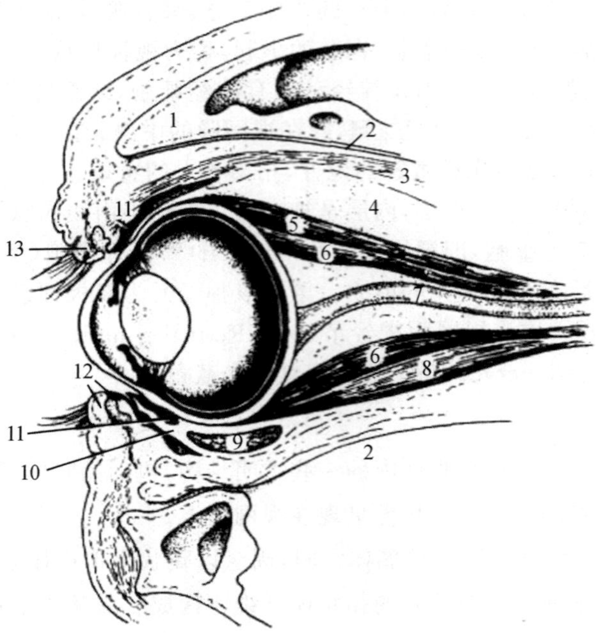

1. 额骨　2. 眶骨膜　3. 上睑提肌　4. 脂肪　5. 眼球上直肌　6. 眼球退缩肌　7. 视神经
8. 眼球下直肌　9. 眼球下斜肌　10. 第3眼睑　11. 结膜囊　12. 下眼睑　13. 上眼睑

图 12-5　眼的辅助器官

（引自陈耀星等，2010）

1. 眼睑

眼睑（Eyelid）位于眼球前面，分为上眼睑和下眼睑（图 12-6），其游离缘长有睫毛，在上、下眼睑之间的裂隙称睑裂。眼睑的外面被覆皮肤，中间为眼轮匝肌，近游离缘有1排睑板腺，腺导管开口于睑缘，分泌物为脂性，有润滑睑缘的作用。眼睑内面的黏膜为睑结膜（Palpebral conjunctiva），正常情况下呈淡红色，在患某些疾病时，常发生变化，可作为诊断的依据。睑结膜还折转覆盖在眼球巩膜的前部，称这部分结膜为球结膜（Bulbar conjunctiva），折转处形成结

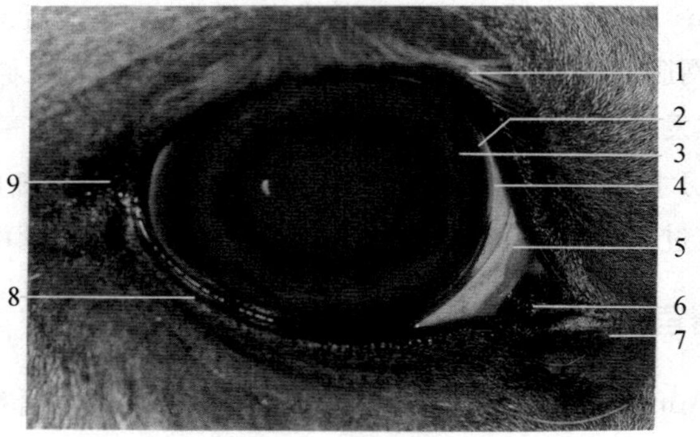

1. 上眼睑及睫毛　2. 角膜缘　3. 虹膜　4. 被覆结膜的巩膜　5. 带有结膜半月褶的第三眼睑（瞬膜）　6. 泪阜　7. 眼睑鼻侧角　8. 下眼睑　9. 眼睑颞侧角

图 12-6　马右眼及眼睑

膜穹隆，在睑结膜与球结膜之间的裂隙称为结膜囊(Conjunctival sac)。第 3 眼睑(Third eyelid)又称瞬膜(Palpebra tertius)，为位于眼内侧角的半月状结膜褶，内有一块软骨，软骨后部在眼球内侧，包围于腺体和脂肪内，为弹性软骨。瞬膜内含有许多淋巴结(结膜淋巴小结)，当眼球受到慢性感染时，淋巴结肿大。第 3 眼睑并无肌肉控制，仅在眼球被眼肌向后拉时，挤压眼球周围组织才可使其被动露出。当发生破伤风时，一刺激即瞬膜外露，瞬膜外露是破伤风的主要症状之一。检查马眼结膜时，轻压眼球，第 3 眼睑则被眶内脂肪推移到眼球的前面。马在闭眼后或转动头部时，第 3 眼睑可覆盖至角膜中部，但随即迅速消失恢复原位。

2. 泪器

泪器(Lacrimal apparatus)包括泪腺和泪道 2 部分(图 12-7)。

(1)泪腺(Lacrimal gland)　位于眼球背外侧与额骨眶上突之间泪腺窝内，有 10～20 条排泄小管开口于眼睑结膜囊内。泪腺分泌的泪液借眨眼动作涂抹于眼球表面，湿润眼球，以防角膜干燥，并冲洗眼球表面的微尘，有利于眼球的运动。泪液内含有溶菌酶，可溶解眼球表面的病原体，起到杀灭细菌的作用。

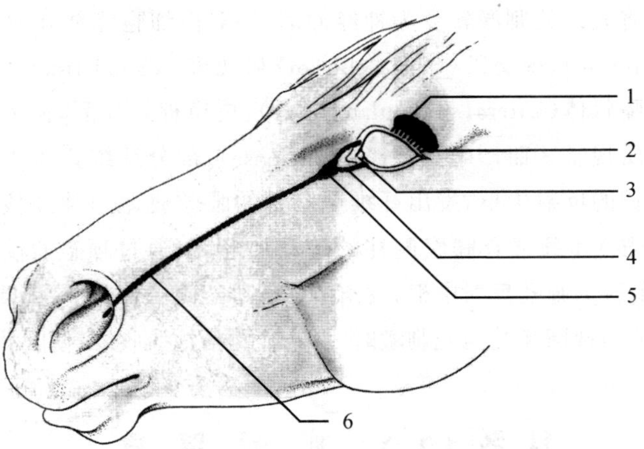

1. 泪腺　2. 排泄管　3. 泪阜与泪导管口　4. 泪管　5. 泪囊　6. 鼻泪管

图 12-7　马的泪器

(引自陈耀星等，2009)

(2)泪道(Lacrimal passage)　为泪水排出的管道，包括泪点、泪小管、泪囊和鼻泪管。泪点为泪道的起始处，是位于上、下睑缘内侧端的小孔。泪小管是连接泪点和泪囊的小管，有 2 条，位于眼内侧角。泪囊是位于泪囊窝内的一个膜性囊，呈漏斗状，为鼻泪管的起端膨大部。鼻泪管是泪囊下端与鼻腔相通的膜性管道，向下开口于下鼻道后部外侧壁。泪液排到鼻腔，借呼吸运动而蒸发。

3. 眼球肌

眼球肌(Muscle of eyeball)在眶骨膜内包围于眼球和视神经周围，起于视神经孔周围的眼眶壁，止于眼球巩膜，为眼球的运动装置，有眼球退缩肌、眼球上直肌和眼球下斜肌，均属骨骼肌(图 12-5)。

眼球缩肌(Retractor muscle of eyeball)1 块,包于视神经和眼球后部的外面,收缩时可后退眼球;眼球直肌(Straight muscle of eyeball)4 块,包括上直肌、下直肌、内直肌、外直肌,共同起自视神经管周围的总腱环,向前分别止于巩膜前部的上、下、内、外方;眼球斜肌(Oblique muscle of eyeball)2 块,在上直肌与内直肌之间有上斜肌,下直肌下方有下斜肌。上睑提肌(Levator muscle of upper eyelid)属颜面肌,位于上直肌的背侧,起于筛孔附近,止于眼睑内,收缩时可提举上眼睑。

4. 眶骨膜

眶骨膜(Orbital periosteum)又称眼鞘,为致密坚韧的纤维膜,略呈圆锥形,包围于眼球、眼球肌、神经、血管和泪腺等周围。圆锥基底附着于眶缘,锥顶附着于视神经附近。在眶骨膜内、外有许多脂肪,与眶骨膜共同起着保护的作用。

三、视觉传导径

视网膜由 3 级神经元组成,一级是感光细胞,二级是双极细胞,三级是视网膜神经节细胞。视网膜内的感光细胞将光线的刺激转变为神经冲动,经双极细胞传至节细胞,通过节细胞轴突构成的视神经(Optic nerve)、视交叉(Optic chiasm)和视束(Visual tract),大部分纤维经丘脑下部而至间脑的外侧膝状体(Lateral geniculate body),更换神经元后,由外侧膝状体发出纤维经内囊投射到大脑皮质视觉区而产生视觉(Visual sense);部分纤维止于中脑前丘和顶盖前区(顶盖前核)前丘为视觉的反射中枢,发出纤维至脑干的眼球肌运动神经核(如动眼神经核、滑车神经核和外展神经核)和颈部脊髓腹侧柱的运动神经元(通过顶盖脊髓束),产生头、颈和眼球对光的反射。顶盖前核为瞳孔反射中枢,发出节前纤维至睫状神经节,由睫状神经节再发出节后纤维至瞳孔括约肌。当视网膜受强光刺激时,引起瞳孔括约肌收缩,使瞳孔缩小。

任务 12-2 听觉器官

【学习任务单】

一、学习目标

1. 熟悉马听觉器官的结构及功能。
2. 掌握马听觉器官的外部形态及内部构造。
3. 熟练组装听觉器官的模型标本。

二、学习资源

1. 听觉器官的标本、模型和图片。
2. 教材。
3. 信息化教学资源。

三、学习任务

1.掌握马耳的结构。
2.掌握马听小骨的结构及其功能。
3.熟悉听觉器官的结构及其功能。
4.了解声波传导途径的原理。

【相关知识】

耳(Ear)是听觉和位(平衡)觉感受器,包括位觉器官(Position sense organ)和听觉器官(Auditory organ)2 部分,这两部分机能虽然不同,但结构上难以分开。分为外耳、中耳和内耳3 部分(图 12-8)。外耳和中耳是收集和传导声波的装置,内耳是听觉感受器和平衡觉感受器存在的部位。

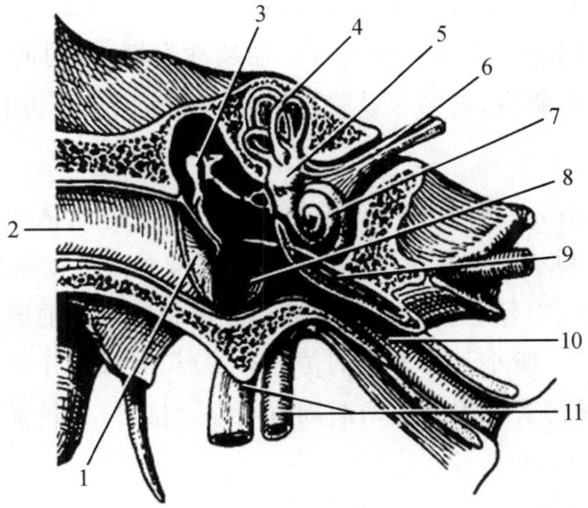

1.鼓膜　2.外耳道　3.听小骨　4.半规管　5.前庭　6.前庭耳蜗神经　7.耳蜗
8.鼓室　9.鼓膜张肌　10.咽鼓管　11.颈内动静脉

图 12-8　耳的结构模式图

(引自程会昌等,2007)

一、外耳

外耳(External ear)由耳郭、外耳道和鼓膜 3 部分组成。

1.耳郭

耳郭(Auricle)以耳郭软骨为基础,内、外均覆有皮肤。耳郭里面的凹陷叫舟状窝。耳郭前、后缘向上汇合形成耳尖,耳郭下部叫耳根,在腮腺深部连于外耳道。耳郭软骨基部外面附着有许多耳肌,故耳郭转动灵活,便于收集声波。

2.外耳道

外耳道(External acoustic meatus)是耳郭基部至鼓膜间的弯曲管道,其外侧部为软骨部外耳道,内侧部为骨部外耳道。外耳道的皮下组织很少,使皮肤与软骨膜和骨膜结合紧密。外耳道有传播声波的作用。

3. 鼓膜

鼓膜(Tympanic membrane)位于鼓室和外耳道之间,为卵圆形半透明纤维膜,质地坚韧而具有弹性。其中心呈凹陷,为锤骨柄末端附着处,内表面隆凸。鼓膜一般分 3 层:外层为表皮层,来自外耳道皮肤;中层为纤维层,由胶原纤维和弹性纤维构成;内层为黏膜层,为鼓室黏膜的延续部分。鼓膜受声波作用可产生振动,其作用是将声波传给听小骨和鼓室。

二、中耳

中耳(Middle ear)的大部分位于颞骨岩部内,是含气的不规则腔隙,包括鼓室、听小骨和咽鼓管。中耳是传导声波的主要部分。

1. 鼓室

鼓室(Tympanic cavity)位于鼓膜和内耳之间,是颞骨内的含气小腔。鼓室的外侧壁是鼓膜,内侧壁为骨质壁或迷路壁。在内侧壁上有 1 隆起称为岬,岬的前方有前庭窗,被镫骨底及环状韧带封闭,岬的后方有蜗窗,被第 2 鼓膜所封闭。鼓室的前下方有孔通咽鼓管。

2. 听小骨

听小骨(Ossicula auditory)有 3 块,位于鼓室内,由外向内依次为锤骨(Malleus)、砧骨(Incus)和镫骨(Stapes)。锤骨在外附着于鼓膜内面,镫骨在内借韧带连于前庭窗,砧骨借关节连接在两者之间,以此形成听骨链。当鼓膜的振动经听骨链传到前庭窗时,便由高幅低强的振动转化为低幅高强的振动。听小骨对声波的传导有增压、放大的作用,能提高传导效率。锤骨和镫骨分别有鼓膜张肌和镫骨肌附着。两肌同时收缩,可以减弱较强的振动再传至耳蜗,对感音器官起着保护作用(图 12-9)。

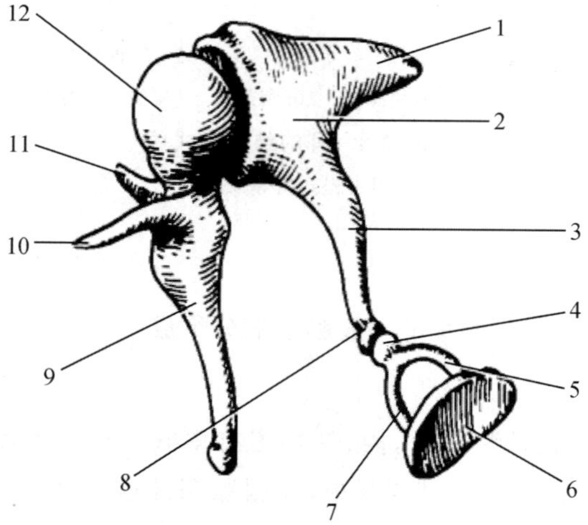

1. 短脚 2. 砧骨 3. 长脚 4. 镫骨头 5. 后脚 6. 镫骨底 7. 前脚 8. 豆状突
9. 锤骨柄 10. 前突 11. 外侧突 12. 锤骨头

图 12-9 听小骨(右侧)

(引自程会昌等,2007)

3.咽鼓管

咽鼓管(Eustachian tube)为一衬有黏膜的软骨管,又称耳咽管(Auditory tube),其一端开口于鼓室的前下壁,另一端开口于咽侧壁。空气从咽腔经此管到鼓室,可以保持鼓膜内、外两侧大气压力的平衡,防止鼓膜被冲破。马属动物咽鼓管的黏膜向外突出,形成咽鼓管囊,位于颅底腹侧与咽的后上方之间,左、右两囊沿正中矢状面相接。

三、内耳

内耳(Internal ear)又名迷路,是盘曲于岩颞骨内的管道系统,介于鼓室与内耳道底之间,由套叠的2组管道组成,在外部的骨管称骨迷路,套于骨迷路内的膜管为膜迷路,二者之间形成间隙,腔内充满外淋巴。膜迷路内充满内淋巴,内、外淋巴互不相通。内耳是听觉和平衡觉感受器的所在部位,其内、外淋巴液起着传递声波刺激和动物体位置变动刺激的作用(图12-10)。

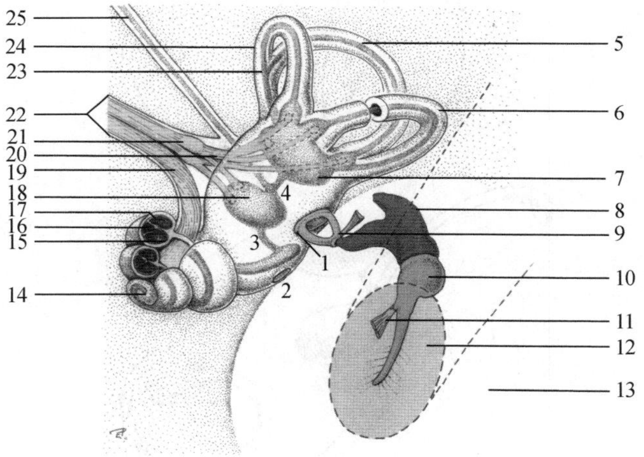

1.前庭孔　2.耳蜗孔及第二鼓膜　3.连合管　4.椭圆球囊管　5.后半规管　6.外半规管　7.椭圆囊　8.砧骨　9.镫骨及镫骨肌　10.锤骨　11.鼓膜张肌　12.鼓膜　13.鼓室　14.蜗孔　15.前庭阶　16.耳蜗管　17.鼓阶　18.球囊　19.耳蜗神经　20.前庭神经　21.前庭神经节　22.前庭蜗神经　23.总脚　24.骨半规管　25.内淋巴管

图12-10　马的中耳和内耳示意图(内侧面)

(引自陈耀星等,2009)

1.骨迷路

骨迷路(Osseous labyrinth)由致密骨质构成,包括前庭、骨半规管和耳蜗。

(1)前庭(Vestibule)　位于骨迷路中部,是骨迷路的扩大部分,为一小而不规则的卵圆形腔。其前下方有一椭圆形小孔与耳蜗管的前庭阶相通,后上方与骨半规管相连。前庭的外侧壁(鼓室的内侧壁)上有前庭窗和蜗窗。前庭的内侧壁相当于内耳道底,壁上有前庭嵴。嵴的前下方有一球囊隐窝(Spherical recess);后上方有一椭圆囊隐窝(Elliptical recess);后下方有一前庭小管内口。

(2)骨半规管(Canales semicirculares ossei)　位于前庭的后上方,由3个彼此互相垂直的半环形骨管组成,按其位置分别称为前骨半规管、后骨半规管和外骨半规管。每个半规管的一端膨大,称为骨壶腹(Osseous ampulla);另一端称为骨脚(Bony crura)。

(3)耳蜗(Cochlea)　位于前庭的前下方,由一耳蜗螺旋管围绕蜗轴(由骨松质构成)盘旋数圈(马2.5圈)而成,呈圆锥形。管的起端与前庭相通,盲端终止于蜗顶。沿蜗轴向螺旋管内发出骨螺旋板,将螺旋管不完全地分隔为前庭阶和鼓室阶2部分。蜗轴底即内耳道的一部分,该处凹陷,有许多小孔,供耳蜗神经通过。

2.膜迷路

膜迷路(Membranous labyrinth)为套于骨迷路内、互相通连的膜性囊和管(由纤维组织构成,内面衬有单层上皮),形状与骨迷路相似,由椭圆囊、球囊、膜半规管和耳蜗管组成(图12-11)。

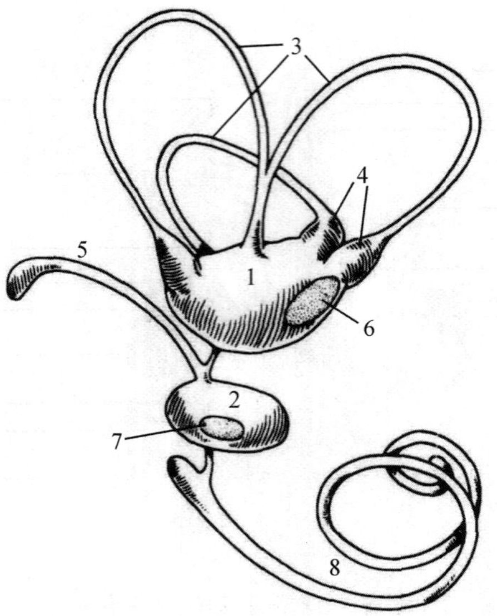

1.椭圆囊　2.球囊　3.膜半规管　4.壶腹嵴　5.内淋巴管　6,7.位觉斑　8.耳蜗管

图12-11　膜迷路

(引自陈耀星等,2010)

(1)椭圆囊(Utriculus)　位于前庭的椭圆隐窝内,与3个膜半规管相通。

(2)球囊(Sacculus)　位于前庭的球状隐窝内,一端与椭圆囊相通,另一端与耳蜗管相通。

(3)膜半规管(Semicircular duct)　套于骨半规管内,与骨半规管的形状一致,膜壶腹和膜脚均开口于椭圆囊。

在椭圆囊、球囊和膜半规管壶腹的壁上,均有一增厚的部分,分别形成椭圆囊斑(Macula utriculi)、球囊斑(Macula Sacculi)和壶腹嵴(Crista ampullaris),它们是位置觉(平衡觉)感受器,调节动物的运动,以维持动物体平衡,并与小脑密切相连。

(4)蜗管(Cochlear duct)　位于耳蜗螺旋管内,与耳蜗螺旋管的形状一致。一端与球囊相通连,另一端终止于蜗顶。在耳蜗管的基底膜上有感觉上皮的隆起,称为螺旋器(Spiral organ)，又称柯蒂氏器(Corti's organ)，为听觉感受器，声波经一系列途径传到耳蜗后，由耳蜗管内的螺旋器将其转化为神经冲动，再经前庭耳蜗神经的耳蜗支传到脑，而产生听觉。

四、听觉和位置觉传导径

(1)听觉传导径　声波经外耳道传到鼓膜，鼓膜感受声波而震动，然后借着听小骨将震动传给前庭的外淋巴，再经内淋巴传给螺旋器。螺旋器的毛细胞因受声音刺激而产生神经冲动，传至螺旋神经节(位于蜗轴内)的细胞，通过该细胞轴突构成的前庭耳蜗神经的耳蜗支，至延髓的耳蜗神经核。由耳蜗神经核发出的纤维，大部分伸延到间脑内侧膝状体，更换神经元后，由内侧膝状体发出纤维经内囊投射至大脑皮质听觉区，而产生听觉；小部分纤维终止于中脑后丘，后丘是听觉反射中枢，由此发出纤维至脑干的眼球肌运动神经核和颈部脊髓腹侧柱运动神经元(通过顶盖脊髓束)，而产生对声音的朝向反射。

(2)位置觉(平衡觉)传导径　当头部位置改变时，在重力影响下，刺激内耳位置觉感受器(壶腹嵴、椭圆囊斑和球囊斑)的毛细胞而产生神经冲动，经前庭神经节(位于内耳道底部)的中枢突构成的前庭神经，至延髓的前庭核。由前庭核发出的纤维，一部分至脑干的滑车、外展和动眼神经核，使眼球肌发生反射活动；一部分形成前庭脊髓束，至脊髓各段的腹侧柱，以完成头、颈、躯干和四肢的姿势反射；另一部分至小脑蚓部，由小脑蚓部发出纤维经锥体外系传至脊髓腹侧柱，以完成平衡调节。

【测试题】

一、名词解释

球结膜　盲点　内耳　中耳　鼻旁窦

二、填空题

1. 泪器包括________、________。

2. 耳结构包括：________、________、________。

三、选择题

1. 瞬膜又叫(　　)。

A. 睑结膜　　B. 第三眼睑　　C. 眼轮匝肌　　D. 视网膜盲点

2. 眼睑包括(　　)。

A. 眼轮匝肌　　B. 眼球肌　　C. 泪囊　　D. 膜迷路

3. 玻璃体属于(　　)。

A. 晶体　　B. 晶状体　　C. 眼房　　D. 眼内容物

4. 以下哪一结构不具有血管？(　　)

A. 脉络膜　　B. 睫状体　　C. 视网膜　　D. 角膜

5. 耳蜗属于(　　)。

A. 外耳　　B. 内耳　　C. 中耳

6. 平衡感觉器包括(　　)。

A. 球囊　　B. 耳蜗　　C. 鼓膜　　D. 听小骨

7.鼻旁窦包括(　　)。

A.额窦　　B.筛窦　　C.蝶窦　　D.上颌窦

8.听觉感受器是(　　)。

A.骨半规管　　B.鼻泪管　　C.耳蜗管　　D.骨咽管

四、简答题

1.简述眼球的基本结构。

2.试述内耳感受器的结构与功能。

项目十三

马匹内分泌系统

【知识目标】

- 理解马内分泌系统的存在形式，内分泌腺、激素的概念。
- 掌握马内分泌器官的基本结构特点。
- 了解内分泌细胞、组织、器官的特点和 APUD 细胞系统的概念。

【能力目标】

- 能在内分泌器官模型认清其构造。
- 掌握各内分泌器官的区别。
- 能够记忆各分泌器官分泌的主要激素。

【素质目标】

- 培养学生崇尚科学、积极探索的职业素养。
- 培养学生理论联系实际、理论指导实践的学习和工作态度。

内分泌系统(Endocrine system)由内分泌器官、内分泌组织、内分泌细胞组成。内分泌系统有 4 种存在形式：①形成独立的内分泌器官，如垂体、甲状腺、甲状旁腺、肾上腺、松果体；②存在于其他器官内的内分泌细胞群(内分泌组织)，如胰岛、黄体、肾小球旁器等；③散在分布的内分泌细胞，如消化道黏膜内的内分泌细胞等；④兼具内分泌功能的器官、组织和细胞，如胎盘、胸腺、心肌、血管内皮细胞、各种免疫细胞等。

内分泌腺(Endocrine gland)是内分泌器官的主要组成部分，其与外分泌腺的主要区别是无输出导管，腺细胞的分泌物直接进入血液或淋巴，随血液循环传递到全身。内分泌腺细胞分泌的物质称为激素(Hormone)。激素具有很强的生物活性和特异性，极微量的激素就能使器官或细胞发生效应。激素特异性作用的器官或细胞称为该激素的靶器官(Target organ)或靶细胞(Target cell)，靶细胞上有与激素特异性结合的蛋白质，称为受体(Receptor)，受体与激素结合后就可改变细胞的代谢活动。

内分泌系统是机体内一个重要的调节系统，其以体液调节的方式，对机体的新陈代谢、生长发育和繁殖等生理活动起着重要的调节作用。各种内分泌腺的功能活动相互联系，而且内分泌腺还要受到神经系统和免疫系统活动的影响，三者相互作用和调节，共同组成一个网络，即神经-内分泌-免疫网络 (Neuro-endocrine-immune network)。

任务 13-1　内分泌器官

【学习任务单】

一、学习目标

1. 能够区分马的各内分泌器官。
2. 熟悉垂体、甲状腺、甲状旁腺、肾上腺、松果体器官的结构、位置和生理功能。
3. 熟悉各内分泌器官分泌的主要激素。

二、学习资源

1. 内分泌器官模型。
2. 信息化教学资源。
3. 教材。

三、学习任务

1. 学习垂体的基本结构、位置和生理功能。
2. 学习甲状腺的基本结构、位置和生理功能。
3. 学习甲状旁腺的基本结构、位置和生理功能。
4. 学习肾上腺的基本结构、位置和生理功能。
5. 学习松果体的基本结构、位置和生理功能。

【相关知识】

一、垂体

垂体(Hypophysis)是身体内最复杂的内分泌腺，所产生的激素不但与身体骨骼和软组织的生长有关，而且可影响其他内分泌腺(甲状腺、肾上腺、性腺)的活动。垂体位于丘脑下部的腹侧，为一卵圆形小体，其形状、大小在各种家畜略有不同。垂体借漏斗连于下丘脑处，呈椭圆形，位于蝶骨体上面的垂体窝内，外包坚韧的脑硬膜。

根据垂体发生和结构特点，垂体可分为腺垂体和神经垂体 2 大部分(图 13-1)。腺垂体包括远侧部、结节部和中间部；位于后方的神经垂体较小，由第 3 脑室底向下突出形成。神经垂体由神经部和漏斗部组成。见图 13-2。

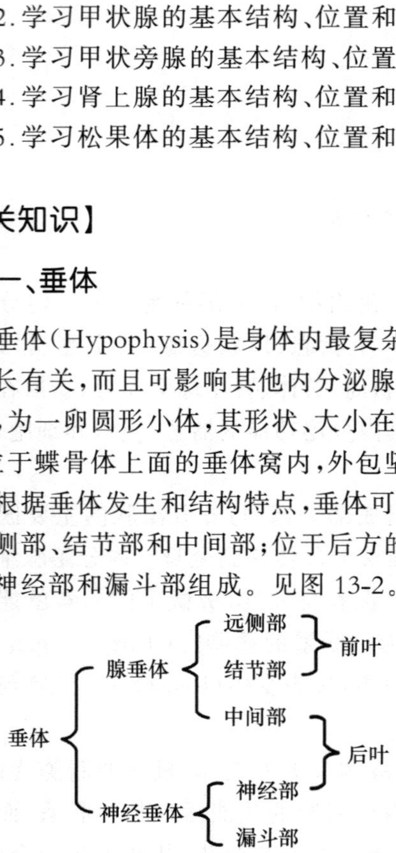

图 13-1　垂体分区

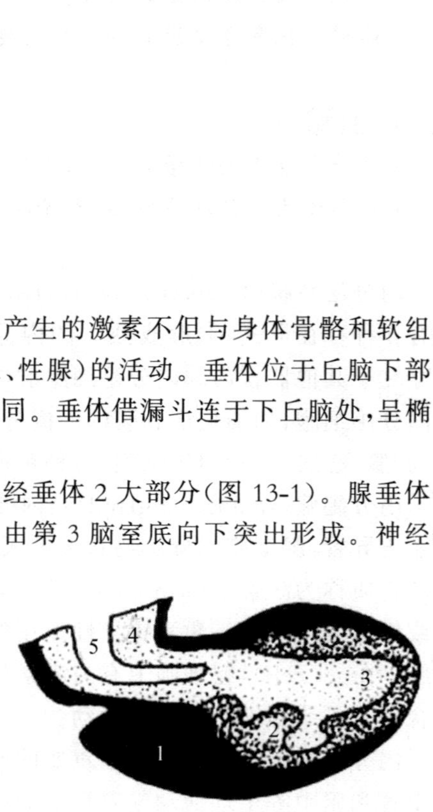

1. 腺垂体　2. 中间部　3. 神经垂体　4. 垂体柄　5. 漏斗

图 13-2　马垂体结构模式图

(一)腺垂体

腺垂体(Adenohypophysis)　来源于胚胎期原始口腔外胚层上皮形成的拉克氏囊(Rathke's pouch),可分为远侧部、中间部和结节部。远侧部一般位于垂体的外周,中间部位于远侧部和神经垂体之间,与远侧部之间有垂体裂,故习惯上以垂体裂为分界线,位于垂体裂前方的部分称垂体前叶(Anterior lobe of hypophysis),位于垂体裂后方的中间部和神经部称垂体后叶(Posterior lobe of hypophysis)。结节部位于垂体柄的周围。

腺垂体内有丰富的腺细胞,腺细胞呈团状、索状或滤泡状,细胞团索之间有丰富的血窦和少量的网状纤维。远侧部的腺细胞根据着色的差异,可分为嗜酸性细胞、嗜碱性细胞、嫌色细胞 3 种。根据腺细胞分泌激素的不同,可进一步分类,并按所分泌的激素进行命名(表 13-1)。分布于下丘脑的毛细血管汇集成垂体前动脉(Artery of rostral hypophysis),后者在腺垂体内形成次级毛细血管网,此结构称垂体门脉循环(Hypophyseoportal circulation),这是腺垂体的分泌活动受下丘脑分泌的神经递质控制的结构基础。中间部由嫌色细胞及嗜碱性细胞组成,可分泌黑色素细胞刺激素,可使黑色素细胞分泌增加,皮肤变黑。结节部包围着神经垂体的漏斗,此处有垂体门脉通过,含丰富的纵行毛细血管,腺细胞呈索状纵向排列于血管之间,由嫌色细胞和少量嗜色细胞组成,能分泌少量促性腺激素和促甲状腺激素。

表 13-1　腺垂体细胞的鉴别特征

细胞名称	染色特性(光镜)	分泌颗粒(电镜)	分泌激素
催乳素细胞	嗜酸性	最大,形态多样,充满胞质	催乳素
生长激素细胞	嗜酸性	较大而均匀的圆形颗粒,充满胞质	生长激素
促甲状腺激素细胞	嗜碱性	最小、少,靠细胞周边分布	促甲状腺激素
促性腺激素细胞	嗜碱性	中等圆形致密颗粒,充满胞质	促卵泡激素,促黄体激素
促肾上腺皮质激素细胞	嗜碱性	颗粒小、少,致密度不一	促肾上腺皮质激素
嫌色细胞	嫌色	无或极少	

(二)神经垂体

神经垂体(Neurohypophysis)　与下丘脑直接相连,主要由来自下丘脑视上核和室旁核的无髓神经纤维和神经胶质细胞构成,并含有较丰富的窦状毛细血管和少量网状纤维。神经垂体位于垂体的后背侧,如蚕豆大,远侧部和中间部无垂体裂。神经垂体不含腺细胞,不具备分泌功能,但可贮存下丘脑视上核和室旁核神经细胞的分泌物,如抗利尿激素(Antidiuretic hormone, ADH)和催产素(Oxytocin, OXT)。这些激素沿丘脑垂体束的神经纤维运送到神经部,并常聚集成大小不等的团块,贮存起来,当需要时便释放入血液,发挥其生理作用。

神经部的血管主要来自左右颈内动脉发出的垂体下动脉,血管进入神经部分支成为窦状毛细血管网。部分毛细血管血液经垂体下静脉汇入海绵窦。部分毛细血管血液逆向流入漏斗,然后从漏斗再循环到远侧部或下丘脑。

二、甲状腺

甲状腺(Thyroid gland) 是致密的实质性器官,呈红褐色或黄褐色,一般位于喉的后方,在前2~3个气管环的两侧面和腹侧面,表面覆盖胸骨甲状肌和胸骨舌骨肌。甲状腺由左、右2个侧叶和连接2个侧叶的腺峡组成(图13-3,图13-4)。左、右两侧叶卵圆形,长3.4~4.0 cm,宽2.0~2.5 cm,厚约2 cm,重20~25 g,腺峡不发达,由结缔组织构成。

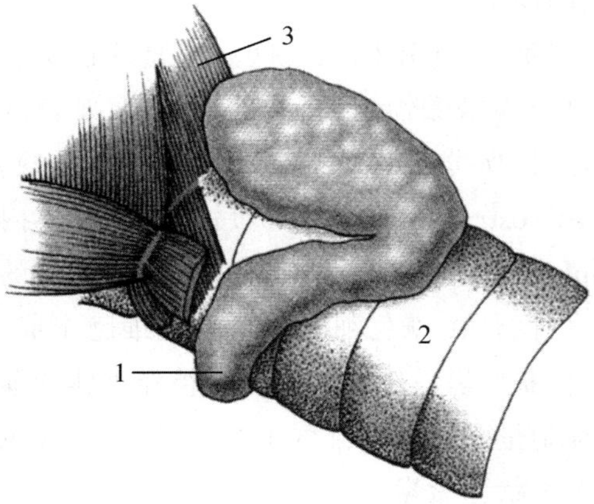

1. 腺峡 2. 气管软骨 3. 环咽肌

图13-3 马甲状腺的位置

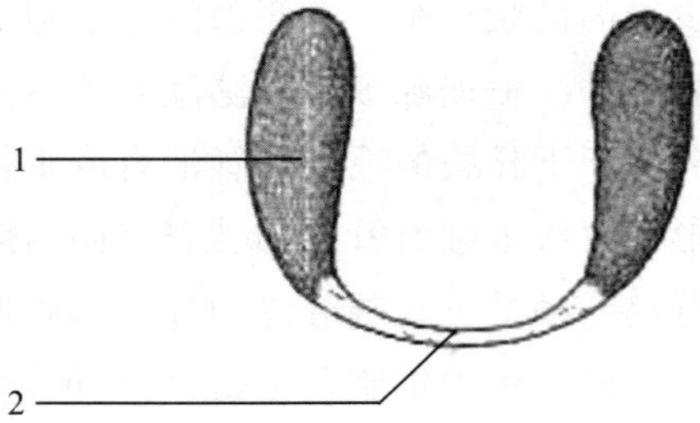

1. 左叶 2. 腺峡

图13-4 马甲状腺结构模式图

甲状腺由许多滤泡组成,滤泡由单层立方的腺上皮细胞环绕而成,中心为滤泡腔。腺上皮细胞是甲状腺激素合成和释放的部位,滤泡腔内充满均匀的胶状物,是甲状腺激素复合物,也是甲状腺激素的贮存库。甲状腺的分泌接受下丘脑-垂体的调节,构成下丘脑-垂体-甲状腺轴(Hypothalamic-pituitary- thyroid axis)。下丘脑神经内分泌细胞分泌促甲状腺激素释放激素(Thyrotropin-releasing hormone, TRH),促进腺垂体分泌促甲状腺激素(Thyrotropic-stimulating hormone,TSH),TSH是调节甲状腺分泌的主要激素,而甲状腺激素在血中的浓度可反馈调节腺垂体分泌TSH的活动。当血中游离的甲状腺激素浓度增高时,将抑制腺垂体分泌TSH,是一种负反馈。这种反馈抑制是维持甲状腺功能稳定的重要环节。甲状腺激素分泌减少时,TSH分泌增加,促进甲状腺滤泡代偿性增大,以补充合成甲状腺激素,以供给机体的需要。

甲状腺主要分泌甲状腺素(Thyroxine),促进机体生长发育。它主要促进骨骼、脑和生殖器官的生长发育。若没有甲状腺激素,垂体的生长激素(Growth hormone,GH)也不能发挥作用,而且甲状腺激素缺乏时,垂体生成和分泌生长激素也会减少。所以先天性或幼龄时缺乏甲状腺激素,会引起呆小病。此外,甲状腺的滤泡旁细胞或者C细胞还分泌降钙素(Calcitonin),有增强成骨细胞活性、促进骨组织钙化、使血钙降低等作用。

三、甲状旁腺

甲状旁腺(Parathyroid gland) 呈黄褐色,较小,圆形或椭圆形,位于甲状腺附近或埋于甲状腺实质内。有前、后2对。前甲状旁腺呈球形,直径约为10 mm,多位于甲状腺前半部与气管之间,少数位于甲状腺背侧缘或在甲状腺内;后甲状旁腺通常位于颈后部,在气管腹侧左、右颈静脉之间，混在颈后淋巴结内，呈扁椭圆形，左、右两侧靠近或紧密相连（图 13-5）。

甲状旁腺外面包有一层致密结缔组织被膜。被膜结缔组织伸入腺内将腺实质分为若干小叶，但小叶分界不明显。甲状旁腺分泌甲状旁腺素，具有调节体内钙磷代谢，维持正常血钙水平的作用。

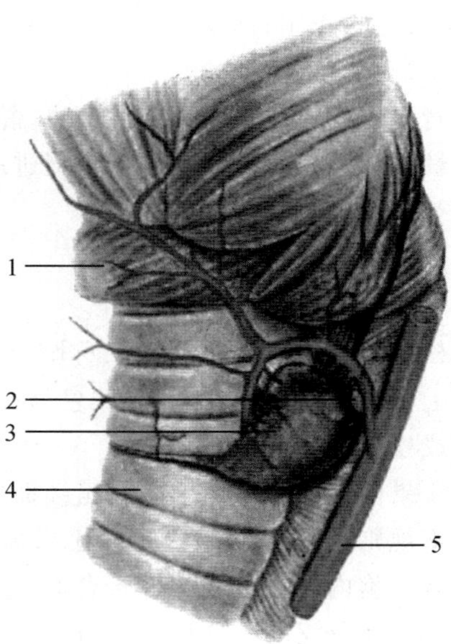

1. 环状软骨　2. 甲状旁腺　3. 甲状腺
4. 气管环软骨　5. 颈总动脉

图 13-5　马甲状腺和甲状旁腺模式图

四、肾上腺

肾上腺（Adrenal gland）　是 1 对较小的扁平腺体，借助于肾脂肪囊与肾相连。肾上腺呈深红色扁平的近似三角形或椭圆形的形状，长 4～9 cm，宽 2～4 cm，重 20～44 g，位于肾前内侧缘、靠近肾门处。通常右肾上腺较大，见图 13-6 和图 13-7。

肾上腺的表面由含少量平滑肌纤维的致密结缔组织被膜构成。被膜结缔组织伸入腺实质，且分支吻合构成腺体支架。其深部较厚且呈红褐色的部分称为皮质，中央呈黄色的部分称为髓质。

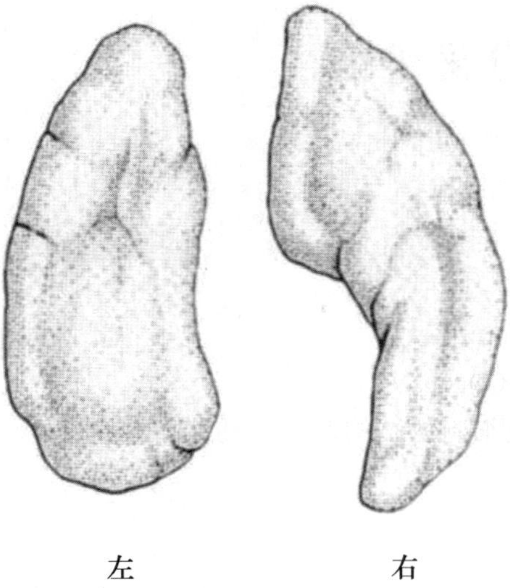

图 13-6　马肾上腺结构模式图

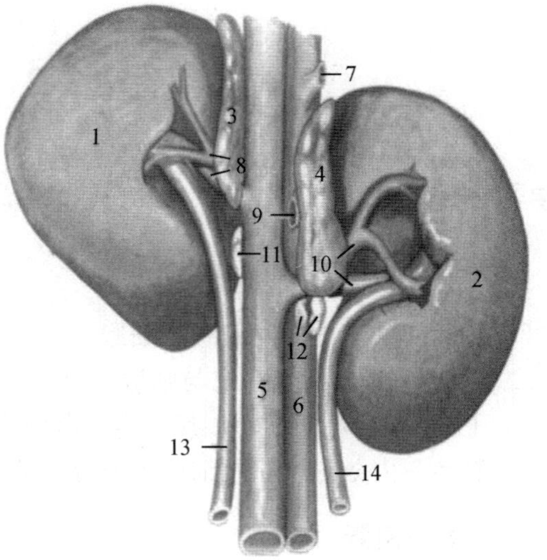

1. 右肾　2. 左肾　3. 右肾上腺　4. 左肾上腺　5. 后腔静脉
6. 腹主动脉　7. 腹腔动脉　8. 右肾动、静脉　9. 肠系膜上动脉　10. 左肾动、静脉　11，12. 肾淋巴结
13. 右侧输尿管　14. 左侧输尿管

图 13-7　马肾上腺的位置模式图

肾上腺皮质占腺体大部分，分泌皮质激素，对马极为重要，如摘除皮质，可引起死亡。目前从肾上腺皮质中可提取多种类固醇激素，按其作用大致可分为 3 类：盐皮质激素，有调节体内

水、盐代谢的作用；糖皮质激素，有促进糖和蛋白质代谢的作用；性激素，包括雄激素和少量的雌激素。

肾上腺髓质位于肾上腺的中央，髓质分泌肾上腺素和去甲肾上腺素。前者可提高心肌的兴奋性，使心跳加快加强，后者可促进肝糖原分解和升高血压，并能使呼吸道和消化道的平滑肌松弛。

五、松果体

松果体(Pineal gland) 又称脑上腺，位于间脑背侧中央、在大脑半球的深部，以柄连接于丘脑上部。松果体呈卵圆形；颜色呈红褐色。一端借细柄与第3脑室顶相连，第3脑室凸向柄内形成松果体隐窝。

松果体表面被以由软脑膜延续而来的结缔组织被膜，被膜随血管伸入实质内，将实质分为许多不规则小叶。小叶主要由松果体细胞(Pinealocyte)、神经胶质细胞和神经纤维等组成。松果体细胞内含有丰富的5-羟色胺，它在特殊酶的作用下转变为褪黑激素(Melatonin，MT)，这是松果体分泌的一种激素。研究发现，MT的分泌与光照有关：当强光照射时，MT分泌减少；在暗光下，MT分泌增加。松果体能合成促性腺激素释放激素(Gonadotrophin-releasing hormone，GnRH)、TRH及8-精(氨酸)催产素等肽类激素。

松果体在调节季节性生殖周期方面起着重要作用。对于马来说，褪黑激素有抗促性腺激素生成的作用，而光线刺激则抑制褪黑激素的生成。所以，在春天随着白天时间的延长，褪黑激素生成减少，其对性腺的抑制活动减弱(长日照繁育)。

任务13-2 内分泌组织

【学习任务单】

一、学习目标

1. 了解动物体内分泌组织或细胞。
2. 了解APUD细胞系统与弥散神经内分泌系统(DNES)。
3. 了解胰岛、睾丸、卵巢、其他器官内分泌组织或细胞的结构及生理功能。
4. 熟悉各内分泌组织及细胞主要分泌的激素。

二、学习资源

1. 器官模型。
2. 信息化教学资源。
3. 教材。

三、学习任务

1. 学习胰岛的基本结构、位置和生理功能。
2. 学习睾丸内分泌组织和细胞的位置和生理功能。

3. 学习卵巢内分泌组织和细胞的位置和生理功能。
4. 学习心房肽和肠激素的生理功能。
5. 学习 APUD 细胞系统与弥散神经内分泌系统(DNES)的生理功能。

【相关知识】

一、胰岛

胰岛(Pancreatic islet) 位于胰腺内,是胰腺的内分泌部,由不规则的细胞团组成,分布于腺泡之间,形如岛屿。胰岛细胞排列成团索状,细胞之间有丰富的有孔毛细血管,有利于激素的透过。胰岛各类细胞用 Mallory 等特殊染色法可分为 A、B、D 和 PP 4 种细胞,还有少量 D_1 细胞和 C 细胞等。A 细胞约占胰岛细胞总数的 20%,细胞体积较大,分泌胰高血糖素,能促进肝细胞的糖原分解为葡萄糖,并抑制糖原的合成,使血糖升高;B 细胞约占胰岛细胞总数的 70%,主要位于胰岛的中央部,分泌胰岛素(降低血糖),它能促进肝细胞、肌细胞和脂肪细胞将血糖合成糖原或转化为脂肪;D 细胞分泌生长抑素,约占胰岛细胞总数的 5%,它能抑制 A、B 细胞和 PP 细胞的分泌;PP 细胞数量很少,此细胞分泌胰多肽,抑制胰液的分泌和胃肠的蠕动。

二、睾丸内的内分泌组织

睾丸虽然是生殖器官,但是其内还含有具内分泌功能的组织,主要是间质细胞和支持细胞。间质细胞分布在睾丸精曲小管之间的结缔组织中,细胞比较大,圆形或多边形,核大而圆,胞质嗜酸性,能分泌雄激素(主要是睾酮),促进雄性生殖器官发育及第二性征的出现,同时有促使生精细胞发育成精子和促进机体合成代谢的重要作用。支持细胞位于精曲小管管壁上偏于基膜侧,核呈椭圆形或三角形,淡染,有明显的核仁,精子发育的各个阶段都是发生在支持细胞的表面,故不易分辨其细胞界限,支持细胞可分泌少量雌激素,为发育中的精子提供营养和保护。

三、卵巢内的内分泌组织

卵巢内的内分泌组织主要有门细胞、卵泡膜和黄体。门细胞(Hilus cell)位于卵巢门近系膜处,为一些较大的上皮样细胞,细胞结构与睾丸间质细胞类似,胞质内富含胆固醇和脂色素等;妊娠期的门细胞较明显,有分泌雄激素的功能。卵泡膜(Follicular theca)是包围卵泡的间质细胞层,分内、外 2 层,主要分泌雌激素。黄体(Corpus luteum)由排卵后的卵泡细胞和卵泡膜内层细胞演化而成,分泌孕酮和雌激素。黄体的发育程度和存在时间决定于卵子是否受精及胚胎是否着床:若排出的卵受精并妊娠,黄体继续生长,可维持到妊娠后期,称妊娠黄体或真黄体;若排出的卵没有受精,则黄体仅维持 2 周左右便开始退化,称发情黄体或假黄体。

四、其他内分泌组织或细胞

心房壁内的一些细胞可分泌心房肽(Atrial natriuretic peptide,ANP)。ANP 又称心钠肽,是近十几年来研究极为活跃的一种神经内分泌激素。它既可以在心肌细胞内合成、贮存和释放,又可以在中枢神经系内合成、贮存和释放。ANP 具有强大的利尿排钠、扩张血管和降压等生理效应。

在胃、小肠与大肠的上皮与腺体中散在种类繁多的内分泌细胞，其中尤以胃幽门部和十二指肠上段为多。由于胃肠道黏膜的面积巨大，这些细胞的总量超过其他内分泌腺腺细胞的总和。因此，在某种意义上，胃、肠是体内最大、最复杂的内分泌器官。它们分泌的多种激素统称胃肠激素(Gut hormone)，一方面协调胃肠道自身的运动和分泌功能，也参与调节其他器官的活动。目前已知有十余种胃肠内分泌细胞(表 13-2)。

表 13-2 胃肠内分泌细胞

细胞名称	分布部位		分泌物
	胃	肠	
D	胃底、幽门	空肠、回肠、结肠	生长抑素(Somatostatin)
Di	胃底、幽门	空肠、回肠、结肠	血管活性肠肽(Vasoactive intestinal peptide，VIP)
EC	胃底、幽门	空肠、回肠、结肠	5-羟色胺(5-Hydroxytryptamine，5-HT)、P 物质(Substance P)
ECL	胃底		组胺(Histamine)
G	幽门	十二指肠	胃泌素(Gastrin)
I		十二指肠、空肠	胆囊收缩素-促胰酶素(Cholecystokinin-pancreozymin，CCK-PZ)
K		空肠、回肠	肠抑胃肽(Gastric inhibitory polypeptide，GIP)
L		空肠、回肠、结肠	肠高血糖素(Enteroglucagon)
Mo		空肠、回肠	胃动素(Motilin)
N		回肠	神经降压素(Neurotensin)
P	胃底、幽门	空肠	铃蟾素(Bombesin)
PP	胃底、幽门	结肠	胰多肽(Pancreatic polypeptide)
S		十二指肠、空肠	促胰液素(Secretin)

五、APUD 细胞系统与弥散神经内分泌系统

APUD 细胞，全称摄取胺前体脱羧(Amine precursor uptake and decarboxylation)细胞，是指具有摄取胺前体，经过脱羧后分泌胺类物质的功能，广泛散布于除内分泌器官和组织之外其他器官内的细胞。现已知有 50 余种，广泛分布于消化道、呼吸、泌尿、生殖、心血管系统及神经系统等处。

弥散神经内分泌系统(Diffuse neuroendocrine system，DNES)是指具有调节和控制机体生命活动的动态平衡的功能，在形态、生理、生化、发生等方面有很多相似性，能分泌生物活性物质的一个系统。DNES 由中枢和周围 2 部分组成。中枢部分包括下丘脑、垂体和松果体中的神经内分泌细胞；周围部分包括消化、呼吸、泌尿和生殖道内的各种内分泌细胞，甲状腺旁细胞，甲状旁腺细胞，肾上腺髓质细胞，以及血管内皮细胞，心肌细胞，平滑肌细胞，各类型的白细胞等。这些细胞在功能上既协调统一，又互相制约，精细地调节着机体的许多生理活动与机能。

下丘脑(Hypothalamus)不属于内分泌腺，但与内分泌系统有着密切的联系。一方面，下

丘脑内视上核、室旁核等的轴突投射到神经垂体，其分泌物也在神经垂体内贮存；另一方面，下丘脑分泌的多种神经肽通过垂体门脉系统到达腺垂体，对腺垂体的分泌活动进行调节，从而组成下丘脑-垂体-性腺轴、下丘脑-垂体-肾上腺轴等，对整个内分泌系统产生影响。

【测试题】

一、名词解释

内分泌腺

二、选择题

下列何种腺体不是内分泌腺。(　　)

A. 脑垂体　　B. 腮腺　　C. 甲状腺　　D. 肾上腺

三、判断题

1. 生长激素缺乏会导致呆小症。(　　)
2. 生长激素缺乏会导致侏儒症。(　　)
3. 位于脑部的内分泌激素有脑垂体和松果体。(　　)

四、填空题

1. 畜体内的腺体可分为2类，分别是________和________。
2. 垂体可分为________和________。
3. 甲状腺可以分泌合成________，其主要作用是________。
4. 松果体分泌________，可以抑制________的释放，防止性早熟。
5. 胰岛可以分泌________和________。
6. 肉眼可见的内分泌器官包括________、________、________、________和________等。
7. 肾上腺位于肾的内前方，实质分为________和________。

五、简答题

简述马匹内分泌腺有哪些。

项目十四

马匹被皮系统

【知识目标】

- 熟悉马被皮系统的组成。
- 掌握马皮肤的基本结构特点。
- 掌握马皮肤衍生物的形态结构及功能。

【能力目标】

- 能在皮肤模型认清皮肤各层构造。
- 掌握皮内注射和皮下注射的区别,并能利用模型进行技术操作。

【素质目标】

- 培养学生崇尚科学、积极探索的职业素养。
- 培养学生理论联系实际、理论指导实践的学习和工作态度。

被皮系统(Common integument system)包括皮肤和皮肤衍生物。皮肤被覆于动物体表面,由复层扁平上皮和结缔组织构成,内含大量血管、淋巴管、汗腺以及丰富的感受器(如痛、温、触、压觉感受器)。因此,皮肤是动物体重要的感觉器官,并具有保护深部组织、防止体液蒸发、调节体温和排泄废物的功能。马的毛、汗腺、皮脂腺、乳腺、蹄等,都是由皮肤衍变而成的,故称为皮肤衍生物。

任务 14-1　皮　　肤

【学习任务单】

一、学习目标

1. 掌握马皮肤的结构。
2. 掌握马临床皮内注射和皮下注射的部位区别。
3. 了解皮肤的功能。

二、学习资源

1. 皮肤模型。
2. 教材。
3. 信息化资源。

三、学习任务

1. 在皮肤模型上认知表皮、真皮和皮下组织的3层构造。
2. 学习表皮、真皮和皮下组织的生理功能。

【相关知识】

皮肤覆盖于动物体表，直接与外界环境接触，在自然孔处与黏膜相延续。皮肤的厚薄因动物的种类、品种、年龄、性别以及身体的不同部位而有差异，一般来说，公马皮肤比母马的厚；同一个体四肢外侧和背部的皮肤比四肢内侧和掌(跖)侧的厚。

皮肤虽然厚薄不同，但基本结构相似，均由表皮、真皮和皮下组织3层构成。皮肤具有保护体内器官组织、抵抗病原体侵入、防止体液丢失、储藏营养物质、分泌排泄、调节体温、感受外界刺激以及参与免疫应答等功能(图14-1)。

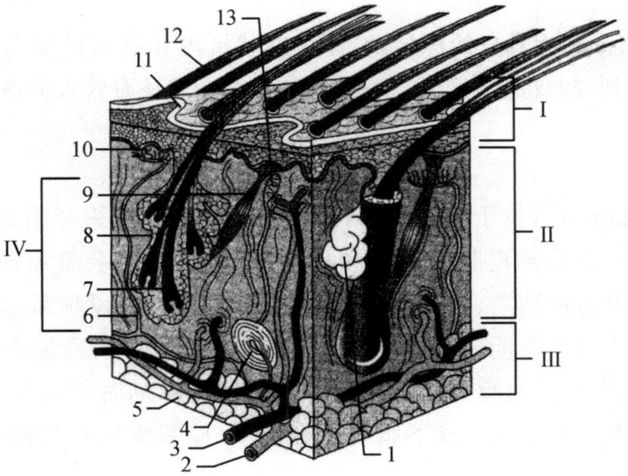

Ⅰ.表皮　Ⅱ.真皮　Ⅲ.皮下组织　Ⅳ.毛囊复合体

1,8.皮脂腺　2.静脉　3.动脉　4.环层小体(Pacinian小体)　5.脂肪组织　6.神经　7.毛根　9.竖毛肌　10.游离神经末梢　11.鳞状褶　12.毛干　13.触觉小体(Meissner氏小体)

图14-1　皮肤结构的半模式图

(引自陈耀星等,2010)

一、表皮

表皮(Epidermis)为皮肤最表面的结构，由复层扁平上皮构成。完整的表皮可分4层，由浅向深依次为角质层(Horny layer)，透明层(Clear layer)，颗粒层(Granular layer)和生发层(Malpighian layer)。生发层与真皮相连，其细胞增殖能力很强，可不断产生新的细胞，以补充表层角化脱落的细胞；角质层由大量角化的扁平细胞堆积而成，细胞死亡后即脱落。表皮内有丰富的游离神经末梢，有接受疼痛刺激的功能，但表皮内无血管和淋巴管，表皮营养由真皮供给。表皮的厚度因部位不同而不同，长期受摩擦和压力的部位表皮较厚，角化明显。表皮细胞含有黑色素细胞，所产生的黑色素与皮肤的颜色有关，并能吸收紫外线，从而保护深层组织不受紫外线的伤害。

表皮的一些死亡细胞可以缓冲外界环境对身体的冲撞。另外，肤色的变化、皮肤的质地以及应激性都能为兽医诊断提供重要依据。

二、真皮

真皮(Dermis)位于表皮深层，是皮肤最厚也是最主要的一层，由致密结缔组织构成，坚韧且富有弹性。真皮内含有汗腺、皮脂腺、毛囊、竖毛肌(或称立毛肌)等结构，且有丰富的血管、淋巴管和神经分布，能营养皮肤并感受外界刺激。皮革就是由真皮鞣制而成的。临床上皮内注射，就是把药物注入真皮内。真皮由浅到深可分为乳头层和网状层，两层互相移行，无明显界限。

1. 乳头层

乳头层(Papillary layer)为真皮的浅层，较薄，在与表皮相衔接处形成许多乳头状的突起，称为真皮乳头(Dermal papilla)。乳头内有丰富的毛细血管和感受器。生发层细胞的营养代谢靠乳头层供给。

2. 网状层

网状层(Reticular layer)为真皮的深层，较厚。网状层内含有大量粗大的胶原纤维和少量的弹性纤维，两者交错排列，故皮肤坚韧而富有弹性。网状层内还有较大的血管、淋巴管和神经。

三、皮下组织

皮下组织(Hypodermis)，位于真皮深部，主要由疏松结缔组织和脂肪组织构成，又称浅筋膜(Superficial fascia)。分布到皮肤的血管和神经经此层通过，毛囊和汗腺也常延伸到此层。皮下脂肪组织的含量因动物种类、营养状况及部位不同而异，马颈侧部的皮下组织层发达。皮下组织将皮肤与深部的组织连接在一起，使皮肤具有一定的活动性，能形成皱褶。在骨突起的部位，皮下组织常形成皮下黏液囊，内含少量黏液，可减少活动时骨与该部位皮肤的摩擦。在某些部位的皮下组织中含有皮肌。皮下脂肪具有保温、储藏能量和缓冲机械压力等作用。临床上皮下注射就在此层。

任务 14-2 皮肤衍生物

【学习任务单】

一、学习目标

1. 知道马皮肤衍生物种类。
2. 熟悉马乳房的形态和结构。
3. 熟悉马蹄和皮肤腺的结构特征。

二、学习资源

1.皮肤模型、皮肤标本。
2.教材。
3.信息化资源。

三、学习任务

1.学习毛的类型和分布、毛的结构、马换毛的原理。
2.学习马汗腺的分布与生理功能。
3.学习马皮脂腺的分布和生理功能。
4.学习马乳房的结构、不同动物乳房形态的区别、泌乳期和静止期的区别。
5.学习马蹄的形态、结构与功能。

【相关知识】

一、毛

毛(Hair)是一种角化的表皮结构,坚韧而有弹性,是温度的不良导体,具有保温作用。马匹毛有很高的经济价值。

(一)毛的类型和分布

马匹毛遍布全身,依毛的粗细差异,有粗毛、细毛之分,多为短而直的粗毛,且单根均匀分布。可以分为被毛和特殊毛 2 种,生长在躯体表面的为被毛,是热的不良导体,起保温作用。特殊毛是指着生在马特定部位的一些长粗毛,如颅顶的鬣毛、颈部的鬃毛、尾部的尾毛和系关节后的距毛等。有些部位的毛在毛根部有丰富的感觉神经末梢,对触觉很敏感,称为触毛(Tactile hair),如马唇部的触毛(图 14-2)。

图 14-2　弗里斯兰马颅顶部的鬣毛、颈部的鬃毛、尾部的尾毛和系关节后部的距毛

毛在体表按照一定的方向排列，称为毛流(Hair stream)。在体表的不同部位，毛流排列的形式也不同。如毛的尖端向一点集合，称为点状集合性毛流；尖端从一点向周围分散，称为点状分散性毛流；毛干围绕一中心点以旋转方式向四周放射排列的，称旋毛；尖端从两侧集中成一条线，称线状集合性毛流；向两侧分成一条线的，称线状分散性毛流。毛流的方向一般来说与外界气流和雨水在体表流动的方向相适应，但在特殊部位，可形成特殊方向的毛流。

(二)毛的结构

毛伸出皮肤外表的部分称毛干(Hair shaft)，埋在皮肤内部的部分称毛根(Hair root)。包在毛根外的上皮和结缔组织构成的鞘称为毛囊(Hair follicle)。毛根下端与毛囊下部相连，形成膨大的毛球(Hair bulb)，毛球是毛和毛囊的生长点。毛球底部内凹，内有真皮的结缔组织、血管和神经纤维伸入，称为毛乳头(Hair papilla)，相当于真皮的乳头层，毛球可通过毛乳头获得营养物质(图 14-3)。

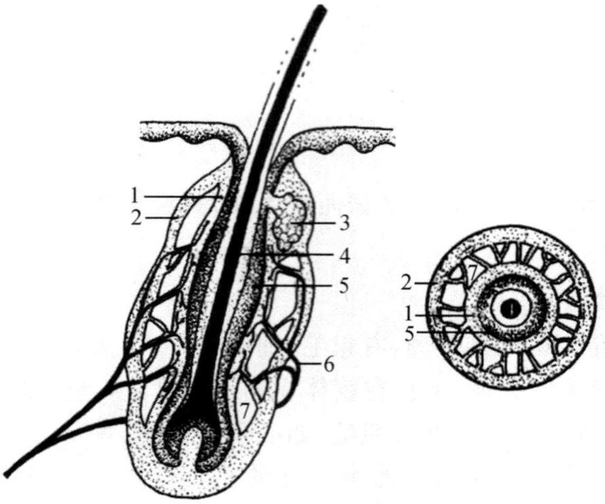

1. 血窦内壁　2. 血窦外壁　3. 皮脂腺　4. 毛根　5. 表皮毛囊壁　6. 血窦壁上的神经末梢　7. 血窦

图 14-3　触毛的纵切面与横断面模式图

(引自陈耀星等，2010)

毛和毛囊在皮肤内斜向生长，在与皮肤表面呈钝角的一侧，皮脂腺下方有 1 束斜行平滑肌，称为竖毛肌或立毛肌(Arrectores pilorum)，连接毛囊的结缔组织鞘和真皮乳头层。竖毛肌受交感神经支配，收缩时使毛竖立，并可帮助皮脂腺排出分泌物。

(三)换毛

毛长到一定时期就衰老脱落，重新长出新毛，这一过程称换毛(Molting)。身体各部位毛的生长周期长短不等。换毛的方式有 2 种：一种是持续性换毛，换毛不受季节的限制，如马匹鬣毛和尾毛；另一种是季节性换毛，一般在每年春秋两季换毛。无论哪种类型，换毛过程中的形态学变化大都相同。生长期的毛囊较长，毛球和毛乳头较大，血液供应充分，毛母质细胞(Hair matrix cell)分裂活跃；由生长期转入退化期是换毛的开始，此时，毛乳头的血管衰退，血流停止，毛球及毛乳头萎缩变小，毛母质细胞停止增生，旧毛与毛乳头分离并向表皮推移，再由毛囊底部形成新的毛乳头，由其表面的毛母质细胞增殖形成新毛，长入原有的毛囊内，并向上生长。最后旧毛被新毛推出而脱落(图 14-4)。

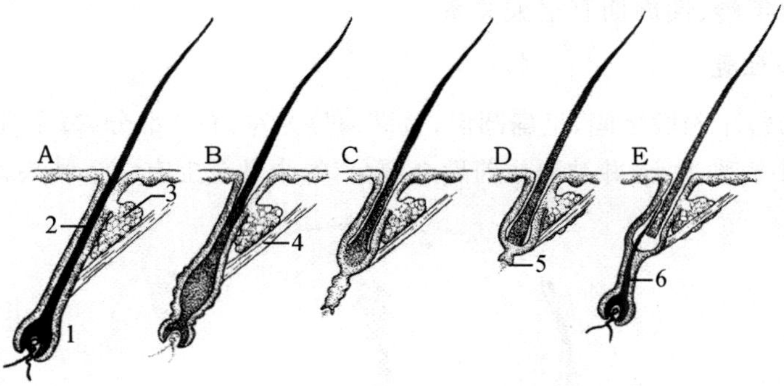

A. 功能性毛囊,生长期阶段;B. 毛囊开始萎缩,早期退行阶段;C. 毛囊进一步萎缩,中期退行阶段;
D. 毛囊萎缩,毛发向远端迁移,新生毛球开始生长,休止期阶段;
E. 新毛球形成,新毛开始生长,早期生长阶段。
1. 毛囊　2. 毛根　3. 皮脂腺　4. 立毛肌　5. 新生毛球　6. 新毛

图 14-4　毛发育周期模式图

(引自陈耀星等,2010)

二、皮肤腺

(一)汗腺

汗腺(Sweat gland)为盘曲的单管状腺,由分泌部和导管部构成。分泌部常深入到真皮网状层,有时可直达皮下组织内,其周围分布有丰富的毛细血管。腺上皮呈矮柱状或立方形。导管部为细长且较直的上皮管道,管壁由 2 层染色较深的矮立方形细胞构成,由真皮深部上行,穿过表皮,导管一般开口于毛囊,无毛的皮肤则直接开口于皮肤的表面。在腺细胞和基膜之间,有一层梭形的肌上皮细胞分布。当肌上皮细胞收缩时,有助于汗液的排出。汗液的主要成分是水分,还含有钠、钾、氯、乳酸盐和尿素等。在高温环境下汗腺分泌旺盛,对调节体温、湿润皮肤、排泄代谢产物等起重要作用,另外,导管除了排出分泌物,还能吸收分泌物中的一部分钠和氯。马匹汗腺较发达,几乎遍布全身。

(二)皮脂腺

皮脂腺(Sebaceous gland)位于真皮内,在毛囊和竖毛肌之间,为分枝泡状腺或复泡状腺,分为分泌部和导管部。分泌部由 1 个或几个大的腺泡构成,中央充满多角形细胞,胞质内含有大量类脂颗粒,细胞体积较大而且透明,胞核较小位于细胞中央,呈固缩状态,浓染并逐渐消失。皮脂腺分泌细胞属全浆分泌,腺细胞逐渐长大、崩解破裂,细胞碎片连同细胞内含的脂类物一起排出,构成皮脂。分泌物排出后,由腺泡的最外一层靠近基膜的较小的呈立方形幼稚细胞(基细胞)不断分裂增殖产生新细胞,来补充因分泌而丧失的细胞。导管部短,管壁由复层扁平上皮构成,在有毛的部位其导管开口于毛囊,在无毛部位,则直接开口于皮肤的表面。马匹皮脂腺最发达。皮脂腺分泌的皮脂有滋润皮肤和被毛的作用,能使皮肤和被毛保持柔韧,防止干燥和水分的渗入。

(三)乳腺

乳腺(Mammary gland)为哺乳动物所特有的皮肤腺,为复管泡状腺。雌、雄动物均有,但只有雌性动物的乳腺能充分发育，形成发达的乳房，分娩后具有分泌乳汁的能力。乳腺的基本结构特征与动物的年龄、性周期有很大关系。

1. 乳房形状和位置

乳房(Mamma)位于两股之间，呈扁圆形，被纵沟分为左、右2部分，每个乳房有1个或多个扁平的乳头，乳头较小。乳池小，并被隔成前后2部分，每个乳头上有2个乳头管的开口(图14-5)。

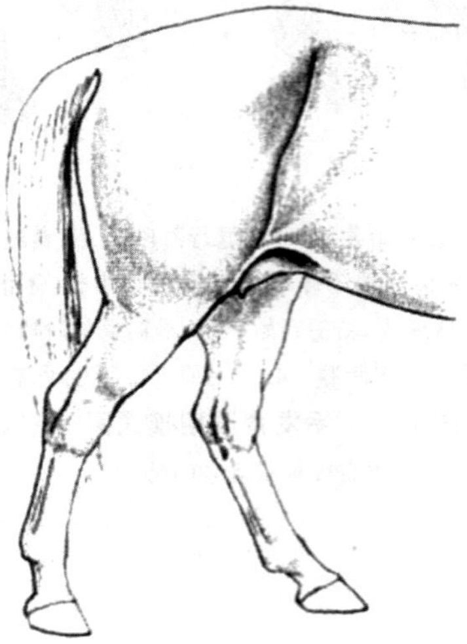

图14-5 马匹乳房

乳房是母马特有的皮肤腺，它由皮肤、筋膜和实质3部分组成。乳房的皮肤薄而柔软有乳头，内部有皮脂腺和汗腺。皮肤的下面为浅筋膜，由疏松结缔组织构成，深筋膜则是乳房的悬吊装置。乳房实质由乳腺组织和相关的结缔组织构成。乳腺组织则包括乳腺腺泡和导管系统2部分。

2. 乳腺的生长发育

泌乳作为哺育后代的一种功能，乳腺的发育与生殖功能紧密配合。因此，乳腺生长发育呈明显的年龄特点(图14-6)：

出生到初情期：因该阶段雌激素水平很低，乳腺只有简单的导管，并以乳头为中心向四周辐射。

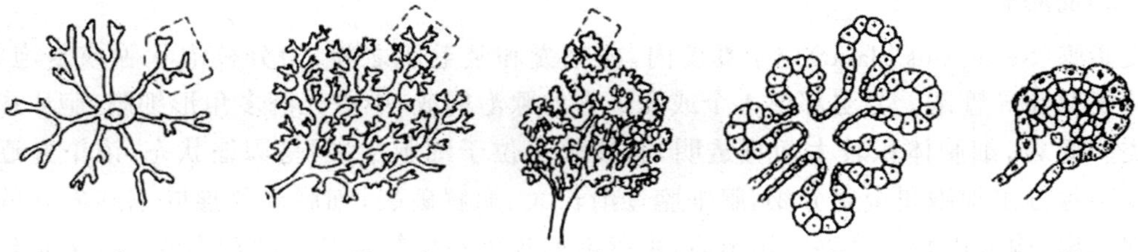

A. 未成年马匹乳腺，只有简单导管由乳头向四周辐射；B. 已成年未孕马匹乳腺，导管系统逐渐增生和扩大；C. 妊娠后的乳腺，末端形成腺泡；D. 腺泡放大；E. 分娩后腺泡上皮分泌乳汁

图14-6 乳腺生长发育的步骤

初情期：这是乳腺发育开始期，随着性周期的建立，在雌激素的作用下，乳腺快速增长，并伴随着脂肪的积聚。这一期的主要特点是乳导管系统生长迅速。

妊娠期：由于妊娠期高水平的雌激素和孕激素分泌，乳腺迅速生长，并进一步发育，具有泌乳功能，这是乳腺生长发育最明显的阶段。

泌乳期：乳腺细胞数目增加，乳腺组织发育完全，直至泌乳高峰期。

3.乳腺回缩

泌乳马经过泌乳高峰期之后，腺泡的体积开始逐渐缩小，分泌腔渐趋消失。与此同时，导管系统也渐渐萎缩，腺组织相继被结缔组织和脂肪组织所代替，这一生理过程称为乳腺回缩(Breast retraction)。乳腺进入回缩期后，乳房体积缩小，泌乳量逐渐减少，最后泌乳停止。

4.乳的分泌

乳的分泌系指乳腺分泌细胞从血液摄取营养物，生成乳后，分泌进入腺泡腔内的生理过程。乳的分泌过程包括3个阶段：①乳前体的获得——血液中营养成分进入乳腺；②乳的合成——乳腺细胞内合成乳的部分成分；③分泌物转运进入腺泡腔内。

5.乳

乳是乳腺分泌活动的产物，能为幼仔提供充足的营养。乳有初乳和常乳之分。母马分娩后最初3～5 d所产的乳称为初乳。初乳期过后，乳腺分泌的乳逐渐转变为常乳。

(1)初乳(Colostrum)浓稠，呈淡黄色，稍有咸味。与常乳比较，初乳中脂肪、蛋白质、无机盐含量较高，而乳糖含量较低。磷、钙、钠、钾含量大约为常乳的1倍，铁的含量则比常乳高10～17倍。初乳富含维生素，特别是维生素A、维生素C、维生素D分别比常乳高10倍、10倍和3倍。特别有意义的是初乳中含有丰富的免疫球蛋白，新生幼仔在产后24～36 h，免疫球蛋白可以通过肠壁被吸收，建立幼仔的被动免疫体系，故出生后及时吃上初乳是至关重要的。初乳成分逐日改变，乳糖不断增加，蛋白质和无机盐逐渐减少，6～15 d后成为常乳。

初乳有特殊的分泌机制。分娩初期分泌细胞产生的初乳组分，不能通过细胞膜，以致细胞不断膨胀，最后破裂，细胞外液和腺泡液混合，因此初乳的某些化学成分尤其是抗体与血液甚为接近。

(2)常乳(Normal milk)营养成分十分丰富，除水分之外，还包括蛋白质、脂肪、糖、维生素、矿物质，以及各种生物活性物质。马匹乳中干物质占11%，其中脂肪占2%，蛋白质占2%，乳糖占6.7%，灰分占0.3%。

①脂肪：甘油三酯是乳脂最主要的成分。此外，还有甘油一酯、甘油二酯、游离脂肪酸以及磷脂和固醇。

②糖：乳中糖主要是乳糖，在胃肠道中要在乳糖酶作用下才能被消化、吸收。

③蛋白质：乳中蛋白质主要是酪蛋白和乳清蛋白。乳中蛋白质总量以及各组分含量有很大的种属差异，而且随泌乳期、季节、饲养水平而变。

④矿物质：乳的矿物质中钠、钾、镁大都以氯化物、硫酸盐和磷酸盐的形式存在。乳中钙、磷的含量比较丰富，两者的比例大约为2∶1，有利于钙的吸收利用。

三、蹄

蹄(Hoof)是指指端着地的部分，由皮肤演变而成。在结构层次上，蹄的结构与皮肤相似，由表皮、真皮和少量皮下组织构成。表皮因高度角质化而称角质层，构成坚硬的蹄匣(Hoof capsule)，无血管和神经分布；真皮层含有丰富的血管和神经末梢，呈鲜红色，感觉灵敏，通常称肉蹄(Dermis of hoof)(图 14-7、图 14-8)。

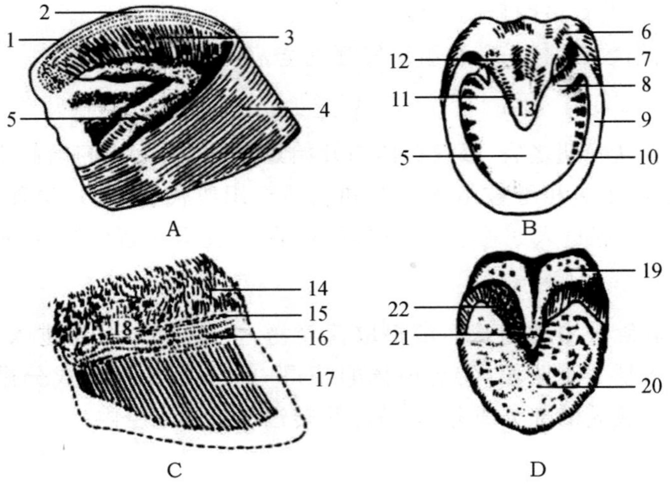

A. 蹄匣;B. 蹄匣底面;C. 肉蹄;D. 肉蹄底

1. 蹄缘角质　2. 蹄冠沟　3. 蹄壁角质小叶层　4. 蹄壁角质　5. 蹄底角质　6. 蹄球角质　7. 蹄踵角质　8. 蹄支角质　9. 底缘　10. 白线　11. 蹄叉侧沟　12. 蹄叉中沟　13. 蹄叉角质　14. 皮肤　15. 肉缘　16. 肉冠　17. 肉壁　18. 蹄软骨的位置　19. 肉球　20. 肉底　21. 肉叉　22. 肉支

图 14-7　马蹄

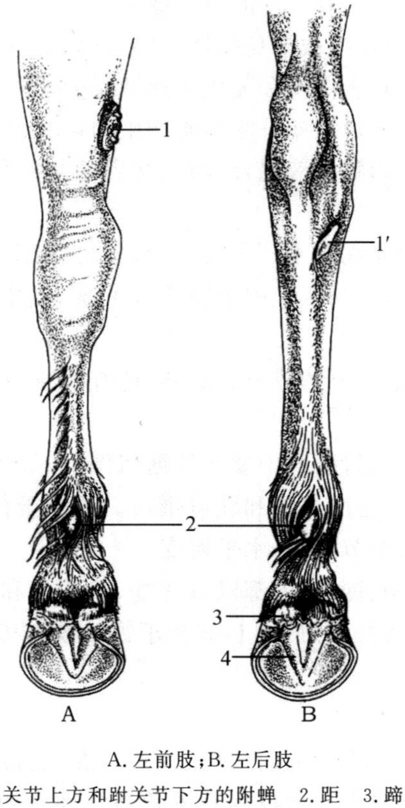

A. 左前肢;B. 左后肢

1,1′. 位于腕关节上方和跗关节下方的附蝉　2. 距　3. 蹄球　4. 蹄叉

图 14-8　马左前肢和左后肢后面观

(一)蹄匣

蹄匣(Hoof capsule)是蹄的表皮层,蹄匣包括蹄缘角质、蹄冠角质、蹄壁角质、蹄底角质和蹄叉角质5部分。

蹄缘角质(Edge epidermis)位于皮肤与蹄冠角质之间,呈半环状,前部窄(3～5 mm),向后逐渐变宽,内表面有许多角质小管的开口,蹄缘真皮乳头深入其中。

蹄冠角质(Hat epidermis)内侧面有蹄冠沟,沟底有无数角质小管开口,丝状的肉冠真皮乳头伸入角质小管内。

蹄壁角质(Wall epidermis)构成蹄匣的背侧壁、内侧壁和外侧壁。整个蹄壁角质分为3个部分,前为蹄尖壁,两侧为蹄侧壁,后为蹄踵壁。

蹄底角质(Sole epidermis)位于蹄的底面,蹄叉的前部,其前缘和内、外侧缘凸,近似半圆形,通过蹄白线与蹄壁角质的底缘相连,蹄白线是确定蹄壁角质厚度的标准,也是给马钉蹄时下钉的定位标志。如果蹄白线分解可导致蹄壁剥离和蹄底下沉,引起蹄病。

蹄叉角质(Frog epidermis)位于蹄底的后方,呈前尖后宽的楔形,嵌于蹄底角质和内、外侧蹄支间,前部尖为蹄叉尖,后部宽为蹄叉底。蹄叉底正中有蹄叉中沟,在蹄叉两侧与蹄支之间各形成一条蹄叉侧沟。蹄叉角质层较厚,富有弹性,蹄叉真皮乳头伸入蹄叉角质的角质小管内。

(二)蹄真皮

蹄真皮富含血管和神经,呈鲜红色,感觉敏锐。形态与蹄匣相似,可分为蹄缘真皮、蹄冠真皮、蹄壁真皮、蹄底真皮和蹄叉真皮5部分。

蹄缘真皮(肉缘,Edge dermis)与皮肤真皮直接相连接,表面有细小的真皮乳头与蹄匣的角质小管紧密结合。

蹄冠真皮(肉冠,Hat dermis)为蹄壁真皮上缘呈环状隆起的部分,位于蹄冠沟内,表面有密而细长的真皮乳头伸入蹄冠沟的角质小管中。该部分布有丰富的血管和神经末梢,感觉敏锐。

蹄壁真皮(肉壁,Wall dermis)紧贴于蹄骨的背侧面和内、外侧面,其后方呈锐角折向前形成蹄支真皮。表面有大量的肉小叶肌腱(相当于真皮乳头)与蹄壁角质小叶嵌合。

蹄底真皮(肉底,Sole dermis)位于蹄骨底面,与蹄骨表面的骨膜紧密结合,表面的细长真皮乳头向下伸入蹄底角质小管内。

蹄叉真皮(肉叉,Frog dermis)形状与蹄叉角质相似,表面有发达的真皮乳头插入蹄叉角质的角质小管内。

(三)蹄皮下组织

蹄壁和蹄底均无皮下组织,蹄缘和蹄冠的皮下组织较薄。蹄叉皮下组织特别发达,由非常丰富的弹性纤维和胶原纤维构成,是该部位的3层结构中最厚的一层,富于弹性,构成指(趾)端的弹性装置,当四肢着地时有减轻冲击和震荡的作用。

蹄软骨为蹄皮下组织的变形,呈前后轴长的椭圆形软骨板,位于蹄冠与蹄叉真皮两侧的后上方,内外侧各1块,以韧带与系骨、冠骨、蹄骨及近籽骨相连。蹄软骨富有弹性,与蹄叉皮下组织共同构成指(趾)端的弹性结构,具有缓冲作用,可防止或减轻骨和韧带的损伤。

【测试题】

一、填空题

1. 被皮包括________和________。
2. 皮肤是由________、________和________组成的。
3. 真皮由浅到深可分为________和________2层。
4. 乳房是由________、________和________组成的。
5. 乳腺小叶是由________和________组成。
6. 乳房形态分为________、________和________3部分。
7. 蹄匣由________、________、________、________和________构成。
8. 乳腺中乳汁通过输乳管流到乳道，乳道开口于________，最后通过乳头管流到外面。
9. 马匹包括________、________和________3种皮肤腺。

二、选择题

1. 给马装蹄的下钉标志是（　　）。

A. 冠状层　　B. 蹄白线　　C. 角质壁　　D. 蹄叉

2. 加固蹄匣与肉蹄连接的结构是（　　）。

A. 皮肤和蹄缘　　B. 小叶层和肉小叶　　C. 冠状层和肉冠　　D. 蹄缘和肉缘

3. 汗腺最发达的动物是（　　）。

A. 马　　B. 牛　　C. 犬　　D. 猪

4. 马有（　　）个乳头。

A. 1　　B. 2　　C. 3　　D. 4

5. 临床上，皮内注射是将药物注射到（　　）内。

A. 表皮　　B. 皮下组织　　C. 真皮　　D. 肌肉

三、判断题

1. 马匹蹄白线是负担体重的。
2. 蹄壁和蹄底的皮下组织最发达。

四、名词解释

蹄白线

五、简答题

1. 简述马乳的生成与排出的途径。
2. 请简述马蹄的结构。

附　　录

解剖专业名词中英文对照表

Ⅰ型肺泡细胞 type I alveolar cell
Ⅱ型肺泡细胞 type II alveolar cell
α亚型视网膜神经节细胞 retinal ganglion cell,α subtype
β亚型视网膜神经节细胞 retinal ganglion cell,β subtype

B

白膜 tunica albuginea
白髓 white pulp
白体 corpus albicans
白细胞 leukocyte,white blood cell,WBC
白质 white matter
半棘肌 semispinal muscle
半腱肌 semitendinous muscle
半膜肌 semimembranous muscle
半月瓣 semilunar valve
瓣膜 valve
膀胱 urinary bladder
膀胱壁 bladder wall
膀胱尖 apex of bladder
膀胱颈 neck of bladder
膀胱黏膜 mucosa of bladder
膀胱上皮 bladder epithelium
膀胱体 body of bladder
膀胱圆韧带 ligamentum teres vesicae
包皮 prepuce
包皮口 preputial opening
包皮憩室(包皮盲囊)preputial diverticulum
胞体 soma
鲍曼囊 Bowman's capsule
鲍曼腔 Bowman's space
杯状细胞 goblet cell
背部 back
背侧端 dorsal extremity
背侧根 dorsal root
背侧弓 dorsal arch
背侧角 dorsal horn
背侧结节 dorsal tubercle
背侧缘 dorsal border
背阔肌 broadest muscle of the back
背腰最长肌 dorsal-lumbar longest muscle
被毛 clothing hair
被膜 capsule
被膜下窦 subcapsular sinus
被囊细胞 capsular cell
被皮系统 integumentary system
贲门 cardia
贲门部 cardiac part
贲门腺 cardiac gland
贲门腺区 region of cardiac gland
鼻 nose
鼻唇提肌 nasolabial levator muscle
鼻骨 nasal bone
鼻颌切迹 nasomaxillary notch
鼻后孔 posterior nasal apertures
鼻甲 nasal conchae
鼻甲骨 turbinal bone
鼻孔 nostril
鼻旁窦 paranasal sinus
鼻腔 nasal cavity
鼻软骨 nasal cartilage
鼻中隔 nasal septum
比目鱼肌 soleus muscle
闭孔 obturator foramen

闭孔动脉 obturator artery
闭孔神经 obturator nerve
壁细胞 parietal cell
臂部 brachial region
臂骨 bone of arm
臂肌 brachial muscle
臂肌沟 brachial muscle groove
臂三头肌 triceps muscle of the forearm
臂神经丛 brachial plexus
臂头动脉 brachiocephalic artery
臂头动脉干 brachiocephalic trunk
臂头肌 brachinocephalic muscle
扁桃体 tonsil
变移上皮 transitional epithelium
杓状软骨 arytenoid cartilage
表面上皮 superficial epithelium
表皮 epidermis
髌骨(膝盖骨) patella,kneecap
玻璃体 vitreous body
勃起组织 erectile tissue
布伦纳腺 Brunner′s gland

C

侧部 lateral part
侧脑室 lateral ventricle
肠面 intestinal surface
肠腔 intestinal lumen
肠系膜 mesentery
肠系膜后动脉 caudal mesenteric artery
肠系膜淋巴结 mesenteric lymph node
肠系膜前动脉 cranial mesenteric artery
肠腺 intestinal gland
肠隐窝 intestinal crypt
尘细胞 dust cell
成熟卵泡 mature follicle
成纤维细胞 fibroblast
成纤维细胞核 nucleus,fibroblast
尺骨 ulna
尺骨茎突 styloid process of ulna
尺骨体(干) body of ulna
尺神经 ulnar nerve
尺腕骨 ulnar carpal bone
齿 tooth
齿槽间缘 interalveolar margin
齿槽缘 alveolar margin
齿突 dens
齿状回多形细胞层 polymorphic layer,dentate gyrus
齿状回分子层 molecular layer,dentate gyrus
齿状回颗粒层 granular layer,dentate gyrus
耻骨 pubis
耻骨后支 caudal branch of pubis
耻骨肌 pectineal muscle
耻骨联合 pubic symphysis
耻骨前支 cranial branch of pubis
耻骨梳 pecten of pubis
耻骨体 body of pubis
出球小动脉 efferent arteriole
初级精母细胞 primary spermatocyte
初级淋巴器官 primary lymphoid organ
初级卵母细胞 primary oocyte
初级卵母细胞的胞核 nucleus of primary oocyte
初级卵泡 primary follicle
穿通管 perfoating canal
垂体 hypophsis,pituitary gland
垂体后叶 posterior lobe of hypophysis
垂体裂 hypophyseal cleft
垂体前叶 anterior lobe of hypophysis
垂体细胞(神经胶质细胞)pituicyte(neuroglial cell)
垂直肌 vertical muscle
锤骨 malleus
唇 lip
次级精母细胞 secondary spermatocyte

次级淋巴器官 secondary lymphoid organ
次级卵泡 secondary follicle
粗隆沟 tuberositial groove
粗面内质网 rough endoplasmic reticulum
促甲状腺激素细胞 thyrotroph,TSH cell
促肾上腺皮质激素细胞 corticotroph, ACTH cell
促性腺激素细胞 gonadotroph
催产素 oxytocin,OT
催乳激素细胞 mammotropic cell

D

大肠 large intestine
大结节 greater tubercle
大脑 cerebrum
大脑半球 cerebral hemisphere
大脑横裂 transverse cerebral fissure
大脑脚 cerebral peduncle
大脑镰 cerebral falx
大脑皮质(大脑皮层)cerebral cortex
大脑前动脉 anterior cerebral artery
大脑中动脉 middle cerebral artery
大脑纵裂 longitudinal cerebral fissure
大网膜 greater omentum
大圆肌 major teres muscle
大转子 greater trochanter
单层立方上皮 simple cuboidal epithelium
单层柱状上皮 simple columnar epithelium
单核肝细胞 hepatocyte with single nucleus
单核细胞 monocyte
胆囊 gallbladder
弹性纤维 elastic fiber
导管 duct
导管口 opening of duct
镫骨 stapes
低倍镜 lower power
第 1 颈椎(寰椎)1st cervical vertebra(atlas)
第 2 颈椎(枢椎)2nd cervical vertebra(axis)
第 3 脑室 3rd ventricle
第 3 眼睑 third eyelid
第 4 脑室 4th ventricle
蝶窦 sphenoidal sinus
蝶骨 sphenoid bone
蝶骨体 basisphenoid
顶骨 parietal bone
顶间骨 interparietal bone
顶树突 apical dendrite
动脉 artery
动脉韧带(动脉导管索)arterial ligament
动脉圆锥 arterial cone
动脉周围淋巴鞘 periarterial lymphatic sheath
动眼神经 oculomotor nerve
动眼神经根 root of oculomotor nerve
窦房结 sinuatrial node
窦下室间沟 subsinuosal interventricular groove
端脑 telencephalon
对耳轮 anthelix
多级神经元 multipolar neuron
多形细胞 polymorphic cell
多形细胞层 polymorphic layer

E

额窦 frontal sinus
额骨 frontal bone
额骨颧突 zygomatic process of frontal bone
额叶 frontal lobe
腭大孔 greater palatine foramen
腭帆扁桃体 tonsil of palatine velum
腭缝 palatine raphe
腭骨 palatine bone
腭裂 palatine fissure
腭小孔 lesser palatine foramen
腭褶 palatine fold
腭正中缝 median palatine suture

耳 ear
耳背 back of ear
耳部 aural region
耳大静脉 great auricular vein
耳根 root of ear
耳郭 auricle
耳尖 apex of ear
耳睑神经 auriculo-palpebral nerve
耳静脉 auricular vein
耳毛 tragi
耳前静脉 anterior auricular vein
耳蜗 cochlea
耳蜗管 cochlear duct
耳蜗神经 cochlear nerve
耳咽管 auditory tube
耳状面 auricular articular surface
二尖瓣 bicuspid valve
二尖瓣的腱索 chordae tendineae of the bicuspid valve
二尖瓣的乳头肌 papillary muscle of the bicuspid valve
二头肌粗隆 bicipitaI tuberosity
二头肌沟 bicipital groove

F

方叶 quadrate hepatic lobe
房间隔 interatrial septum
房室瓣 atrioventricular valve
房室结 atrioventricular node
房室口 atrioventricular orifice
房室束 atrioventricular bundle
放射冠 corona radiate
飞节 hock
腓肠肌 gastrocnemius muscle
腓骨 fibula
腓骨头 head of fibula
腓骨长肌 long fibular muscle
腓浅神经 superficial fibular nerve
腓深神经 deep fibular nerve
腓总神经 common peroneal nerve
肺 lung
肺动脉 pulmonary artery
肺动脉瓣 pulmonary valve
肺动脉干 pulmonary trunk
肺动脉口 orifice of pulmonary trunk
肺段支气管 segmental bronchus
肺钝缘（背侧缘）blunt edge（dorsal margin）of the lung
肺静脉 pulmonary vein
肺静脉口 orifice of pulmonary vein
肺巨噬细胞 pulmonary macrophage
肺门 hilum of the lung
肺泡 pulmonary alveolus
肺泡隔 alveolar septum
肺泡管 alveolar duct
肺泡巨噬细胞 pulmonary alveolar macrophage
肺泡囊 alveolar sac
肺锐缘（腹侧缘）sharp edge（ventral margin）of the lung
肺实质 pulmonary parenchyma
肺小叶 pulmonary lobule
肺胸膜 pulmonary pleura
肺循环 pulmonary circulation
肺叶支气管 lobar bronchus
分泌单位 secretory unit
分泌导管 excretory duct
分泌泡 secretory vacuole
分泌小管 secretory tubulus
分子层 molecular layer
缝匠肌 sartorius muscle
跗部 tarsal region
跗骨 tarsal bone
跗关节 tarsal joint
辐射层 stratum radiatum

附睾 epididymis
附睾体 body of epididymis
附睾头 head of epididymis
附睾尾 tail of epididymis
附睾尾韧带(阴囊韧带)scrotal ligament
复层扁平上皮 stratified squamous epithelium
复层柱状上皮 stratified columnar epithelium
副交感神经 parasympathetic nerve
副神经 accessory nerve
副腕骨 accessory carpal bone
副性腺 accessory genital gland
副叶 accessory lobe
腹白线 abdominal linea alba
腹壁 abdominal wall
腹壁肌 abdominal wall muscle
腹壁皮肤 abdominal skin
腹壁神经 abdominal nerve
腹部 abdomen
腹部乳房 abdomen breast
腹侧端 ventral extremity
腹侧弓 ventral arch
腹侧嵴 ventral crest
腹侧角 ventral horn
腹侧结节 ventral tubercle
腹侧锯肌 ventral serrate muscle
腹底壁 bottom of the abdomen wall
腹股沟部 inguinal region
腹股沟管 inguinal canal
腹股沟管皮下环 external ring of inguinal canal
腹股沟浅淋巴结 superficial inguinal lymph node
腹横肌 transverse abdominal muscle
腹膜 peritoneum
腹膜壁层 parietal peritoneum
腹膜腔 peritoneal cavity
腹内斜肌 internal oblique abdominal muscle
腹腔动脉 celiac artery
腹腔内脏器官 abdominal visceral organ
腹外斜肌 external oblique abdominal muscle
腹外斜肌腱膜 aponeurosis of external oblique abdominal muscle
腹直肌 straight abdominal muscle
腹主动脉 abdominal aorta

G

盖细胞 tectorial cell
肝 liver
肝板 hepatic plate
肝静脉 hepatic vein
肝门 hepatic porta
肝门静脉 hepatic portal vein
肝尾叶 caudate hepatic lobe
肝细胞 hepatocyte
肝细胞核 nucleus of hepatocyte
肝小叶 hepatic lobule
肝右内叶 right medial hepatic lobe
肝右外叶 right lateral hepatic lobe
肝圆韧带 round ligament of liver
肝左内叶 left medial hepatic lobe
肝左外叶 left lateral hepatic lobe
感觉器官 sense organ
冈上肌 supraspinatus muscle
冈上窝 supraspinous fossa
冈下肌 infraspinous muscle
冈下肌止点区 area of insertion for infraspinatus muscle
冈下窝 infraspinous fossa
肛门 anus
高倍镜 high power
高尔基复合体 Golgi complex
高尔基细胞 Golgi cell
睾丸 testis
睾丸动脉 testicular artery
睾丸附睾缘 margo epididymidis of testis

睾丸间质细胞 leydig cell
睾丸静脉 testicular vein
睾丸输出小管 efferent ductule of testis
睾丸体 body of testis
睾丸网 testicular network
睾丸尾 tail of testis
睾丸小隔 septula testis
睾丸游离缘 margo liber of testis
睾丸纵隔 mediastinum testis
隔缘肉柱 septomarginal trabecula
膈 diaphragm
膈脚 crus of diaphragm
膈面 diaphragmatic surface
膈肉质缘 pulpa part of diaphragm
膈神经 phrenic nerve
膈中心腱 central tendon of diaphragm
根鞘 root sheath
跟(总)腱 common calcaneal tendon
跟骨 calcaneus
跟结节 calcaneal tuberosity
弓间隙 interarcuate space
肱骨 humerus
肱骨干(体)shaft of humerus
肱骨嵴 humerus crest
肱骨颈 neck of humerus
肱骨髁 humeral condyle
肱骨头 head of humerus
巩膜 sclera
巩膜筛板 cribriform plate of sclera
股薄肌 gracilis muscle
股部 thigh region
股动脉 femoral artery
股二头肌 biceps muscle of the thigh
股方肌 quadrate muscle of the thigh
股骨 femoral bone,femur
股骨滑车 trochlea of femur
股骨滑车粗隆 trochlea tuberosity of femur
股骨颈 neck of femur
股骨内侧观 medial view of the femur
股骨内侧髁 medial condyle of femur
股骨前面观 cranial view of the femur
股骨体(干)shaft of femur
股骨头 head of femur
股骨头窝 fovea of femoral head
股后肌群 posterior thigh muscle groups
股后皮神经 caudal femoral cutaneous nerve
股内侧肌 medial vastus muscle
股内侧肌群 interfemus muscle groups
股神经 femoral nerve
股四头肌 quadriceps muscle of the thigh
股外侧肌 lateral vastus muscle
股外侧皮神经 lateral femoral cutaneous nerve
股直肌 rectus femoris muscle
股中间肌 intermedial vastus muscle
骨半规管 canales semicirculares ossei
骨单位 osteon
骨骼 skeleton
骨骼肌 skeletal muscle
骨壶腹 osseous ampulla
骨间板 interstitial lalmella
骨间肌 interosseus
骨间隙 interosseous space
骨脚 bony crura
骨迷路 osseous labyrinth
骨密质 compact bone
骨膜 periosteum
骨盆 pelvis
骨盆后口 caudal opening of the pelvis
骨盆联合 pelvic symphysis
骨松质 spongy bone
骨髓 bone marrow
骨质 bone substance
骨组织 bone tissue,osseous tissue

鼓膜 tympanic membrane
鼓泡 tympanic bulla
鼓舌骨 tympanohyoid
鼓室 tympanic cavity
固有层 lamina propria
固有层次级乳头 secondary papilla of lamina propria
固有层的血管 blood vessel within lamina propria
固有层乳头 papilla of lamina propria
固有鞘膜 proper vagina tunica
固有韧带 proper ligament
关节凹 articular fovea
关节面 articular surface
关节窝 articular fossa
关节盂(肩臼)glenoid cavity(glenoid fossa)
冠关节 coronal joint
冠状动脉 coronary artery
冠状窦 coronary sinus
冠状沟 coronary groove
冠状突 coronoid process
冠状循环 coronary circulation
管腔 lumen
腘动脉 popliteal artery
腘肌 popliteus muscle
腘肌面 popliteal surface
腘淋巴结 popliteal lymph node
腘切迹 popliteal notch

H

哈塞耳代小体 Hassall's corpuscle
海马 hippocampus
海马沟 hippocampal sulcus
海马回 hippocampal gyrus
海马缘 hippocampal edge
海绵体 cavernous body
汗腺 sweat gland
核仁 nucleolus
核周体 perikaryon
颌前骨 premaxillary bone
颌下腺 mandibular gland
黑素细胞 melanocyte
恒齿 permanent tooth
横结肠 transverse colon
横突 transverse process
横突管 transverse canal
横突后支 caudal branch of transverse process
横突孔 transverse foramen
横突前支 cranial branch of transverse process
横纹 cross striation
横纹肌 striated muscle
横线 transverse line
横行肌 transversal muscle
红髓 red pulp
红细胞 erythrocyte,red blood cell(RBC)
虹膜 iris
喉 larynx
喉返神经 recurrent laryngeal nerve
喉口 aperture of larynx
喉腔 laryngeal cavity
喉软骨 laryngeal cartilage
后背侧锯肌 caudal dorsal serrate muscle
后端 caudal extremity
后关节凹 caudal articular fovea
后关节突 caudal articular process
后角 caudal angle
后肋窝 caudal costal fossa
后腔静脉 caudal vena cava
后腔静脉裂孔 postcaval vein hiatus
后丘 caudal colliculus
后丘脑 metathalamus
后缘 caudal border
后肢 hindlimb
呼吸系统 respiratory system
呼吸性细支气管 respiratory bronchiole

滑车 trochlea
滑车结节 trochlear tubercle
滑车神经 trochlear nerve
滑膜囊 synovial bursa
环甲肌 cricothyreoid muscle
环状软骨 cricoid cartilage
寰椎 atlas
寰椎翼 wing of atlas
换毛 molting
黄体 corpus luteum
灰质 grey matter
灰质连合 grey commissure
回肠 ileum
回肠黏膜 ileal mucosa
回盲韧带 ileocaecal ligament
会厌 epiglottis
会厌软骨 epiglottic cartilage
喙臂肌 coracobrachial muscle

J

肌层 muscular layer
肌腹 muscle belly
肌腱 muscle tendon
肌节 sarcomere
肌内膜 endomysium
肌皮神经 musculocutaneous nerve
肌束膜 perimysium
肌外膜 epimysium
肌细胞核 nucleus of the muscle cell
肌纤维 muscle fiber
肌线 muscular line
肌样细胞 myoid cell
肌原纤维 myofibril
基底层 basal layer
基底纹 basal striation
基底细胞 basal cell
基膜 basal lamina(basement membrane)
激素 hormone
棘层 spinous cell layer
棘突 spinous process
棘细胞 spinous cell
集合小管 collecting tubule
脊膜 spinal meninges
脊软膜 spinal pia mater
脊神经 spinal nerve
脊神经根 spinal nerve root
脊神经节 spinal ganglion
脊髓 spinal cord
脊髓圆锥 medullary conus
脊硬膜 spinal dura mater
脊蛛网膜 spinal arachnoid
脊柱 vertebral column
夹肌 splenius muscle
颊 cheek
颊齿 cheek tooth
颊肌 buccinator muscle
甲状旁腺 parathyroid gland
甲状软骨 thyroid cartilage
甲状舌骨 thyrohyoid
甲状舌骨软骨 cartilage of the thyrohyoid bone
甲状腺 thyroid gland
甲状腺被囊 tunic of thyroid gland
甲状腺动脉 thyroid artery
甲状腺后部 caudal pars of the thyroid gland
甲状腺滤泡 thyroid follicle
甲状腺前部 cranial pars of the thyroid gland
甲状腺素 thyroxine
岬 promontory
假单极神经元 pseudounipolar neuron
假复层上皮 pseudostratified epithelium
假复层纤毛柱状上皮 pseudostratified ciliated columnar epithelium
假复层柱状上皮 pseudostratified columnar epithelium

尖叶支气管 apical lobar bronchus
间脑 diencephalon
间皮 mesothelium
间皮细胞核 nucleus of mesothelial cell
间质 stroma
间质细胞 interstitial cell
间质组织 interstitial tissue
肩臂皮肌 cutaneous omobrachial muscle
肩带部肌 shoulder girdle muscles
肩关节 shoulder joint
肩胛部 scapular region
肩胛冈 spine of scapula
肩胛冈结节 tuberosity of scapular spine
肩胛骨 scapula
肩胛骨关节盂 glenoid cavity of the scapula
肩胛横突肌 omotransverse muscle
肩胛结节 scapular tuber
肩胛颈 neck of scapula
肩胛切迹 scapular notch
肩胛上神经 suprascapular nerve
肩胛舌骨肌 omohyoid muscle
肩胛下动脉 subscapular artery
肩胛下肌 subscapular muscle
肩胛下神经 subscapular nerve
肩胛下窝 subscapular fossa
睑结膜 palpebral conjunctiva
荐背侧孔 dorsal sacral foramen
荐部 sacral part
荐腹侧孔 ventral sacral foramen
荐骨 sacrum
荐骨岬 promontory of sacrum
荐骨翼 wing of sacrum
荐结节 sacral tuber
荐淋巴结 sacral lymph node
荐髂关节 sacroiliac joint
荐神经 sacral nerve
荐臀部 sacral-gluteal region
荐外侧嵴 lateral sacral crest
荐中动脉 median sacral artery
荐椎 sacral vertebra
剑胸软骨结合 xiphoid sternum synchondrosis
剑状软骨 xiphoid cartilage
腱鞘 tendon sheath
腱索 chordae tendineae
浆膜 serosa
浆液腺泡 serous acinus
降钙素 calcitonin
降结肠 decending colon
降主动脉 descending aorta
交感干 sympathetic trunk
交感神经 sympathetic nerve
交感神经节前神经元 sympathetic pregangli-onic neuron
交感神经节细胞 sympathetic ganglion cell
胶原纤维 collagenous fiber
胶原纤维束 collagen fiber bundle
胶质 colloid
胶质细胞 glial cell
角化的复层扁平上皮 keratinized stratified squamous epithelium
角膜 cornea
角膜巩膜缘 corneoscleral junction
角舌骨 ceratohyoid
角质层 horny layer
角质细胞 keratinocyte
节段性支气管 segmental bronchus，tertiary bronchus
结肠 colon
结肠壁 colonic wall
结肠黏膜 colonic mucosa
结肠腺 colonic gland
结缔组织 connective tissue
结节间沟 intertubercular sulcus
结膜囊 conjunctival sac

睫毛 eyelash
睫状体 ciliary body
筋膜 fascia
近侧前臂间隙 proximal space of forearm
近端小管 proximal tubule
近端小管曲部 proximal convoluted tubule
近指节间关节 proximal interphalangeal joint
茎舌骨肌 stylohyoid muscle
茎突舌骨 stylohyoid
晶状体 lens
精阜 seminal hillock
精囊腺 vesicular gland
精索 spermatic cord
精原细胞 spermatogonium
精子 spermatozoon
精子发生 spermatogenesis
精子细胞 spermatid
颈部 cervical part
颈部毛流(旋涡毛流)cervical flumina pilorum
颈动脉窦 carotid sinus
颈动脉体 carotid body
颈多裂肌 cervical multifidus muscle
颈静脉 jugular vein
颈静脉沟 jugular vein groove
颈菱形肌 cervical part of rhomboid muscle
颈内动脉 internal carotid artery
颈内静脉 internal jugular vein
颈黏液细胞 mucous neck cell
颈黏液腺细胞 mucous neck gland cell
颈膨大 cervical enlargement
颈皮肌 cutaneous muscle of neck
颈浅动脉 superficial cervical artery
颈浅淋巴结(肩前淋巴结)superficial cervical lymph node
颈深后淋巴结 caudal deep cervical lymph node
颈神经 cervical nerve
颈外动脉 external carotid artery
颈外静脉 external jugular vein
颈斜方肌 cervical part of trapezius muscle
颈长肌 long muscle of neck
颈椎 cervical vertebra
颈总动脉 common carotid artery
胫骨 tibia
胫骨粗隆 tibial tuberosity
胫骨嵴 tibial crest
胫骨内髁 medial condyle of tibia
胫骨前肌 cranial tibial muscle
胫骨外髁 lateral condyle of tibia
胫前动脉 anterior tibial artery
胫神经 tibial nerve
静脉 vein
静脉间结节 intervenous tubercle
臼齿 molar
巨噬细胞 macrophage
距骨 talus
锯肌面 face for serrate muscle
菌状乳头 fungiform papilla

K

抗利尿激素 antidiuretic hormone,ADH
颏结节 mental tubercle
颏孔 mental foramen
颗粒层 granular layer
颗粒黄体细胞 granulosa lutein cell
颗粒膜 membrane granulosa
颗粒细胞 granular cell
髁间隆起 intercondylar eminence
髁间区 intercondyloid area
髁间窝 intercondylar fossa
髁旁突 paracondylar process
髁状突 condylar process
克拉拉细胞 Clara cell
空肠 jejunum

空肠壁 jejunal wall
空肠淋巴结 jejunal lymph node
空肠黏膜 jejunal mucosa
空肠系膜 mesojejunum
空泡细胞 vacuolated cell
口裂 oral fissure
口轮匝肌 orbicular muscle of the mouth
口腔 oral cavity
口腔底 basis cavum oris
扣带沟 cingulate suleus
枯否细胞 Kuffer′s cell
髋骨 hip bone
髋关节 hip joint
髋结节 coxal tuberosity
髋臼 acetabulum
眶骨膜 orbital periosteum
眶上触毛 supraorbital tactile hair
眶上孔 supraorbital foramen
眶窝 orbital fossa
眶下触毛 infraorbital tactile hair
眶下孔 infraorbital foramen
阔筋膜张肌 tensor muscle of the fascia lata

L

拉克囊 Rathke′s pouch
篮状细胞 basket cell
朗格汉斯岛 pancreatic islet, islet of Langerhans
肋(骨)沟 costal groove
肋(骨)角 angle of rib
肋(骨)结节 costal tubercle
肋(骨)颈 neck of rib
肋(骨)小头 head of rib
肋 rib
肋腹神经 costoabdominal nerve
肋骨 costal bone
肋骨干 shaft of rib
肋间动脉 intercostal artery
肋间肌 intercostal muscle
肋间静脉 intercostal vein
肋间内肌 internal intercostal muscle
肋间外肌 external intercostal muscle
肋间隙 intercostal space
肋颈动脉干 costocervical trunk
肋颈静脉 costocervical vein
肋软骨 costal cartilage
肋胸关节 costosternal joint
泪道 lacrimal passage
泪骨 lacrimal bone
泪孔 lacrimal foramen
泪器 lacrimal apparatus
泪腺 lacrimal gland
梨状叶 piriform lobe
犁骨 vomer
粒细胞 granulocyte
裂孔 slit pore
裂孔膜 slit membrane
淋巴 lymph
淋巴导管 lymphatic duct
淋巴干 lymphatic trunk
淋巴管 lymphatic vessel
淋巴导管 lymphatic duct
淋巴结 lymph node
淋巴器官 lymphoid organ
淋巴系统 lymphatic system
淋巴细胞 lymphocyte
淋巴小结 lymphatic nodule
淋巴小结暗区 dark region of lymphatic nodule
淋巴小结生发中心 germinal center of lymphatic nodule
淋巴中心 lymphocentrum
淋巴组织 lymphoid tissue
菱形肌 rhomboid muscle
菱形窝 rhomboid fossa

漏斗 infundibulum
颅部 cranial part
颅骨 cranial bone
颅腔 cranial cavity
卵巢 ovary
卵巢动脉 ovarian artery
卵巢淋巴结 lymph node of the ovary
卵巢门 hilum of the ovary
卵巢囊 ovarian bursa
卵泡 ovarian follicle
卵泡膜 follicular theca
卵泡膜内膜 internal theca of follicular theca
卵泡膜外膜 external theca of follicular theca
卵泡腔 follicular cavity
卵泡细胞 follicular cell
卵丘 ovarian cumulus
卵圆孔 foramen ovale
卵圆窝 oval fossa
轮廓乳头 vallate papilla
螺旋器 spiral organ
滤过膜 filtration membrane
滤过屏障 filtration barrier
滤泡 follicle
滤泡旁细胞 parafollicular cell
滤泡旁细胞群 parafollicular cell group
滤泡细胞 follicular cell

M

马尾 cauda equina
脉络丛 choroid plexus
脉络膜 choroid
蔓状丛 pampiniform plexus
盲肠 caecum
盲肠尖 apex of caecum
盲肠淋巴结 caecal lymph node
盲肠黏膜 caecal mucosa
毛 hair
毛干 hair shaft
毛根 hair root
毛流 flumina pilcorum
毛囊 hair follicle
毛皮质 hair cortex
毛球 hair bulb
毛乳头 hair papilla
毛髓质 hair medulla
毛细淋巴管 lymphatic capillary
毛细血管 blood capillary
毛小皮 hair cuticle
门管区 portal area
门静脉环 annulus portae
弥散淋巴组织 diffuse lymphatic tissue
迷走交感干 vagosympathetic trunk
迷走神经 vagus nerve
迷走神经背侧干 dorsal trunk of vagus nerve
迷走神经背侧支 dorsal branch of vagus nerve
迷走神经腹侧干 ventral trunk of the vagus nerve
迷走神经腹侧支 ventral branch of vagus nerve
泌尿生殖器官 urogenital organ
泌尿生殖系统 urogenital system
泌尿系统 urinary system
泌乳期乳房 lactating breast
泌酸细胞 oxyntic cell
面部 facial part
面骨 facial bone
面嵴 facial crest
面皮肌 cutaneous muscle of face
面神经 facial nerve
面神经颊背侧支 dorsal buccal branch of the facial nerve
面神经颊腹侧支 ventral buccal branch of the facial nerve
面神经颈支 cervical branch of the facial

nerve
膜半规管 membranous semicircular duct
膜黄体细胞 theca lutein cell
膜迷路 membranous labyrinth
拇长外展肌 abductor pollicis longus muscle

N

囊隐窝 elliptical recess
囊肿 cyst sac
脑 brain,encephalon
脑干 brain stem
脑沟 sulcus
脑回 gyrus
脑脊髓液 cerebrospinal fluid
脑膜 meninge,mater
脑桥 pons
脑软膜 encephalic pia mater
脑上腺 glandula pinealis
脑神经 cranial nerve
脑室 brain ventricle
脑硬膜 encephalic dura mater
脑蛛网膜 encephalic arachnoid
内侧冠突 medial coronoid process
内侧髁 medial condyle
内侧髁间结节 medial intercondyloid tubercle
内侧上髁 medial epicondyle
内侧嗅束 medial olfactory tract
内侧缘 medial border
内耳 internal ear
内耳道 internal acoustic meatus
内分泌器官 endocrine organ
内分泌系统 endocrine system
内分泌腺 endocrine gland
内根鞘 inner root sheath
内环骨板 inner circumferential lamella
内环肌层 inner circular stratum
内膜 internal tunic
内皮 endothelium
内皮细胞 endothelial cell
内皮细胞核 nucleus of endothelial cell
内皮下层 subendothelial layer
内收肌 adductor muscle
内网状层 inner plexiform layer
内眼角 medial canthus
内脏大神经 greater splanchnic nerve
内脏淋巴干 visceral lymphatic trunk
内脏器官 visceral organ
内脏神经系统 visceral nervous system
内脏小神经 lesser splanchnic nerve
内锥体细胞层 internal pyramidal layer
尼氏体 Nissl body
黏膜 mucosa
黏膜固有层 mucosal lamina propria
黏膜肌层 lamina muscularis mucosae
黏膜上皮 mucosal epithelium
黏膜下层 submucosa
黏膜下腺 submucosal gland
黏膜皱襞 mucosal fold
黏液囊 mucous bursa
黏液腺 mucous gland
黏液腺泡 mucous acinus(复数 acini)
尿道 urethra
尿道骨盆部 pelvis part of urethra
尿道海绵体 cavernous body of urethra
尿道肌 urethral muscle
尿道腔 urethral lumen
尿道球 urethral bulb
尿道球腺 bulbourethral gland
尿道外口 external urethral orifice
尿道峡 urethral isthmus
尿生殖道 urogenital tract
尿生殖道骨盆部 pelvis part of urogenital tract
尿生殖前庭 urogenital vestibulum

颞骨颧突 zygomatic process of temporal bone
颞骨岩部 petrous part of temporal bone
颞肌 temporal muscle
颞窝 temporal fossa
颞下颌关节 temporomandibular joint
颞叶 temporal lobe

P

派尔结 Peyer′s patch
泡心细胞 centroacinar cell
皮肤 skin
皮肤腺 cutaneous gland
皮肌 cutaneous muscle
皮下脂肪 subcutaneous fat
皮下组织 subcutaneous tissue
皮脂腺 sebaceous gland
皮脂腺导管 duct of sebaceous gland
皮脂腺分泌导管 excretory duct of the sebaceous gland
皮质 cortex
皮质迷路 cortical labyrinth
皮质肾单位 cortical nephron
脾 spleen
脾窦 splenic sinusoid
脾门 splenic hilum
脾实质 splenic parenchyma
脾索 splenic cord
脾小结 splenic nodule
脾小梁 spleen trabecula
脾小体 splenic corpuscle
脾血窦 splenic sinusoid
胼胝体 corpus callosum
平滑肌 smooth muscle
平滑肌细胞核 nucleus of the smooth muscle cell
平滑肌纤维 smooth muscle fiber
破裂孔 foramen lacerum
浦肯野细胞 Purkinje cell
浦肯野细胞层 Purkinje cell layer
浦肯野纤维 Purkinje fiber

Q

奇静脉 azygos vein
脐部 umbilical region
脐动脉 umbilical artery
鬐甲部 withers
气管 trachea
气管分叉处 divaricate site of trachea
气管肌 tracheal muscle
气管淋巴干 tracheal lymphatic trunk
气管黏膜固有层 mucosal lamina propria of the trachea
气管黏膜上皮 mucosal epithelium of the trachea
气管腔 tracheal cavity
气管软骨 tracheal cartilage
气管神经节 tracheal ganglion
气管外膜 adventitia of trachea
气管腺 tracheal gland
气-血屏障 blood-air barrier
髂腹股沟神经 ilioinguinal nerve
髂腹下神经 iliohypogastric nerve
髂骨 ilium
髂骨体 body of ilium
髂骨翼 wing of ilium
髂肌 iliac muscle
髂嵴 iliac crest
髂肋肌 iliocostal muscle
髂肋肌沟 iliocostal muscle sulcus
髂内动脉 interal iliac artery
髂外动脉 external iliac artery
髂腰动脉 iliolumbar artery
髂腰肌 iliopsoas
髂总静脉 common iliac vein
前背侧锯肌 cranial dorsaI serrate muscle

前臂部 antebrachial region
前臂骨 skeleton of forearm
前臂间隙 space of forearm
前臂筋膜张肌 tensor muscle of the antebrachial fascia
前端 cranial extremity
前关节突 cranial articular process
前角 cranial angle
前臼齿 premolar
前肋窝 cranial costal fossa
前列腺 prostate gland
前列腺动脉 prostatic artery
前腔静脉 cranial vena cava
前丘 rostral colliculus
前庭 vestibule
前庭襞 vestibular fold
前庭大腺 greater vestibular gland
前庭耳蜗神经 vestibulocochlear nerve
前庭神经 vestibular nerve
前庭腺开口 vestibular gland opening
前庭小腺 lesser vestibular gland
前缘 cranial border
前肢 forelimb
浅表肾单位 superfacial nephron
浅筋膜 superficial fascia
腔静脉窦 sinus of the venae cavae
腔静脉裂孔 vena caval hiatus
腔隙层 stratum lacunosum
切齿 incisor
切齿骨 incisive bone
切齿骨鼻突 nasal process of the incisive bone
切齿骨腭突 palatine process of the incisive bone
切齿骨骨体 body of the incisive bone
切齿乳头 incisive papilla
切迹 notch
穹隆 fornix
丘脑 thalamus
丘脑黏合部 interthalamic adhesion
球海绵体肌 bulbocavernous muscle
球节 felock joint
球结膜 bulbar conjunctiva
球囊 sacculus
球囊斑 macula saccule
球囊隐窝 spherical recess
球内系膜 intraglomerular mesangium
球内系膜细胞 intraglomerular mesangial cell
球旁复合体 juxtaglomerular complex
球旁细胞 juxtaglomerular cell
球外系膜细胞 extraglomerular mesangial cell
球状带 glomerular zone
球状带细胞 glomerular zone cell
曲精小管 contorted seminiferous tubule
屈肌间肌 interflexor muscle
躯干 trunk
躯干皮肌 cutaneous muscle of trunk
颧弓 zygomatic arch
颧骨 zygomatic bone
犬齿 canine
犬齿肌 canine muscle

R

桡骨 radius
桡骨凹 radial foveae
桡骨滑车 radial trochlea
桡骨茎突 styloid process of radius
桡骨颈 neck of radius
桡骨内侧粗隆 medial eminence of radius
桡骨体(干)body of radius
桡骨外侧粗隆 lateral eminence of radius
桡骨窝 radial fossa
桡骨远端(横嵴)distal extremity of radius (transverse ridge)
桡神经 radial nerve
桡腕骨 radial carpal bone

韧带窝 ligament fossa
绒毛 villus
溶酶体 lysosome
肉蹄 dermis of the hoof
乳房 mamma, breast
乳糜 chyle
乳糜池 cisterna chyli
乳头 nipple
乳头层 papillary layer
乳头肌 papillary muscle
乳突 papilla, mamilla, mamillary process
乳腺 mammary gland
入球小动脉 afferent arteriole
软腭 soft palate
软骨 cartilage
软骨基质 cartilage matrix
软骨膜 perichondrium
软骨囊 cartilage capsule
软骨片 cartilage plate
软骨细胞 chondrocyte
软骨陷窝 cartilage lacuna
闰管 intercalated duct

S

腮耳肌 parotidoauricular muscle
腮腺 parotid gland
腮腺淋巴结 parotid lymph node
塞尔托利细胞(支持细胞)Sertoli cell(sustentacular cell)
三叉神经 trigeminal nerve
三叉神经根 root of trigeminal nerve
三尖瓣 tricuspid valve
三角肌 deltoid muscle
三角肌粗隆 deltoid tuberosity
三角肌线 deltoid line
三角韧带 triangular ligament
色素上皮层 pigment epithelium layer
筛窦 ethmoid sinus
筛骨 ethmoid bone
筛骨板 ethmoidal plate
上鼻道 dorsal nasal meatus
上鼻甲 dorsal nasal concha
上鼻甲骨 dorsal turbinal bone
上唇 upper lip
上唇降肌 depressor muscle of the upper lip
上唇提肌 levator muscle of the upper lip
上颌窦 maxillary sinus
上颌骨 maxillary bone
上颌骨腭突 palatine process of the maxillary bone
上颌神经 maxillary nerve
上睑提肌 levator muscle of the upper eyelid
上臼齿 upper molar
上皮内淋巴细胞 intraepithelial lymphocyte
上皮性网状细胞 epithelial reticular cell
上前臼齿 upper premolar
上切齿 upper incisor
上丘脑 epithalamus
上犬齿 upper canine
上犬齿窝 upper canine fossa
上舌骨 epihyal bone
上眼睑 superior eyelid
舌 tongue
舌背 dorsum of tongue
舌扁桃体 lingual tonsil
舌动脉 lingual artery
舌根 root of tongue(lingual root)
舌骨 hyoid bone
舌肌 muscle of tongue
舌尖 apex of tongue(lingual apex)
舌黏膜 mucous membrane of the tongue
舌乳头 lingual papilla
舌体 body of tongue(lingual body)
舌系带 lingual frenum

舌下神经 hypoglossal nerve
舌下神经孔 hypoglossal foramen
舌下腺 sublingual gland
舌腺 lingual gland
舌咽神经 glossopharyngeal nerve
伸肌沟 extensor groove
伸肌腱 extensor tendon
深筋膜 deep fascia
神经 nerve
神经垂体 neurohypophysis
神经垂体神经部 pars nervosa，neurohypophysis
神经胶质 neuroglia
神经胶质细胞 neuroglial cell
神经胶质细胞纤维 neuroglial cell fiber
神经节 ganglion
神经节细胞层 ganglion cell layer
神经膜细胞 neurolemmal cell
神经内膜 endoneurium
神经束 nerve tract
神经束膜 perineurium
神经外膜 epineurium
神经系统 nervous system
神经细胞核 nucleus of the neuron
神经纤维 nerve fiber
神经纤维层 nerve fiber layer
神经元 neuron
神经元突起 process of the neuron
神经元纤维 neurofibril
肾 kidney
肾被膜 kidney capsule
肾单位 nephron
肾动脉 renal artery
肾窦 renal sinus
肾后端 caudal extremity of the kidney
肾静脉 renal vein
肾门 renal hilum
肾内侧缘 medial border of the kidney
肾皮质 renal cortex
肾前端 cranial extremity of the kidney
肾乳头 renal papillae
肾上腺 adrenal gland
肾实质 renal parenchyma
肾髓质 renal medulla
肾小管 renal tubule
肾小囊 renal capsule
肾小囊腔 capsular space
肾小球 renal glomerulus
肾小体 renal corpuscle
肾盂 renal pelvis
肾盏 renal calice
肾脂囊 renal adipose capsule
肾柱 renal column
肾铸型 kidney cast
升结肠 ascending colon
升主动脉 ascending aorta
生精上皮 spermatogenic epithelium
生精细胞 spermatogenic cell
生精小管 seminiferous tubule
生长激素细胞 somatotroph
生长卵泡 growing follicle
生殖股神经 genitofemoral nerve
生殖上皮 germinal epithelium
生殖系统 reproductive system
声带 vocal cords
声门裂 rima glottidis
施万细胞 Schwann cell
施旺细胞胞膜沟 groove in plasma membrane of the Schwann cell
施旺细胞核 nucleus of the Schwann cell
十二指肠 duodenum
十二指肠壁 duodenal wall
十二指肠后曲 caudal duodenal flexure
十二指肠黏膜 duodenal mucosa

十二指肠乳头 duodenal papilla
十二指肠腺 duodenal gland
实质 parenchyma
食管 esophagus
食管口 pharyngeal opening of the esophagus
食管裂孔 esophageal hiatus
食管黏膜固有层 mucosal lamina propria of the esophagus
食管黏膜上皮 mucosal epithelium of the esophagus
食管腔 esophageal lumen
食管外膜 adventitia of the esophagus
食管腺 esophageal gland
食管咽口 pharynx entrance of the esophagus
食管支气管动脉 esophageal bronchial artery
食管支气管静脉 esophageal bronchial vein
视杆细胞层 rods layer
视交叉 optic chiasma
视觉器官 visual organ
视上核 supraoptic nucleus
视神经 optic nerve
视神经孔 optic canal,optic foramen
视网膜 retina
视网膜神经节细胞 retinal ganglion cell
视锥细胞 cone cell
视锥细胞层 cones layer
室间隔 interventricular septum
室旁核 paraventricular nucleus
嗜碱性粒细胞 basophilic granulocyte, basophil
嗜碱性细胞 basophilic cell
嗜酸性粒细胞 eosinophilic granulocyte, eosinophil
嗜酸性细胞 acidophilic cell
嗜伊红细胞 eosinophil
嗜银细胞 argyrophilic cell
手指 finger
枢椎 axis
梳状肌 pectinate muscle
疏松结缔组织 loose connective tissue
输精管 deferent duct
输卵管 uterine tube
输卵管腹腔口 abdominal orifice of uterine tube
输卵管壶腹 ampulla of uterine tube
输卵管漏斗 infundibulum of uterine tube
输卵管伞 fimbria of uterine tube
输卵管系膜 mesosalpinx
输卵管峡 isthmus of uterine tube
输尿管 ureter
输尿管管腔 ureteral lumen
输尿管末段 final segment of the ureter
束状带 fasciculate zone
束状带细胞 fasciculate zone cell
树突 dendrite
树突棘 dendritic spine
竖毛肌 arrector muscle
刷细胞 brush cell
双核肝细胞 binucleate hepatocyte
双核细胞 binucleate cell
双核心肌细胞 binucleate cardiac muscle cell
双角子宫 uterus bicornis
双颈动脉干 bicarotid trunk
瞬膜 palpebra tertius
丝状乳头 filiform papilla
四叠体 quadrigeminal body
松果体 pineal gland
松果体柄 pineal stalk
松果体细胞 pinealocyte
松果体小叶 pineal lobule
松果腺 pineal gland
髓窦 medullary sinus
髓放线 medullary ray
髓旁肾单位 juxtamedullary nephron

髓树 medullary arbor
髓索 medullary cord
髓细胞 medullary cell
髓质 medulla
髓质上皮细胞 epithelial cell of medulla
梭形细胞 spindle cell
锁骨下动脉 subclavian artery
锁骨下静脉 subclavian vein

T

提睾肌 cremasteric muscle
蹄 hoof
蹄壁 wall of hoof
蹄底 sole of hoof
蹄关节 coffin joint
蹄球 bulb of hoof
蹄匣 hoof capsule
体循环 systemic circulation
听觉器官 auditory organ
听小骨 auditory ossicle
同源细胞群 isogenous group
瞳孔 pupil
头半棘肌 semispinal muscle of head
头部 head
头骨 skull
头肌 muscle of head
头长肌 long muscle of head
透明层 clear layer
透明带 pellucid zone
透明软骨 hyaline cartilage
透明软骨片 hyaline cartilage plate
突触 synapse
褪黑激素 melatonin
臀部 coxal region
臀部肌 rump muscle
臀股二头肌 gluteofemoral biceps muscle
臀后动脉 caudal gluteal artery
臀后神经 caudal gluteal nerve
臀前动脉 cranial gluteal artery
臀前神经 cranial gluteal nerve
臀浅肌 superficial gluteal muscle
臀深肌 deep gluteal muscle
臀线 gluteal line
臀中肌 middle gluteal muscle
椭球 ellipsoid
椭圆囊 utriculus
椭圆囊斑 macula utriculi
唾液腺 salivary gland

W

外鼻 external nose
外侧冠突 lateral coronoid process
外侧踝 lateral malleolus
外侧角 lateral horn
外侧髁间结节 lateral intercondyloid tubercle
外侧上髁 lateral epicondyle
外侧上髁嵴 lateral supracondylar crest
外侧嗅束 lateral olfactory tract
外侧缘 lateral border
外弹性膜 external elastic membrane
外耳 external ear
外耳道 external auditory meatus
外根鞘 outer root sheath
外环骨板 outer circumferential lamella
外界膜 external limiting membrane
外颗粒层 external granular layer
外膜 adventitia
外网状层 outer plexiform layer
外眼角 external canthus
外展神经 abducent nerve
外锥体细胞层 external pyramidal layer
外纵肌层 outer longitudinal stratum
腕部 carpal region
腕尺侧屈肌 ulnar flexor muscle of the carpus
腕骨 carpal bone
腕关节 carpal joint

腕桡侧屈肌 radial flexor muscle of the carpus
腕桡侧伸肌 radial extensor muscle of the carpus
腕外侧屈肌 lateral flexor muscle of the carpus
腕腺 carpal gland
腕斜伸肌 extensor carpiobliquus muscle
网状层 reticular layer
网状带 reticular zone
微动脉 arteriole
微静脉 venule
微绒毛 microvillus
尾 tail
尾部 tail region
尾根 root of the tail
尾骨 coccygeal bone
尾神经 coccygeal nerve
尾叶 caudal lobe
尾正中动脉 caudal median artery
尾椎 coccygeal vertebra
卫星细胞 satellite cell
未分化细胞 undifferentiated cell
位觉器官 position sense organ
味蕾 taste bud
味腺 taste gland
胃 stomach
胃壁面 diaphragmatic surface of stomach
胃肠道 gastrointestinal tract
胃大弯 greater curvature of stomach
胃底部 fundus of stomach
胃底腺 fundic gland
胃底腺基部 base of fundic gland
胃底腺区 region of fundic gland
胃酶原细胞 zymogenic cell
胃面 gastric surface
胃黏膜面 mucosal surface of stomach
胃脾韧带 gastrosplenic ligament
胃憩室 gastric diverticulum
胃体 body of stomach
胃腺 gastric gland
胃小凹 gastric pit
胃小弯 lesser curvature of stomach
纹状管 striated duct
纹状体 striatum
纹状缘 striated border
吻骨 rostral bone
吻镜 rostral plate
吻突 rostral disc，snout
蜗窗 fenestra cochleae
无毛皮肤 nonhairy skin
无髓神经纤维 nonmyelinated nerve fiber
无腺部 non-glandular part

X

吸收细胞 absorptive cell
膝关节 stifle joint
膝上窝 suprapatellar fossa
细胞分裂 cell division
细胞核 nucleus
细胞连接 cell junction
细段 thin segment
细支气管 bronchiole
细支气管管腔 lumen of the bronchiole
下鼻道 ventral nasal meatus
下鼻甲 ventral nasal concha
下鼻甲骨 ventral turbinal bone
下唇 lower lip
下唇降肌 depressor muscle of the lower lip
下唇神经 lower labial nerve
下颌骨 mandible
下颌骨角 angle of mandible
下颌骨切迹 mandible notch
下颌角 angle of mandible
下颌淋巴结 mandibular lymph node
下颌舌骨肌 mylohyoid muscle
下颌神经 mandibular nerve

下颌窝 mandibular fossa
下臼齿 lower molar
下前臼齿 lower premolar
下切齿 lower incisor
下丘脑 hypothalamus
下犬齿 lower canine
下眼睑 inferior eyelid
纤毛细胞 ciliated cell
纤维膜 fibrous membrane, fibrous tunic
纤维囊 fibrous capsule
线粒体 mitochondrion
腺垂体 adenohypophysis
腺垂体远侧部 pars distalis, adenohypophysis
腺垂体中间部 parsintermedia, adenohypophysis
腺泡 acinus
腺泡腔 acinus cavity
腺腔 lumen of gland
腺细胞 gland cell
腺小叶 glandular lobule
项嵴 nuchal crest
项结节 nuchal tubercle
项韧带 nuchal ligament
消化管 digestive tract
消化系统 digestive system
消化腺 digestive gland
小肠 small intestine
小肠绒毛 intestinal villi
小肠腺 small intestinal gland
小动脉 small artery
小结节 less tubercle
小静脉 small vein
小颗粒细胞 small granule cell
小梁 trabecula
小梁周围淋巴窦 peritrabecular lymphatic sinus
小淋巴细胞 small lymphocyte
小脑 cerebellum
小脑半球 cerebellar hemisphere
小脑脚 cerebellar peduncle
小脑幕 tentorium of cerebellum
小脑皮质 cerebellar cortex
小脑树 cerebellar arbor
小脑髓质 medulla of cerebellum
小脑蚓部 vermis of cerebellum
小腿部 crural region
小腿骨 skeleton of leg
小腿后皮神经 caudal cutaneous sural nerve
小腿外侧皮神经 lateral cutaneous sural nerve
小叶间导管 interlobular duct
小叶间动脉 interlobular artery
小叶间隔 interlobular septum
小叶间结缔组织 interlobular connective tissue
小叶间静脉 interlobular vein
小圆肌 minor teres muscle
小支气管 small bronchiole
小转子 lesser trochanter
斜方肌 trapezius muscle
斜方体 trapezoid body
斜角肌 scalene muscle
心瓣膜 cardiac valve
心包 pericardium
心包腔 pericardial cavity
心包液 pericardial fluid
心壁 cardiac wall
心传导系统 conduction system of heart
心大静脉 great cardiac vein
心耳 auricle
心耳梳状肌 pectinate muscle of the auricle
心房 cardiac atrium
心横肌 transverse muscle of the heart
心肌 myocardium, cardiac muscle
心肌膜 myocardium
心肌细胞 cardiac muscle cell

心肌细胞分支 branch of the cardiac muscle cell
心肌细胞核 nucleus of the cardiac muscle cell
心肌细胞横纹 cross striation of the cardiac muscle cell
心肌纤维 cardiac muscle fiber
心基 cardiac base
心尖 cardiac apex
心静脉 cardiac vein
心内膜 endocardium
心腔 heart chamber
心切迹 cardiac notch
心室 cardiac ventricle
心室壁 ventricular wall
心室腔 ventricular chamber
心外膜 epicardium
心血管系统 cardiovascular system
心右静脉 right cardiac vein
心脏 heart
心中静脉 middle cardiac vein
心最小静脉 the smallest cardiac vein
星形胶质细胞 astroglial cell
星形细胞 astrocyte
胸(廓)前口 cranial opening of the thoracic cage
胸壁 thoracic wall
胸部 thoracic part
胸部乳房 chest breast
胸段脊髓 thoracic spinal cord
胸腹侧锯肌 thoracic part of the ventral serrate muscle
胸骨 breast bone, sternum
胸骨柄 manubrium of sternum
胸骨柄软骨 manubrian cartilage
胸骨嵴 sternal crest
胸骨甲状肌 sternothyroid muscle
胸骨甲状舌骨肌 sternothyrohyoid muscle
胸骨软骨结合 manubriogladiolar junction
胸骨体 body of sternum
胸骨心包韧带 stenopericardiac ligament
胸横肌 transverse pectoral muscle
胸肌 pectoral muscle
胸肌神经 pectoral nerve
胸降肌 descending pectoral muscle
胸廓后口 caudal opening of the thoracic cage
胸廓内动脉 internal thoracic artery
胸廓内静脉 internal thoracic vein
胸菱形肌 thoracic part of the trapezius muscle
胸浅肌 superficial pectoral muscle
胸腔 troracic cavity
胸深肌 deep pectoral muscle
胸神经 thoracic nerve
胸头肌 sternocephalic muscle
胸腺 thymus
胸腺颈叶 cervical lobe of thymus
胸腺皮质 thymic cortex
胸腺上皮细胞 thymic epithelial cell
胸腺髓质 thymic medulla
胸腺位置 anatomical position of the thymus
胸腺细胞 thymocyte
胸腺小体 thymic corpuscle，Hassall′s corpuscle
胸腺小叶 thymic lobule
胸腺胸叶 thoracic lobe of thymus
胸腺中间叶 intermediate lobe of thymus
胸斜方肌 thoracic part of trapezius muscle
胸主动脉 thoracic aorta
胸椎 thoracic vertebra
胸椎棘突 spinous process of thoracic vertebra
嗅沟 olfactory groove
嗅脑 rhinencephalon
嗅球 olfactory bulb

嗅三角 olfactory trigone
嗅神经 olfactory nerve
悬韧带 suspensory ligament
悬蹄 dewclaw
血窦 blood sinus
血管 blood vessel
血管弓 hemal arch
血管极 vascular pole
血管膜 vascular tunic
血管球 glomerulus
血管球基膜 glomerular basement membrane
血管突 hemal process
血管系膜 mesangium
血浆 plasma
血清 serum
血涂片 blood smear
血细胞 blood cell,hemocyte
血小板 blood platelet
血液 blood

Y

延髓 medulla oblongata
眼 eye
眼部 ocular region
眼的附属器官 adnexa of eye
眼房 eye-chamber
眼房水 aqueous humor
眼睑 eyelid
眼睫毛 eye lash
眼裂 rima oculi
眼球 eye ball
眼球肌 muscle of eyeball
眼球退缩肌 retractor muscle of eyeball
眼球斜肌 oblique muscle of eyeball
眼球直肌 straight muscle of eyeball
眼神经 ophthalmic nerve
眼窝 orbit
咽 pharynx
咽扁桃体 pharyngeal tonsil
咽鼓管 pharyngotympanic tube
咽鼓管扁桃体 tubal tonsil
咽后内侧淋巴结 medial retropharyngeal lymph node
咽后外侧淋巴结 lateral retropharyngeal lymph node
咽后隐窝 pharyngeal recess
咽峡 isthmus of fauces
腰部 lumbar part
腰大肌 major psoas muscle
腰动脉 lumbar artery
腰方肌 lumbar quadrate muscle
腰肌 psoas muscle
腰荐神经丛 lumbosacral plexus
腰静脉 lumbar vein
腰淋巴干 lumbar lymphatic trunk
腰膨大 lumbar intumescence
腰神经 lumbar nerve
腰小肌 minor psoas muscle
腰椎 lumbar vertebra
咬肌 masseter muscle
咬肌窝 masseteric fossa
叶状乳头 foliate papilla
腋动脉 axillary artery
腋神经 axillary nerve
腋窝 axilla
胰 pancreas
胰岛 pancreatic islet (islet of Langerhans)
胰岛 B 细胞(胰岛素细胞)B cell(insulin cell)
胰管 pancreatic duct
胰环 pancreatic ring
胰体 body of the pancreas
胰腺细胞 acinar cell of the pancreas
胰腺细胞核 nucleus of the acinar cell
胰右叶 right pancreatic lobe

胰左叶 left pancreatic lobe
乙状弯曲 sigmoid flexure
翼骨 pterygoid bone
翼肌 pterygoideus
翼孔 alar foramen
翼窝 alar fossa
阴瓣 hymen
阴部内动脉 internal pudendal artery
阴部神经 pudendal nerve
阴唇 labia
阴唇背侧联合 dorsal commissure of labium
阴唇腹侧联合 ventral commissure of labium
阴道 vagina
阴道动脉 vaginal artery
阴道前庭 vaginal vestibule
阴道穹隆 fundus of vagina
阴蒂 clitoris
阴蒂窝 clitoral fossa
阴茎 penis
阴茎根 root of penis
阴茎海绵体 cavernous body of penis
阴茎脚 crus of penis
阴茎球 penis bulb
阴茎缩肌 retractor penis muscle
阴茎体 body of penis
阴茎头 glans of penis
阴茎乙状弯曲 sigmoid flexure of the penis
阴门 vulva
阴门裂 rima vulvae
阴囊 scrotum
阴囊壁 scrotal wall
阴囊淋巴结 scrotal lymph node
阴囊皮肤 scrotal skin
阴囊中缝 scrotal raphe
蚓部 vermis
隐动脉 saphenous artery
隐窝 crypt
鹰嘴 olecranon
鹰嘴结节 olecranal tuber
鹰嘴窝 olecranon fossa
硬腭 hard palate
硬膜外腔 epidural cavity
硬膜下腔 subdural cavity
幽门 pylorus
幽门部 pyloric part
幽门腺 pyloric gland
幽门腺区 region of pyloric gland
有毛皮肤 hairy skin
有髓神经纤维 myelinated nerve fiber
右肺后叶(膈叶)right caudal lobe (diaphragmatic lobe) of the lung
右肺前叶(尖叶)right cranial lobe (apical lobe) of the lung
右肺中叶(心叶)right middle lobe(cardiac lobe)of the lung
右心室 right ventricle
右纵沟 right longitudinal groove
盂上结节 supraglenoid tubercle
原始卵泡 primordial follicle
远端小管 distal tubule
远直小管 distal straight tubule
远指节间关节 distal interphalangeal joint
运动神经元 motor neuron
运动系统 locomotor system

Z

脏面 visceral surface
掌部 metacarpal region
掌骨 metacarpal bone
掌指关节 metacarpophalangeal joint
真皮 dermis
真皮根鞘 dermis,root sheath
真皮乳头层 dermis,papillary layer
真皮网状层 dermis,reticular layer
砧骨 incus

枕动脉 occipital artery
枕骨 occipital bone
枕骨大孔 foramen magnum
枕骨基部 basioccipital bone
枕骨髁 occipital condyle
枕骨鳞部 squamous part of occipital bone
枕嵴 occipital crest
枕下颌肌 occipitomandibular muscle
枕叶 occipital lobe
正中动脉 median artery
支持细胞 sustentacular cell
支气管 bronchus
支气管食管动脉 bronchoesophageal artery
支气管食管静脉 bronchoesophageal vein
支气管树 bronchial tree
脂肪细胞 adipocyte
脂肪细胞核 nucleus of adipocyte
脂肪组织 adipose tissue
直肠 rectum
直肠后神经 caudal rectal nerve
直肠壶腹 rectal ampulla
直精小管 straight seminiferous tubule
直小静脉 straight venule
植物性神经系统 vegetative nervous system
跖部 metatarsal region
跖骨 metatarsal bone
指部 digital region
指骨 digital bone
指关节 finger joint
指浅屈肌 superficial digital flexor muscle
指深屈肌 deep digital flexor muscle
指深屈肌肱骨头 humeral head of deep digital flexor muscle
指深屈肌桡骨头 radial head of deep digital flexor muscle
指外侧伸肌 lateral digital extensor muscle
指外侧伸肌腱 lateral digital extensor tendon
指总伸肌 common digital extensor muscle
指总伸肌腱 common digital extensor tendon
趾部 digital region
趾骨 digital bone
趾浅屈肌 superficial digital flexor muscle
趾深屈肌 deep digital flexor muscle
趾外侧伸肌 lateral digital extensor muscle
趾长伸肌 long digital extensor muscle
致密斑 macula densa
致密结缔组织 dense connective tissue
中鼻道 middle nasal meatus
中耳 middle ear
中间腕骨 intermediate carpal bone
中间叶 intermediate lobe of thymus
中淋巴细胞 medium-sized lymphocyte
中膜 middle tunic
中脑 mesencephalon
中脑导水管 mesencephalic aqueduct
中枢淋巴器官 central lymphoid organ
中枢神经系统 central nervous system
中心腱 central tendon
中型动脉 medium artery
中型静脉 medium vein
中性粒细胞 neutrophilic granulocyte，neutrophil
中央动脉 central artery
中央跗骨 central tarsal bone
中央管 central canal
中央静脉 central vein
中央乳糜管 central lacteal
终末细支气管 terminal bronchiole
终室 last loculus
周围淋巴器官 peripheral lymphoid organ
周围神经系统 peripheral nervous system
轴丘 axon hillock
轴突 axon
肘部 elbow region

肘关节 elbow joint
肘肌 anconeus muscle
肘突 anconeal process
肘窝 cubital fossa
蛛网膜下腔 subarachnoid cavity
主动脉 aorta
主动脉瓣 aortic valve
主动脉窦 aortic sinus
主动脉弓 aortic arch
主动脉管壁 aortic wall
主动脉口 aortic orifice
主动脉裂孔 aortic foramen
主蹄 principal hoof
主细胞 chief cell
主支气管 primary bronchus
转子窝 trochanteric fossa
椎动脉 vertebral artery
椎弓 vertebral arch
椎骨 vertebra
椎关节 vertebral joint
椎间孔 intervertebral foramen
椎间盘 intervertebral disc
椎孔 vertebral foramen
椎体 vertebral body
椎头 vertebral head
椎外侧孔 lateral vertebral foramen
椎窝 vertebral fossa
锥旁室间沟 paraconal interventricular groove
锥体 pyramid
锥体细胞 pyramidal cell
锥体细胞层 pyramidal cell layer
锥体细胞核 nucleus of pyramidal cell
锥状乳头 conical papilla
滋养孔 nutrient foramen
子宫 uterus
子宫角 uterine horn
子宫角切开 opening uterine horn
子宫颈 uterine cervix
子宫颈管 cervical canal of uterus
子宫颈外口 external uterine orifice
子宫阔韧带 broad ligament of uterus
子宫卵巢动脉 uteroovarian artery
子宫黏膜 uterine mucosa
子宫体 uterine body
子宫体切开 opening uterine body
子宫腺 uterine gland
子宫圆韧带 round ligament of uterus
籽骨 sesamoid bone
自主神经系统 autonomic nervous system
纵隔 mediastinum
纵隔淋巴结 mediastinal lymph node
纵隔面 mediastinal surface
纵行肌 longitudinal muscle
纵行平滑肌束 longitudinal smooth muscle bundle
足背动脉 dorsal pedal artery
足细胞 podocyte
最后胸神经 the last thoracic nerve
左肺前叶(尖叶)left cranial lobe(apical lobe) of the lung
左肺心膈叶 left cardiac and diaphragmatic lobe of the lung
左奇静脉 left azygos vein
左心耳 left auricle
左心室 left ventricle
左腰大肌 left major psoas muscle
左腰小肌 left minor psoas muscle
左支气管 left bronchus
左纵沟 left longitudinal groove
坐骨 ischium
坐骨板 plate of ischium
坐骨大切迹 greater sciatic notch
坐骨弓 ischial arch